国家科学技术学术著作出版基金资助出版

分布式安全协同控制与优化：一致性理论框架

温广辉　付俊杰　吕跃祖　万　颖　著

科学出版社

北　京

内 容 简 介

本书为作者多年来在多智能体系统分布式协同控制领域的研究成果，系统阐述了一致性理论框架下的分布式安全协同控制与优化理论和技术。全书共9章，以分布式一致性理论作为贯穿全书的核心脉络，在给出多智能体系统一致性理论、分布式编队控制、分布式优化博弈问题的研究背景（第一章）以及基础数学知识（第二章）的基础上，详细阐述了全局通信图信息未知的分布式一致性行为涌现分析（第三章），存在恶意结点的分布式安全一致性控制（第四章），存在拒绝服务攻击的分布式安全一致性控制（第五章），基于一致性的安全编队控制方法（第六章），以及基于一致性理论的分布式优化与非合作博弈（第七章至第九章）。

本书既可供控制科学与工程、应用数学、人工智能及其相关专业的研究生和高年级本科生使用，也可供系统与控制、人工智能以及相关领域的工程技术人员和科研工作者参考。

图书在版编目(CIP)数据

分布式安全协同控制与优化：一致性理论框架／温广辉等著. —北京：科学出版社, 2023.3

ISBN 978-7-03-075056-3

Ⅰ. ①分… Ⅱ. ①温… Ⅲ. ①分布式操作系统 Ⅳ. ①TP316.4

中国国家版本馆 CIP 数据核字(2023)第 035134 号

责任编辑：惠 雪／责任校对：郝璐璐

责任印制：赵 博／封面设计：许 瑞

科学出版社 出版

北京东黄城根北街 16 号

邮政编码：100717

http://www.sciencep.com

固安县铭成印刷有限公司印刷

科学出版社发行 各地新华书店经销

*

2023 年 3 月第 一 版 开本: 720×1000 B5

2024 年12月第四次印刷 印张: 15 1/2

字数: 312 000

定价: 129.00 元

(如有印装质量问题，我社负责调换)

序　言

进入 21 世纪, 传感技术、通信技术和分布式控制技术的快速发展对系统集成与管控方式产生深刻的影响. 从大规模国家基础设施到形形色色的嵌入式集成系统, 日益呈现出网络化的结构特征和智能化的单元特性. 迈入新一代人工智能时代, 信息化、智能化与网络化融合发展的趋势日益凸显并浮现出引领第四次工业革命的趋势. 在这一时代背景下, 现代工程系统的各个组成单元逐渐成为具有一定感知、计算、分析和决策能力的智能体. 因此, 将工程系统（尤其是具有耦合特征的工程系统）整体建模为多智能体系统成为系统分析与综合的先决条件, 也为实施分布式协同控制与优化决策提供研究框架. 与传统单个系统分析与控制问题相比, 分布式协同控制问题的核心任务是设计基于局部相对信息的控制器, 使得闭环多智能体系统涌现出整体的协同行为; 分布式优化问题的核心任务是设计基于局部梯度信息和相对感知信息的分布式优化算法, 使得闭环多智能体系统协同地完成大规模优化问题的求解. 在信息技术高度发达的今天, 一方面, 多智能体系统的各个组成单元除了会受到物理攻击外, 不可避免地会受到以信息流为载体的网络攻击（如拒绝服务攻击、木马病毒攻击等）; 另一方面, 在各类组网技术快速发展的今天, 通过对实际工程系统建模而得到的多智能体系统规模日益增大导致优化决策问题变得异常复杂. 信息技术的快速发展打造了科技发展的强劲引擎, 也产生了分布式安全协同控制和大规模多智能体系统优化决策等挑战性难题. 在此背景下, 分布式安全协同控制与优化决策逐渐成为系统与控制及其相关领域的前沿核心课题, 且具有深刻的理论意义与工程应用价值.

在多智能体系统分布式协同控制这一研究领域, 作者与部分合作者在 2016 年出版了英文版图书“*Distributed Cooperative Control of Multi-agent Systems*”（Wiley Press 和高等教育出版社联合出版）. 该书阐述了在理想信息交互、个体动力学完全不受任何信息-物理攻击且全局通信图信息完全已知的条件下的相关研究成果. 目前, 国内尚无关于分布式安全协同控制与优化的图书出版. 基于此, 在综合多智能体系统分布式安全协同控制与优化领域的大量国内外文献的基础上, 以作者多年来的相关研究成果为主, 本书系统阐述了一致性理论框架下的分布式安全协同控制与优化理论和技术. 在撰写过程中, 以分布式一致性理论作为贯穿全书的核心脉络, 针对全局通信图信息未知的分布式安全一致性行为涌现分析, 存在恶意结点的分布式安全一致性控制, 存在拒绝服务攻击的分布式安全一致性控制, 以及基于一致性理论的分布式优化与非合作博弈展开梳理与阐述.

全书共 9 章. 第一章为绪论, 概述多智能体系统一致性理论, 并给出基于一致性理论的分布式编队控制和分布式优化博弈问题的研究背景. 第二章为基础知识理论, 含矩阵论、代数图论、稳定性理论以及凸优化理论的一些相关基础知识. 第三章阐述全局通信图信息未知的一致性控制. 第四章阐述基于图的鲁棒性和基于攻击隔离技术的弹性一致性控制. 第五章给出拒绝服务攻击下线性和非线性多智能体系统的一致性控制. 第六章阐述基于一致性的安全编队控制方法及其应用. 第七章阐述无约束条件下基于一致性理论的分布式优化. 第八章给出有约束条件下基于一致性理论的分布式优化. 第九章阐述基于一致性理论的分布式非合作博弈.

在撰写过程中, 香港城市大学陈关荣教授、澳大利亚皇家墨尔本理工大学余星火教授、北京大学段志生教授、美国加州大学河滨分校任伟教授、美国得克萨斯州农工大学卡塔尔分校黄廷文教授、北京航空航天大学吕金虎教授、美国得克萨斯州大学阿灵顿分校万妍教授、英国诺森比亚大学高志伟教授、北京大学王金枝教授给予了大力支持与帮助. 南京信息工程大学朱亚楠副教授、安徽师范大学王佩君副教授、南京理工大学周佳玲副教授提供了多方面协助. 东南大学曹进德教授、金石教授和虞文武教授在本书的撰写过程中给予了大力支持; 东南大学研究生赵丹、房肖、雷旭强和王丹丹承担了本书部分文字整理、录入和校对工作, 在此深表感谢.

本书内容得益于国家自然科学基金优秀青年基金项目（61722303）, 装备预研教育部联合基金项目（8091B022114）, 国家自然科学基金项目（62073079, 62088-101）, 江苏省自然科学基金优秀青年基金项目（BK20170079）, 江苏省“六大人才高峰”项目（DZXX-006）的研究成果. 本书得到国家科学技术学术著作出版基金的资助, 感谢有关专家对本书出版的推荐和鼓励, 并向本书所引参考文献的作者表示感谢.

由于作者水平有限, 书中不当乃至疏漏之处难免, 我们诚恳地希望广大专家和读者不吝赐教, 以期今后改进.

温广辉, 付俊杰, 吕跃祖, 万颖

2022 年 10 月 13 日

目　　录

第一章　绪　　论

1.1　多智能体系统一致性问题概述

1988 年, 美国人工智能专家 Minsky 教授首次提出智能体 (agent) 概念, 用来描述一个存在于特定环境, 并能感知和改变环境的实体[1]. 这里, 实体的含义是广泛的, 它可以是一个机器人、车辆、飞行器, 甚至可以是一个生物组织. 粗略地讲, 一组具有一定自主性的智能体以信息通信等方式互相耦合便形成了多智能体系统 (multi-agent system). 由于智能体外延的广泛性和智能体之间耦合方式的多样性, 很难给出一个关于多智能体系统的严格数学定义, 然而这并未减弱人们对多智能体系统的研究热情.

自然界中大量的复杂系统可以用形形色色的多智能体系统模型加以描述和刻画, 典型的例子包括鸟群、鱼群、蜂群和细菌群落等. 此外, 随着计算、通信、小型化和嵌入式技术的发展, 大规模实际工程系统的各个组成单元逐渐成为具有一定计算、执行和通信能力的智能体, 为建立对应的多智能体系统模型提供了可能. 基于此, 多智能体系统的建模与控制问题受到来自数学、力学、控制、生物和计算机等领域学者的广泛关注. 实证研究表明, 通过局部的相互协调, 个体层次上相对简单的自主运动能够形成整体层次上相当复杂的集群行为 (collective behavior)[2]. 生物群落中, 集群行为的形成能够使每个个体获得一定的利益, 如觅食生存、集体筑巢和防御天敌等, 通常仅靠单个个体的努力无法获得这些利益. 上述分析表明深入研究自然界中生物群落集群优势的形成机制, 必将为实际工程控制提供新的思想和方法. 显然, 利用集群优势的思想为实际工程控制服务的前提是如何设计一系列有效的控制算法使得多智能体系统涌现出一定的协调行为. 在这一背景下, 多智能体系统的协调控制问题逐渐成为系统与控制领域的一个研究热点, 一大批具有深刻理论意义和实际工程背景的研究成果如雨后春笋般涌现[3,4].

与传统的单系统控制相比, 多智能体系统协调控制有如下新特点:

(1) 控制对象是多个而非单个. 多智能体系统是由多个相对独立的智能体以信息通信等方式互相耦合而成的. 特别地, 某些大规模多智能体系统由成千上万个智能体组成, 比如万维网 (WWW)、因特网 (Internet) 等.

(2) 控制手段是分布式的而非集中式的. 由于多智能体系统大多具有较大的规模, 工程上不可能也完全没必要设计一个控制器来集中控制所有的智能体. 在智能体具有一定通信能力和执行能力的假设下，人们可以通过对单个智能体设计分布式的控制器来实现整体层次上的控制目标，该控制器设计只依赖于智能体本身与其邻居的相对状态（或输出）信息.

(3) 控制目标是协调智能体之间的行为，以实现期望的运动构形和整体的运动方式，而非稳定性、有界性等指标.

在多智能体系统协调控制的研究中，众多分布式协调控制问题都可统一到一致性理论框架下来研究，故一致性控制是一个最为基础性的问题. 所谓分布式一致性，即寻找恰当的分布式控制律使得所有智能体仅在与局部邻居交互相对状态或输出信息的情况下，将感兴趣的状态变量达成一致. 例如，卫星编队需姿态一致，飞行器编队需速度一致，传感器网络需对目标状态信息保持一致等.

1.1.1 多智能体系统一致性问题概念

首先根据上述关于分布式一致性的基本介绍，本小节给出多智能体系统分布式一致性控制问题的基本概念.

定义 1.1(分布式一致性) 对于具有某种动力学行为的多智能体系统，若每个智能体仅与其邻居进行局部信息交互，而使得整个多智能体系统的部分（或全部）状态变量趋于相同，则称该多智能体系统实现了部分（或全部）状态一致性.

由上所述可知，分布式一致性问题主要依赖于一致性协议的设计[5]，而关于一致性问题的研究最早起源于 20 世纪 70 年代[6]. 概率统计学家 DeGroot 最先提出一个离散时间耦合线性系统模型，该模型可以看作多智能体系统模型的雏形，DeGroot 利用加权平均的方法成功地估计出耦合系统中人们感兴趣的某些未知参数的概率分布函数[6]. 20 世纪 80 年代，计算机技术得到长足发展，人们日常生活中的各个方面也逐渐出现了计算机的身影. 同时，有限的硬件资源与人们日益增长的计算需求形成了一对尖锐的矛盾. 为了有效地实施分布式计算进而合理地利用有限的硬件资源，Borkar[7] 和 Tsitsiklis[8] 等研究了与分布式计算密切相关的异步一致性问题，并将理论结果成功地应用到分布式智能决策中.

1995 年，Vicsek 等提出了一个用来模拟平面上一组粒子自组织运动的离散时间多智能体模型[9]. 在 Vicsek 模型中，每个智能体以相同的速率 v 在平面上运动，第 i 个智能体 t 时刻的位置 $(x_i(t), y_i(t))$ 的更新方式为

$$\begin{cases} x_i(t+1) = x_i(t) + v\cos(\theta_i(t)), \\ y_i(t+1) = y_i(t) + v\sin(\theta_i(t)). \end{cases} \tag{1.1}$$

式中，第 i 个智能体 t 时刻的速度方向 $\theta_i(t)$ 的更新方式为

$$\theta_i(t+1) = \arctan \frac{\sum_{j\in\mathcal{N}_i(t)} \sin(\theta_j(t))}{\sum_{j\in\mathcal{N}_i(t)} \cos(\theta_j(t))} + \omega_i(t) \tag{1.2}$$

$\mathcal{N}_i(t)$ 表示 t 时刻第 i 个智能体的邻居集合, 即由智能体 i 当前位置为圆心, 半径为 $r>0$ 的邻域内的所有个体组成; $\omega_i(t)$ 为 $[-\delta,\delta]$ 上服从均匀分布的随机噪声, $i=1,\cdots,N$.

由式 (1.2) 可知, 在智能体运动过程中, 位置与角度相互耦合在一起形成了比较复杂的非线性关系, 这给 Vicsek 模型的理论分析带来困难. 数值仿真表明: 当智能体在平面上的分布密度较大且噪声强度较小时, 所有智能体的运动方向最终保持一致.

2003 年, Jadbabaie 等研究了线性化无噪声 Vicsek 模型. 模型中, 第 i 个智能体 t 时刻速度方向 $\theta_i(t)$ 的更新方式为

$$\theta_i(t+1)=\frac{1}{1+|\mathcal{N}_i(t)|}\left(\theta_i(t)+\sum_{j\in\mathcal{N}_i(t)}\theta_j(t)\right),\quad i=1,\cdots,N \tag{1.3}$$

式中, $|\mathcal{N}_i(t)|$ 表示 t 时刻智能体 i 的邻居个数. 利用代数图论和矩阵理论中的分析方法, 证明了如果存在一列一致有界的时间区间使得在每一个时间区间内智能体间的通信图是联合连通的, 则所有智能体的运动方向将渐近趋于一致[10]. 进一步地, Jadbabaie 等给出了连续时间多智能体系统中智能体运动方向实现一致性的条件. Liu 和 Guo 研究了没有噪声影响的原始 Vicsek 模型中的角度一致性问题, 利用概率论的方法给出了只依赖于多智能体系统初始状态和模型参数的一致性实现的充分条件[11].

2004 年, Olfati-Saber 和 Murray 给出了研究连续时间一阶多智能体系统一致性问题的一般性框架[12]. 模型中, N 个智能体的动力学行为由下式描述:

$$\dot{x}_i(t)=u_i(t),\quad i=1,\cdots,N \tag{1.4}$$

式中, $x_i(t)\in\mathbb{R}$ 是智能体 i 在 t 时刻的状态; $u_i(t)\in\mathbb{R}$ 是智能体 i 的控制输入. 智能体遵循如下一致性协议:

$$u_i(t)=\sum_{j=1}^{N}a_{ij}(t)(x_j(t)-x_i(t)) \tag{1.5}$$

式中, $[a_{ij}(t)]_{N\times N}$ 为系统在 t 时刻通信图的邻接矩阵. 此外, 如果存在通信时延, 则一致性协议具有如下形式:

$$u_i(t)=\sum_{j=1}^{N}a_{ij}(t)(x_j(t-\tau_{ij})-x_i(t-\tau_{ij})) \tag{1.6}$$

式中, τ_{ij} 表示智能体 i 和智能体 j 之间的通信延迟. 在文献 [12] 中, Olfati-Saber 和 Murray 深入研究了如下三类一致性问题: 通信图为定常强连通平衡图时的一致性问题, 切换通信图下每一个可能的通信图为强连通平衡图时的一致性问题, 以及具有定常单一通信时滞和定常无向连通通信图的一致性问题.

2005 年, Ren 和 Beard 研究了具有有向切换通信图的一阶连续和离散多智能体系统的一致性问题, 给出系统实现一致性的充分必要条件, 即如果存在一列一致有界的时间区间使得在每一个时间区间内智能体间的通信图联合地含有生成树, 则所有智能体的运动方向将渐近趋于一致[13]. 一个显然的推论是, 固定通信图条件下多智能体系统实现一致性的充分必要条件是通信图含有一棵生成树.

2005 年, Moreau 考虑了一阶离散非线性多智能体系统的一致性问题[14], 智能体模型为

$$x_i(t+1) \in e_i(\mathcal{A}(t))(x_1(t), x_2(t), \cdots, x_N(t)), \quad i = 1, \cdots, N \tag{1.7}$$

式中, $e_i(\mathcal{A}(t))(x_1(t), x_2(t), \cdots, x_N(t))$ 是满足严格凸假设条件的集合. 利用集值 Lyapunov（李雅普诺夫）理论, Moreau 给出了多智能体系统 (1.7) 在有向通信图条件下实现一致性的条件.

2007 年, Lin 等研究了一阶连续非线性多智能体系统的一致性问题[15], 智能体模型为

$$\dot{x}_i(t) \in \mathrm{ri}\left(\mathcal{I}(x_i(t), \mathcal{C}_p^i(\boldsymbol{x}(t)))\right), \quad i = 1, \cdots, N \tag{1.8}$$

这里 $\mathrm{ri}\left(\mathcal{I}(x_i(t), \mathcal{C}_p^i(\boldsymbol{x}(t)))\right)$ 记作严格次正切条件, 可以看作连续时间下与式 (1.7) 中 $e_i(\mathcal{A}(t))(x_1(t), x_2(t), \cdots, x_N(t))$ 相对应的条件. 利用非光滑分析方法, Lin 等给出了系统 (1.8) 实现一致性的充分必要条件 [15].

Ren 和 Atkins 考虑到一大类实际力学系统的运动需要同时用位置和速度来完全刻画, 研究了二阶多智能体系统的一致性控制问题[16], 智能体模型为

$$\begin{cases} \dot{\xi}_i(t) = \zeta_i(t), \\ \dot{\zeta}_i(t) = -\displaystyle\sum_{j=1}^{N} g_{ij} k_{ij} \left[(\xi_i(t) - \xi_j(t)) + \gamma(\zeta_i(t) - \zeta_j(t))\right], \quad i = 1, \cdots, N. \end{cases} \tag{1.9}$$

式中, $\xi_i(t) \in \mathbb{R}$ 和 $\zeta_i(t) \in \mathbb{R}$ 分别表示智能体 i 的位置和速度; k_{ij} 和 γ 为大于零的常数; 矩阵 $\boldsymbol{G} = [g_{ij}]_{N\times N}$ 代表多智能体系统通信图的邻接矩阵, 如果智能体 i 能够获得智能体 j 的信息, 则有 $g_{ij} = 1$; 否则, $g_{ij} = 0$. 利用矩阵分析的方法, Ren 和 Atkins 给出了有向固定通信图下多智能体系统 (1.9) 实现一致性的充分条件. 研究表明, 对于二阶多智能体系统, 通信图联合含有生成树只是实现一致性的

必要条件. 2009 年, Zhu 等给出了有向固定通信图下二阶积分器多智能体系统实现一致性的充分必要条件[17]. 利用特征值分析和分岔理论分析方法, Yu 等给出了具有定常单一通信时滞和有向通信图下二阶多智能体系统实现一致性的充分必要条件[18]. 利用切换系统分析方法, Hong 等研究了一类具有无向切换通信图的二阶积分器多智能体系统的一致性控制问题, 给出了通信图联合连通下系统实现一致性的充分条件[19]. 进一步地, Ren 等研究了有向固定通信图下高阶积分器多智能体系统的一致性问题[20]. Jiang 和 Wang 研究了具有通信时滞和无向切换通信图的高阶多智能体系统的一致性问题[21]. 最后, Yu 等给出了有向固定通信图下高阶多智能体系统实现一致性的充分必要条件[22].

在关于高阶积分器多智能体系统一致性问题研究的基础上, 研究人员逐渐开始关注具有一般线性动力学行为的多智能体系统的一致性问题[23~26]. 模型中, 每个智能体具有如下的动力学行为:

$$\begin{cases}\dot{\boldsymbol{x}}_i(t) = \boldsymbol{A}\boldsymbol{x}_i(t) + \boldsymbol{B}\boldsymbol{u}_i(t),\\ \boldsymbol{y}_i(t) = \boldsymbol{C}\boldsymbol{x}_i(t), \quad i = 1, \cdots, N.\end{cases} \tag{1.10}$$

式中, $\boldsymbol{x}_i(t)$, $\boldsymbol{u}_i(t)$, $\boldsymbol{y}_i(t)$ 分别代表智能体 i 的状态、输入和输出; $\boldsymbol{A}$, $\boldsymbol{B}$ 和 $\boldsymbol{C}$ 为具有相容维数的定常实矩阵. 易知, 任意阶次的积分器多智能体系统模型均是线性多智能体系统模型 (1.10) 的特例. Ma 和 Zhang 考虑了离散和连续时间线性多智能体系统的可一致性问题 (consensusablity)[23]. Li 等将传统的基于观测器的控制方法推广到多智能体系统中, 并提出了一致性区域的概念[24]. 基于一致性区域分析方法, Li 等进一步研究了有向通信图下具有指定指数收敛速度的线性多智能体系统的一致性问题[25]. Zhang 等利用最优控制设计方法给出了几类新的基于邻居智能体间相对测量输出的观测器类型一致性协议[26].

1.1.2 多智能体系统一致性控制问题研究现状

1.1.1 节回顾了多智能体系统一致性控制问题的研究概念. 本节重点从多智能体系统的个体动力学行为、通信模式、控制协议以及安全性 4 个方面对现有研究进行总结.

(1) 具有固有动力学行为的多智能体系统一致性控制问题研究 根据 1.1.1 节可知, 在积分器多智能体系统中, 智能体的动力学行为完全由耦合项决定. 例如, 在一阶积分器模型中, 如果智能体 i 没有任何邻居, 那么它只能保持静止状态; 对于二阶积分器模型, 没有任何邻居的智能体的加速度始终为零. 事实上, 几乎所有的力学系统均含有固有动力学行为, 也就是说, 一个没有任何邻居的智能体仍然能够按照自己固有的动力学行为进行演化, 且其动力学行为与所处的外部环境的变化相关. 此时, 其动力学演化的方式可以十分复杂, 但并不一定是保持静止或者做匀速运动. 近年来, 具有固有动力学行为的一般多智能体系统的一致性控制问题逐渐引起了学者们的关注. 2008 年, Ren 研究了一类具有固有线性二阶动力学的简谐振子耦合网络的一致性问题, 利用特征值分析的方法给出了固定通信图和切换通信图下闭环多智能体系统实现一致性的充分条件[27]. Yu 等研究了具有二阶非线性动力学行为的多智能体系统的一致性问题, 给出了系统在有向通信图下实现一致性的充分条件[28]. Liu 和 Jia 研究了具有高阶未知非线性动力学行为的多智能体系统的一致性控制问题[29]. 另外, Chung 和 Slotine 考虑了由 Euler-Lagrange（欧拉-拉格朗日）方程描述的多智能体系统的一致性问题[30]. 2013 年, Song 等考虑了具有非线性动力学特性的二阶多智能体系统的领导-跟随一致性问题, 利用代数图论、非负矩阵的性质和 $\boldsymbol{M}$ 矩阵策略给出了多智能体系统牵制控制 (pinning control) 方案的设计方法[31]. 进一步, Babenko 等利用时间尺度理论研究了具有非线性动力学的高阶多智能体系统的领导-跟随一致性控制问题[32]. Wen 等在单一高维领导者与跟随者固有动力学不同的情形下, 设计了一种基于降阶状态观测器的分布式协调一致控制器[33]. 针对异构多智能体系统, Yan 等提出了一种新的动态更新律和同步控制律, 解决了智能体间的自主动态同步[34]. Wang 等在分数微分包含框架下, 利用 Lyapunov（李雅普诺夫）函数方法和 Clarke（克拉克）非光滑分析技术, 得到了分数阶不连续多智能体系统实现全局一致性的充分条件[35].

(2) 具有通信限制的多智能体系统一致性控制问题研究 在多智能体系统中, 邻居智能体之间的信息通信交互是实现一致性的重要基础[5]. 实际系统中, 声呐半径、通信带宽以及外部通信障碍等因素导致智能体只能在一种“受限”的通信模式下进行信息交换. 比如, 通信距离过大和数据处理速度有限等因素导致通信时滞、数据丢包, 使得单个智能体只能获得其邻居先前时刻的信息. Tian 和 Liu 分析了不同的输入和传输时滞对离散时间一阶多智能体系统一致性实现的影响[36]. Xiao 和 Wang 研究了具有时变时滞和异步通信的一阶连续多智能体系统的一致性控制问题[37]. Yu 等利用分岔分析方法给出了有向通信图下具有单一输入时滞的二阶连续时间多智能体系统一致性实现的充分必要条件[18]. Meng 等研究了输入和传输时滞同时存在时多智能体系统的一致性控制问题, 利用时滞微分方程理论和 Nyquist（奈奎斯特）判据给出了系统实现一致性的充分条件[38]. 在某些特定环境下, 智能体之间只能在一段不连续的时间区间甚至只能在某些离散的时刻点上进行通信, 导致信息通信呈现一定的间歇性. Zhao 研究了基于采样数据的一阶积分器网络的一致性控制问题, 其中通信图的变化满足马尔科夫随机变化规律[39]. Wen 等研究了间歇通信下二阶多智能体系统的一致性控制问题, 分析了间歇通信率对一致性的影响[40]. Sean 和 Ricardo 研究了一类具有异步和间歇通信特点的多智能体系统的鲁棒同步问题[41]. 针对一类只能在离散非周期和异步时刻传输信息的非线性系统的领导-跟随一致性问题, Menard 等提出了基于连续-离散时间的观测器与连续控制律的一致性控制协议[42]. 此外, 实际应用环境中通信网络常发生中断或切换等问题. Lin 和 Jia 利用公共 Lyapunov 泛函方法研究具有切换通信图和时变单一输入时滞的一阶积分器多智能体系统的一致性控制问题, 其中每一个通信图是强连通平衡图[43], 进一步地, 他们研究了具有切换通信图和非均匀传输时滞的离散时间二阶多智能体系统的一致性控制问题[44]. Yoo 研究了一类严格状态反馈形式下的非线性多智能体系统在切换通信图下的一致性跟踪问题[45], 其假设通信图在各个时间区间联合包含一棵有向生成树. Wen 等研究了有向切换通信图下的高阶多智能体系统的分布式 H_∞ 一致性控制问题[46], 并进一步提出了多重 Lyapunov 函数的分析方法, 建立了切换通信图下多智能系统的控制框架[47].

(3) 具有控制输入限制的多智能体系统一致性控制问题 工程应用中, 智能体的状态信息往往比较难以获取, 需要使用观测器来对智能体的状态信息进行估计, 并形成基于观测器的一致性控制协议. Saber 系统地研究了卡尔曼一致滤波器, 建立了噪声环境下一致性控制的分析框架[48]. Chen 等结合反步技术, 提出了一种基于观测器的自适应一致性跟踪控制策略, 研究了一类高阶非线性多智能体系统半全局一致最终有界控制问题[49]. Wang 等研究了有向通信图下受扰动的多智能体系统的一致性控制问题, 采用分布式有限时间扩展状态观测器, 提出了控制算法在有限时间内误差动态收敛的充分条件[50]. Sarrafan 和 Jafar 通过为每个跟随者构建一种新型分布式有限时间观测器来估计领导者的状态信息, 并基于此研究了领导-跟随一致性跟踪控制问题[51]. 另外, 由于实际系统中执行机构所能提供的控制增益不可能无限大, 研究具有控制输入饱和的多智能体一致性控制问题更具有工程实用性. Yang 等研究了具有输入饱和约束的离散多智能体系统在固定无向通信图下的全局一致性控制问题[52]. Fu 等针对二阶多智能体系统的输入饱和问题, 设计了一类仅利用相对状态信息的控制器实现了有限时间一致性[53]. 针对存在输入饱和、未知干扰和传感器故障的非线性非严格反馈多智能体系统, Cao 等提出了一种自适应神经网络事件触发控制方案, 证明了闭环系统的半全局一致最终有界性[54]. 上述控制协议大多需要用到整个网络的通信图信息, 如通信图的 Laplacén（拉普拉斯）矩阵的特征值, 学者们进一步提出了完全分布式一致性控制方案. Li 等讨论了具有一般线性动力学和有向通信图的多智能体系统的完全分布式一致性协议设计问题[55]. Cheng 和 Li 基于局部采样的状态信息, 设计了分布式自适应事件触发控制协议, 从而保证了无领导者与有领导者情况下的多智能体系统一致性控制[56].

(4) 遭遇故障/攻击的多智能体系统一致性安全控制问题研究 多智能体系统在长期运行过程中可能因材料老化、设备缺损等引起执行器和传感器的故障, 此外, 开放性的网络化结构和更加智能的黑客技术给攻击者入侵多智能体系统带来了可乘之机, 因此, 有必要研究网络攻击下多智能体系统的安全协同控制问题. 按照故障/攻击作用的范围可以将其分为两类: 一是针对智能体物理系统的故障/攻击; 二是针对通信连边的故障/攻击. 2012 年, Wen 等研究了具有非线性动力学行为和执行器间歇故障的一阶多智能体系统的一致性控制问题[57]. Pasqualetti 等研究了多智能体系统中存在故障或恶意结点（智能体）情况下的协调一致性控制问题[58]. Su 和 Shahrampour 考虑了传感网络中同时存在量测噪声与拜占庭 (Byzantine) 结点下的有限时间分布式安全状态估计问题[59], 并利用坐标裁剪的技术确保了状态估计的一致性. 此外, An 和 Yang 基于最小切换技术与事件触发机制, 降低了拜占庭结点攻击下分布式协调控制对网络通信图连通性的要求[60]. 在分布式拒绝服务攻击 (denial of service, DoS) 攻击下, Feng 和 Hu 基于事件触发通信机制研究了线性多智能体的安全协同控制[61]. 对于一类遭受欺骗攻击的非线性多智能体系统, Cui 等研究了基于样本的一致性问题[62]. Wan 和 Cao 研究了具有异构智能体和一般 Lipschitz（李普希茨）非线性的动态系统的安全一致性跟踪控制问题[63]. Wen 和 Cao 采用牵制控制的方法, 将系统状态分为遭遇攻击、动态修复和修复完成三种状态, 利用修复完成后的状态与正常状态之间的残差作为控制的输入, 实现将残差调整为零的控制目标[64]. Barboni 等在单个子系统遭受隐蔽测量攻击与执行器攻击的情形下, 基于邻居子系统间的分布式信息交互检测, 提出了大规模互联系统中隐蔽攻击可检测的方法, 并进一步实现了多智能体系统的安全控制[65].

1.2 基于一致性理论的分布式编队控制

近年来, 在关于多智能体系统一致性问题研究的基础上衍生出许多分布式协同控制问题. 具体地, 根据多智能体系统协同控制目标的不同, 可将与一致性控制密切相关的多智能体系统协同控制问题分为群集控制 (swarming control)[66,67]、蜂拥控制 (flocking control)[68,69]、聚集控制 (rendezous control)[70,71]、涡旋控制 (torus control)[72,73]、覆盖控制 (coverage control)[74,75] 和编队控制 (formation control)[76,77] 等. 多智能体系统的群集行为是一种较为简单的协同行为, 是指所有智能体的状态最终收敛于某一有界区域, 有些群集控制算法亦考虑了智能体之间的碰撞规避问题. 实际中, 群集行为反映为自然界中候鸟或者鱼群等的迁徙运动, 此时生物个体往往只需要知道目的地的大致位置, 而协调过程中并不要求速度同步. 蜂拥控制一般指的是所有智能体的速度达到一致并且个体彼此之间避免碰撞, 在此基础上形成稳定的蜂拥构形. 聚集控制指的是所有智能体的位置最终趋向于一致并且所有个体的最终速度趋于零, 这类似于鸟类在小岛上的栖息行为. 涡旋控制指的是系统中所有智能体形成圆环或者圆周编队, 这可以模拟鱼群在受到攻击时产生的涡旋编队行为. 覆盖控制指的是系统中所有智能体在分布式协议下形成一定形状的队形且充分覆盖某一区域, 并且随着时间的演变队形保持不变. 编队控制指系统中所有智能体形成并保持期望的队形, 是实现涡旋控制和覆盖控制任务的前提与基础. 本节主要介绍基于一致性理论的分布式编队控制.

1.2.1 分布式编队: 一致性控制框架

近年来, 由于广泛的应用场景和重要的研究价值, 编队控制问题受到许多国内外学者的深入研究, 其主要研究内容包含队形生成、队形保持、队形切换、编队避障等; 常用的研究方法是基于势函数法分析多智能体系统编队构形的稳定性[78]. 此外, 随着图论在多智能体系统协同控制中的引入和研究, 传统的控制方法在图论的框架中得到进一步发展, 成为了研究编队控制的主流方法之一. 该方法基于图论知识, 选取图的连接性和刚性来表征机器人之间的交互作用强度, 实现理想的编队队形[79]. 其他的主流研究方法包括领导者-跟随者方法、虚拟结构方法和基于行为的方法等[77,80]. 本节按照感知和控制变量的类型, 将现有的编队控制的结果分为基于位置的、基于位移的和基于距离的.

(1) 基于位置的编队控制 智能体感知自己相对于全局坐标系的位置, 并主动地控制自己的位置, 以实现预期的队形, 该队形是由相对于全局坐标系的预期位置所规定的.

(2) 基于位移的编队控制 在智能体能够感知其相邻智能体相对于全局坐标系的相对位置的假设下, 每个智能体主动控制其与相邻智能体的位移, 以实现预期的队形. 该假设意味着所有智能体需要知道全局坐标系的方向, 但智能体既不需要知道关于全局坐标系本身的信息, 也不需要知道它们相对于坐标系的位置.

(3) 基于距离的编队控制 智能体通过主动控制相互之间的距离, 以实现由智能体之间相对距离给出的期望队形. 假定每个智能体能够感知相邻智能体相对于自己的局部坐标系的相对距离, 且局部坐标系的方向不一定相互对齐.

例如, 对于如下的 N 个智能体系统:

$$\begin{cases}\dot{\boldsymbol{x}}_i(t)=\boldsymbol{f}_i(\boldsymbol{x}_i(t),\boldsymbol{u}_i(t)),\\ \boldsymbol{y}_i(t)=\boldsymbol{g}_i(\boldsymbol{x}_1(t),\cdots,\boldsymbol{x}_N(t)),\quad i=1,\cdots,N,\\ \boldsymbol{z}_i(t)=\boldsymbol{h}_i(\boldsymbol{x}_i(t)).\end{cases} \tag{1.11}$$

式中, $\boldsymbol{x}_i(t)$, $\boldsymbol{u}_i(t)$, $\boldsymbol{y}_i(t)$ 和 $\boldsymbol{z}_i(t)$ 分别表示 t 时刻智能体 i 的状态、控制、测量和输出; $\boldsymbol{f}_i(\cdot)$, $\boldsymbol{g}_i(\cdot)$ 以及 $\boldsymbol{h}_i(\cdot)$ 是关于时间 t 的函数. 多智能体系统 (1.11) 的理想编队形式具体如下:

$$F(\boldsymbol{z}(t))=F(\boldsymbol{z}^*) \tag{1.12}$$

式中, $\boldsymbol{z}(t)=[\boldsymbol{z}_1(t)^{\mathrm{T}},\cdots,\boldsymbol{z}_N(t)^{\mathrm{T}}]^{\mathrm{T}}$ 和 $\boldsymbol{z}^*=[\boldsymbol{z}_1^{*\mathrm{T}},\cdots,\boldsymbol{z}_N^{*\mathrm{T}}]^{\mathrm{T}}$ 描述了智能体理想编队下的输出. 进而, 一般的编队控制问题即可以表述为: 仅仅使用测量 $\boldsymbol{y}_i(t)$ 设计一个控制律, 使集合 $E_{\boldsymbol{z}^*}=\{\boldsymbol{x}(t):F(\boldsymbol{z}(t))=F(\boldsymbol{z}^*)\}$ 关于多智能体系统 (1.11) 是渐近稳定的. 在此基础上, 将基于位置、位移和距离的编队控制问题描述如下:

(1) 基于位置的编队控制. 测量 $\boldsymbol{y}_i(t)$ 包含一些相对于全局坐标系的绝对变量. 此时, 约束条件 (1.12) 中 $F(\boldsymbol{z}^*)=\boldsymbol{z}(t)$, 即

$$F(\boldsymbol{z}(t))=\boldsymbol{z}(t) \tag{1.13}$$

进而, 智能体 i 基于 $\boldsymbol{z}_i(t)$ 进行控制.

(2) 基于位移的编队控制. 测量 $\boldsymbol{y}_i(t)$ 包含相对于全局坐标系的相对变量, 但不包含任何相对于全局坐标系的绝对变量. 则约束条件 (1.12) 中 $F(\boldsymbol{z}^*)=[\cdots\ (\boldsymbol{z}_j(t)-\boldsymbol{z}_i(t))^{\mathrm{T}}\ \cdots]^{\mathrm{T}}$, 即

$$F(\boldsymbol{z}(t))=[\cdots\ (\boldsymbol{z}_j(t)-\boldsymbol{z}_i(t))^{\mathrm{T}}\ \cdots]^{\mathrm{T}},\quad i,j=1,2,\cdots,N \tag{1.14}$$

进而, 智能体 i 基于 $[\cdots(\boldsymbol{z}_j(t)-\boldsymbol{z}_i(t))^{\mathrm{T}}\cdots]^{\mathrm{T}}$ 进行控制.

(3) 基于距离的编队控制. 测量 $\boldsymbol{y}_i(t)$ 只包含相对于智能体的局部坐标系可以感知的相对距离, 不包含任何需要在全局坐标系下感知的绝对变量和相对变量. 约束条件 (1.12) 通常有 $F(\boldsymbol{z}^*)=[\cdots\ \|\boldsymbol{z}_j(t)-\boldsymbol{z}_i(t)\|\ \cdots]^{\mathrm{T}}$, 即

$$F(\boldsymbol{z}(t))=[\cdots\ \|\boldsymbol{z}_j(t)-\boldsymbol{z}_i(t)\|\ \cdots]^{\mathrm{T}},\quad i,j=1,2,\cdots,N \tag{1.15}$$

进而, 智能体 i 基于 $[\cdots\|\boldsymbol{z}_j(t)-\boldsymbol{z}_i(t)\|\cdots]^{\mathrm{T}}$ 进行控制.

注意, 在编队控制问题中多智能体系统的目标是实现 $F(\boldsymbol{z}(t))\to F(\boldsymbol{z}^*)$, 而不一定要求 $\boldsymbol{z}(t)\to\boldsymbol{z}^*$. 约束条件 (1.12) 根据上述讨论的问题设置不同而不同. 假设 $\boldsymbol{z}(t)$ 是多智能体系统的位置向量, 则约束条件 (1.13) 指代相对于全局坐标系的位置. 约束条件 (1.14) 和 (1.15) 则分别对平移和平移与旋转组合变换保持不变, 适用于灵活智能体编队的形成. 例如, 文献 [81~83] 在基于角度的编队控制中提出了一个约束条件, 该约束条件对编队队形的平移、旋转和缩放变换均具有不变性. 此时, 约束条件 (1.12) 中 $F(\boldsymbol{z}(t))=\boldsymbol{z}(t)$, 其中 $\boldsymbol{z}_i(t)$ 是视线角. 因此, 该约束条件对于智能体编队的平移、旋转和缩放组合变换是不变的.

1.2.2 基于一致性的分布式编队控制研究现状

在本节中, 主要介绍上述三种编队控制策略的研究现状.

(1) 基于位置的编队控制 基于位置的编队控制研究主要分为两方面: 一是引入智能体之间的交互, 提高编队控制的性能; 二是引入全局协调器从智能体获取反馈, 并向智能体提供合适的控制命令. 该类反馈控制对于具有有限执行能力或

遭受干扰的智能体是有帮助的. 例如, Ren 和 Atkins 提出了一种基于位置的编队控制方案, 该方案是基于积分器系统建模的智能体之间相互作用[84], 其仿真结果表明: 当通信图具有有向生成树时, 可以通过合适地选取控制增益, 确保所有智能体在到达预期位置的过程中保持理想的队形. 在假设每个智能体均能感知自己的位置和相较于全局坐标系的方向角条件下, 文献 [85] 研究了由独轮车式运动学模型建模的智能体的编队轨迹跟踪问题. 在通信图连通假设下, 引入了基于相对跟踪误差的耦合控制输入. 当存在干扰或执行器限制时, 智能体可能无法理想地跟踪其期望的轨迹. Lewis 和 Tan 引入了反馈协调的概念, 研究了基于虚拟结构的控制方案下智能体运动过程中队形的保持问题[86]. 在该控制方案中, 所有智能体都被视为一个刚体, 称为虚拟结构. 另外, Beard 等提出了一种新的反馈协调方案[87], 在该控制结构中, 编队协调器从航天器上收集性能数据并生成协调变量进行广播, 基于此协调变量, 航天器各自产生附加控制输入以提高编队控制性能. 进而, Do 和 Pan 基于 Beard 等提出的控制结构解决了两轮驱动移动智能体的队列跟踪问题[88].

(2) 基于位移的编队控制 基于位移的编队控制研究对象包括单积分器和双积分器模型的智能体、一般线性智能体模型以及非整体约束智能体模型. 文献 [5] 中提出了一类基于相对位移的编队控制器, 指出当且仅当通信图含有有向生成树时, 编队误差是指数稳定的. 如果通信图是时变的且一致连通的, 那么编队误差对于离散时间智能体模型也是一致指数稳定的[89]. Cortés 基于 Jacobi（雅可比）超松弛算法, 提出了一种离散时域单积分器智能体模型的编队控制算法[90], 并证明该算法对测量故障和误差的鲁棒性. Li 等提出的动态一致性控制律可以应用于一般线性多智能体系统的编队控制中[24]. Wen 等对具有间歇相互作用的一般线性多智能体系统设计了基于位移的编队控制律[91]. Dimarogonas 和 Kyuȯkopoulos 提出了一种非光滑控制律[92], 将单轮车驱动到一个交汇点, 如果通信图最初是连通的, 即使单轮车的感知范围有限, 连通性仍然可以保持.

(3) 基于距离的编队控制 在基于距离的编队控制方案中, 即使智能体模型是线性的, 其控制器也可能是非线性的. 此外, 多智能体系统在基于距离的控制律下的不变集分析极具挑战. 这些因素导致了基于距离的编队控制设计变得复杂. Oh 和 Ahn 提出了一种基于距离的多智能体编队控制方法, 通过将智能体间的距离收敛到期望值而达成编队效果, 并证明了在所提出的控制方法下, 编队队形能局部渐近收敛到期望队形[93,94]. 特别地, 在文献 [94] 中, Oh 和 Ahn 研究了 3 个不共线的单积分智能体的无向三角形编队控制, 分析指出 3 个智能体在初始不共线的情况下, 通过基于距离的控制器能渐近收敛到期望的无向三角队形. Smith 等在研究等边三角形编队控制中也发现了类似结果[95]. 进一步, Anderson 等将文献 [95] 中的结果推广到更一般的有向编队情形[96]. 另一方面, 无向四智能体编队控制的全局稳定特性也得到关注. Anderson 等[97] 指出理想的矩形编队结构有 2 个不同且相关的非理想矩形平衡点, 并且它们必然是鞍点. Oh 和 Ahn[98] 进一步研究了基于距离的单积分器与双积分器模型智能体的编队控制问题. Kang 等[99] 设计了一种基于距离的领导者-跟随者类型的编队控制策略, 允许跟随者智能体采用自适应方法，通过相对位移测量来估计领导者的速度.

1.3　基于一致性理论的分布式优化与博弈

考虑到复杂工业对象的各种物理约束和经济性能等指标的优化, 人们不再满足于实现分布式系统的稳定控制或者协同一致性等, 而是希望在保证系统稳定运行的同时通过优化获得期望的个体动态特征和更好的协同控制性能. 比如, 在智能交通系统中, 人们希望在安全有序通行的前提下减少排队等待的时间[100]; 在供应链管理系统中, 人们希望在保持产品供大于求的同时减少货物的积压[101]; 在电力系统中, 要求对发电侧进行经济调度, 在满足电力系统安全运行和电能质量要求的前提下尽可能地提高系统运行的经济性, 以最少的总运行成本为用户提供可靠且满意的供电[102]. 在此背景下, 基于多智能体一致性的分布式协同优化成为当代控制科学与工程的一个重要发展方向[103].

除了协同优化, 社会和历史发展中另一个常见的主题就是利益冲突, 越来越多的科学学科（包括数学、经济学、社会学和政治学等）投入了大量的时间和精力来分析各种情况下的利益冲突. 博弈论作为一种典型的描述冲突以及为多智能体决策过程进行建模和评估的理论, 为网络群体中智能体的决策提供了理论依据. 非合作博弈作为博弈论的一个重要分支, 更是被广泛应用于解决各类实际工程问题, 包括移动传感器网络的设计[104]、水面无人艇的编队跟踪[105] 和智能电网的能源交易[106] 等问题. 在非合作博弈框架下, 每个参与者 (智能体) 都想通过改变自身策略以自私地最大化自己的收益, 而参与者之间可能存在一种特殊的均衡状态, 在这种均衡状态下, 每个参与者都不想再单独地改变自己的策略, 此时所有参与者策略的组合称之为纳什均衡[107]. 由于其在制衡各个参与者的收益中起到的特殊作用, 非合作博弈的分布式纳什均衡求解问题已经成为博弈论的重要研究内容.

与传统的集中式优化和博弈相比较, 分布式优化和博弈具有如下特点:

(1) 与优化和博弈问题相关的信息分布存储在每个智能体中, 信息的隐私性得以保证;

(2) 每个智能体不需要将数据传输到中心结点, 只需要与邻居智能体进行信息交互, 因此更加节约通信成本;

(3) 不存在单点故障问题, 极大地提高了系统的鲁棒性;

(4) 不依赖于中心结点, 增强了网络的可扩展性.

1.3.1 分布式优化与博弈模型

目前在分布式优化领域, 研究者们取得了一系列原创性成果. 本节将讨论两种框架下的分布式优化问题, 并将其扩展到博弈问题的研究中. 虽然很多研究者对非凸优化进行深入研究, 但本节只考虑凸优化问题.

考虑网络中 N 个互连的智能体, 每个智能体有一个局部目标函数 $f_i(\boldsymbol{x})$, 优化目标是最小化一个全局目标函数, 该全局目标函数是所有智能体局部目标函数的求和, 其具体形式如下:

$$\min_{\boldsymbol{x}\in\mathbb{R}^n} f(\boldsymbol{x})=\sum_{i=1}^{N} f_i(\boldsymbol{x}) \tag{1.16}$$

式中, $\boldsymbol{x}\in\mathbb{R}^n$ 是决策变量; $f_i:\mathbb{R}^n\to\mathbb{R}$ 是智能体 i 的局部凸目标函数; $f(\boldsymbol{x})$ 称为全局目标函数. 这里智能体 i 只知道自己的局部信息. 在分布式优化中, 智能体根据自己的局部目标函数和对全局最优解的估计, 通过与邻居智能体进行局部信息交互, 使得所有智能体的估计都收敛到一个共同的最优解, 即各个智能体关于最优解的估计最后要达成一致.

在优化问题 (1.16) 中, 所有智能体具有相同的决策变量 $\boldsymbol{x}$. 实际中还存在一类优化问题, 该类优化问题允许每个智能体都具有自己的局部决策变量 $\boldsymbol{x}_i$, 智能体的局部目标函数为 $f_i(\boldsymbol{x}_i)$. 全局目标函数是所有智能体局部目标函数的求和, 智能体的目标仍然是最小化全局目标函数. 该框架下的优化问题有着实际的应用背景, 例如智能电网中每个发电单元的决策变量就是其各自的发电量, 优化目标为最小化总的发电代价. 需要说明的是, 这类优化问题通常伴随着等式约束的存在, 例如所有发电单元总的发电量等于所有用户的用电需求量. 因此, 这类优化问题通常表示为

$$\begin{aligned}
&\min f(\boldsymbol{x})=\sum_{i=1}^{N} f_i(\boldsymbol{x}_i)\\
&\text{s.t.}\ \ \sum_{i=1}^{n}\boldsymbol{x}_i=\sum_{i=1}^{n}\boldsymbol{d}_i=\boldsymbol{d}_0,\\
&\qquad \boldsymbol{x}_i\in X_i,\ i=1,\cdots,N.
\end{aligned} \tag{1.17}$$

式中, $\boldsymbol{x}=[\boldsymbol{x}_1^{\mathrm{T}},\cdots,\boldsymbol{x}_N^{\mathrm{T}}]^{\mathrm{T}}$; $f_i(\boldsymbol{x}_i):\mathbb{R}^n\to\mathbb{R}$ 是智能体 i 的局部目标函数; $X_i\subseteq\mathbb{R}^n$ 是其局部约束集; $\boldsymbol{d}_i\in\mathbb{R}^n$ 是智能体 i 的局部信息; $\boldsymbol{d}_0\in\mathbb{R}^n$ 是全局信息. 等式约束 $\sum\limits_{i=1}^{n}\boldsymbol{x}_i=\boldsymbol{d}_0$ 实际上描述了现实问题中的供需平衡要求. 所有智能体在已知自

己局部信息的条件下, 通过与邻居智能体信息交互, 旨在协作找到全局目标函数 $f(\boldsymbol{x})$ 的最优解.

不同于协同优化问题 (1.16) 和 (1.17), 在非合作博弈问题中每个智能体只想自私地最小化自己的局部目标函数, 而不考虑智能体整体的目标, 即每个智能体的目标为

$$\min_{\boldsymbol{x}_i \in \mathbb{R}^n} f_i(\boldsymbol{x}_i, \boldsymbol{x}_{-i}), \quad \forall i = 1, \cdots, N \tag{1.18}$$

式中, $\boldsymbol{x}_i \in \mathbb{R}^n$ 是智能体 i 的策略（动作）; $\boldsymbol{x}_{-i} = \left[\boldsymbol{x}_1^{\mathrm{T}}, \cdots, \boldsymbol{x}_{i-1}^{\mathrm{T}}, \boldsymbol{x}_{i+1}^{\mathrm{T}}, \cdots, \boldsymbol{x}_N^{\mathrm{T}}\right]^{\mathrm{T}}$ 表示所有其他智能体的策略; $f_i(\boldsymbol{x}_i, \boldsymbol{x}_{-i})$ 是智能体 i 的局部目标函数. 可以看出每个智能体的局部目标函数不仅依赖于自己的策略, 而且依赖于其他智能体的策略. 纳什均衡 $\boldsymbol{x}^* = (\boldsymbol{x}_i^*, \boldsymbol{x}_{-i}^*)$ 是所有智能体策略的一种特殊组合, 满足 $f_i\left(\boldsymbol{x}_i^*, \boldsymbol{x}_{-i}^*\right) \leqslant f_i\left(\boldsymbol{x}_i, \boldsymbol{x}_{-i}^*\right), \forall \boldsymbol{x}_i \in \mathbb{R}^n, \forall i = 1, \cdots, N$, 即在纳什均衡处, 任何智能体都不可能通过单方面改变自己的策略而减小自己的局部目标函数. 因此, 非合作博弈的一个重要研究内容就是找到博弈问题 (1.18) 的纳什均衡. 智能体的局部目标函数依赖于全局决策信息 $\boldsymbol{x} = (\boldsymbol{x}_i, \boldsymbol{x}_{-i})$, 而在部分决策信息框架下, 智能体可以通过信息交互获取邻居智能体的决策信息, 但无法直接获取非邻居智能体的决策信息. 因此, 所有智能体基于对全局决策信息 $\boldsymbol{x}$ 的估计来更新自己的策略, 并与邻居智能体交换估计信息以更新自己的局部估计, 所有智能体以分布式的方式寻找非合作博弈的纳什均衡.

1.3.2 基于一致性的分布式优化与博弈研究现状

本节将介绍基于一致性的分布式优化和博弈的国内外研究现状. 首先, 对于分布式优化, 分别从离散时间和连续时间算法的角度介绍其研究现状; 然后, 针对分布式非合作博弈, 介绍无约束和有约束的分布式博弈的研究现状.

(1) 离散时间分布式优化 对于无约束优化问题 (1.16), Nedić 和 Ozdaglar 将传统的离散时间一致性协议和经典次梯度算法结合, 首次提出了如下的离散时间分布式次梯度算法[108]:

$$\boldsymbol{x}_i(t+1) = \sum_{j \in \mathcal{N}_i} w_{ij} \boldsymbol{x}_j(t) - \alpha_i(t) \boldsymbol{d}_i(t) \tag{1.19}$$

式中, $\boldsymbol{x}_i(t) \in \mathbb{R}^n$ 表示智能体 i 在第 t 步迭代时对最优值的估计; $\mathcal{N}_i$ 表示智能体 i 的邻居集合; w_{ij} 表示无向通信图对应的双随机加权矩阵的第 i 行第 j 列元素; $\alpha_i(t)$ 表示衰减迭代步长, 并且满足 $\sum\limits_{t=0}^{\infty} \alpha_i(t) = \infty$ 和 $\sum\limits_{t=0}^{\infty} \alpha_i^2(t) < \infty$; $\boldsymbol{d}_i(t)$ 表示目标函数 f_i 在 $\boldsymbol{x}_i(t)$ 处的次梯度. 在次梯度有界且智能体的通信图满足固定无向连通的假设下, Nedić 和 Ozdaglar 证明了分布式次梯度下降算法 (1.19) 使得所

有 $\boldsymbol{x}_i(t)$ 渐近收敛于 (1.16) 的最优解. 虽然衰减步长可以得到精确的优化解, 但弊端是收敛速度较慢. 为了充分挖掘固定步长算法收敛速度快的优势, Shi 等提出了精确一阶算法 (exact first-order algorithm, EXTRA)[109], 通过修正分布式梯度下降法的更新误差, 在固定步长下实现了算法的精确线性收敛. 然后, Nedić 等结合分布式不精确梯度方法和梯度跟踪技术设计了一类算法分布式不精确梯度和梯度跟踪算法 (distributed inexact gradients and gradient tracking, DIGing)[110], 在适当选择固定步长的情况下, 建立了无向连通图上 DIGing 算法的精确线性收敛. Qu 和 Li 借鉴了集中式优化算法中利用累积历史信息进行校正的思想, 在分布式梯度下降法中采用 Nesterov 加速[111], 以此加快分布式优化算法的收敛速度. 另外, 一些学者从原始问题的对偶问题出发, 提出了分布式对偶平均算法[112]和交替方向乘子法[113]. 优化问题 (1.17) 在分布式能源协调应用中得到广泛研究. 例如, Zhang 和 Chow 提出了固定无向通信图下基于领导者-跟随者一致性的算法[114], Xing 等提出了强连通有向通信图下基于类一致性迭代的分布式二分法[115], Yang 等提出了时变有向通信图下基于梯度推和法的分布式算法[116].

(2) 连续时间分布式优化 随着信息物理系统的发展, 连续时间分布式优化受到越来越多的关注. Wang 和 Elia 提出一阶连续时间分布式比例积分优化算法[117]:

$$\begin{aligned}\dot{\boldsymbol{x}}_i(t) &= \sum_{j=1}^{N} w_{ij}\left(\boldsymbol{x}_j(t)-\boldsymbol{x}_i(t)\right)+\sum_{j=1}^{N} w_{ij}\left(\boldsymbol{v}_j(t)-\boldsymbol{v}_i(t)\right)-\nabla f_i\left(\boldsymbol{x}_i(t)\right)\\ \dot{\boldsymbol{v}}_i(t) &= -\sum_{j=1}^{N} w_{ij}\left(\boldsymbol{x}_j(t)-\boldsymbol{x}_i(t)\right)\end{aligned} \tag{1.20}$$

式中, 一致性项 $\sum\limits_{j=1}^{N} w_{ij}\left(\boldsymbol{v}_j(t)-\boldsymbol{v}_i(t)\right)$ 用于确保 $\boldsymbol{x}_i(t)$ 最终收敛于精确的最优解. Kia 等[118] 对算法 (1.20) 进行改进, 通过适当地选择初值 $\boldsymbol{v}_i(0)$ 消除了智能体关于辅助变量 $\boldsymbol{v}_i(t)$ 的通信, 并在有向通信图强连通平衡且局部目标函数强凸光滑的假设下建立了算法的指数收敛性. Lu 和 Tang 提出了基于二阶 Hesse 矩阵的分布式零梯度和算法[119], 证明了算法的指数收敛性. 与一阶分布式算法相比, 该算法通过挖掘 Hesse 矩阵获得了更快的收敛速度. 实际应用中可能存在各种约束, 如局部约束、全局等式约束和不等式约束. 在智能体的约束集相同的情况下, Qiu 等设计了无向通信图上的分布式投影次梯度算法, 在梯度项的增益持续减小的条件下建立了算法的收敛性[120]. 针对具有局部约束、不等式约束和全局等式约束的一般优化问题, Zhu 等基于比例积分控制策略和次梯度方法设计了分布式投影次梯度算法, 利用非光滑分析和 Lyapunov 稳定性理论, 得到了无向连通通信图下算法的渐近收敛结果[121]. 针对具有局部约束和耦合等式约束的可分凸优化问题, Cherukuri 和 Cortés 采用了精确罚函数法处理智能体的局部约束[122]. 不同于投影和罚函数机制, Bai 等结合领导者-跟随者一致性协议、平均一致性协议和鞍点动力学来分布式地解决具有约束的可分凸优化问题[123]. 另外, 相关工作也研究了有限时间收敛和固定时间收敛的分布式优化算法[124,125].

(3) 分布式非合作博弈 不同于上述的分布式优化算法, 分布式非合作博弈重在研究部分决策信息框架下博弈均衡解的分布式求解算法, 通过设计分布式算法使得所有参与者的动作收敛到纳什均衡. Rosen[126] 通过研究具有约束的 n 人博弈问题, 分析了博弈中均衡解的存在性与唯一性条件, 证明了每一个严格凹博弈都有唯一的均衡点. 在假设纳什均衡存在的情况下, Ye 和 Hu[127] 设计了基于一致性的连续时间分布式纳什均衡搜索算法, 采用领导者-跟随者一致性协议更新参与者对全局决策信息的估计, 并基于局部估计采用梯度策略更新参与者的动作. 借助奇异摄动理论证明了所提算法能够使得所有参与者的动作收敛到纳什均衡. Gadjov 和 Pavel[128] 基于无源性方法研究了纳什均衡的分布式求解, 结合一致性误差反馈和梯度策略设计了参与者动作的更新算法, 通过假设伪梯度的强单调性建立了纳什均衡的指数稳定性. 为了消除算法参数对通信图连通度信息的依赖, Persis 和 Grammatico[129] 进一步利用无源性将文献 [128] 中的算法与分布式非线性平均积分控制器连接起来, 通过在线调整通信图的权值, 实现完全分布式纳什均衡搜索. Koshal 等[130] 研究了分布式聚合博弈问题, 其中参与者的代价依赖于自身动作和所有参与者动作的聚合, 并且参与者的动作受局部约束集的限制. 基于平均一致性协议和投影梯度下降方法设计了离散时间分布式纳什均衡搜索算法, 在递减步长条件下证明了所提算法对纳什均衡的渐近收敛性. 针对具有耦合约束的非合作博弈问题, 其均衡解称为广义纳什均衡[131,132]. Liang 等[133] 针对具有耦合约束的聚合博弈提出了一种基于投影动力学和非光滑跟踪动力学的分布式算法寻求广义纳什均衡. Yi 和 Pavel[134] 通过原始对偶分析和变量增广将广义纳什均衡的求解问题重新表述为求单调算子和的零解问题, 设计了基于算子分裂方法的分布式广义纳什均衡求解算法.

1.4 本书内容安排

本书基于一致性理论的基本思想研究了多智能体系统的分布式安全协同控制和优化问题. 全书共分为 9 个章节.

第一章, 绪论. 首先介绍了一致性理论的研究背景, 分别从个体动力学行为、通信模式、控制协议和安全性 4 个方面介绍一致性控制的研究现状, 这是本书后续章节的基础. 随后介绍了基于一致性的编队控制问题及其相关的研究现状. 最后, 介绍了分布式优化与博弈的基本模型以及求解算法.

第二章, 基础知识理论. 首先介绍了矩阵论和代数图论的基本概念以及相关的引理, 然后介绍了系统稳定性理论的相关内容和引理, 最后, 介绍了分布式优化与博弈中常用的关于凸优化的基本概念和引理.

第三章, 多智能体系统完全分布式一致性. 首先介绍线性多智能体系统的完全分布式一致性方法, 针对有向通信图下的线性多智能体系统, 提出基于状态反馈的完全分布式一致性协议, 包括基于乘性增益和基于加性增益的分布式自适应一致性协议, 并从理论上分析乘性增益和加性增益对克服有向通信图的非对称性的作用; 然后介绍非线性多智能体系统的完全分布式一致性方法, 提出基于状态反馈的分布式自适应一致性协议, 利用自适应增益来估计全局通信的特征值信息及 Lipschitz 非线性常数.

第四章, 多智能体系统弹性一致性控制. 首先针对一阶/二阶多智能体系统设计了基于子序列删减的弹性一致性算法, 通过删除极值邻居的方法来克服恶意智能体对系统一致性的影响. 对于一般高阶多智能体系统, 引入攻击检测和隔离, 从而删除被隔离的恶意智能体, 实现系统弹性一致性.

第五章, DoS 攻击下的多智能体系统一致性安全控制. 首先针对 DoS 攻击下线性多智能体系统的一致性安全控制问题, 提出了一种基于监控的"重建 + 修复"策略, 并给出了合理选取控制增益的方法; 其次, 研究了具有非线性动力学的多智能体系统基于观测器的一致性安全控制问题, 给出了一个选取控制器和观测器反馈控制增益矩阵以及耦合强度的有效算法, 以及保证 DoS 攻击环境下仍能实现一致性跟踪目标的充分性条件; 最后, 研究了具有物理耦合的多智能体系统在两种 DoS 攻击场景下的分布式事件触发控制, 结合图论和混杂控制理论, 提出了选择控制参数和事件驱动参数的具体算法, 揭示了 DoS 攻击指标、系统参数矩阵和修复连边时长之间的内在关系.

第六章, 基于一致性的安全编队控制方法及应用. 首先提出一种基于一致性的协同编队控制律并分析编队误差收敛情况; 然后分别介绍基于速度障碍物和势函数的安全编队控制方法, 给出速度障碍物的构造方法并设计基于局部二次最优问题的安全编队控制律, 提出基于编队势函数和避障势函数的安全编队控制律, 分析闭环系统的收敛性.

第七章, 基于一致性理论的无约束分布式优化. 首先考虑了非平衡有向通信图下的基于一致性理论的分布式优化, 通过特征值估计方法消除拓扑不平衡的影响, 设计了连续时间分布式优化算法并对算法进行收敛性分析; 其次, 考虑通信连边遭受攻击的分布式优化问题, 设计了连续时间通信机制下的优化算法, 进一步考虑了通信连边攻击下基于事件触发通信机制的分布式优化算法, 通过对攻击的频率和激活时间进行限制, 证明了算法的有效性并排除了事件触发通信机制下的

齐诺行为 (Zeno behavior).

第八章, 基于一致性理论的一般约束分布式优化. 考虑每个智能体具有局部凸约束集、等式约束和不等式约束的情况, 首先设计了一类连续时间完全分布式次梯度投影算法; 其次, 从原始对偶的角度出发, 设计了基于鞍点的微分投影动力学; 针对所提出的两种算法, 分别给出了相应的收敛性分析和仿真分析, 验证了理论结果的正确性和有效性.

第九章, 基于一致性理论的分布式非合作博弈. 首先考虑通信链路故障和潜在网络攻击所导致的切换通信图的情况, 针对无约束和服从局部约束的非合作博弈问题, 基于一致性理论, 设计了切换通信图下的分布式纳什均衡搜索算法; 其次, 考虑通信不确定的情况, 分别设计了基于一致性跟踪和一致性反馈的自适应分布式纳什均衡搜索算法, 分析了算法的收敛性.

第二章 基础知识理论

本章首先给出本书常用的记号与概念, 并简单回顾了线性代数、矩阵论的相关知识和引理; 然后, 介绍了图的基本概念、连通性及图的邻接矩阵和 Laplace 矩阵的性质; 接着, 给出了系统稳定性理论的一些基本结果; 最后, 简单阐述了凸优化理论中的基本概念和引理.

2.1 矩阵工具描述

2.1.1 常用记号与概念

如无特殊说明, 本书使用如下记号及含义: $\mathbb{R}$, $\mathbb{N}$ 和 $\mathbb{C}$ 分别表示实数、自然数和复数组成的集合; $\mathbb{R}^n$ 和 $\mathbb{C}^n$ 分别表示 n 维实列向量空间和复列向量空间; $\mathbb{R}^{n\times m}$ 表示 $n\times m$ 维实矩阵空间; $\mathbb{C}^{n\times m}$ 表示 $n\times m$ 维复矩阵空间. 对于给定的矩阵 $\boldsymbol{A}\in\mathbb{R}^{m\times n}$, $\boldsymbol{A}^{\mathrm{T}}$ 表示其转置; 对于给定的矩阵 $\boldsymbol{A}\in\mathbb{C}^{m\times n}$, $\boldsymbol{A}^{\mathrm{H}}$ 表示其共轭转置; 若 $\boldsymbol{A}\in\mathbb{R}^{n\times n}$ 且 $\boldsymbol{A}=\boldsymbol{A}^{\mathrm{T}}$, 则 $\boldsymbol{A}$ 为实对称矩阵; 若 $\boldsymbol{A}\in\mathbb{C}^{n\times n}$ 且 $\boldsymbol{A}=\boldsymbol{A}^{\mathrm{H}}$, 则 $\boldsymbol{A}$ 为 Hermite（埃尔米特）矩阵. 对于任意给定的方阵 $\boldsymbol{A}$, $\det(\boldsymbol{A})$ 表示其行列式; 对于任意给定的矩阵 $\boldsymbol{A}$, $\mathrm{Rank}(\boldsymbol{A})$ 表示 $\boldsymbol{A}$ 的秩; $\mathrm{Span}(\boldsymbol{A})$ 表示 $\boldsymbol{A}$ 的值域, 即矩阵 $\boldsymbol{A}$ 的每一列元素组成的列向量所张成的空间; $\mathrm{Null}(\boldsymbol{A})$ 表示 $\boldsymbol{A}$ 的零空间, 即所有满足 $\boldsymbol{A}\boldsymbol{x}=\boldsymbol{0}$ 的向量 $\boldsymbol{x}$ 所组成的集合. $\mathbf{1}_n=[1,1,\cdots,1]^{\mathrm{T}}\in\mathbb{R}^n$, $\mathbf{0}_n=[0,0,\cdots,0]^{\mathrm{T}}\in\mathbb{R}^n$, 当向量的维数不用明确给出时, 用 $\mathbf{1}$ 表示一个具有相容维数的所有元素均为 1 的列向量, 用 $\mathbf{0}$ 表示一个具有相容维数的所有元素均为 0 的列向量, 特别地, $\boldsymbol{O}_{n\times m}$ 表示 $n\times m$ 维零矩阵; $\boldsymbol{I}_n$ 表示 $n\times n$ 维单位矩阵. 向量 $\boldsymbol{x}=[x_1,\cdots,x_n]^{\mathrm{T}}\in\mathbb{R}^n$ 称为正 (非负) 向量, 当且仅当 $x_i>0$ ($x_i\geqslant 0$), $i=1,\cdots,n$. 为了表述方便, 有时用 $\boldsymbol{x}>0$ ($\boldsymbol{x}\geqslant 0$) 表示向量 x 为正（非负）向量. 对于给定的 Hermite 矩阵 $\boldsymbol{M}$, $\lambda_{\max}(\boldsymbol{M})$ 和 $\lambda_{\min}(\boldsymbol{M})$ 分别代表其最大和最小特征根; 用 $\mathrm{diag}\,(\varepsilon_1,\cdots,\varepsilon_n)$ 表示对角元素为 $\varepsilon_1,\cdots,\varepsilon_n$ 的对角矩阵, 如果用方阵 $\boldsymbol{A}_i$ 代替 ε_i, $i=1,\cdots,n$, 则表示准对角矩阵. 符号 $\forall$ 表示 “对所有的” 或 “对任给的”; 对任意给定的 $x\in\mathbb{C}$, $\mathrm{Re}\{x\}$ 表示 x 的实部; $\mathbb{B}_\varepsilon(\boldsymbol{x})$ 表示 n 维实向量空间中, 中心在 $\boldsymbol{x}$, 半径为 ε 的闭球, 即

$$\mathbb{B}_\varepsilon(\boldsymbol{x})=\{\boldsymbol{y}|\boldsymbol{y}\in\mathbb{R}^n,\ \|\boldsymbol{y}-\boldsymbol{x}\|\leqslant\varepsilon\} \tag{2.1}$$

式中, $\varepsilon>0$; $\|\cdot\|$ 是向量的 Euclid（欧几里得）范数.

矩阵间的 Kronecker（克罗内克）积是一种特殊的映射, 这一映射在讨论矩阵方程时往往能够发挥重要的作用. 对于矩阵 $\boldsymbol{A}=[a_{ij}]\in\mathbb{C}^{m\times n}$, $\boldsymbol{B}\in\mathbb{C}^{p\times q}$, 它们的 Kronecker 积定义为

$$\boldsymbol{A}\otimes\boldsymbol{B}=\begin{bmatrix}a_{11}\boldsymbol{B} & a_{12}\boldsymbol{B} & \cdots & a_{1n}\boldsymbol{B}\\ a_{21}\boldsymbol{B} & a_{22}\boldsymbol{B} & \cdots & a_{2n}\boldsymbol{B}\\ \vdots & \vdots & & \vdots\\ a_{m1}\boldsymbol{B} & a_{m2}\boldsymbol{B} & \cdots & a_{mn}\boldsymbol{B}\end{bmatrix}\in\mathbb{C}^{mp\times nq}.$$

矩阵的 Kronecker 积满足如下的性质[135]:

(1) $(\gamma\boldsymbol{A})\otimes\boldsymbol{B}=\boldsymbol{A}\otimes(\gamma\boldsymbol{B})=\gamma(\boldsymbol{A}\otimes\boldsymbol{B})$, 其中 $\gamma\in\mathbb{C}$;

(2) $(\boldsymbol{A}\otimes\boldsymbol{B})^{\mathrm{T}}=\boldsymbol{A}^{\mathrm{T}}\otimes\boldsymbol{B}^{\mathrm{T}}$, $(\boldsymbol{A}\otimes\boldsymbol{B})^{\mathrm{H}}=\boldsymbol{A}^{\mathrm{H}}\otimes\boldsymbol{B}^{\mathrm{H}}$;

(3) $(\boldsymbol{A}\otimes\boldsymbol{B})(\boldsymbol{C}\otimes\boldsymbol{D})=(\boldsymbol{AC})\otimes(\boldsymbol{BD})$;

(4) $\boldsymbol{A}\otimes\boldsymbol{B}+\boldsymbol{A}\otimes\boldsymbol{C}=\boldsymbol{A}\otimes(\boldsymbol{B}+\boldsymbol{C})$;

(5) $(\boldsymbol{A}\otimes\boldsymbol{B})^{-1}=\boldsymbol{A}^{-1}\otimes\boldsymbol{B}^{-1}$.

由代数基本定理 (n 次复系数多项式方程在复数域内有且仅有 n 个根 (重根按重数计算)) 可知, n 阶矩阵 $\boldsymbol{A}\in\mathbb{C}^{n\times n}$ 在复数域内恰有 n 个特征值. 若 λ 是 n 阶矩阵 $\boldsymbol{A}\in\mathbb{C}^{n\times n}$ 的一个特征值, 则 λ 作为矩阵 $\boldsymbol{A}$ 的特征方程 $\det(\boldsymbol{A}-\lambda\boldsymbol{I}_n)=0$ 的根的重数, 称为 λ 的代数重数; 特征值 λ 的几何重数定义为 λ 对应的特征子空间的维数, 即对应于特征值 λ 的线性无关特征向量的最大数目. 易知, n 阶矩阵 $\boldsymbol{A}\in\mathbb{C}^{n\times n}$ 的任一特征值 λ 的代数重数不小于其几何重数. λ 为 n 阶矩阵 $\boldsymbol{A}\in\mathbb{C}^{n\times n}$ 的简单特征值当且仅当 λ 是 $\boldsymbol{A}$ 的代数重数为 1 的特征值.

对于给定的 Hermite 对称矩阵 $\boldsymbol{A}$, 如果对所有非零向量 $\boldsymbol{x}\in\mathbb{C}^n$ ($\boldsymbol{x}\in\mathbb{R}^n$), 都有 $\boldsymbol{x}^{\mathrm{H}}\boldsymbol{Ax}>0$ ($\boldsymbol{x}^{\mathrm{T}}\boldsymbol{Ax}>0$), 则称 $\boldsymbol{A}$ 为正定矩阵, 记作 $\boldsymbol{A}>0$; 如果 $-\boldsymbol{A}$ 是正定矩阵, $\boldsymbol{A}$ 是负定的; 如果 $\boldsymbol{A}$ 的所有特征根的实部都严格小于零; 矩阵 $\boldsymbol{A}\in\mathbb{C}^{n\times n}$ 是 Hurwitz（赫尔维茨）矩阵; 矩阵 $\boldsymbol{A}\in\mathbb{C}^{n\times n}$ 称为酉矩阵当且仅当 $\boldsymbol{A}^{\mathrm{H}}\boldsymbol{A}=\boldsymbol{I}_n$, 实的酉矩阵称为正交矩阵.

对于一个矩阵 $\boldsymbol{A}\in\mathbb{C}^{n\times m}$, 定义

$$\operatorname{vec}(\boldsymbol{A})=\begin{pmatrix}\operatorname{col}_1(\boldsymbol{A})\\ \vdots\\ \operatorname{col}_m(\boldsymbol{A})\end{pmatrix}\in\mathbb{C}^{nm}$$

为一个列向量, 其中 $\operatorname{col}_i(\boldsymbol{A})\in\mathbb{C}^n$ 表示矩阵 $\boldsymbol{A}$ 的第 i 个列向量.

下面介绍本书中一个常用的不等式.

Young 不等式[136]: 设 $p,q>0$, $\dfrac{1}{p}+\dfrac{1}{q}=1$, 当 $1<p<\infty$ 时, 下式成立:

$$|ab| \leqslant \frac{1}{p}|a|^p + \frac{1}{q}|b|^q, \tag{2.2}$$

式中, a,b 是常数; 当 $0<p<1$ 时, 不等号反向, 仅当 $|b|^q=|a|^p$ 时等号成立.

2.1.2 基本引理

本节给出矩阵论中的一些基本引理, 这些引理将在本书后续章节中用到.

引理 2.1(Schur 补引理[135]) 对于给定的实矩阵 $\boldsymbol{S}=\begin{bmatrix}\boldsymbol{S}_{11} & \boldsymbol{S}_{12}\\ \boldsymbol{S}_{12}^{\mathrm{T}} & \boldsymbol{S}_{22}\end{bmatrix}$, 其中 $\boldsymbol{S}_{11}\in\mathbb{R}^{m\times m}$, $\boldsymbol{S}_{22}\in\mathbb{R}^{n\times n}$, 下列 3 个命题等价:

(1) $\boldsymbol{S}<0$;

(2) $\boldsymbol{S}_{11}<0$, $\boldsymbol{S}_{22}-\boldsymbol{S}_{12}^{\mathrm{T}}\boldsymbol{S}_{11}^{-1}\boldsymbol{S}_{12}<0$;

(3) $\boldsymbol{S}_{22}<0$, $\boldsymbol{S}_{11}-\boldsymbol{S}_{12}\boldsymbol{S}_{22}^{-1}\boldsymbol{S}_{12}^{\mathrm{T}}<0$.

引理 2.2(Finsler 引理[137]) 任意给定对称矩阵 $\boldsymbol{P}\in\mathbb{R}^{n\times n}$, 矩阵 $\boldsymbol{H}\in\mathbb{R}^{m\times n}$ 且 $\mathrm{Rank}(\boldsymbol{H})=l<n$, 下列表述等价:

(1) 对于任意满足 $\boldsymbol{Hx}=\boldsymbol{0}$ 的非零向量 $\boldsymbol{x}\in\mathbb{R}^n$, 有 $\boldsymbol{x}^{\mathrm{T}}\boldsymbol{Px}<0$;

(2) 存在一个 $\mu\in\mathbb{R}$, 使得 $\boldsymbol{P}-\mu\boldsymbol{H}^{\mathrm{T}}\boldsymbol{H}<0$;

(3) $\boldsymbol{H}^{\perp\mathrm{T}}\boldsymbol{P}\boldsymbol{H}^{\perp}<0$, 这里 $\mathrm{Span}(\boldsymbol{H}^{\perp})=\mathrm{Null}(\boldsymbol{H})$ 且 $\boldsymbol{H}^{\perp}\in\mathbb{R}^{n\times(n-l)}$;

(4) 存在一个 $\boldsymbol{X}\in\mathbb{R}^{n\times m}$, 使得 $\boldsymbol{P}+\boldsymbol{XH}+\boldsymbol{H}^{\mathrm{T}}\boldsymbol{X}^{\mathrm{T}}<0$.

引理 2.3[135] 对任意给定的 $\boldsymbol{D}\in\mathbb{R}^{n\times m}$, $\boldsymbol{S}\in\mathbb{R}^{m\times n}$ 和正定矩阵 $\boldsymbol{P}\in\mathbb{R}^{m\times m}$, 下式成立:

$$2\boldsymbol{x}^{\mathrm{T}}\boldsymbol{DSy}\leqslant\boldsymbol{x}^{\mathrm{T}}\boldsymbol{DPD}^{\mathrm{T}}\boldsymbol{x}+\boldsymbol{y}^{\mathrm{T}}\boldsymbol{S}^{\mathrm{T}}\boldsymbol{P}^{-1}\boldsymbol{Sy} \tag{2.3}$$

式中, $\boldsymbol{x}\in\mathbb{R}^n;\boldsymbol{y}\in\mathbb{R}^n$.

引理 2.4 对于任意的矩阵 $\boldsymbol{A}\in\mathbb{R}^{n\times m}$ 和 $\boldsymbol{B}\in\mathbb{R}^{m\times n}$, 则矩阵 $\boldsymbol{AB}$ 的迹为 $\mathrm{tr}(\boldsymbol{AB})=(\mathrm{vec}(\boldsymbol{A}^{\mathrm{T}}))^{\mathrm{T}}\mathrm{vec}(\boldsymbol{B})=(\mathrm{vec}(\boldsymbol{B}^{\mathrm{T}}))^{\mathrm{T}}\mathrm{vec}(\boldsymbol{A})$.

引理 2.5 对于任意的矩阵 $\boldsymbol{A}\in\mathbb{R}^{n\times m}$, $\boldsymbol{B}\in\mathbb{R}^{m\times l}$ 和 $\boldsymbol{D}\in\mathbb{R}^{l\times k}$, 则 $\mathrm{vec}(\boldsymbol{ABD})=(\boldsymbol{D}^{\mathrm{T}}\otimes\boldsymbol{A})\mathrm{vec}(\boldsymbol{B})$.

2.2 代数图论

研究多智能体系统的一致性问题时, 智能体之间的通信网络拓扑通常用一个图来描述. 为了便于理解, 本节将简要介绍代数图论的一些基本知识, 更为详细的内容可参阅文献 [138].

2.2.1 基本概念

有向图 $\mathcal{G}=(\mathcal{V},\mathcal{E})$ 由有限的结点集 $\mathcal{V}=\{1,\cdots,N\}$ 和边集 $\mathcal{E}\subseteq\{(i,j)|i,j\in\mathcal{V}\}$ 组成. 如果 $(i,j)\in\mathcal{E}$, 则称结点 i 是这条边或结点 j 的父结点, 结点 j 是这条边或结点 i 的子结点. 此时, 结点 i 称为结点 j 的相邻结点或邻居. 特别地, 若结点 i 是结点 j 的邻居时, 结点 j 亦是结点 i 的邻居, 即 $(i,j)\in\mathcal{E}$ 当且仅当 $(j,i)\in\mathcal{E}$, 则称有向图 $\mathcal{G}$ 为无向图. 结点 j 的邻居集合表示为 $\mathcal{N}_j=\{i|(i,j)\in\mathcal{E}\}$, 其中, 结点 j 的邻居分别用 N_{j^1}, $N_{j^2},\cdots,N_{j^{|\mathcal{N}_j|}}$ 表示. 结点j的内邻居集合表示为$\mathcal{J}_j$=$\mathcal{N}_i\cup\{j\}$. 结点j的两步邻居集合表示为$\mathcal{J}_j^*$=$\{i,k|(k,i),(i,j)\in\mathcal{E}\}$. 需要注意的是, 结点$j$也是自身的两步邻居之一. 在有向图 $\mathcal{G}$ 中, (i,i) 类型的边称为自环. 此外, 若连接两个结点的边不止一条, 则称这些边为多重边. 没有自环且没有多重边的图称为简单图. 本书中, 如无特殊说明, 图均为简单图.

对于有向图 $\mathcal{G}^1=(\mathcal{V}^1,\mathcal{E}^1)$, $\mathcal{G}^2=(\mathcal{V}^2,\mathcal{E}^2)$, 若 $\mathcal{V}^2\subseteq\mathcal{V}^1$, $\mathcal{E}^2\subseteq\mathcal{E}^1$, 则称有向图 $\mathcal{G}^2$ 是有向图 $\mathcal{G}^1$ 的子图. 如果有向图 $\mathcal{G}^2$ 是有向图 $\mathcal{G}^1$ 的子图, 且有 $\mathcal{V}^2=\mathcal{V}^1$, 则称有向图 $\mathcal{G}^2$ 是有向图 $\mathcal{G}^1$ 的生成子图. 显然, 有向图 $\mathcal{G}^1$ 的任意一个生成子图可以通过删除有向图 $\mathcal{G}^1$ 中的若干条边获得. 若有向图 $\mathcal{G}^2$ 是有向图 $\mathcal{G}^1$ 的子图, 且有向图 $\mathcal{G}^2$ 中的两个结点是相邻的当且仅当它们在有向图 $\mathcal{G}^1$ 中亦是相邻的, 则称有向图 $\mathcal{G}^2$ 是有向图 $\mathcal{G}^1$ 的诱导子图. 易知, 有向图 $\mathcal{G}^1$ 的任意一个诱导子图可以通过删除有向图 $\mathcal{G}^1$ 中的若干个结点以及以这些结点为父结点和子结点的所有边来获得. 本书中, 由结点 j 的内邻居诱导形成的子图表示为 $\mathcal{G}_j(\mathcal{J}_j,\mathcal{E}_j)$, 其中, $\mathcal{E}_j$=$\{(i,j)\in\mathcal{E}|i\in\mathcal{N}_j\}$; 由结点 j 的两步邻居诱导形成的子图表示为 $\mathcal{G}_j^*(\mathcal{J}_j^*,\mathcal{E}_j^*)$, 其中, $\mathcal{E}_j^*$=$\{(i,j)\in\mathcal{E}|i\in\mathcal{J}_j^*\}$.

在有向图 $\mathcal{G}$ 中, 连接结点 v_s 与 $v_k\,(k>s)$ 的长度为 $(k-s)$ 的有向通路是指一组互不相同的结点序列 v_s, v_{s+1}, $\cdots$, v_k, 满足 $(v_{s+i},v_{s+i+1})\in\mathcal{E}$, $i=0,\cdots,k-s-1$. 如果有向图 $\mathcal{G}$ 中任意一对结点之间均存在一条有向通路, 则称有向图 $\mathcal{G}$ 是强连通的. 有向图的最大强连通诱导子图称为强连通分量. 在有向图 $\mathcal{G}$ 中, 如果存在一个结点 r, 使得至少存在一条以该结点为起点的有向通路可以到达任何一个结点 $c\ (c\neq r)$, 则称此图是弱连通的. 有向树是一类特殊的有向图, 满足如下 3 个性质:

(1) 只含有一个没有父结点的特殊结点, 称为根结点;

(2) 其他所有结点有且只有一个父结点;

(3) 从根结点到任意其他结点均存在一条有向通路.

对于有向图 $\mathcal{G}$, 它的一个有向生成树是有向图 $\mathcal{G}$ 的一个生成子图, 且该生成子图是一棵有向树. 显然, 有向图 $\mathcal{G}$ 含有一棵有向生成树当且仅当它是弱连通的. 对于无向图 $\mathcal{G}$, 如果任意两个结点之间均有一条连边, 则称其是完全图; 如果任意两个结点之间均存在一条路径, 则称其是连通的. 易知, 对于无向图 $\mathcal{G}$ 而言, 连通和弱连通的定义是等价的. 图 $\mathcal{G}$ 中的环是指开始和结束于同一结点的封闭路径. 对于 N 个结点形成的图 $\mathcal{G}$, 若图中只有一个由所有结点组成的环, 且除此以外没有其他连边, 则称其为 N 结点的环形图. 下面给出一个简单的示例说明上述连通性的概念. 图 2.1(a) 所示是一个有向强连通图, 这里任意两个结点之间均存在一条有向通路; 图 2.1(b) 所示是一个有向弱连通图, 其包含一棵以结点 1 为根结点的有向生成树; 图 2.1(c) 所示是一个无向连通图, 图中任意两个结点之间均存在一条通路.

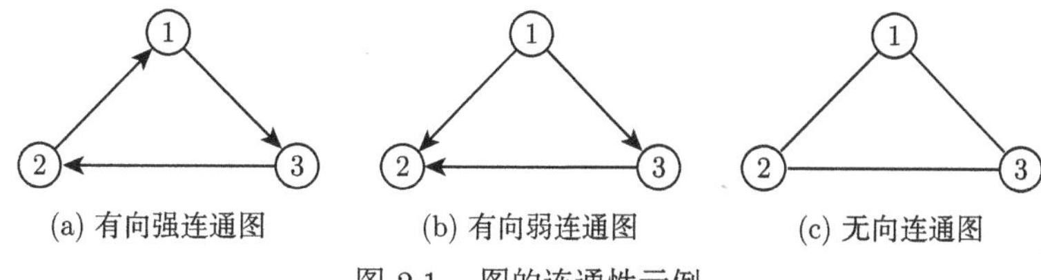

(a) 有向强连通图 (b) 有向弱连通图 (c) 无向连通图

图 2.1 图的连通性示例

多智能体系统通信网络的拓扑结构可以用图来描述, 其中, 图中的结点表示智能体, 连边表示两个智能体可以信息交互. 特别地, 智能体之间能否通信可能随时间而变化, 导致系统的通信在多个图之间切换. 时变通信情形下多智能体系统的通信图用 $\mathcal{G}(t) = (\mathcal{V}, \mathcal{E}(t))$ 表示, 结点 j 的邻居集合表示为 $\mathcal{N}_j(t) = \{i|(i,j) \in \mathcal{E}(t)\}$. 假设多智能体系统的通信在有限个图的集合 $\widehat{\mathcal{G}} = \{\mathcal{G}^1, \cdots, \mathcal{G}^m\}$ 中切换, 其中, $m > 1$, $m \in \mathbb{N}$. 为了描述时变通信情形下智能体之间的信息交互, 引入切换信号 $\sigma(t) : [0, \infty) \to \{1, \cdots, m\}$, 用 $\mathcal{G}^{\sigma(t)}$ 表示智能体在 t 时刻对应的通信图. 显然, $\mathcal{G}^{\sigma(t)} \in \widehat{\mathcal{G}}$, $\forall t \geqslant 0$. 图 $\mathcal{G}^1, \cdots, \mathcal{G}^m$ 的并图表示为 $\bigcup_{i=1}^m \mathcal{G}^i$. 若并图 $\bigcup_{i=1}^m \mathcal{G}^i$ 含有一棵有向生成树, 则称图 $\mathcal{G}^1, \cdots, \mathcal{G}^m$ 联合包含有向生成树. 为表述方便, 本书不再区分结点和智能体, 图和通信拓扑的概念.

2.2.2 图的邻接矩阵与 Laplace 矩阵

对于一个含有 N 个结点的简单图 $\mathcal{G} = (\mathcal{V}, \mathcal{E})$, 其邻接矩阵 $\boldsymbol{\mathcal{A}} = [a_{ij}] \in \mathbb{R}^{N\times N}$ 定义为: $a_{ii} = 0$, $i = 1, 2, \cdots, N$; $a_{ij} = 1$ 当且仅当 $(j, i) \in \mathcal{E}$, 否则 $a_{ij} = 0$, 其中 $i, j = 1, 2, \cdots, N$, 且 $i \neq j$. 如果邻接矩阵的元素 a_{ij} 为一般的非负实数, 则称其为加权邻接矩阵, 相应的图称为加权图. 此时, a_{ij} 称为 (j, i) 的边权. 本书中, 如无特殊说明, 图 $\mathcal{G}$ 均为加权图. 图 $\mathcal{G}$ 的 Laplace 矩阵 $\boldsymbol{L} = [l_{ij}] \in \mathbb{R}^{N\times N}$ 定义为: $l_{ij} = -a_{ij}$, $i, j = 1, 2, \cdots, N$, $i \neq j$; $l_{ii} = \sum\limits_{j=1}^{N} a_{ij}$, $i = 1, 2, \cdots, N$. 显然, 若图 $\mathcal{G}$ 为无向图, 其邻接矩阵 $\boldsymbol{\mathcal{A}}$ 和 Laplace 矩阵 $\boldsymbol{L}$ 均为实对称矩阵.

有向图 $\mathcal{G}$ 中, 结点 i 的出度 d_i^{out} 定义为以结点 i 为父结点的边的个数, 而入度 d_i^{in} 定义为以结点 i 为子结点的边的个数. 有向图 $\mathcal{G}$ 的入度矩阵 $\boldsymbol{D}^{\text{in}}=\text{diag}(d_1^{\text{in}},\cdots,d_N^{\text{in}})$. 易知, 有向图 $\mathcal{G}$ 的 Laplace 矩阵 $\boldsymbol{L}=\boldsymbol{D}^{\text{in}}-\boldsymbol{\mathcal{A}}$. 一个图称为平衡图, 则它所有结点的出度和入度相等. 显然, 无向图是一类特殊的平衡图.

在多智能体系统一致性问题的研究中, 智能体通信图的邻接矩阵和 Laplace 矩阵扮演着重要的角色. 下述引理给出图的 Laplace 矩阵的一些基本性质.

引理 2.6 [139] 图 $\mathcal{G}$ 的 Laplace 矩阵 $\boldsymbol{L}$ 至少具有一个零特征根, 其余的非零特征根均具有正实部. 零是 Laplace 矩阵 $\boldsymbol{L}$ 的简单特征根, 当且仅当图 $\mathcal{G}$ 含有一棵生成树.

注解 2.1 对任意一个无向图 $\mathcal{G}$ 而言, 其含有一棵生成树当且仅当它是连通的. 根据引理 2.6 可知, 零是无向图 $\mathcal{G}$ 的 Laplace 矩阵 $\boldsymbol{L}$ 的简单特征根当且仅当 $\mathcal{G}$ 是连通的. 此时, 除去零特征根外, Laplace 矩阵 $\boldsymbol{L}$ 的其余特征根均为正实数.

引理 2.7 [140] 若有向图 $\mathcal{G}$ 是强连通的, 则存在一个向量 $\boldsymbol{\xi}=[\xi_1,\cdots,\xi_N]^{\mathrm{T}}>0$, 且 $\sum\limits_{i=1}^{N}\xi_i=1$, 使得 $\boldsymbol{\xi}^{\mathrm{T}}\boldsymbol{L}=\boldsymbol{0}$, 其中 $\boldsymbol{L}\in\mathbb{R}^{N\times N}$ 是图 $\mathcal{G}$ 的 Laplace 矩阵. 进一步地, 若图 $\mathcal{G}$ 为无向连通图, 则 $\boldsymbol{\xi}=[1/N,\cdots,1/N]^{\mathrm{T}}$.

定义 2.1 (代数连通度) 无向连通图 $\mathcal{G}$ 的代数连通度定义为其 Laplace 矩阵 $\boldsymbol{L}$ 的第二最小特征值 $\lambda_2(\boldsymbol{L})$, 其中 $\lambda_2(\boldsymbol{L})=\min_{\boldsymbol{\xi}\neq\boldsymbol{0},\,\boldsymbol{\xi}^{\mathrm{T}}\boldsymbol{1}_N=0}\dfrac{\boldsymbol{\xi}^{\mathrm{T}}\boldsymbol{L}\boldsymbol{\xi}}{\boldsymbol{\xi}^{\mathrm{T}}\boldsymbol{\xi}}>0$.

定义 2.2 (广义代数连通度) 有向强连通图 $\mathcal{G}$ 的广义代数连通度 $a(\boldsymbol{L})$ 定义为: $a(\boldsymbol{L})=\min_{\boldsymbol{x}^{\mathrm{T}}\boldsymbol{\xi}=0,\boldsymbol{x}\neq\boldsymbol{0}}\dfrac{\boldsymbol{x}^{\mathrm{T}}\widehat{\boldsymbol{L}}\boldsymbol{x}}{\boldsymbol{x}^{\mathrm{T}}\boldsymbol{\Xi}\boldsymbol{x}}$, 其中, $\widehat{\boldsymbol{L}}=\dfrac{1}{2}(\boldsymbol{\Xi}\boldsymbol{L}+\boldsymbol{L}^{\mathrm{T}}\boldsymbol{\Xi})$, $\boldsymbol{\Xi}=\text{diag}(\xi_1,\cdots,\xi_N)$, $\boldsymbol{\xi}=[\xi_1,\cdots,\xi_N]^{\mathrm{T}}>0$, 满足 $\boldsymbol{\xi}^{\mathrm{T}}\boldsymbol{L}=\boldsymbol{0}$, 且 $\sum\limits_{i=1}^{N}\xi_i=1$.

注解 2.2 对于任意给定的强连通图 $\mathcal{G}$, 其广义代数连通度 $a(\boldsymbol{L})>0$ [141,142].

引理 2.8 [143] 假定图 $\mathcal{G}$ 是一个有向强连通图且它的 Laplace 矩阵为 $\boldsymbol{L}\in\mathbb{R}^{N\times N}$. 则

(1) 对于任意的 $t>0$, 矩阵 $\exp(-\boldsymbol{L}t)\geqslant 0$ 且其对角元素均为正实数;

(2) $\lim_{t\to\infty}\exp(-\boldsymbol{L}t)=\boldsymbol{1}_N\boldsymbol{\xi}^{\mathrm{T}}$, 其中向量 $\boldsymbol{\xi}=[\xi_1,\cdots,\xi_N]^{\mathrm{T}}>0$, 满足 $\sum\limits_{i=1}^{N}\xi_i=1$ 且 $\boldsymbol{\xi}^{\mathrm{T}}\boldsymbol{L}=\boldsymbol{0}$;

(3) $\min_{\boldsymbol{1}^{\mathrm{T}}\boldsymbol{x}=0}\dfrac{\boldsymbol{x}^{\mathrm{T}}(\boldsymbol{\Xi}\boldsymbol{L}+\boldsymbol{L}^{\mathrm{T}}\boldsymbol{\Xi})\boldsymbol{x}}{2}\geqslant\lambda_2\left(\dfrac{\boldsymbol{\Xi}\boldsymbol{L}+\boldsymbol{L}^{\mathrm{T}}\boldsymbol{\Xi}}{2}\right)\|\boldsymbol{x}\|^2$, 其中, $\boldsymbol{\Xi}=\text{diag}(\xi_1,\cdots,\xi_N)$ 是对角矩阵, $\lambda_2\left(\dfrac{\boldsymbol{\Xi}\boldsymbol{L}+\boldsymbol{L}^{\mathrm{T}}\boldsymbol{\Xi}}{2}\right)$ 是矩阵 $\dfrac{\boldsymbol{\Xi}\boldsymbol{L}+\boldsymbol{L}^{\mathrm{T}}\boldsymbol{\Xi}}{2}$ 的第二最小特征值.

2.3 系统稳定性理论

2.3.1 非线性系统稳定理论

考虑如下的非线性系统:

$$\dot{\boldsymbol{x}}(t)=\boldsymbol{f}(\boldsymbol{x}(t),t),\quad t\in[t_0,+\infty) \tag{2.4}$$

式中, $\boldsymbol{x}(t)\in\mathbb{R}^n$ 是非线性系统 (2.4)的状态变量, $\boldsymbol{f}:\mathbb{R}^n\times[t_0,+\infty)\to\mathbb{R}^n$ 是一个向量函数, $t_0\in\mathbb{R}$. 本节总是假设系统 (2.4) 满足解的存在唯一性条件. 易知, 如果 $\boldsymbol{f}$ 在 $\mathbb{R}^n\times[t_0,+\infty)$ 连续, 且 $\boldsymbol{x}(t)$ 满足 Lipschitz 条件, 则对于任意的初始条件 $\boldsymbol{x}(t_0)\in\mathbb{R}^n$, 系统 (2.4) 的解存在且唯一. 为了便于描述, 本书用 $\boldsymbol{x}(t;\boldsymbol{x}(t_0),t_0)$, $t\geqslant t_0$ 来表示系统 (2.4) 从 $\boldsymbol{x}(t_0)$ 出发的解.

对于系统 (2.4), 如果存在 $\boldsymbol{x}_e\in\mathbb{R}^n$, 满足

$$\dot{\boldsymbol{x}}_e=\boldsymbol{f}(\boldsymbol{x}_e,t)\equiv\boldsymbol{0},\quad t\in[t_0,+\infty) \tag{2.5}$$

则称 $\boldsymbol{x}_e$ 是系统的一个平衡点. 这里, 本节总是假设系统 (2.4) 至少存在一个平衡点.

定义 2.3 (Lyapunov 意义下平衡点的稳定性) 系统 (2.4) 的平衡点 $\boldsymbol{x}_e$ 是稳定的, 是指如果对任意的 $\epsilon>0$ 和 $t_0\in\mathbb{R}$, 总存在一个 $\delta(\epsilon,t_0)>0$, 使得对任意的 $\boldsymbol{x}(t_0)\in\mathbb{B}_{\delta(\epsilon,t_0)}(\boldsymbol{x}_e)$, 有 $\boldsymbol{x}(t;\boldsymbol{x}(t_0),t_0)\in\mathbb{B}_\epsilon(\boldsymbol{x}_e)$.

定义 2.4 系统 (2.4) 的平衡点 $\boldsymbol{x}_e$ 是吸引的, 是指如果对任意的 $t_0\in\mathbb{R}$, 存在 $\eta(t_0)>0$, 对任意的 $\epsilon>0$ 和 $\boldsymbol{x}(t_0)\in\mathbb{B}_{\eta(t_0)}(\boldsymbol{x}_e)$, 总存在一个 $T(t_0,\epsilon,\boldsymbol{x}(t_0))$, 使得对任意的 $t>t_0+T(t_0,\epsilon,\boldsymbol{x}(t_0))$, 有 $\boldsymbol{x}(t;\boldsymbol{x}(t_0),t_0)\in\mathbb{B}_\epsilon(\boldsymbol{x}_e)$.

定义 2.5 系统 (2.4) 的平衡点 $\boldsymbol{x}_e$ 是全局吸引的, 是指如果对任意的 $t_0\in\mathbb{R}$, $\eta>0$, $\epsilon>0$ 和 $\boldsymbol{x}(t_0)\in\mathbb{B}_\eta(\boldsymbol{x}_e)$, 总存在一个 $T(t_0,\eta,\boldsymbol{x}_0)$, 当 $t>t_0+T(t_0,\eta,\boldsymbol{x}_0)$ 时, 有 $\boldsymbol{x}(t;\boldsymbol{x}(t_0),t_0)\in\mathbb{B}_\epsilon(\boldsymbol{x}_e)$.

定义 2.6 (Lyapunov 意义下平衡点的渐近稳定性) 系统 (2.4) 的平衡点 $\boldsymbol{x}_e$ 是渐近稳定的, 是指它既是稳定的又是吸引的.

定义 2.7 (Lyapunov 意义下平衡点的全局渐近稳定性) 系统 (2.4) 的平衡点 $\boldsymbol{x}_e$ 是全局渐近稳定的, 是指它既是稳定的又是全局吸引的.

注解 2.3 本书中, 如无特殊说明, 称一个系统渐近稳定是指 $\boldsymbol{x}_e=\boldsymbol{0}$ 是该系统的唯一平衡点且该平衡点在 Lyapunov 意义下全局渐近稳定.

2.3.2 线性定常系统稳定理论

考虑如下的线性定常系统:

$$\begin{cases} \dot{\boldsymbol{x}}(t) = \boldsymbol{A}\boldsymbol{x}(t) + \boldsymbol{B}\boldsymbol{u}(t), \quad \boldsymbol{x}(0) = \boldsymbol{x}_0 \\ \boldsymbol{y}(t) = \boldsymbol{C}\boldsymbol{x}(t) \end{cases} \tag{2.6}$$

式中, $\boldsymbol{x}(t) \in \mathbb{R}^n$, $\boldsymbol{u}(t) \in \mathbb{R}^r$, $\boldsymbol{y}(t) \in \mathbb{R}^p$ 分别表示系统的状态、控制输入和测量输出; 矩阵 $\boldsymbol{A}$, $\boldsymbol{B}$ 和 $\boldsymbol{C}$ 为具有相容维数的定常实矩阵.

下述引理描述了线性定常系统 (2.6) 的可控性与可镇定条件.

引理 2.9 [144]　对系统 (2.6), 下列陈述等价:

(1) $(\boldsymbol{A}, \boldsymbol{B})$ 可控;

(2) 对于矩阵 $\boldsymbol{A}$ 的每一个特征值 λ_i, $i = 1, 2, \cdots, n$, 矩阵 $[\lambda_i \boldsymbol{I} - \boldsymbol{A} \ \ \boldsymbol{B}]$ 行满秩, 即 $\mathrm{Rank}([\lambda_i \boldsymbol{I} - \boldsymbol{A} \ \ \boldsymbol{B}]) = n$;

(3) 可控性矩阵 $\boldsymbol{Q}_c = [\boldsymbol{B} \ \boldsymbol{A}\boldsymbol{B} \ \cdots \ \boldsymbol{A}^{n-1}\boldsymbol{B}]$ 是行满秩的, 即 $\mathrm{Rank}(\boldsymbol{Q}_c) = n$.

引理 2.10 [144]　对系统 (2.6), 下列陈述等价:

(1) $(\boldsymbol{A}, \boldsymbol{B})$ 可镇定 (stabilizable);

(2) 对于所有具有非负实部的 $\lambda \in \mathbb{C}$, 矩阵 $[\lambda \boldsymbol{I} - \boldsymbol{A} \ \ \boldsymbol{B}]$ 行满秩, 即 $\mathrm{Rank}([\lambda \boldsymbol{I} - \boldsymbol{A} \ \ \boldsymbol{B}]) = n$;

(3) 存在一个矩阵 $\boldsymbol{K} \in \mathbb{R}^{r \times n}$ 使得 $\boldsymbol{A} + \boldsymbol{B}\boldsymbol{K}$ 是 Hurwitz（赫尔维茨）矩阵.

引理 2.9 和引理 2.10 分别给出系统 (2.6) 可控和可镇定的一些等价条件. 利用引理 2.2, 可得到如下结论 [91]: $(\boldsymbol{A}, \boldsymbol{B})$ 可控当且仅当对任意给定的 $\kappa > 0$, 存在正定矩阵 $\boldsymbol{P}$ 使得

$$\boldsymbol{A}\boldsymbol{P} + \boldsymbol{P}\boldsymbol{A}^{\mathrm{T}} - 2\boldsymbol{B}\boldsymbol{B}^{\mathrm{T}} + \kappa \boldsymbol{P} < 0. \tag{2.7}$$

$(\boldsymbol{A}, \boldsymbol{B})$ 可镇定当且仅当存在正定矩阵 $\boldsymbol{P}$ 使得:

$$\boldsymbol{A}\boldsymbol{P} + \boldsymbol{P}\boldsymbol{A}^{\mathrm{T}} - 2\boldsymbol{B}\boldsymbol{B}^{\mathrm{T}} < 0.$$

2.4　凸优化理论

本节将简单介绍优化中的一些基本知识及引理, 更为详细的内容可参阅文献 [145].

2.4.1　基本概念

设 $\mathcal{X}$ 是 $\mathbb{R}^n$ 中的一个非空子集. 如果对于 $\mathcal{X}$ 中任意两点 $\boldsymbol{x}'$ 和 $\boldsymbol{x}''$ 以及任意的 $\theta \in [0, 1]$, 点 $\theta \boldsymbol{x}' + (1 - \theta)\boldsymbol{x}'' \in \mathcal{X}$, 则称 $\mathcal{X}$ 为凸集. 设函数 $f : \mathcal{X} \subseteq \mathbb{R}^n$ 是凸集 $\mathcal{X}$ 上的凸函数, 则对于任意的 $\boldsymbol{x}' \in \mathcal{X}$ 和 $\boldsymbol{x}'' \in \mathcal{X}$, 不等式 $f(\theta \boldsymbol{x}' + (1 - \theta)\boldsymbol{x}'') \leqslant \theta f(\boldsymbol{x}') + (1 - \theta) f(\boldsymbol{x}'')$ 成立; 如果 $\boldsymbol{x}' \neq \boldsymbol{x}''$, 严格不等式 $f(\theta \boldsymbol{x}' + (1 - \theta)\boldsymbol{x}'') < \theta f(\boldsymbol{x}') + (1 - \theta) f(\boldsymbol{x}'')$ 成立, 则称 f 是严格凸函数; 如果存在一个正实数 c 使得不

等式 $f(\theta \boldsymbol{x}' + (1-\theta)\boldsymbol{x}'') \leqslant \theta f(\boldsymbol{x}') + (1-\theta) f(\boldsymbol{x}'') - c\theta(1-\theta)\|\boldsymbol{x}' - \boldsymbol{x}''\|^2$ 成立, 则称 f 是强凸函数.

下面引入集合值映射、Lipschitz 条件、广义梯度、正则性, 及上半连续的相关知识[146~148].

定义 2.8 一个集合值映射 $F: \mathcal{X} \subseteq \mathbb{R}^n \to \mathcal{Y} \subseteq \mathbb{R}^n$ 是指对于任意点 $\boldsymbol{x} \in \mathcal{X}$, $F(\boldsymbol{x})$ 是 $\mathcal{Y}$ 的一个子集.

定义 2.9 $f: \mathbb{R}^n \to \mathbb{R}$ 关于 $\boldsymbol{x} \in \mathbb{R}^n$ 满足局部 Lipschitz 条件, 即存在两个正常数 δ 和 l_δ, 使得对任意 $\boldsymbol{x}' \in \mathbb{R}^n$ 和 $\boldsymbol{x}'' \in \mathbb{R}^n$ 满足 $\|\boldsymbol{x}' - \boldsymbol{x}\| \leqslant \delta$ 和 $\|\boldsymbol{x}'' - \boldsymbol{x}\| \leqslant \delta$, 有不等式 $\|f(\boldsymbol{x}') - f(\boldsymbol{x}'')\| \leqslant l_\delta \|\boldsymbol{x}' - \boldsymbol{x}''\|$. 如果 f 关于 $\mathbb{R}^n$ 中的每个点满足局部 Lipschitz 条件, 则称 f 关于 $\mathbb{R}^n$ 满足局部 Lipschitz 条件.

假定 f 关于 $\boldsymbol{x}$ 满足局部 Lipschitz 条件, 则 f 在 $\boldsymbol{x}$ 处沿着方向 $\boldsymbol{v}$ 的广义方向导数 $f^o(\boldsymbol{x}; \boldsymbol{v})$ 和单边方向导数 $f^{'}(\boldsymbol{x}; \boldsymbol{v})$ 分别定义为

$$f^o(\boldsymbol{x}; \boldsymbol{v}) = \limsup_{\boldsymbol{y} \to \boldsymbol{x}, h \to 0^+} \frac{f(\boldsymbol{y} + h\boldsymbol{v}) - f(\boldsymbol{y})}{h},$$

$$f^{'}(\boldsymbol{x}; \boldsymbol{v}) = \lim_{h \to 0^+} \frac{f(\boldsymbol{x} + h\boldsymbol{v}) - f(\boldsymbol{x})}{h}.$$

定义 2.10 假定 $f: \mathbb{R}^n \to \mathbb{R}$ 关于 $\boldsymbol{x}$ 满足局部 Lipschitz 条件. 若对于所有的 $\boldsymbol{v} \in \mathbb{R}^n$, 单边方向导数 $f^{'}(\boldsymbol{x}; \boldsymbol{v})$ 存在且等于广义方向导数 $f^o(\boldsymbol{x}; \boldsymbol{v})$, 则称 f 在 $\boldsymbol{x}$ 处满足正则性.

定义 2.11 给定集合值映射 $F: \mathbb{R}^n \to \mathcal{B}(\mathbb{R}^n)$ 和 $\boldsymbol{x}^0 \in \mathbb{R}^n$, 如果对于任意包含 $F(\boldsymbol{x}^0)$ 的开集 $\mathcal{U}$, 存在 $\boldsymbol{x}^0$ 的邻域 $\mathcal{V}$ 使得 $F(\mathcal{V}) \subseteq \mathcal{U}$, 则称 F 在 $\boldsymbol{x}^0$ 处上半连续. 若 F 在每个 $\boldsymbol{x}^0 \in \mathbb{R}^n$ 处上半连续, 则称 F 关于 $\mathbb{R}^n$ 上半连续.

定义 2.12 给定凸函数 $f: \mathbb{R}^n \to \mathbb{R}$ 和点 $\tilde{\boldsymbol{x}} \in \mathbb{R}^n$, 对于所有的 $\boldsymbol{x} \in \mathbb{R}^n$, 函数 f 在 $\tilde{\boldsymbol{x}}$ 处的一个次梯度 $\boldsymbol{s}_f(\tilde{\boldsymbol{x}}) \in \mathbb{R}^n$ 满足 $f(\boldsymbol{x}) \geqslant f(\tilde{\boldsymbol{x}}) + \boldsymbol{s}_f(\tilde{\boldsymbol{x}})^{\mathrm{T}}(\boldsymbol{x} - \tilde{\boldsymbol{x}})$.

注解 2.4 函数 f 在 $\tilde{\boldsymbol{x}}$ 处的所有次梯度的集合就是广义梯度 $\partial f(\tilde{\boldsymbol{x}})$, 也称之为函数 f 在 $\tilde{\boldsymbol{x}}$ 处的次微分. 显然, 当函数 f 满足可微性时, 次微分 $\partial f(\tilde{\boldsymbol{x}})$ 就是梯度 $\nabla f(\tilde{\boldsymbol{x}})$.

引理 2.11 [147] 如果函数 $f: \mathbb{R}^n \to \mathbb{R}$ 是凸函数, 则 $\partial f(\tilde{\boldsymbol{x}})$ 是上半连续、局部有界且取非空紧的凸值.

引理 2.12 对于 $i \in \{1, \cdots, N\}$, 函数 $f_i: \mathbb{R}^n \to \mathbb{R}$ 关于 $\boldsymbol{x}$ 满足局部 Lipschitz 条件, 则有

$$\partial\left(\sum_{i=1}^N f_i(\boldsymbol{x})\right) \subseteq \sum_{i=1}^N \partial f_i(\boldsymbol{x}).$$

进一步, 若函数 f_i 满足正则性, 则 $\partial\left(\sum\limits_{i=1}^{N} f_i(\boldsymbol{x})\right) = \sum\limits_{i=1}^{N} \partial f_i(\boldsymbol{x})$ 成立.

注解 2.5 如果函数 f_i 是凸函数, 则函数 f_i 满足正则性. 因此, 引理 2.12 中的等式成立.

接下来, 从单调算子的角度给出凸函数、严格凸函数、强凸函数的等价描述.

假定 $\mathcal{X} \subseteq \mathbb{R}^n$ 是一个非空的凸集, $F : \mathcal{X} \to \mathbb{R}^n$ 是一个集合值映射. 如果对于任意的 $\boldsymbol{x}' \in \mathcal{X}$, $\boldsymbol{x}'' \in \mathcal{X}$, $\boldsymbol{\zeta}' \in F(\boldsymbol{x}')$ 和 $\boldsymbol{\zeta}'' \in F(\boldsymbol{x}'')$, 满足不等式 $(\boldsymbol{x}' - \boldsymbol{x}'')^{\mathrm{T}}(\boldsymbol{\zeta}' - \boldsymbol{\zeta}'') \geqslant 0$, 则称 F 是 $\mathcal{X}$ 上的单调算子. 如果 $\boldsymbol{x}' \neq \boldsymbol{x}''$, 上述不等式严格成立, 则称 F 是 $\mathcal{X}$ 上的严格单调算子. 进一步, 如果存在一个正实数 c 使得不等式 $(\boldsymbol{x}' - \boldsymbol{x}'')^{\mathrm{T}}(\boldsymbol{\zeta}' - \boldsymbol{\zeta}'') \geqslant c\|\boldsymbol{x}' - \boldsymbol{x}''\|^2$ 成立, 则称 F 是 $\mathcal{X}$ 上的强单调算子.

事实上, 在单调算子的意义下, 一个连续映射 $f(\boldsymbol{x})$ 是凸函数（严格凸函数, 强凸函数）当且仅它的次微分 $\partial f(\boldsymbol{x})$ 是单调（严格单调, 强单调）映射.

定义 2.13(投影) 一个向量 $\boldsymbol{u} \in \mathbb{R}^n$ 在一个闭凸集 $\Omega \subseteq \mathbb{R}^n$ 上的投影可以表示为

$$\mathcal{P}_{\Omega}(\boldsymbol{u}) = \arg\min_{\boldsymbol{v}\in\Omega} \|\boldsymbol{u} - \boldsymbol{v}\|.$$

下面给出两个关于投影的常用不等式:

$$(\boldsymbol{u}-\mathcal{P}_{\mathcal{X}}(\boldsymbol{u}))^{\mathrm{T}}(\mathcal{P}_{\mathcal{X}}(\boldsymbol{u})-\boldsymbol{v}) \geqslant 0, \quad \forall \boldsymbol{u} \in \mathbb{R}^n, \quad \forall \boldsymbol{v} \in \mathcal{X} \tag{2.8}$$

$$(\boldsymbol{u} - \boldsymbol{v})^{\mathrm{T}}(\mathcal{P}_{\mathcal{X}}(\boldsymbol{u}) - \mathcal{P}_{\mathcal{X}}(\boldsymbol{v})) \geqslant \|\mathcal{P}_{\mathcal{X}}(\boldsymbol{u}) - \mathcal{P}_{\mathcal{X}}(\boldsymbol{v})\|^2, \quad \forall \boldsymbol{u}, \boldsymbol{v} \in \mathbb{R}^n \tag{2.9}$$

一个非空闭凸集 $\mathcal{S}$ 在点 $\boldsymbol{x} \in \mathcal{S}$ 处的正则锥 (normal cone) $\mathcal{N}_{\mathcal{S}}(\boldsymbol{x})$ 是指

$$\mathcal{N}_{\mathcal{S}}(\boldsymbol{x}) = \{\boldsymbol{u} \in \mathbb{R}^n | \boldsymbol{u}^{\mathrm{T}}(\boldsymbol{y}-\boldsymbol{x}) \leqslant 0, \forall \boldsymbol{y} \in \mathcal{S}\}.$$

正切锥 (tangent cone) 作为正则锥的极锥 (polar cone) 是指

$$\mathcal{T}_{\mathcal{S}}(\boldsymbol{x}) = (\mathcal{N}_{\mathcal{S}}(\boldsymbol{x}))^o = \{\boldsymbol{v} \in \mathbb{R}^n | \boldsymbol{v}^{\mathrm{T}}\boldsymbol{u} \leqslant 0, \forall \boldsymbol{u} \in \mathcal{N}_{\mathcal{S}}(\boldsymbol{x})\}.$$

定义 $\mathbf{c}_{\mathcal{S}}(\boldsymbol{x})$ 如下: 若 $\boldsymbol{x} \in \partial\mathcal{S}$, 则 $\mathbf{c}_{\mathcal{S}} = \left\{\boldsymbol{v} \in \mathbb{R}^n \middle| \|\boldsymbol{v}\| = 1, \boldsymbol{v}^{\mathrm{T}}(\boldsymbol{y}-\boldsymbol{x}) \leqslant 0, \forall \boldsymbol{y} \in \mathcal{S}\right\}$; 若 $\boldsymbol{x} \in \mathrm{int}(\mathcal{S})$, 则 $\mathbf{c}_{\mathcal{S}} = \mathbf{0}$.

给定闭凸集 $\mathcal{S}$, 点 $\boldsymbol{x} \in \mathcal{S}$ 和方向 $\boldsymbol{v}$, 则在 $\boldsymbol{x}$ 处沿着方向 $\boldsymbol{v}$ 的微分投影算子是指

$$\Pi(\boldsymbol{x}, \boldsymbol{v}) = \lim_{\delta\to 0} \frac{\mathcal{P}_{\mathcal{S}}(\boldsymbol{x} + \delta\boldsymbol{v}) - \boldsymbol{x}}{\delta}.$$

事实上, 它也等价于 $\boldsymbol{v}$ 在正切锥 $\mathcal{T}_{\mathcal{S}}(\boldsymbol{x})$ 处的投影, 即 $\Pi(\boldsymbol{x}, \boldsymbol{v}) = \mathcal{P}_{\mathcal{T}_{\mathcal{S}}(\boldsymbol{x})}(\boldsymbol{v})$.

2.4.2 基本引理

引理 2.13 [149] 若 $\boldsymbol{L}$ 为某一包含 N 个结点的无向图的 Laplace 矩阵, 则存在正交矩阵 $\boldsymbol{Q}=\begin{bmatrix} \boldsymbol{q}_1, & \boldsymbol{Q}_2 \end{bmatrix}\in\mathbb{R}^{N\times N}$, 其中, $\boldsymbol{q}_1=\dfrac{1}{\sqrt{N}}\boldsymbol{1}_N$, 使得下列等式成立

$$\boldsymbol{L}=\begin{bmatrix} \boldsymbol{q}_1, & \boldsymbol{Q}_2 \end{bmatrix}\begin{bmatrix} 0 & \\ & \boldsymbol{J} \end{bmatrix}\begin{bmatrix} \boldsymbol{q}_1^{\mathrm{T}} \\ \boldsymbol{Q}_2^{\mathrm{T}} \end{bmatrix}$$

式中, $\boldsymbol{J}=\operatorname{diag}(\lambda_2(\boldsymbol{L}),\cdots,\lambda_N(\boldsymbol{L}))$, $0\leqslant\lambda_2(\boldsymbol{L})\leqslant\cdots\leqslant\lambda_N(\boldsymbol{L})$.

引理 2.14 [150,151] 对于无向连通图, $\boldsymbol{x}^{\mathrm{T}}\boldsymbol{L}\boldsymbol{x}\geqslant\lambda_2(\boldsymbol{L})\left\|\boldsymbol{x}-\dfrac{1}{N}(\boldsymbol{1}_N^{\mathrm{T}}\boldsymbol{x})\boldsymbol{1}_N\right\|^2$ 成立, 其中, $\lambda_2(\boldsymbol{L})$ 表示其 Laplace 矩阵 $\boldsymbol{L}$ 的第二最小特征值, 且 $\lambda_2(\boldsymbol{L})>0$.

此外, 对于任意的 $\boldsymbol{u},\boldsymbol{v}\in\mathbb{R}^n$, 定义 $h(\boldsymbol{u}):\mathbb{R}^n\to\mathbb{R}$ 为

$$h(\boldsymbol{u})=\frac{1}{2}(\|\boldsymbol{u}-\mathcal{P}_{\mathcal{X}}(\boldsymbol{v})\|^2-\|\boldsymbol{u}-P_{\mathcal{X}}(\boldsymbol{u})\|^2),$$

则 $h(\boldsymbol{u})$ 满足以下性质 [152]:

(1) $h(\boldsymbol{u})\geqslant\dfrac{1}{2}\|\mathcal{P}_{\mathcal{X}}(\boldsymbol{u})-\mathcal{P}_{\mathcal{X}}(\boldsymbol{v})\|^2$;

(2) $h(\boldsymbol{u})$ 关于 $\boldsymbol{u}$ 是连续可微的, 且它的梯度 $\nabla h(\boldsymbol{u})$ 等于 $\mathcal{P}_{\mathcal{X}}(\boldsymbol{u})-\mathcal{P}_{\mathcal{X}}(\boldsymbol{v})$.

引理 2.15 [153,154] 对于任意的 $\boldsymbol{u}\in\mathbb{R}^n$ 和 $\boldsymbol{v}\in\mathbb{R}^n$, $\boldsymbol{v}=\mathcal{P}_{\mathcal{T}_{\mathcal{S}}(\boldsymbol{x})}(\boldsymbol{u})$ 等价于 $\boldsymbol{v}\in\mathcal{T}_{\mathcal{S}}(\boldsymbol{x})$, $\boldsymbol{u}-\boldsymbol{v}\in\mathcal{N}_{\mathcal{S}}(\boldsymbol{x})$, $(\boldsymbol{u}-\boldsymbol{v})^{\mathrm{T}}\boldsymbol{v}=\boldsymbol{0}$.

考虑如下微分包含系统:

$$\dot{\boldsymbol{x}}(t)\in\mathcal{H}(\boldsymbol{x}(t)),\quad \boldsymbol{x}(0)=\boldsymbol{x}_0,\quad t\geqslant 0 \tag{2.10}$$

式中, $\mathcal{H}(\boldsymbol{x}(t)):\mathbb{R}^n\to\mathcal{B}(\mathbb{R}^n)$ 是一个集合值映射. $\boldsymbol{x}(t):[0,t_1]\subset[0,\infty]\to\mathbb{R}^n$ 是微分包含系统 (2.10) 的一个 Caratheodory 解, 意味着对于几乎所有的 $t\in[0,t_1]$, $\boldsymbol{x}(t)$ 是一个绝对连续的函数. 一个集合 $\mathcal{W}\subseteq\mathbb{R}^n$ 关于微分包含系统 (2.10) 是弱正不变集, 是指对于每一个 $\boldsymbol{x}_0\in\mathcal{W}$, $\mathcal{W}$ 至少包含微分包含系统 (2.10) 的一个从 $\boldsymbol{x}_0$ 出发的解. 进一步地, 若 $\mathcal{W}$ 包含系统 (2.10) 的任意一个从 $\boldsymbol{x}_0$ 出发的解, 称 $\mathcal{W}$ 关于微分包含系统 (2.10) 是强正不变集. 若存在一个序列 t_k, 当 $k\to\infty$, $t_k\to\infty$ 时, 使得 $\boldsymbol{x}(t_k)\to\boldsymbol{x}^*$ 成立, 则称 $\boldsymbol{x}^*$ 是 $\boldsymbol{x}(t)$ 的一个极限点. 一个可测函数 $\boldsymbol{x}(\cdot)$ 的一个几乎聚点 $\boldsymbol{x}^*$ 是指对于所有的 $\varepsilon>0$, 当 $t\to\infty$ 时, $\{t\geqslant 0|\ \|\boldsymbol{x}(t)-\boldsymbol{x}^*\|\leqslant\varepsilon\}$ 的勒贝格测度 (Lebesgue measure) 为 ∞.

引理 2.16 假设集合值映射 $\mathcal{H}:\mathbb{R}^n\to\mathcal{B}(\mathbb{R}^n)$ 是局部有界、上半连续且取非空紧凸值, 则对于每个 $\boldsymbol{x}_0\in\mathbb{R}^n$, 微分包含系统 (2.10) 存在一个从 $\boldsymbol{x}_0$ 出发的 Caratheodory 解.

注解 2.6 若集合值映射 $\mathcal{H}$ 满足引理 2.16 中的假设且 $L(\boldsymbol{x})$ 是 $\boldsymbol{x}(t)$ 的极限点构成的集合, 则 $L(\boldsymbol{x})$ 是弱正不变集.

给定一个局部 Lipschitz 函数 $V:\mathbb{R}^n\to\mathbb{R}$, 则 V 关于微分包含系统 (2.10) 的集合值 Lie 导数为

$$\mathcal{L}_{\mathcal{H}}V=\{a\in\mathbb{R}|\exists\ \boldsymbol{v}\in\mathcal{H}(\boldsymbol{x})\ 使得\ \boldsymbol{p}^{\mathrm{T}}\boldsymbol{v}=a,\ \forall\boldsymbol{v}\in\partial V\}.$$

如果 V 在 $\boldsymbol{x}$ 处可微, 则

$$\mathcal{L}_{\mathcal{H}}V=\{\nabla V^{\mathrm{T}}\boldsymbol{v}|\forall\boldsymbol{v}\in\mathcal{H}(\boldsymbol{x})\}.$$

定义 2.14 给定一个正定的连续函数 $V:\mathbb{R}^n\to\mathbb{R}$, 若对于微分包含系统 (2.10) 的每个解 $\boldsymbol{x}(t)$ 和所有的 $0\leqslant t_1\leqslant t_2$ 使得 $V(\boldsymbol{x}(t_2))\leqslant V(\boldsymbol{x}(t_1))$, 则称 V 是微分包含系统 (2.10) 的一个 Lyapunov 函数.

引理 2.17 假设 $V:\mathbb{R}^n\to\mathbb{R}$ 是一个正定的、正则的且满足局部 Lipschitz 条件的函数. 如果对于所有的 $x\in\mathbb{R}^n$, 有 $\mathcal{L}_{\mathcal{H}}V\leqslant 0$ 或 $\mathcal{L}_{\mathcal{H}}V=\varnothing$, 则 V 是微分包含系统 (2.10) 的一个 Lyapunov 函数.

引理 2.18 假设集合值映射 $\mathcal{H}$ 满足引理 2.16 中的条件以及 $V:\mathbb{R}^n\to\mathbb{R}$ 是一个正则的且满足局部 Lipschitz 条件的函数. 令 $\mathcal{S}$ 是微分包含系统 (2.10) 的一个紧的、强正不变集, 并且关于 $\mathcal{S}$ 不等式 $\max\mathcal{L}_{\mathcal{H}}V\leqslant 0$ 成立, 则从 $\mathcal{S}$ 出发的微分包含系统 (2.10) 的任意一条轨迹都收敛到最大弱不变集 $\mathcal{M}\subseteq\mathcal{S}\cap\overline{\{\boldsymbol{x}\in\mathbb{R}^n|0\in\mathcal{L}_{\mathcal{H}}V\}}$.

2.5 本章小结

本章首先给出本书通用的符号及其含义; 然后介绍多智能体系统通信图的建模方法, 给出代数图论的相关知识, 着重介绍图的连通性概念和 Laplace 矩阵的相关性质, 为后续章节起铺垫作用; 接着给出非线性和线性定常系统的 Lyapunov 稳定理论; 最后, 介绍优化所需要的基础知识和引理.

第三章　多智能体系统完全分布式一致性

分布式协议是研究多智能体一致性问题的关键. 在实际应用中, 除了信息的分布式交互之外, 协议的参数选取也同样要求不依赖于全局的信息. 然而, 在有向通信图情形下, 仅在一阶积分器多智能体系统的一致性实现中, 分布式协议的参数可以为不依赖于全局通信图信息的固定值. 事实上, 当智能体的动态为二阶积分器时, 实现一致性当且仅当协议的参数满足条件[18] 为:

$$\frac{\beta^2}{\alpha} > \max_{2\leqslant i\leqslant N} \frac{\Im^2(\lambda_i)}{\Re(\lambda_i)[\Re^2(\lambda_i)+\Im^2(\lambda_i)]},$$

式中, α, β 分别为相对位置和相对速度反馈的增益参数; $\Re(\lambda_i), \Im(\lambda_i)$ 分别为通信图对应的 Laplace 矩阵非零特征值的实部和虚部; 当智能体的动态为一般线性系统时, 实现一致性要求参数满足条件[24] 为:

$$c > \max_{2\leqslant i\leqslant N} \frac{1}{\Re(\lambda_i)},$$

式中, c 是智能体的公共增益参数. 然而, 对于环形图而言, 其 Laplace 矩阵对应的特征值是复平面上以 (1,0) 为圆心, 以 1 为半径的圆上的 N 等分点, 即 $\lambda_i = 1-\mathrm{e}^{\mathrm{j}\frac{2\pi(i-1)}{N}}$. 显然, λ_2 的实部和虚部都随着 N 的增大而趋于零, 导致上述两个条件的右端都趋于无穷大. 这意味着对于任意选取的参数 α, β 或 c, 总有环形图不满足一致性达成的条件. 因此, 分布式算法需要根据具体的通信图调整其参数.

另一方面, 通信图的特征值信息本质上是全局信息, 单个智能体很难获取全局的通信图并计算出其特征值, 这使得基于固定参数的分布式算法, 在端到端的分布式实施上存在瑕疵. 因为当智能体的全局通信图（或者通信图条件）未知时, 选取固定增益参数时, 容易不满足一致性行为的涌现条件, 从而导致系统无法实现一致性. 在这种情况下, 提出了基于自适应协议的完全分布式一致性控制的概念, 是指在分布式协议中引入自适应参数取代固定参数, 从而使协议不再依赖全局通信图的特征值信息. 即使通信图条件未知或者存在通信摄动, 只要通信图是强连通的或者含有有向生成树, 就可以通过设计自适应协议, 使闭环多智能体系统实现一致性. 从一致性实现的角度来看，设计具有自适应增益的完全分布式一致性协议隶属于分布式安全协同控制的研究框架, 即通过设计完全分布式一致性协议避免了固定增益下协议参数未能合理选取, 导致一致性难以实现这一现象的发生, 让多智能体系统在通信图条件未知或者存在通信图摄动情形时安全地实现一致性. 本章针对有向通信图下的一般线性多智能体系统, 给出完全分布式自适应一致性协议的设计方法, 并进一步提出非线性多智能体系统的完全分布式一致性协议.

3.1 问题描述

考虑非线性多智能体系统, 其动力学方程描述为

$$\dot{\boldsymbol{x}}_i(t)=\boldsymbol{A}\boldsymbol{x}_i(t)+\boldsymbol{B}(\boldsymbol{u}_i(t)+\boldsymbol{f}(\boldsymbol{x}_i(t))), i=0,1,\cdots,N \tag{3.1}$$

式中, $\boldsymbol{x}_i(t)\in\mathbb{R}^n, \boldsymbol{u}_i(t)\in\mathbb{R}^p$ 分别为智能体 i 的状态和输入; $\boldsymbol{A},\boldsymbol{B}$ 分别为系统矩阵和输入矩阵; $\boldsymbol{f}(\boldsymbol{x}_i(t))$ 是非线性动态且满足如下假设.

假设 3.1 非线性 $\boldsymbol{f}(\cdot)$ 满足全局 Lipschitz 条件, 即存在常数 $l>0$ 使得

$$\|\boldsymbol{f}(\boldsymbol{z}_1)-\boldsymbol{f}(\boldsymbol{z}_2)\|\leqslant l\|\boldsymbol{z}_1-\boldsymbol{z}_2\|,\ \forall \boldsymbol{z}_1,\boldsymbol{z}_2\in\mathbb{R}^n.$$

本章考虑智能体之间的通信图为包含有向生成树的领从图, 即系统中包含一个领导者和多个跟随者, 且领导者没有任何邻居. 此时, 多智能体系统的一致性控制问题也被称为一致性跟踪或者领导者-跟随者一致性问题. 不失一般性, 假设智能体 0 代表领导者且领导者的控制输入恒为零 ($\boldsymbol{u}_0(t)\equiv\boldsymbol{0}$). 本章中设计的协议对于一般包含有向生成树的通信拓扑图也同样适用. 基于上述假设, 多智能体系统通信图的 Laplace 矩阵可以写成

$$\boldsymbol{L}=\begin{bmatrix}0 & \boldsymbol{0}^{\mathrm{T}}\\ \boldsymbol{\mathcal{L}}_2 & \boldsymbol{\mathcal{L}}_1\end{bmatrix}$$

式中, $\boldsymbol{\mathcal{L}}_2\in\mathbb{R}^N$, $\boldsymbol{\mathcal{L}}_1\in\mathbb{R}^{N\times N}$ 是非奇异 $\boldsymbol{M}$ 矩阵, 且有如下性质.

引理 3.1 [155] 对于任意非对角元素均为非正数的方阵 $\boldsymbol{\mathcal{L}}_1$, $\boldsymbol{\mathcal{L}}_1$ 为非奇异 $\boldsymbol{M}$ 矩阵等价于下述任意条件:

(1) $\boldsymbol{\mathcal{L}}_1^{-1}$ 是非负矩阵;

(2) 存在一个向量 $\boldsymbol{x}>0$ 使得 $\boldsymbol{\mathcal{L}}_1\boldsymbol{x}>0$.

引理 3.2 [156] 对于非奇异 $\boldsymbol{M}$ 矩阵 $\boldsymbol{\mathcal{L}}_1$, 存在一个对角矩阵 $\boldsymbol{G}=\mathrm{diag}(g_1,\cdots,g_N)$, 其中 $g_i>0,\forall i=1,\cdots,N$, 使得 $\boldsymbol{G}\boldsymbol{\mathcal{L}}_1+\boldsymbol{\mathcal{L}}_1^{\mathrm{T}}\boldsymbol{G}>0$.

证明: 对于非奇异 $\boldsymbol{M}$ 矩阵 $\boldsymbol{\mathcal{L}}_1$, 其转置 $\boldsymbol{\mathcal{L}}_1^{\mathrm{T}}$ 也为非奇异 $\boldsymbol{M}$ 矩阵. 由引理 3.1 知, 存在两个所有元素均为正实数的向量 $\boldsymbol{x}$ 和 $\boldsymbol{y}$, 使得 $\boldsymbol{u}=\boldsymbol{\mathcal{L}}_1\boldsymbol{x}>0$ 及 $\boldsymbol{v}=\boldsymbol{\mathcal{L}}_1^{\mathrm{T}}\boldsymbol{y}>0$. 令 $g_i=\dfrac{y_i}{x_i}>0$, 则有向量 $(\boldsymbol{G}\boldsymbol{\mathcal{L}}_1+\boldsymbol{\mathcal{L}}_1^{\mathrm{T}}\boldsymbol{G})\boldsymbol{x}=\boldsymbol{G}\boldsymbol{u}+\boldsymbol{v}$ 的所有

元素均为正实数. 因为 $g_i > 0$ 且 $\mathcal{L}_1$ 的所有非对角元素均为非正数, 所以矩阵 $\boldsymbol{G}\mathcal{L}_1 + \mathcal{L}_1^{\mathrm{T}}\boldsymbol{G}$ 的所有非对角元素也均为非正数. 由引理 3.1 可知, $\boldsymbol{G}\mathcal{L}_1 + \mathcal{L}_1^{\mathrm{T}}\boldsymbol{G}$ 是非奇异 $\boldsymbol{M}$ 矩阵, 其所有特征值均具有正实部. 再由矩阵 $\boldsymbol{G}\mathcal{L}_1 + \mathcal{L}_1^{\mathrm{T}}\boldsymbol{G}$ 是实对称矩阵可知 $\boldsymbol{G}\mathcal{L}_1 + \mathcal{L}_1^{\mathrm{T}}\boldsymbol{G}$ 正定. ■

注解 3.1 非奇异 $\boldsymbol{M}$ 矩阵与非负矩阵具有千丝万缕的联系, 其等价性质曾经被应用数学领域学者广泛地研究过, 读者可参阅文献 [157]. 注意到 $\mathcal{L}_1^{-1}$ 与 $(\mathcal{L}_1^{\mathrm{T}})^{-1}$ 是非负矩阵, 因此, 在引理 3.2 的证明中, $\boldsymbol{u}$ 和 $\boldsymbol{v}$ 可以取任意的所有元素为正实数的向量. 当 $\boldsymbol{u} = \boldsymbol{v} = \mathbf{1}_N$ 时, 引理 3.2 中矩阵 $\boldsymbol{G}$ 的构造即为文献 [158] 中的选取方式. 实际上, 在通信图为包含有向生成树的领从图时, 上述定义的矩阵 $\mathcal{L}_1$ 所有特征值均具有正实部. 此时, 满足如下 Lyapunov 不等式 $\boldsymbol{G}\mathcal{L}_1 + \mathcal{L}_1^{\mathrm{T}}\boldsymbol{G} > 0$ 的正定矩阵 $\boldsymbol{G}$ 有无穷多个且其矩阵结构也未必是对角型, 这一性质在考虑切换通信图下的多智能体系统一致性控制研究方面有着重要作用[159].

定义 3.1 (完全分布式一致性) 多智能体系统 (3.1) 实现完全分布式一致性, 系指设计 $\boldsymbol{u}_i(t) = \boldsymbol{h}_i\left(\sum_{j=0}^{N} a_{ij}(\boldsymbol{x}_i(t) - \boldsymbol{x}_j(t))\right)$, $\forall i = 1, \cdots, N$, 使得 $\lim_{t\to\infty}(\boldsymbol{x}_i(t) - \boldsymbol{x}_0(t)) = \mathbf{0}, \forall i = 1, \cdots, N$, 其中 $\boldsymbol{h}_i(\cdot)$ 是一个不依赖于通信图的 Laplace 矩阵的特征值信息的函数.

在完全分布式一致性控制问题中, 分布式协议的设计不是基于全局通信图的 Laplace 矩阵的特征值信息. 因此, 实现完全分布式一致性的关键在于设计合适的自适应参数动态来估计全局通信图的 Laplace 矩阵的相关特征值信息.

3.2 线性多智能体系统完全分布式一致性

本节考虑线性多智能体系统的完全分布式一致性, 也即各个智能体的动力学由线性系统刻画. 此时, 多智能体的动力学方程为

$$\dot{\boldsymbol{x}}_i(t) = \boldsymbol{A}\boldsymbol{x}_i(t) + \boldsymbol{B}\boldsymbol{u}_i(t) \tag{3.2}$$

式中, $\boldsymbol{x}_i(t) \in \mathbb{R}^n, \boldsymbol{u}_i(t) \in \mathbb{R}^p$ 分别为智能体 i 的状态向量和输入向量; $\boldsymbol{A}, \boldsymbol{B}$ 分别为系统矩阵和输入矩阵.

3.2.1 基于乘性增益的完全分布式一致性

基于邻居智能体之间的相对状态信息, 设计如下的分布式自适应一致性协议:

$$\boldsymbol{u}_i(t) = d_i(t)\rho_i(t)\boldsymbol{K}\sum_{j=0}^{N} a_{ij}(\boldsymbol{x}_i(t) - \boldsymbol{x}_j(t))$$

$$\dot{d}_i(t)=\left(\sum_{j=0}^{N}a_{ij}(\boldsymbol{x}_i(t)-\boldsymbol{x}_j(t))\right)^{\mathrm{T}}\boldsymbol{\Gamma}\left(\sum_{j=0}^{N}a_{ij}(\boldsymbol{x}_i(t)-\boldsymbol{x}_j(t))\right) \tag{3.3}$$

式中, $d_i(t)$ 是时变的自适应增益且满足 $d_i(0)\geqslant 1$, $i=1,\cdots,N$; $\boldsymbol{K}=-\boldsymbol{B}^{\mathrm{T}}\boldsymbol{P}$ 和 $\boldsymbol{\Gamma}=\boldsymbol{P}\boldsymbol{B}\boldsymbol{B}^{\mathrm{T}}\boldsymbol{P}$ 是反馈增益矩阵; $\boldsymbol{P}>0$ 是正定矩阵, 其逆矩阵 $\boldsymbol{P}^{-1}$ 是线性矩阵不等式

$$\boldsymbol{A}\boldsymbol{P}^{-1}+\boldsymbol{P}^{-1}\boldsymbol{A}^{\mathrm{T}}-2\boldsymbol{B}\boldsymbol{B}^{\mathrm{T}}<0 \tag{3.4}$$

的解; $\rho_i(t)$ 表示乘性增益, 其表达式为

$$\rho_i(t)=\left(1+\left(\sum_{j=0}^{N}a_{ij}(\boldsymbol{x}_i(t)-\boldsymbol{x}_j(t))\right)^{\mathrm{T}}\boldsymbol{P}\left(\sum_{j=0}^{N}a_{ij}(\boldsymbol{x}_i(t)-\boldsymbol{x}_j(t))\right)\right)^3 \tag{3.5}$$

可以看到, 一致性协议 (3.3) 中所有的参数都不依赖于全局通信拓扑图的 Laplace 矩阵的特征值信息, 因此式 (3.3) 是一种完全分布式的协议.

定义一致性误差为 $\boldsymbol{\xi}_i(t)=\sum\limits_{j=0}^{N}a_{ij}(\boldsymbol{x}_i(t)-\boldsymbol{x}_j(t))$, $i=1,\cdots,N$. 进一步地, 记 $\boldsymbol{\xi}(t)=[\boldsymbol{\xi}_1(t)^{\mathrm{T}},\cdots,\boldsymbol{\xi}_N(t)^{\mathrm{T}}]^{\mathrm{T}}$, $\boldsymbol{x}(t)=[\boldsymbol{x}_1(t)^{\mathrm{T}},\cdots,\boldsymbol{x}_N(t)^{\mathrm{T}}]^{\mathrm{T}}$, 则有

$$\boldsymbol{\xi}(t)=(\boldsymbol{\mathcal{L}}_1\otimes\boldsymbol{I}_n)(\boldsymbol{x}(t)-\boldsymbol{1}_N\otimes\boldsymbol{x}_0(t)) \tag{3.6}$$

由于 $\boldsymbol{\mathcal{L}}_1$ 非奇异, 则一致性得以实现当且仅当 $\lim\limits_{t\to\infty}\boldsymbol{\xi}(t)=\boldsymbol{0}$.

将完全分布式协议 (3.3) 代入到多智能体系统 (3.2) 中, 一致性误差的闭环动态可写为:

$$\begin{aligned}&\dot{\boldsymbol{\xi}}(t)=[\boldsymbol{I}_N\otimes\boldsymbol{A}+\boldsymbol{\mathcal{L}}_1\boldsymbol{D}(t)\boldsymbol{\rho}(t)\otimes\boldsymbol{B}\boldsymbol{K}]\boldsymbol{\xi}(t),\\&\dot{d}_i(t)=\boldsymbol{\xi}_i(t)^{\mathrm{T}}\boldsymbol{\Gamma}\boldsymbol{\xi}_i(t),\quad i=1,\cdots,N.\end{aligned} \tag{3.7}$$

式中, $\boldsymbol{D}(t)=\mathrm{diag}(d_1(t),\cdots,d_N(t))$; $\boldsymbol{\rho}(t)=\mathrm{diag}(\rho_1(t),\cdots,\rho_N(t))$.

定理 3.1 假设多智能体系统 (3.2) 的领从图包含至少一棵有向生成树且智能体 0 对应于有向生成树的根结点, 则在完全分布式一致性协议 (3.3) 下, 多智能体系统 (3.2) 能够实现一致性, 且每个智能体所对应的自适应参数 $d_i(t)$ 收敛至有限的稳态值.

证明: 根据引理 3.2 可知, 存在一个正定对角矩阵 $\boldsymbol{G}$, 使得矩阵 $\boldsymbol{G}\boldsymbol{\mathcal{L}}_1+\boldsymbol{\mathcal{L}}_1^{\mathrm{T}}\boldsymbol{G}$ 为正定矩阵. 令 λ_0 为正定矩阵 $\boldsymbol{G}\boldsymbol{\mathcal{L}}_1+\boldsymbol{\mathcal{L}}_1^{\mathrm{T}}\boldsymbol{G}$ 的最小特征值. 构造 Lyapunov 函数

$$V_1(t)=\sum_{i=1}^{N}\frac{d_i(t)g_i}{2}\int_0^{\boldsymbol{\xi}_i(t)^{\mathrm{T}}\boldsymbol{P}\boldsymbol{\xi}_i(t)}\rho_i(s)\mathrm{d}s+\frac{\lambda_0}{24}\sum_{i=1}^{N}(d_i(t)-\alpha)^2 \tag{3.8}$$

式中, $\alpha > 0$ 是一个常数. 易知, Lyapunov 函数 $V_1(t)$ 关于 $\boldsymbol{\xi}_i(t)$ 和 $(d_i(t)-\alpha)$, $i=1,\cdots,N$, 是正定的.

$V_1(t)$ 关于时间的导数为:

$$\begin{aligned}\dot{V}_1(t) = &\sum_{i=1}^{N} d_i(t) g_i \rho_i(t) \boldsymbol{\xi}_i(t)^{\mathrm{T}} \boldsymbol{P} \dot{\boldsymbol{\xi}}_i(t) + \sum_{i=1}^{N} \frac{\dot{d}_i(t) g_i}{2} \int_0^{\boldsymbol{\xi}_i(t)^{\mathrm{T}} \boldsymbol{P} \boldsymbol{\xi}_i(t)} \rho_i(s) \mathrm{d}s \\ &+ \frac{\lambda_0}{12} \sum_{i=1}^{N} (d_i(t)-\alpha) \dot{d}_i(t)\end{aligned} \tag{3.9}$$

计算可得

$$\begin{aligned}&\sum_{i=1}^{N} d_i(t) g_i \rho_i(t) \boldsymbol{\xi}_i(t)^{\mathrm{T}} \boldsymbol{P} \dot{\boldsymbol{\xi}}_i(t) \\ =& \boldsymbol{\xi}(t)^{\mathrm{T}} (\boldsymbol{D}(t) \boldsymbol{\rho}(t) \boldsymbol{G} \otimes \boldsymbol{P}) \dot{\boldsymbol{\xi}}(t) \\ =& \frac{1}{2} \boldsymbol{\xi}(t)^{\mathrm{T}} [\boldsymbol{D}(t) \boldsymbol{\rho}(t) \boldsymbol{G} \otimes (\boldsymbol{P}\boldsymbol{A} + \boldsymbol{A}^{\mathrm{T}} \boldsymbol{P}) - \boldsymbol{D}(t) \boldsymbol{\rho}(t) (\boldsymbol{G} \boldsymbol{\mathcal{L}}_1 + \boldsymbol{\mathcal{L}}_1^{\mathrm{T}} \boldsymbol{G}) \boldsymbol{\rho}(t) \boldsymbol{D}(t) \otimes \boldsymbol{\Gamma}] \boldsymbol{\xi}(t) \\ \leqslant& \frac{1}{2} \boldsymbol{\xi}(t)^{\mathrm{T}} [\boldsymbol{D}(t) \boldsymbol{\rho}(t) \boldsymbol{G} \otimes (\boldsymbol{P}\boldsymbol{A} + \boldsymbol{A}^{\mathrm{T}} \boldsymbol{P}) - \lambda_0 \boldsymbol{D}^2(t) \boldsymbol{\rho}(t)^2 \otimes \boldsymbol{\Gamma}] \boldsymbol{\xi}(t)\end{aligned} \tag{3.10}$$

由于 $\rho_i(t)$ 是一个单调递增函数, 且满足 $\rho_i(s) \geqslant 1, \forall s \geqslant 0$, 于是有

$$\begin{aligned}&\sum_{i=1}^{N} \frac{\dot{d}_i(t) g_i}{2} \int_0^{\boldsymbol{\xi}_i(t)^{\mathrm{T}} \boldsymbol{P} \boldsymbol{\xi}_i(t)} \rho_i(s) \mathrm{d}s \\ \leqslant& \sum_{i=1}^{N} \frac{\dot{d}_i(t) g_i}{2} \rho_i(t) \boldsymbol{\xi}_i(t)^{\mathrm{T}} \boldsymbol{P} \boldsymbol{\xi}_i(t) \\ \leqslant& \sum_{i=1}^{N} \frac{\dot{d}_i(t) g_i^3}{6\lambda_0^2} + \sum_{i=1}^{N} \frac{1}{3} \lambda_0 \dot{d}_i(t) \rho_i(t)^{\frac{3}{2}} (\boldsymbol{\xi}_i(t)^{\mathrm{T}} \boldsymbol{P} \boldsymbol{\xi}_i(t))^{\frac{3}{2}} \\ \leqslant& \sum_{i=1}^{N} \frac{\dot{d}_i(t) g_i^3}{6\lambda_0^2} + \sum_{i=1}^{N} \frac{1}{3} \lambda_0 \dot{d}_i(t) \rho_i(t)^{\frac{3}{2}} (1 + \boldsymbol{\xi}_i(t)^{\mathrm{T}} \boldsymbol{P} \boldsymbol{\xi}_i(t))^{\frac{3}{2}} \\ =& \sum_{i=1}^{N} \left(\frac{g_i^3}{6\lambda_0^2} + \frac{1}{3} \lambda_0 \rho_i(t)^2 \right) \boldsymbol{\xi}_i(t)^{\mathrm{T}} \boldsymbol{\Gamma} \boldsymbol{\xi}_i(t)\end{aligned} \tag{3.11}$$

其中, 第二个不等式是利用 Young 不等式放缩得到的.

将式 (3.10) 和式 (3.11) 代入式 (3.9) 可得

$$\begin{aligned}\dot{V}_1(t) \leqslant & \frac{1}{2}\boldsymbol{\xi}(t)^{\mathrm{T}}[\boldsymbol{D}(t)\boldsymbol{\rho}(t)\boldsymbol{G}\otimes(\boldsymbol{PA}+\boldsymbol{A}^{\mathrm{T}}\boldsymbol{P})]\boldsymbol{\xi}(t) \\ & +\sum_{i=1}^{N}\left(\frac{g_i^3}{6\lambda_0^2}+\frac{1}{3}\lambda_0\rho_i(t)^2+\frac{\lambda_0}{12}d_i(t)-\frac{\lambda_0}{12}\alpha-\frac{\lambda_0}{2}d_i^2(t)\rho_i(t)^2\right)\boldsymbol{\xi}_i(t)^{\mathrm{T}}\boldsymbol{\Gamma}\boldsymbol{\xi}_i(t)\end{aligned} \tag{3.12}$$

注意到 $\rho_i(t)\geqslant 1$ 及 $d_i(t)\geqslant 1, i=1,\cdots,N$. 选择 $\alpha\geqslant\alpha_0+\max_i\dfrac{2g_i^3}{\lambda_0^3}$, 于是有

$$\begin{aligned}\dot{V}_1(t) \leqslant & \frac{1}{2}\boldsymbol{\xi}(t)^{\mathrm{T}}[\boldsymbol{D}(t)\boldsymbol{\rho}(t)\boldsymbol{G}\otimes(\boldsymbol{PA}+\boldsymbol{A}^{\mathrm{T}}\boldsymbol{P}))]\boldsymbol{\xi}(t) \\ & -\frac{\lambda_0}{12}\sum_{i=1}^{N}\left(\alpha_0+d_i^2(t)\rho_i(t)^2\right)\boldsymbol{\xi}_i(t)^{\mathrm{T}}\boldsymbol{\Gamma}\boldsymbol{\xi}_i(t) \\ \leqslant & \frac{1}{2}\boldsymbol{\xi}(t)^{\mathrm{T}}[\boldsymbol{D}(t)\boldsymbol{\rho}(t)\boldsymbol{G}\otimes(\boldsymbol{PA}+\boldsymbol{A}^{\mathrm{T}}\boldsymbol{P}))-\frac{\lambda_0\sqrt{\alpha_0}}{3}\boldsymbol{D}(t)\boldsymbol{\rho}(t)\otimes\boldsymbol{\Gamma}]\boldsymbol{\xi}(t)\end{aligned} \tag{3.13}$$

令 $\alpha_0\geqslant\dfrac{36\max_i^2 g_i}{\lambda_0^2}$, 则有

$$\begin{aligned}\dot{V}_1(t) & \leqslant \frac{1}{2}\boldsymbol{\xi}(t)^{\mathrm{T}}[\boldsymbol{D}(t)\boldsymbol{\rho}(t)\boldsymbol{G}\otimes(\boldsymbol{PA}+\boldsymbol{A}^{\mathrm{T}}\boldsymbol{P})-2\boldsymbol{\Gamma})]\boldsymbol{\xi}(t) \\ & \leqslant \frac{1}{2}\boldsymbol{\xi}(t)^{\mathrm{T}}[\boldsymbol{G}\otimes(\boldsymbol{PA}+\boldsymbol{A}^{\mathrm{T}}\boldsymbol{P})-2\boldsymbol{\Gamma})]\boldsymbol{\xi}(t) \\ & \leqslant 0\end{aligned} \tag{3.14}$$

其中, 上式中的最后一个不等式是基于线性矩阵不等式 (3.4) 得到的.

因为 $\dot{V}_1(t)\leqslant 0$, 可得 $V_1(t)$ 有界, 从而有 $d_i(t)$ 有界. 进一步地, 由 $\dot{d}_i(t)\geqslant 0$ 可知 $d_i(t)$ 单调递增, 于是可得自适应增益 $d_i(t)$ 将收敛到有限的稳态值这一结论. 注意到 $\dot{V}_1(t)\equiv 0$ 等价于 $\boldsymbol{\xi}(t)=\mathbf{0}$. 由不变集原理可知, 一致性误差 $\boldsymbol{\xi}(t)$ 渐近收敛到 $\mathbf{0}$, 从而一致性得以实现. ■

注解 3.2 在一致性协议 (3.3) 的设计中, 只要求正定矩阵 $\boldsymbol{P}$ 的存在性. 显然, 线性矩阵不等式 (3.4) 有正定解当且仅当矩阵对 $(\boldsymbol{A},\boldsymbol{B})$ 可镇定. 因此, 当多智能体系统 (3.2) 的通信图包含有向生成树时, 可以构造完全分布式一致性协议 (3.3) 当且仅当矩阵对 $(\boldsymbol{A},\boldsymbol{B})$ 可镇定.

注解 3.3 一致性协议 (3.3) 不仅引入自适应增益 $d_i(t)$ 来估计与通信图的 Laplace 矩阵特征值相关的一些全局信息, 而且加入乘性增益 $\rho_i(t)$. 这里, 乘性增

益的作用主要在于克服有向通信图的 Laplace 矩阵的非对称性对一致性实现带来的不利影响. 进一步地, 在乘性增益 $\rho_i(t)=1$ 时, 一致性协议 (3.3) 退化为无向连通通信图下基于结点的完全分布式自适应一致性协议[143].

例 3.1 考虑多个三阶积分器构成的线性多智能体系统, 此时

$$\boldsymbol{A}=\begin{bmatrix}0&1&0\\0&0&1\\0&0&0\end{bmatrix},\quad \boldsymbol{B}=\begin{bmatrix}0\\0\\1\end{bmatrix}.$$

智能体之间的通信图如图 3.1 所示.

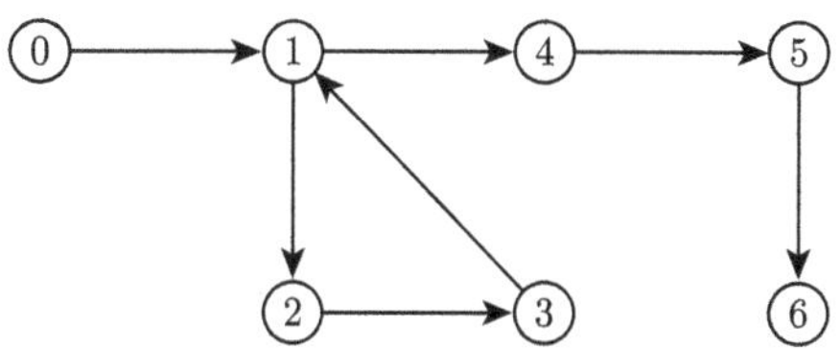

图 3.1 包含有向生成树的领从图

求解线性矩阵不等式 (3.4) 得

$$\boldsymbol{P}^{-1}=\begin{bmatrix}2.0383&-0.5373&-0.3395\\-0.5373&0.8822&-0.4741\\-0.3395&-0.4741&0.8849\end{bmatrix},\quad \boldsymbol{P}=\begin{bmatrix}0.9220&1.0557&0.9194\\1.0557&2.8007&1.9056\\0.9194&1.9056&2.5039\end{bmatrix}.$$

于是有

$$\boldsymbol{K}=\begin{bmatrix}-0.9194&-1.9056&-2.5039\end{bmatrix},\quad \boldsymbol{\Gamma}=\begin{bmatrix}0.8453&1.7520&2.3021\\1.7520&3.6314&4.7715\\2.3021&4.7715&6.2696\end{bmatrix}.$$

选取自适应增益初值 $d_i(0)=1, i=1,\cdots,6$. 所有智能体的初值在 $[0,1]\times[0,1]\times[0,1]$ 之间随机选取. 在完全分布式自适应一致性协议 (3.3) 下, 智能体的状态轨迹如图3.2 所示（虚线表示领导者的状态轨迹, 实线表示跟随者的状态轨迹）. 仿真结果表明一致性得以实现. 此外, 智能体的自适应增益轨迹如图 3.3 所示, 证明了智能体的自适应增益将收敛到有限的稳态值.

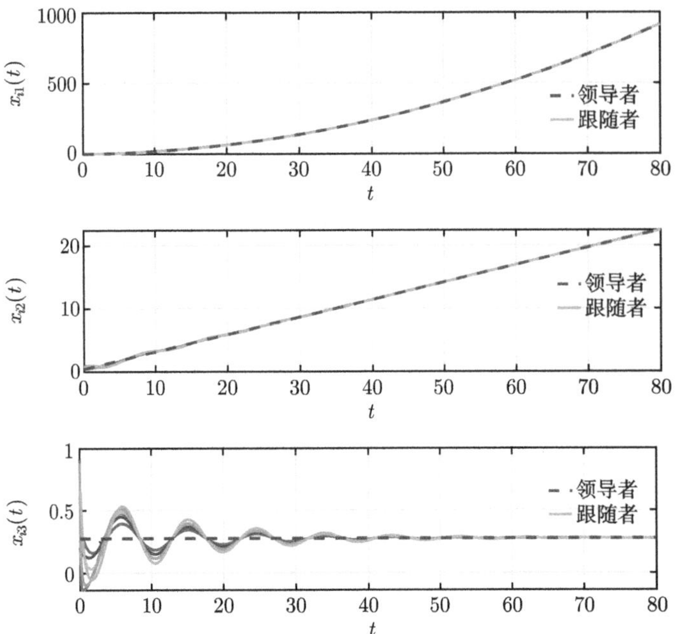

图 3.2　完全分布式自适应一致性协议 (3.3) 下智能体的状态轨迹

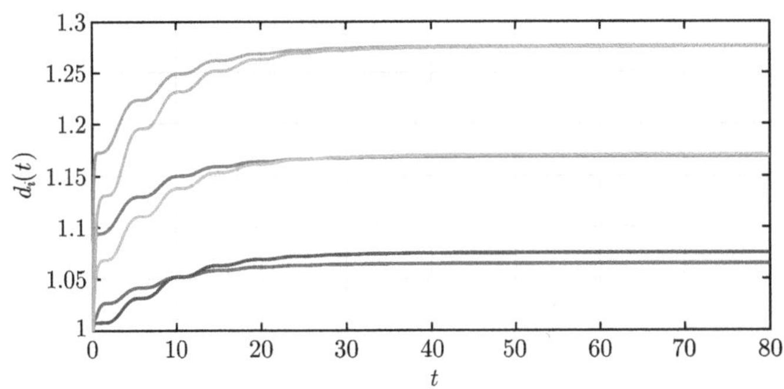

图 3.3　完全分布式自适应一致性协议 (3.3) 中的自适应增益轨迹

3.2.2　基于加性增益的完全分布式一致性

3.2.1 节中设计的完全分布式自适应一致性协议引入乘性增益 $\rho_i(t)$, 并设计了积分形式的 Lyapunov 函数 $V_1(t)$ 来解决有向通信图的 Laplace 矩阵的非对称性带来的一致性误差分析难题. 然而, 需要指出的是, 乘性增益是一致性误差的二次型与 1 求和后的三次方, 这可能导致初始阶段控制输入的取值较大, 容易超过实际物理限制引起的输入上限, 从而引起输入饱和现象, 并导致一致性任务的难以实现. 解决这一问题, 需要探索新的完全分布式一致性协议设计架构.

基于上述分析, 设计如下基于加性增益的完全分布式自适应一致性协议:

$$\begin{aligned}\boldsymbol{u}_i(t)&=(c_i(t)+\varrho_i(t))\boldsymbol{K}\sum_{j=0}^{N}a_{ij}(\boldsymbol{x}_i(t)-\boldsymbol{x}_j(t)),\\ \dot{c}_i(t)&=\left(\sum_{j=0}^{N}a_{ij}(\boldsymbol{x}_i(t)-\boldsymbol{x}_j(t))\right)^{\mathrm{T}}\boldsymbol{\Gamma}\left(\sum_{j=0}^{N}a_{ij}(\boldsymbol{x}_i(t)-\boldsymbol{x}_j(t))\right).\end{aligned}\tag{3.15}$$

式中, $c_i(t)$ 是时变的自适应增益且满足 $c_i(0)\geqslant 1$; $\boldsymbol{K}=-\boldsymbol{B}^{\mathrm{T}}\boldsymbol{P}$ 和 $\boldsymbol{\Gamma}=\boldsymbol{PBB}^{\mathrm{T}}\boldsymbol{P}$ 是反馈增益矩阵; $\boldsymbol{P}>0$ 是正定矩阵, 其逆矩阵 $\boldsymbol{P}^{-1}$ 是线性矩阵不等式 (3.4) 的解; $\varrho_i(t)$ 表示加性增益, 其表达式为

$$\varrho_i(t)=\left(\sum_{j=0}^{N}a_{ij}(\boldsymbol{x}_i(t)-\boldsymbol{x}_j(t))\right)^{\mathrm{T}}\boldsymbol{P}\left(\sum_{j=0}^{N}a_{ij}(\boldsymbol{x}_i(t)-\boldsymbol{x}_j(t))\right)\tag{3.16}$$

在相同的初始条件下, 上述基于加性增益的一致性协议 (3.15) 在初始时的控制输入要远小于基于乘性增益的一致性协议 (3.3), 因而更容易避免输入饱和现象的发生.

定义一致性误差为 $\boldsymbol{\xi}_i(t)=\sum\limits_{j=0}^{N}a_{ij}(\boldsymbol{x}_i(t)-\boldsymbol{x}_j(t)),\ i=1,\cdots,N$. 进一步地, 记 $\boldsymbol{\xi}(t)=[\boldsymbol{\xi}_1(t)^{\mathrm{T}},\cdots,\boldsymbol{\xi}_N(t)^{\mathrm{T}}]^{\mathrm{T}}$. 将完全分布式协议 (3.15) 代入到多智能体系统 (3.2) 中, 一致性误差的闭环动态可写为

$$\begin{aligned}\dot{\boldsymbol{\xi}}(t)&=[\boldsymbol{I}_N\otimes\boldsymbol{A}+\boldsymbol{\mathcal{L}}_1(\boldsymbol{C}(t)+\boldsymbol{\varrho}(t))\otimes\boldsymbol{BK}]\boldsymbol{\xi}(t),\\ \dot{c}_i(t)&=\boldsymbol{\xi}_i(t)^{\mathrm{T}}\boldsymbol{\Gamma}\boldsymbol{\xi}_i(t),\quad i=1,\cdots,N.\end{aligned}\tag{3.17}$$

式中, $\boldsymbol{C}(t)=\mathrm{diag}(c_1(t),\cdots,c_N(t))$; $\boldsymbol{\varrho}(t)=\mathrm{diag}(\varrho_1(t),\cdots,\varrho_N(t))$.

定理 3.2 假设多智能体系统 (3.2) 的领从图包含至少一棵有向生成树且智能体 0 对应于有向生成树的根结点. 则在完全分布式一致性协议 (3.15) 下, 多智能体系统 (3.2) 能够实现一致性, 且每个智能体所对应的自适应参数 $c_i(t)$ 收敛至有限的稳态值.

证明: 考虑 Lyapunov 函数

$$V_2(t)=\sum_{i=1}^{N}\frac{g_i}{2}[(2c_i(t)+\varrho_i(t))\varrho_i(t)+(c_i(t)-\beta)^2]\tag{3.18}$$

式中, $\beta>0$ 是一个常数. 显然, Lyapunov 函数 $V_2(t)$ 关于 $\varrho_i(t)$ 和 $c_i(t)-\beta, i=1,\cdots,N$, 是正定的.

$V_2(t)$ 关于时间的导数为:

$$
\begin{aligned}
\dot{V}_2(t) = &\sum_{i=1}^{N} g_i[2(c_i(t)+\varrho_i(t))\boldsymbol{\xi}_i(t)^{\mathrm{T}}\boldsymbol{P}\dot{\boldsymbol{\xi}}_i(t)+(c_i(t)+\varrho_i(t)-\beta)\dot{c}_i(t)] \\
&= \boldsymbol{\xi}(t)^{\mathrm{T}}[(\boldsymbol{C}(t)+\boldsymbol{\varrho}(t))\boldsymbol{G}\otimes(\boldsymbol{PA}+\boldsymbol{A}^{\mathrm{T}}\boldsymbol{P})-(\boldsymbol{C}(t)+\boldsymbol{\varrho}(t))(\boldsymbol{G}\boldsymbol{\mathcal{L}}_1+\boldsymbol{\mathcal{L}}_1^{\mathrm{T}}\boldsymbol{G})\times \\
&\quad (\boldsymbol{C}(t)+\boldsymbol{\varrho}(t))\otimes\boldsymbol{\Gamma}]\boldsymbol{\xi}(t)+\boldsymbol{\xi}(t)^{\mathrm{T}}[(\boldsymbol{C}(t)+\boldsymbol{\varrho}(t)-\beta\boldsymbol{I}_N)\boldsymbol{G}\otimes\boldsymbol{\Gamma}]\boldsymbol{\xi}(t)
\end{aligned} \tag{3.19}
$$

选取 $\beta \geqslant \dfrac{9\max_i g_i}{4\lambda_0}$, 由 Young 不等式可得

$$
\begin{aligned}
&-\boldsymbol{\xi}(t)^{\mathrm{T}}[(\boldsymbol{C}(t)+\boldsymbol{\varrho}(t))(\boldsymbol{G}\boldsymbol{\mathcal{L}}_1+\boldsymbol{\mathcal{L}}_1^{\mathrm{T}}\boldsymbol{G})(\boldsymbol{C}(t)+\boldsymbol{\varrho}(t))\otimes\boldsymbol{\Gamma}]\boldsymbol{\xi}(t)-\beta\boldsymbol{\xi}(t)^{\mathrm{T}}(\boldsymbol{G}\otimes\boldsymbol{\Gamma})\boldsymbol{\xi}(t) \\
\leqslant &-\boldsymbol{\xi}(t)^{\mathrm{T}}[(\lambda_0(\boldsymbol{C}(t)+\boldsymbol{\varrho}(t))^2+\beta\boldsymbol{G})\otimes\boldsymbol{\Gamma}]\boldsymbol{\xi}(t) \\
\leqslant &-\boldsymbol{\xi}(t)^{\mathrm{T}}[(\boldsymbol{C}(t)+\boldsymbol{\varrho}(t))\boldsymbol{G}\otimes 3\boldsymbol{\Gamma}]\boldsymbol{\xi}(t)
\end{aligned} \tag{3.20}
$$

将式 (3.20) 代入式 (3.19) 可得

$$
\begin{aligned}
\dot{V}_2(t) &\leqslant \boldsymbol{\xi}(t)^{\mathrm{T}}[(\boldsymbol{C}(t)+\boldsymbol{\varrho}(t))\boldsymbol{G}\otimes(\boldsymbol{PA}+\boldsymbol{A}^{\mathrm{T}}\boldsymbol{P}-2\boldsymbol{\Gamma})]\boldsymbol{\xi}(t) \\
&\leqslant 0
\end{aligned} \tag{3.21}
$$

类似于定理 3.1 的证明, 可以得到自适应增益 $c_i(t)$ 将收敛到有限的稳态值, 且一致性误差 $\boldsymbol{\xi}(t)$ 渐近收敛到 $\mathbf{0}$. ■

注解 3.4 与定理 3.1 证明中构造积分形式的 Lyapunov 函数 $V_1(t)$ 不同的是, 定理 3.2 中构造了二次型形式的 Lyapunov 函数 $V_2(t)$, 从而极大简化了证明过程. 此外, 当加性增益 $\varrho_i(t)=0$ 时, 一致性协议 (3.15) 将退化为无向通信图下基于结点的完全分布式自适应一致性协议[143].

例 3.2 考虑例 3.1 中的多智能体系统, 在完全相同的初值和控制增益选取下, 采用完全分布式自适应一致性协议 (3.15) 进行仿真.

智能体的状态轨迹如图 3.4 所示（虚线表示领导者的状态轨迹, 实线表示跟随者的状态轨迹）, 仿真结果表明一致性得以实现. 此外, 智能体的自适应增益轨迹如图 3.5 所示, 证明了智能体的自适应增益将收敛到有限的稳态值. 智能体的控制输入轨迹如图 3.6 所示, 与一致性协议 (3.3) 下的控制输入轨迹（图 3.7）相比, 一致性协议 (3.15) 使控制输入的峰值降低了一个数量级.

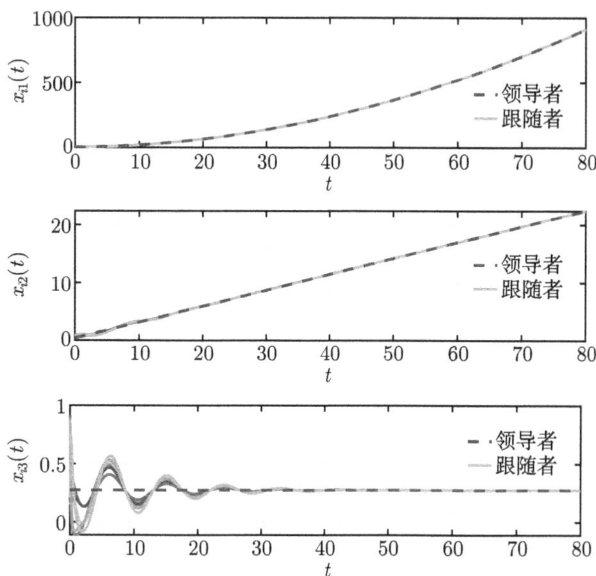

图 3.4 完全分布式自适应一致性协议 (3.15) 下智能体的状态轨迹

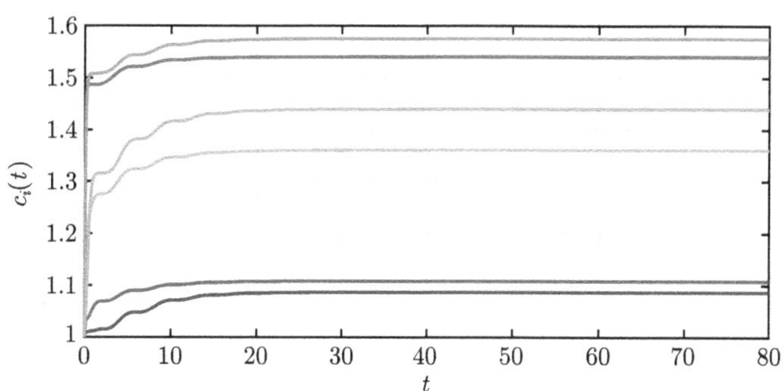

图 3.5 完全分布式自适应一致性协议 (3.15) 中的自适应增益轨迹

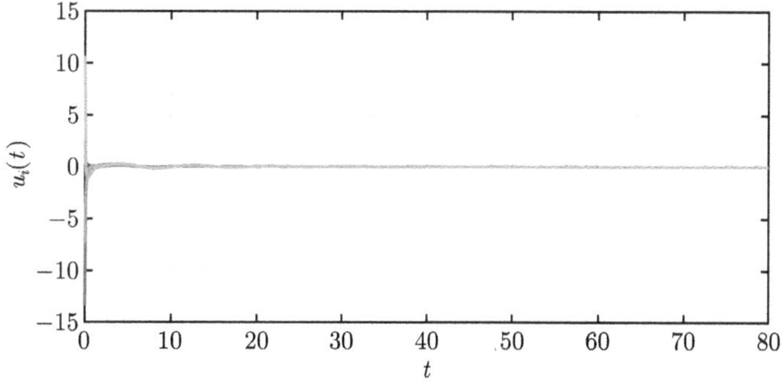

图 3.6 完全分布式自适应一致性协议 (3.15) 下的控制输入轨迹

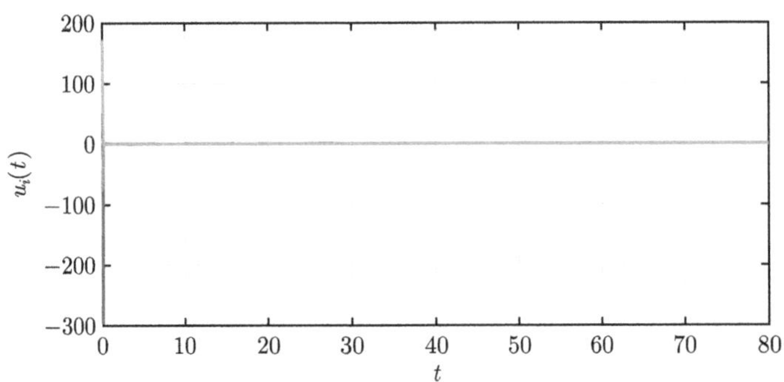

图 3.7　完全分布式自适应一致性协议 (3.3) 下的控制输入轨迹

3.3　非线性多智能体系统完全分布式一致性

在 3.2 节中, 讨论了线性多智能体系统的完全分布式一致性协议设计问题, 其中智能体的个体动力学由一个线性定常系统描述. 考虑到实际物理系统复杂的动力学特性以及系统建模过程中的未建模动态, 智能体的个体动力学往往需要建模为非线性系统. 因此, 相比线性多智能体系统的完全分布式一致性问题研究, 开展非线性多智能体系统完全分布式一致性的研究更具实际意义.

针对式 (3.1) 所描述的 Lipschitz（利普希茨）非线性多智能体系统, 设计如下的完全分布式一致性协议:

$$\begin{aligned}\boldsymbol{u}_i(t)&=(\bar{c}_i(t)+\bar{\varrho}_i(t))\boldsymbol{K}\sum_{j=0}^{N}a_{ij}(\boldsymbol{x}_i(t)-\boldsymbol{x}_j(t)),\\ \dot{\bar{c}}_i(t)&=\bar{\varrho}_i(t)=\left(\sum_{j=0}^{N}a_{ij}(\boldsymbol{x}_i(t)-\boldsymbol{x}_j(t))\right)^{\mathrm{T}}\boldsymbol{P}\left(\sum_{j=0}^{N}a_{ij}(\boldsymbol{x}_i(t)-\boldsymbol{x}_j(t))\right).\end{aligned}\tag{3.22}$$

式中, $\bar{\varrho}_i(t)$ 表示加性增益; $\bar{c}_i(t)$ 是时变的自适应增益且满足 $\bar{c}_i(0)\geqslant 1$; $\boldsymbol{K}=-\boldsymbol{B}^{\mathrm{T}}\boldsymbol{P}$ 是反馈增益矩阵; $\boldsymbol{P}>0$ 是正定矩阵; 其逆矩阵 $\boldsymbol{P}^{-1}$ 是线性矩阵不等式

$$\boldsymbol{A}\boldsymbol{P}^{-1}+\boldsymbol{P}^{-1}\boldsymbol{A}^{\mathrm{T}}-2\boldsymbol{B}\boldsymbol{B}^{\mathrm{T}}+\boldsymbol{P}^{-1}<0\tag{3.23}$$

的解.

定义一致性误差为 $\boldsymbol{\xi}_i(t)=\sum_{j=0}^{N}a_{ij}(\boldsymbol{x}_i(t)-\boldsymbol{x}_j(t))$, $i=1,\cdots,N$. 进一步地, 记 $\boldsymbol{\xi}(t)=[\boldsymbol{\xi}_1(t)^{\mathrm{T}},\cdots,\boldsymbol{\xi}_N(t)^{\mathrm{T}}]^{\mathrm{T}}$, $\boldsymbol{x}(t)=[\boldsymbol{x}_1(t)^{\mathrm{T}},\cdots,\boldsymbol{x}_N(t)^{\mathrm{T}}]^{\mathrm{T}}$. 将完全分布式一致性协议 (3.22) 代入非线性多智能体系统 (3.1) 中, 可以得到一致性误差的闭环动态为:

$$
\begin{aligned}
\dot{\boldsymbol{\xi}}(t) &= [\boldsymbol{I}_N \otimes \boldsymbol{A} + \boldsymbol{\mathcal{L}}_1(\bar{\boldsymbol{C}}(t) + \bar{\boldsymbol{\varrho}}(t)) \otimes \boldsymbol{BK}]\boldsymbol{\xi}(t) \\
&\quad + (\boldsymbol{\mathcal{L}}_1 \otimes \boldsymbol{B})(\boldsymbol{F}(\boldsymbol{x}(t)) - \mathbf{1}_N \otimes \boldsymbol{f}(\boldsymbol{x}_0(t))), \\
\dot{\bar{c}}_i(t) &= \boldsymbol{\xi}_i(t)^{\mathrm{T}}\boldsymbol{P}\boldsymbol{\xi}_i(t).
\end{aligned} \tag{3.24}
$$

式中, $\bar{\boldsymbol{C}}(t) = \mathrm{diag}(\bar{c}_1(t), \cdots, \bar{c}_N(t))$; $\bar{\boldsymbol{\varrho}}(t) = \mathrm{diag}(\bar{\varrho}_1(t), \cdots, \bar{\varrho}_N(t))$; $\boldsymbol{F}(\boldsymbol{x}(t)) = [\boldsymbol{f}(\boldsymbol{x}_1(t))^{\mathrm{T}}, \cdots, \boldsymbol{f}(\boldsymbol{x}_n(t))^{\mathrm{T}}]^{\mathrm{T}}$.

定理 3.3 假设多智能体系统 (3.1) 的领从图包含至少一棵有向生成树且智能体 0 对应于有向生成树的根结点. 进一步地, 假设多智能体系统 (3.1) 中的非线性函数满足假设 3.1 中的条件, 则在完全分布式一致性协议 (3.22) 下, 多智能体系统 (3.1) 能够实现一致性, 且每个智能体所对应的自适应增益 $\bar{c}_i(t)$ 收敛至有限的稳态值.

证明: 考虑 Lyapunov 函数

$$
V_3(t) = \sum_{i=1}^{N} \frac{g_i}{2}[(2\bar{c}_i(t) + \bar{\varrho}_i(t))\bar{\varrho}_i(t) + (\bar{c}_i(t) - \bar{\beta})^2] \tag{3.25}
$$

式中, $\bar{\beta} > 0$ 是一个常数. 显然, Lyapunov 函数 $V_3(t)$ 关于 $\bar{\varrho}_i(t)$ 和 $\bar{c}_i(t) - \bar{\beta}$, $i = 1, \cdots, N$, 是正定的.

$V_3(t)$ 关于时间的导数为

$$
\begin{aligned}
\dot{V}_3(t) &= \sum_{i=1}^{N} g_i[2(\bar{c}_i(t) + \bar{\varrho}_i(t))\boldsymbol{\xi}_i(t)^{\mathrm{T}}\boldsymbol{P}\dot{\boldsymbol{\xi}}_i(t) + (\bar{c}_i(t) + \bar{\varrho}_i(t) - \bar{\beta})\dot{\bar{c}}_i(t)] \\
&= \boldsymbol{\xi}(t)^{\mathrm{T}}[(\bar{\boldsymbol{C}}(t) + \bar{\boldsymbol{\varrho}}(t))\boldsymbol{G} \otimes (\boldsymbol{PA} + \boldsymbol{A}^{\mathrm{T}}\boldsymbol{P} + \boldsymbol{P}) - (\bar{\boldsymbol{C}}(t) + \bar{\boldsymbol{\varrho}}(t))(\boldsymbol{G\mathcal{L}}_1 + \boldsymbol{\mathcal{L}}_1^{\mathrm{T}}\boldsymbol{G}) \\
&\quad \times (\bar{\boldsymbol{C}}(t) + \bar{\boldsymbol{\varrho}}(t)) \otimes \boldsymbol{\Gamma}]\boldsymbol{\xi}(t) + 2\boldsymbol{\xi}(t)^{\mathrm{T}}[(\bar{\boldsymbol{C}}(t) + \bar{\boldsymbol{\varrho}})\boldsymbol{G\mathcal{L}}_1 \otimes \boldsymbol{PB}] \\
&\quad \times (\boldsymbol{F}(\boldsymbol{x}(t)) - \mathbf{1}_N \otimes \boldsymbol{f}(\boldsymbol{x}_0(t))) - \boldsymbol{\xi}(t)^{\mathrm{T}}(\bar{\beta}\boldsymbol{G} \otimes \boldsymbol{P})\boldsymbol{\xi}(t)
\end{aligned} \tag{3.26}
$$

式中, $\boldsymbol{\Gamma} = \boldsymbol{PBB}^{\mathrm{T}}\boldsymbol{P}$.

由 Young 不等式可得

$$
\begin{aligned}
&2\boldsymbol{\xi}(t)^{\mathrm{T}}[(\bar{\boldsymbol{C}}(t) + \bar{\boldsymbol{\varrho}}(t))\boldsymbol{G\mathcal{L}}_1 \otimes \boldsymbol{PB}](\boldsymbol{F}(\boldsymbol{x}(t)) - \mathbf{1}_N \otimes \boldsymbol{f}(\boldsymbol{x}_0(t))) \\
&\leqslant \frac{\lambda_0}{2}\boldsymbol{\xi}(t)^{\mathrm{T}}[(\bar{\boldsymbol{C}}(t) + \bar{\boldsymbol{\varrho}}(t))^2 \otimes \boldsymbol{\Gamma}]\boldsymbol{\xi}(t) + \frac{2\sigma_{\max}^2(\boldsymbol{G\mathcal{L}}_1)}{\lambda_0}\|\boldsymbol{F}(\boldsymbol{x}(t)) - \mathbf{1}_N \otimes \boldsymbol{f}(\boldsymbol{x}_0(t))\|^2 \\
&\leqslant \frac{\lambda_0}{2}\boldsymbol{\xi}(t)^{\mathrm{T}}[(\bar{\boldsymbol{C}}(t) + \bar{\boldsymbol{\varrho}}(t))^2 \otimes \boldsymbol{\Gamma}]\boldsymbol{\xi}(t) + \frac{2\sigma_{\max}^2(\boldsymbol{G\mathcal{L}}_1)}{\lambda_0}l^2\|\boldsymbol{x}(t) - \mathbf{1}_N \otimes \boldsymbol{x}_0(t)\|^2 \\
&\leqslant \frac{\lambda_0}{2}\boldsymbol{\xi}(t)^{\mathrm{T}}[(\bar{\boldsymbol{C}}(t) + \bar{\boldsymbol{\varrho}}(t))^2 \otimes \boldsymbol{\Gamma}]\boldsymbol{\xi}(t) + \frac{2l^2\sigma_{\max}^2(\boldsymbol{G\mathcal{L}}_1)}{\lambda_0\sigma_{\min}^2(\boldsymbol{\mathcal{L}}_1)}\boldsymbol{\xi}(t)^{\mathrm{T}}\boldsymbol{\xi}(t)
\end{aligned} \tag{3.27}
$$

其中, 上式中的第二个不等式由假设 3.1 得出.

选取 $\bar{\beta}=\bar{\beta}_0+\dfrac{2l^2\sigma_{\max}^2(\boldsymbol{G}\boldsymbol{\mathcal{L}}_1)}{\lambda_0\sigma_{\min}^2(\boldsymbol{\mathcal{L}}_1)\lambda_{\min}(\boldsymbol{P})\min_i g_i}$, 将式 (3.27) 代入式 (3.26) 可得

$$\begin{aligned}\dot{V}_3(t)\leqslant&\ \boldsymbol{\xi}(t)^{\mathrm{T}}[(\bar{\boldsymbol{C}}(t)+\bar{\boldsymbol{\varrho}}(t))\boldsymbol{G}\otimes(\boldsymbol{P}\boldsymbol{A}+\boldsymbol{A}^{\mathrm{T}}\boldsymbol{P}+\boldsymbol{P})]\boldsymbol{\xi}(t)\\&-\frac{\lambda_0}{2}\boldsymbol{\xi}(t)^{\mathrm{T}}[(\bar{\boldsymbol{C}}(t)+\bar{\boldsymbol{\varrho}}(t))^2\otimes\boldsymbol{\Gamma}]\boldsymbol{\xi}(t)-\bar{\beta}_0\boldsymbol{\xi}^{\mathrm{T}}(t)(\boldsymbol{G}\otimes\boldsymbol{P})\boldsymbol{\xi}(t)\\\leqslant&\ \boldsymbol{\xi}(t)^{\mathrm{T}}[(\bar{\boldsymbol{C}}(t)+\bar{\boldsymbol{\varrho}}(t))\boldsymbol{G}\otimes(\boldsymbol{P}\boldsymbol{A}+\boldsymbol{A}^{\mathrm{T}}\boldsymbol{P}+\boldsymbol{P}-2\boldsymbol{\Gamma})]\boldsymbol{\xi}(t)\\\leqslant&\ 0\end{aligned}\tag{3.28}$$

其中, 上式中的第二个不等式通过选取 $\bar{\beta}_0\geqslant\dfrac{2\lambda_{\max}(\boldsymbol{\Gamma})\max_i g_i}{\lambda_0\lambda_{\min}(\boldsymbol{P})}$, 并利用 Young 不等式得出, 第三个不等式由线性矩阵不等式 (3.23) 得到.

类似于定理 3.1 的证明, 可以得到自适应增益 $\bar{c}_i(t)$ 将收敛到有限的稳态值, 且一致性误差 $\boldsymbol{\xi}(t)$ 渐近收敛到 $\mathbf{0}$. ■

注解 3.5　在完全分布式一致性协议 (3.22) 中, 自适应增益 $\bar{c}_i(t)$ 不仅用于估计与通信图的 Laplace 矩阵特征值相关的一些全局信息, 而且还用于估计多智能体系统非线性动力学特征的 Lipschitz 常数. 因此, 完全分布式一致性协议 (3.22) 的设计不需要使用与通信图的 Laplace 矩阵特征值相关的一些全局信息, 也无需任何关于 Lipschitz 非线性动态的先验知识.

注解 3.6　针对非线性多智能体系统的完全分布式一致性协议 (3.22) 与针对线性多智能体系统的完全分布式一致性协议 (3.15) 相比, 最大的不同在于自适应增益更新机制的设计以及增益矩阵 $\boldsymbol{P}$ 的选取. 具体地, 自适应增益更新机制中的增益矩阵由协议 (3.15) 中的半正定矩阵 $\boldsymbol{\Gamma}$ 变更为协议 (3.22) 中的正定矩阵 $\boldsymbol{P}$, 而线性矩阵不等式由式 (3.4) 变更为协议 (3.23). 显然, 线性矩阵不等式 (3.23) 相比于式 (3.4) 的保守性更强. 注意到, 当 $(\boldsymbol{A},\boldsymbol{B})$ 可控时, 线性矩阵不等式 (3.23) 有解. 因此, 当智能体的通信图包含有向生成树时, 完全分布式一致性协议 (3.22) 存在的充分条件为 $(\boldsymbol{A},\boldsymbol{B})$ 可控.

例 3.3　考虑由蔡氏电路系统 (Chua's circuit systems) 构成的非线性多智能体系统 (3.1), 其中

$$\boldsymbol{A}=\begin{bmatrix}-a(m_0^1+1)&a&0\\1&-1&1\\0&-b&0\end{bmatrix},\quad \boldsymbol{B}=\begin{bmatrix}1\\0\\0\end{bmatrix},$$

$$f(\boldsymbol{x}_i)=\frac{a}{2}(m_0^1-m_0^2)(|x_{01}+1|-|x_{01}-1|)$$

式中, $a=10$; $b=18$; $m_0^1=-\dfrac{3}{4}$; $m_0^2=-\dfrac{4}{3}$. 仿真中, 取领导者的初值为 $\boldsymbol{x}_0(0)=[1,0.8,-1.5]^{\mathrm{T}}$, 此时领导者的三维状态轨迹如图 3.8 所示, 呈现双涡混沌吸引子结构[160].

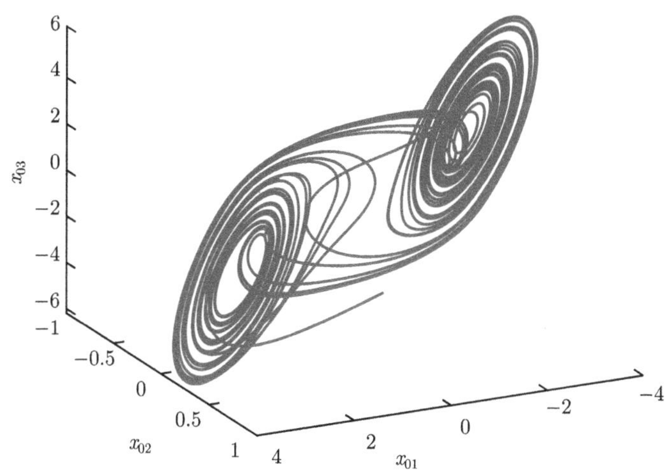

图 3.8 具有双涡混沌吸引子结构的领导者轨迹图

智能体之间的通信沿用例 3.1 中的图 3.1. 求解线性矩阵不等式 (3.23) 得

$$\boldsymbol{P}^{-1}=\begin{bmatrix}27.1844 & -3.5489 & -17.1413\\ -3.5489 & 0.4783 & 2.2392\\ -17.1413 & 2.2392 & 11.1606\end{bmatrix},\quad \boldsymbol{P}=\begin{bmatrix}2.2606 & 8.5456 & 1.7575\\ 8.5456 & 66.7250 & -0.2623\\ 1.7575 & -0.2623 & 2.8415\end{bmatrix}.$$

于是有

$$\boldsymbol{K}=\begin{bmatrix}-2.2606 & -8.5456 & -1.7575\end{bmatrix}.$$

选取自适应增益初值 $\bar{c}_i(0)=1$, $i=1,\cdots,6$. 跟随者的初值在 $[0,1]\times[0,1]\times[0,1]$ 之间随机选取. 在完全分布式自适应一致性协议 (3.22) 下, 智能体的状态轨迹如图3.9 所示（虚线表示领导者的状态轨迹, 实线表示跟随者的状态轨迹）. 仿真结果显示, 在一定时间后, 所有跟随者的状态曲线与领导者的状态曲线趋于重合, 这表明一致性得以实现. 智能体的自适应增益轨迹如图 3.10 所示, 所有智能体的自适应增益都很快收敛. 智能体的控制输入轨迹如图 3.11 所示, 智能体的控制输入均收敛到零, 这也与一致性误差收敛到零相吻合.

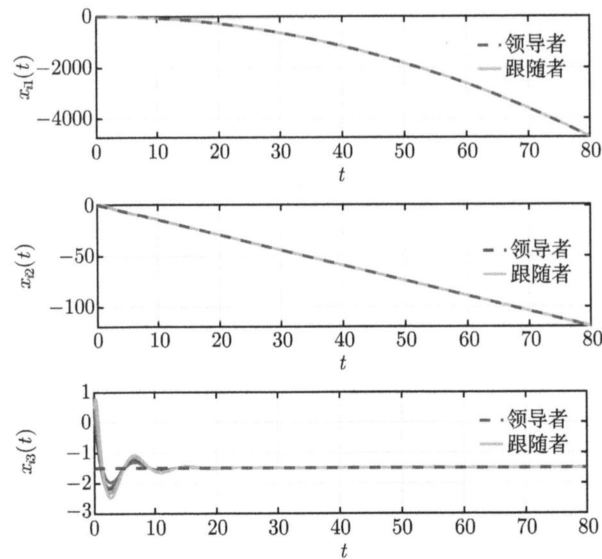

图 3.9　完全分布式自适应一致性协议 (3.22) 下智能体的状态轨迹

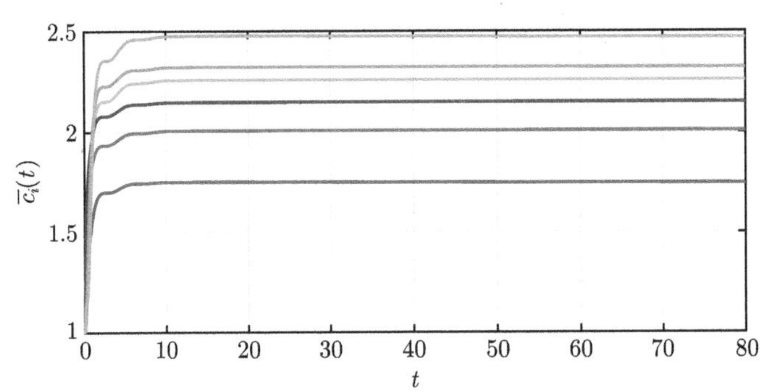

图 3.10　完全分布式自适应一致性协议 (3.22) 中的自适应增益轨迹

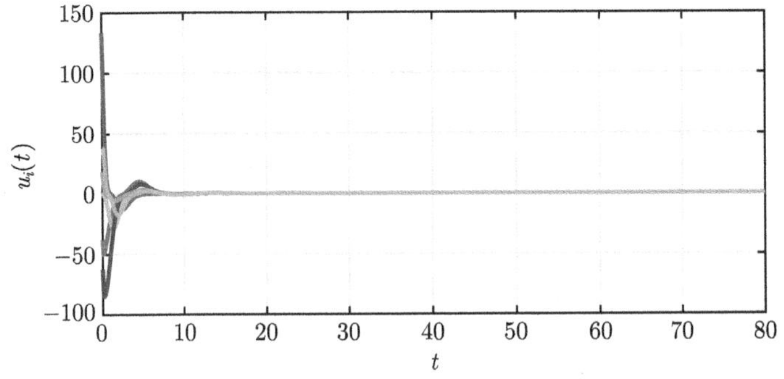

图 3.11　完全分布式自适应一致性协议 (3.22) 下的控制输入轨迹

3.4 本章小结

本章给出基于自适应参数的完全分布式一致性协议的设计方法. 首先介绍了线性多智能体系统在有向通信图下的完全分布式自适应协议, 包括基于乘性增益和基于加性增益的两类完全分布式一致性协议. 这些协议通过引入自适应参数估计与通信图的 Laplace 矩阵特征值相关的一些全局信息, 从而避免了全局信息的使用, 以完全分布式的方式实现了线性多智能体系统的一致性. 然后介绍了 Lipschitz 非线性多智能体系统在有向通信图下的完全分布式自适应协议, 其自适应参数不仅估计与通信图的 Laplace 矩阵特征值相关的一些全局信息, 而且估计非线性项的 Lipshcitz 常数. 本章主要介绍有向通信图下基于状态反馈的完全分布式一致性, 相关的拓展包括设计基于输出反馈的完全分布式一致性协议、领导者带未知输入的完全分布式一致性跟踪控制等. 对上述内容感兴趣的读者可以进一步参阅文献 [161,162].

第四章　多智能体系统弹性一致性控制

多智能体系统的一致性依赖于通信网络的图结构. 当系统中某些智能体遭受攻击时, 尤其是在攻击者精心设计攻击信号的情形下, 多智能体系统的一致性往往难以达成. 此时, 研究多智能体系统在遭受攻击情形下的弹性一致控制是确保系统安全稳定运行的基础. 本章讨论线性多智能体系统的弹性一致性问题, 介绍在智能体动力学模型为积分器形式及一般线性系统形式下的不同处理方法. 在智能体动力学模型为积分器形式时, 通过去除部分极端邻居结点的状态值, 仅使用剩余邻居与智能体的相对状态设计一致性协议, 并提出图的鲁棒性条件来克服攻击对一致性的负面影响. 当智能体动力学行为是一般线性系统形式时, 通过设计状态观测器进行攻击检测和隔离, 并提出图的可隔离性条件来实现攻击的零漏报和零误报, 并基于其他正常结点的相对信息设计一致性协议.

4.1　问 题 描 述

考虑由 N 个智能体组成的多智能体系统, 其动力学方程在连续形式下描述为

$$\begin{aligned}\dot{\boldsymbol{x}}_i(t) &= \boldsymbol{A}\boldsymbol{x}_i(t) + \boldsymbol{B}\boldsymbol{u}_i(t),\\ \boldsymbol{y}_i(t) &= \boldsymbol{C}\boldsymbol{x}_i(t), \quad i = 1, \cdots, N.\end{aligned} \tag{4.1}$$

式中, $\boldsymbol{x}_i(t) \in \mathbb{R}^n, \boldsymbol{u}_i(t) \in \mathbb{R}^p, \boldsymbol{y}_i(t) \in \mathbb{R}^m$ 分别为智能体 i 的状态、输入和输出变量; $\boldsymbol{A} \in \mathbb{R}^{n\times n}, \boldsymbol{B} \in \mathbb{R}^{n\times p}, \boldsymbol{C} \in \mathbb{R}^{m\times n}$ 分别为系统的动态、输入和输出矩阵. 相应地, 在离散形式下, 智能体的动力学方程描述为

$$\begin{aligned}\boldsymbol{x}_i(t+1) &= \boldsymbol{A}\boldsymbol{x}_i(t) + \boldsymbol{B}\boldsymbol{u}_i(k),\\ \boldsymbol{y}_i(t) &= \boldsymbol{C}\boldsymbol{x}_i(t), \quad i = 1, \cdots, N, \quad t = 0, 1, \cdots.\end{aligned} \tag{4.2}$$

若智能体遭受攻击, 则称之为异常结点. 根据结点的异常程度可以分为恶意和 Byzantine（拜占庭）结点, 具体定义如下.

定义 4.1 [163] *若结点实际执行的控制算法与所设计的算法相同, 且给邻居结点传输其真实的状态值, 则称其为正常结点. 若结点实际执行的控制算法与所设计的算法不同, 且给邻居结点传输其真实的状态值, 则称其为恶意结点. 若结点实际执行的控制算法与所设计的算法不同, 且在某些时刻传输给不同邻居结点的状态值也不同, 则称其为 Byzantine 结点.*

根据定义 4.1 可知, 恶意结点是 Byzantine 结点的一种特殊形式.

对于遭受攻击的多智能体系统, 可以将其结点集合 $\mathcal{V}$ 划分成两个子集: 正常结点集合 $\mathcal{O}$ 和异常结点集合 $\mathcal{M}$, 则有 $\mathcal{O}\cap\mathcal{M}=\varnothing$ 和 $|\mathcal{O}|+|\mathcal{M}|=N$. 当异常结点都是恶意结点时, 分别给出如下 3 个关于遭受攻击智能体数量的定义.

定义 4.2(F-整体恶意攻击模型[163]) 若多智能体系统的恶意结点集合 $\mathcal{M}$ 中最多包含 F 个结点, 即 $|\mathcal{M}|\leqslant F$, 则称该系统遭受 F-整体恶意攻击.

定义 4.3(F-局部恶意攻击模型[163]) 若对多智能体系统的任意一个结点 i 而言, 恶意结点集合 $\mathcal{M}$ 中最多有 F 个结点是 i 的邻居, 即 $|\mathcal{M}\cap\mathcal{N}_i|\leqslant F, \forall i\in\mathcal{O}$, 则称该系统遭受 F-局部恶意攻击.

定义 4.4 (1-弱局部恶意攻击模型[164]) 若对多智能体系统的任意一个结点 i 而言, 恶意结点集合 $\mathcal{M}$ 中最多有 F 个结点是 i 的一步或两步邻居, 即 $|\mathcal{M}\cap\mathcal{J}_i^*|\leqslant 1, \forall i\in\mathcal{O}$, 则称该系统遭受 1-弱局部恶意攻击.

注解 4.1 对于一个 F-局部恶意攻击模型, 其恶意结点的总数可能超过 F. 因此, F-整体恶意攻击模型一定是 F-局部恶意攻击的, 反之则不然.

注解 4.2 每个子系统 $\mathcal{G}_i^*(\mathcal{J}_i^*,\mathcal{E}_i^*)$ 中最多有一个智能体遭受攻击等价于系统遭受了 1-弱局部恶意攻击. 为便于理论分析, 本章将不再区分这两个概念.

类似地, 当异常结点集合含有 Byzantine 结点时, 给出如下两个定义.

定义 4.5(F-整体 Byzantine 模型[163]) 若多智能体系统的 Byzantine 结点集合 $\mathcal{M}$ 中最多包含 F 个结点, 即 $|\mathcal{M}|\leqslant F$, 则称该系统遭受 F-整体 Byzantine 攻击.

定义 4.6 (F-局部 Byzantine 模型[163]) 若对多智能体系统的任意一个结点 i 而言, Byzantine 结点集合 $\mathcal{M}$ 中最多有 F 个结点是 i 的邻居, 即 $|\mathcal{M}\cap\mathcal{N}_i|\leqslant F, \forall i\in\mathcal{O}$, 则称该系统遭受 F-局部 Byzantine 攻击.

本章在多智能体系统存在异常结点的情形下, 通过设计弹性控制协议来实现正常结点的一致. 接下来给出弹性一致的定义.

定义 4.7(弹性一致) 若在任意异常结点集合及攻击信号下, 多智能体系统中的所有的正常结点从任意初值出发, 均能实现渐近一致, 即 $\lim_{t\to\infty}(\boldsymbol{x}_i(t)-\boldsymbol{x}_j(t))=\mathbf{0}, \forall i,j\in\mathcal{O}$, 则称该多智能体系统实现弹性一致.

弹性一致控制的关键在于如何设计合适的分布式一致控制算法来克服异常结点的影响. 接下来将分别针对积分器类型和一般线性系统类型的多智能体系统设计两种控制算法, 并分析系统实现弹性一致所需要满足的通信图条件.

4.2 基于图鲁棒性的多智能体系统弹性一致性

本节考虑具有时变通信图的离散积分器型多智能体系统在状态反馈机制下的弹性一致性问题. 此时, 离散多智能体的动力学行为由式 (4.2) 退化为

$$\boldsymbol{x}_i(t+1)=\boldsymbol{A}\boldsymbol{x}_i(t)+\boldsymbol{B}\boldsymbol{u}_i(t),\quad i=1,\cdots,N \tag{4.3}$$

式中, $\boldsymbol{A}=\boldsymbol{I}_n+\begin{bmatrix}\mathbf{0}_{n-1} & T\boldsymbol{I}_{n-1}\\ 0 & \mathbf{0}_{n-1}^{\mathrm{T}}\end{bmatrix}$; $\boldsymbol{B}=\begin{bmatrix}\mathbf{0}_{n-1}\\ 1\end{bmatrix}$; $T>0$ 表示采样周期.

4.2.1 时变通信图的联合鲁棒性

给出时变通信图的联合鲁棒性概念, 用以刻画时变通信情况下弹性一致性对通信图的要求.

首先, 给出联合 r-可达集合的概念.

定义 4.8 (联合 r-可达集合)　对于时变通信图 $\mathcal{G}(t)=(\mathcal{V},\mathcal{E}(t))$ 结点集合 $\mathcal{V}$ 的非空子集 $\mathcal{S}$, 若存在一个有界时间间隔的无穷序列 $\{[t_j,t_{j+1})\}$, 在每个时间间隔 $[t_j,t_{j+1})$ 上, 都存在时刻 $T_j\in[t_j,t_{j+1})$ 及结点 $i_j\in\mathcal{S}$, 使得 $|\mathcal{N}_{i_j}[T_j]\backslash\mathcal{S}|\geqslant r$ 成立, 则称子集 $\mathcal{S}$ 是联合 r-可达集合.

粗略地讲, 非空子集 $\mathcal{S}$ 是联合 r-可达集合, 意味着该子集中的某些结点在某些时刻能被外部足够多 (至少 r 个) 的结点影响. 值得注意的是, 定义 4.8 中不同时间间隔满足 $|\mathcal{N}_{i_j}[T_j]\backslash\mathcal{S}|\geqslant r$ 条件的结点 i_j 可以互不相同. 由于子集 $\mathcal{S}$ 是有限集合, 而时间间隔 $[t_j,t_{j+1})$ 是有无穷多个, 根据抽屉原理[165] 可以得到如下联合 r-可达集合的等价条件.

命题 4.1　时变通信图 $\mathcal{G}(t)=(\mathcal{V},\mathcal{E}(t))$ 结点集合 $\mathcal{V}$ 的非空子集 $\mathcal{S}$ 是联合 r-可达集合的充要条件是, 存在一个结点 $i\in\mathcal{S}$ 及一个有界时间间隔的无穷序列 $\{[t_j,t_{j+1})\}$, 在每个时间间隔 $[t_j,t_{j+1})$ 上, 都存在时刻 $T_j\in[t_j,t_{j+1})$, 使得 $|\mathcal{N}_i[T_j]\backslash\mathcal{S}|\geqslant r$ 成立.

证明: 充分性的证明显而易见, 此处不再赘述. 接下来仅证明必要性.

对于联合 r-可达集合 $\mathcal{S}=\{i_1,\cdots,i_q\}$, 存在一个有界时间间隔的无穷序列 $\left\{[t'_j,t'_{j+1})\right\}$, 在每个时间间隔 $[t'_j,t'_{j+1})$ 上, 都存在时刻 $T'_j\in[t'_j,t'_{j+1})$ 及结点 $i_j\in\mathcal{S}$, 使得 $|\mathcal{N}_{i_j}[T'_j]\backslash\mathcal{S}|\geqslant r$ 成立. 令 $\mathcal{K}=\{[t'_1,t'_2),[t'_2,t'_3),\cdots,[t'_l,t'_{l+1}),\cdots\}$, 并将序列 $\mathcal{K}$ 划分为 q 个集合 $\mathcal{T}_h,h=1,\cdots,q$, 使其满足 $\mathcal{T}_h=\left\{[t^l_h,t^{l'}_h)\in\mathcal{K}\mid\exists T^l_h\in[t^l_h,t^{l'}_h),|\mathcal{N}_{i_h}[T^l_h]\backslash\mathcal{D}|\geqslant r\right\}$. 根据抽屉原理[165] 可知, 至少有一个集合中包含无穷多个时间间隔. 不失一般性, 假设集合 $\mathcal{T}_1$ 中包含无穷多个时间间隔, 则对于结点 i_1, 存在一个有界时间间隔的无穷序列 $\{[t^l_1,t^{l+1}_1)\}$, 在每个时间间隔 $[t^l_1,t^{l+1}_1)$ 上, 都存在时刻 $T^l_1\in[t^l_1,t^{l+1}_1)$ 使得 $|\mathcal{N}_{i_1}[T^l_1]\backslash\mathcal{S}|\geqslant r$ 成立.

■

基于联合 r-可达集合的定义, 接下来给出图的联合 r-鲁棒的概念.

定义 4.9 (联合 r-鲁棒)　对于时变通信图 $\mathcal{G}(t)=(\mathcal{V},\mathcal{E}(t))$, 若结点集合 $\mathcal{V}$ 的任意两个非空不相交的子集中至少有一个是联合 r-可达集合的, 则称 $\mathcal{G}(t)$ 是联

合 r-鲁棒的.

为了实现弹性一致, 对于任意两个非空不相交的结点子集, 至少有一个子集必须包含一些结点, 这些结点在自身所在子集的外部在无穷多个时刻都有足够多的邻居. 由定义 4.9 可知, 时变通信图 $\mathcal{G}(t)$ 是联合 r-鲁棒的一个必要条件是每个结点都在无穷多个时刻有 r 个邻居. 与联合 r-可达集合类似, 有如下结论成立.

命题 4.2 时变通信图 $\mathcal{G}(t)=(\mathcal{V},\mathcal{E}(t))$ 是联合 r-鲁棒的充要条件是, 对结点集合 $\mathcal{V}$ 的任意两个非空不相交的子集, 存在一个有界时间间隔的无穷序列 $\{[t_j,t_{j+1})\}$, 在每个时间间隔 $[t_j,t_{j+1})$ 上, 至少都有一个时刻, 使得上述两个子集中存在一个结点在自身所在子集的外部有至少 r 个邻居.

证明: 必要性的证明显而易见, 此处不再赘述. 接下来仅证明充分性.

对于任意两个非空不相交的子集 $\mathcal{S}_1$, $\mathcal{S}_2\subseteq\mathcal{V}$, 令 $\mathcal{K}=\{[t'_1,t'_2),[t'_2,t'_3),\cdots,[t'_l,t'_{l+1}),\cdots\}$, 并将序列 $\mathcal{K}$ 划分为 2 个集合 $\mathcal{T}_1$ 和 $\mathcal{T}_2$, 使其满足

$$\mathcal{T}_h=\left\{[t^l_h,t^{l'}_h)\in\mathcal{K}\mid\exists T^l_h\in[t^l_h,t^{l'}_h),\exists i^l_h\in\mathcal{S}_h,|\mathcal{N}_{i^l_h}[T^l_h]\backslash\mathcal{S}_h|\geqslant r\right\},\quad h=1,2.$$

接下来的证明与命题 4.1 类似, 此处不再赘述.

■

命题 4.3 时变通信图 $\mathcal{G}(t)=(\mathcal{V},\mathcal{E}(t))$ 为联合 r-鲁棒的充要条件是, 存在一个有界时间间隔的无穷序列 $\{[t_j,t_{j+1})\}$, 对结点集合 $\mathcal{V}$ 的任意两个非空不相交的子集, 至少有一个结点在每个时间间隔 $[t_j,t_{j+1})$ 上, 都存在至少一个时刻, 使得该结点在自身所在子集的外部有至少 r 个邻居.

证明: 充分性的证明类似于命题 4.2, 此处不再赘述.

接下来, 仅证明必要性. 不难发现, 结点集合 $\mathcal{V}$ 的非空不相交的子集对的个数最多为 $\dfrac{3^N+1}{2}-2^N$. 由于 $\mathcal{G}(t)$ 是联合 r-鲁棒的, 则对于每一对非空不相交的子集 $\mathcal{S}^q_1,\mathcal{S}^q_2,q=1,\cdots,\dfrac{3^N+1}{2}-2^N$, 存在一个有界时间间隔的无穷序列 $\{[t^q_l,t^q_{l+1})\}$, 在每个时间间隔 $[t^q_l,t^q_{l+1})$ 上, 都至少有一个时刻, 使得集合 $\mathcal{S}^q_1\cup\mathcal{S}^q_2$ 中存在一个结点在自身所在子集的外部有至少 r 个邻居. 因此, 可以构建一个有界时间间隔的无穷序列 $\{[t_j,t_{j+1})\}$, 使得对所有的 $q=1,\cdots,\dfrac{3^N+1}{2}-2^N$ 和时间间隔 $[t_j,t_{j+1})$, 存在一个 i_l 满足 $[t^q_{i_l},t^q_{i_l+1})\in[t_l,t_{j+1})$. 引理得证.

■

命题 4.3 表明, 对于一个联合 r-鲁棒的时变通信图, 其每一对结点子集都能找到一个公共的有界时间间隔的无穷序列 $\{[t_j,t_{j+1})\}$, 使得至少有一个结点在每个

时间间隔 $[t_j, t_{j+1})$ 上, 都存在至少一个时刻, 满足该结点在自身所在子集的外部有至少 r 个邻居.

接下来依次介绍联合 (r, s)-可达集合和联合 (r, s)-鲁棒图的概念.

定义 4.10 (联合 (r, s)-可达集合) 对于时变通信图 $\mathcal{G}(t) = (\mathcal{V}, \mathcal{E}(t))$ 结点集合 $\mathcal{V}$ 的非空子集 $\mathcal{S}$, 若存在一个有界时间间隔的无穷序列 $\{[t_j, t_{j+1})\}$, 在每个时间间隔 $[t_j, t_{j+1})$ 上, 都有 $|\mathcal{X}_{\mathcal{S}}^r[t_j, t_{j+1})| \geqslant s$ 成立, 其中 $\mathcal{X}_{\mathcal{S}}^r[t_j, t_{j+1}) = \{i \in \mathcal{S} | \exists T_{i_j} \in [t_j, t_{j+1}) \text{ s.t.}, |\mathcal{N}_i[T_{i_j}] \backslash \mathcal{S}| \geqslant r\}$, 则称子集 $\mathcal{S}$ 是联合 (r, s)-可达集合的.

类似命题 4.2, 有如下联合 (r, s)-可达集合的等价形式.

命题 4.4 时变通信图 $\mathcal{G}(t) = (\mathcal{V}, \mathcal{E}(t))$ 结点集合 $\mathcal{V}$ 的非空子集 $\mathcal{S}$ 为联合 (r, s)-可达集合的充要条件是, 存在结点数不少于 s 的一个子集 $\mathcal{X}_{\mathcal{S}}^r$, 使得存在一个有界时间间隔的无穷序列 $\{[t_j, t_{j+1})\}$, 每个 $\mathcal{X}_{\mathcal{S}}^r$ 中的结点 i 在每个时间间隔 $[t_j, t_{j+1})$ 上, 都有一个时刻 $T_{i_j} \in [t_j, t_{j+1})$ 满足 $|\mathcal{N}_i[T_{i_j}] \backslash \mathcal{S}| \geqslant r$.

显然, 联合 (r, s)-可达集合具有如下性质.

命题 4.5 若时变通信图 $\mathcal{G}(t) = (\mathcal{V}, \mathcal{E}(t))$ 结点集合 $\mathcal{V}$ 的非空子集 $\mathcal{S}$ 是联合 (r, s)-可达集合, 则对任意的 $1 \leqslant r' \leqslant r, 1 \leqslant s' \leqslant s$, 该子集也是联合 (r', s')-可达集合. 此外, 联合 r-可达集合等价于联合 $(r, 1)$-可达集合.

接下来, 给出联合 (r, s)-鲁棒图的概念.

定义 4.11 (联合 (r, s)-鲁棒图) 对于时变通信图 $\mathcal{G}(t) = (\mathcal{V}, \mathcal{E}(t))$, 若对其结点集合 $\mathcal{V}$ 的每一对非空不相交的子集 $\mathcal{S}_1$ 和 $\mathcal{S}_2$, 都存在一个有界时间间隔的无穷序列 $\{[t_j, t_{j+1})\}$, 在每个时间间隔 $[t_j, t_{j+1})$ 上, 以下三个条件至少有一个成立:

(1) $|\mathcal{X}_{\mathcal{S}_1}^r[t_j, t_{j+1})| = |\mathcal{S}_1|$;

(2) $|\mathcal{X}_{\mathcal{S}_2}^r[t_j, t_{j+1})| = |\mathcal{S}_2|$;

(3) $|\mathcal{X}_{\mathcal{S}_1}^r[t_j, t_{j+1})| + |\mathcal{X}_{\mathcal{S}_2}^r[t_j, t_{j+1})| \geqslant s$.

则称 $\mathcal{G}(t)$ 是联合 (r, s)-鲁棒图.

根据命题 4.3, 可以进一步得到联合 (r, s)-鲁棒图的如下等价条件.

命题 4.6 对于时变通信图 $\mathcal{G}(t) = (\mathcal{V}, \mathcal{E}(t))$, 若存在一个有界时间间隔的无穷序列 $\{[t_j, t_{j+1})\}$, 在每个时间间隔 $[t_j, t_{j+1})$ 上, 对结点集合 $\mathcal{V}$ 的每一对非空不相交的子集 $\mathcal{S}_1$ 和 $\mathcal{S}_2$, 以下三个条件至少有一个成立:

(1) $|\mathcal{X}_{\mathcal{S}_1}^r[t_j, t_{j+1})| = |\mathcal{S}_1|$;

(2) $|\mathcal{X}_{\mathcal{S}_2}^r[t_j, t_{j+1})| = |\mathcal{S}_2|$;

(3) $|\mathcal{X}_{\mathcal{S}_1}^r[t_j, t_{j+1})| + |\mathcal{X}_{\mathcal{S}_2}^r[t_j, t_{j+1})| \geqslant s$.

则称 $\mathcal{G}(t)$ 是联合 (r, s)-鲁棒图.

与命题 4.5 类似, 联合 (r, s)-鲁棒图有如下性质.

命题 4.7 若时变通信图 $\mathcal{G}(t) = (\mathcal{V}, \mathcal{E}(t))$ 是联合 (r, s)-鲁棒图的, 则对任意的 $1 \leqslant r' \leqslant r, 1 \leqslant s' \leqslant s$, $\mathcal{G}(t)$ 也是联合 (r', s')-鲁棒图的. 此外, 联合 r-鲁棒图等

价于联合 $(r,1)$-鲁棒图.

下面给出图的联合 (r,s)-鲁棒性与联合包含有向生成树之间的关系.

命题 4.8 时变通信图 $\mathcal{G}(t)=(\mathcal{V},\mathcal{E}(t))$ 联合包含有向生成树, 当且仅当 $\mathcal{G}(t)$ 是联合 $(1,1)$-鲁棒的.

证明: 必要性. 若时变通信图 $\mathcal{G}(t)$ 联合包含有向生成树, 则存在一个有界时间间隔的无穷序列 $\{[t_j,t_{j+1})\}$, 使得在每个时间间隔 $[t_j,t_{j+1})$ 上, 通信图的并图中包含有向生成树. 因此, 对结点集合 $\mathcal{V}$ 的每一对非空不相交的子集 $\mathcal{S}_1$ 和 $\mathcal{S}_2$, 在每一个时间间隔内, 上述两个结点子集中至少能找到一个结点 i 在自身所在子集的外部有一个邻居, 否则并图必定不包含有向生成树.

充分性. 采取反证法进行证明. 若时变通信图 $\mathcal{G}(t)$ 不存在联合有向生成树, 则在某个时刻 $\bar{t}$ 之后, 结点集合 $\mathcal{V}$ 可以分成两个非空不相交的子集, 使得一个子集中的任意一个结点任何时刻在另一个子集中都没有邻居. 显然, 此时 $\mathcal{G}(t)$ 并不是联合 $(1,1)$-鲁棒的. ■

4.2.2 一阶多智能体系统弹性一致控制

考虑离散一阶多智能体系统, 即 $\boldsymbol{A}=1,\boldsymbol{B}=1$, 此时, 智能体的动力学由式 (4.3) 退化为

$$x_i(t+1)=x_i(t)+u_i(t),\quad i=1,\cdots,N \tag{4.4}$$

式中, $x_i(t)\in\mathbb{R},u_i(t)\in\mathbb{R}$ 分别是智能体 i 的状态和控制输入变量.

设计基于子序列删减的加权平均一致算法 (weighted mean subsequence reduced algorithm, W-MSR), 其步骤如下[163]:

(1) 在 t 时刻, 每个正常结点 i 将接收到的相对状态值 $x_j(t)-x_i(t)$ 按从大到小的顺序排列.

(2) 每个正常结点 i 分别移除 F 个最大的符号为正和 F 个最小的符号为负的相对状态值 $x_j(t)-x_i(t)$. 如果符号为正或为负的相对状态值的个数少于 F, 则移除所有符号为正或为负的相对状态值. 记 $\mathcal{R}_i(t)$ 为移除邻居组成的集合.

(3) 每个正常结点执行如下的控制输入:

$$u_i(t)=\sum_{j=1}^{N}w_{ij}(t)(x_j(t)-x_i(t)) \tag{4.5}$$

式中, 若 $j\notin\mathcal{N}_i(t)\backslash\mathcal{R}_i(t)$, 则 $w_{ij}(t)=0$; 若 $j\in\mathcal{N}_i(t)\backslash\mathcal{R}_i(t)$, 则 $w_{ij}(t)>0$, 且有 $\sum\limits_{j=1}^{N}w_{ij}(t)<1$ 成立.

注解 4.3　基于子序列删减的加权平均一致算法的特点是, 各个正常智能体都移除足够多的极端值, 以克服异常结点对一致性带来的破坏. 对于 0-全局恶意攻击模型, 即所有的结点都是正常结点, 所有的智能体不移除任何邻居的信息. 此时, 基于子序列删减的加权平均一致算法退化为文献 [13] 中的加权平均一致算法.

令 $\overline{x}(t), \underline{x}(t)$ 分别表示正常结点集合在 t 时刻的最大值和最小值. 下面给出具有时变通信图的一阶离散多智能体系统在 F-整体恶意攻击模型下采用 W-MSR 算法实现弹性一致的充要条件.

定理 4.1　在 F-整体恶意攻击模型下, 具有时变通信图的一阶离散多智能体系统在 W-MSR 算法下实现弹性一致的充要条件是其通信图 $\mathcal{G}(t)$ 是联合 $(F+1, F+1)$-鲁棒的.

证明: 必要性. 采取反证法证明. 若 $\mathcal{G}(t)$ 不是联合 $(F+1,F+1)$-鲁棒的, 则存在非空不相交的结点子集 $\mathcal{S}_1, \mathcal{S}_2$, 在某个时刻 $\hat{t}$ 之后, 有以下条件:

(1) $|\mathcal{X}_{\mathcal{S}_1}^{F+1}[\hat{t},\infty)| < |\mathcal{S}_1|$;

(2) $|\mathcal{X}_{\mathcal{S}_2}^{F+1}[\hat{t},\infty)| < |\mathcal{S}_2|$;

(3) $|\mathcal{X}_{\mathcal{S}_1}^{F+1}[\hat{t},\infty)| + |\mathcal{X}_{\mathcal{S}_2}^{F+1}[\hat{t},\infty)| \leqslant F$.

令 $\hat{t}$ 时刻 $\mathcal{S}_1$ 中结点的状态均为 a, $\mathcal{S}_2$ 中结点的状态均为 b, 且 $a<b$. 由条件 (3) 可知, 令 $\mathcal{X}_{\mathcal{S}_1}^{F+1}[\hat{t},\infty) \cup \mathcal{X}_{\mathcal{S}_2}^{F+1}[\hat{t},\infty)$ 中所有的结点都是恶意结点, 且保持状态值不变; $\mathcal{S}_1 \backslash \mathcal{X}_{\mathcal{S}_1}^{F+1}[\hat{t},\infty)$ 和 $\mathcal{S}_2 \backslash \mathcal{X}_{\mathcal{S}_2}^{F+1}[\hat{t},\infty)$ 中所有的结点均为正常结点. 由条件 (1) 和条件 (2) 可知, 集合 $\mathcal{S}_1 \backslash \mathcal{X}_{\mathcal{S}_1}^{F+1}[\hat{t},\infty)$ 和 $\mathcal{S}_2 \backslash \mathcal{X}_{\mathcal{S}_2}^{F+1}[\hat{t},\infty)$ 都非空.

对任意的正常结点 $i \in \mathcal{S}_1$, 由于最多有 F 个邻居的值不等于 a, 则集合 $\{i\} \cup \mathcal{N}_i(t) \backslash \mathcal{R}_i(t)$ 中所有的结点在 $t \geqslant \hat{t}$ 时刻的状态值均为 a. 因此, $\mathcal{S}_1$ 中的正常结点在 $t \geqslant \hat{t}$ 时刻的状态值保持 a 不变. 同理可得, $\mathcal{S}_2$ 中的正常结点在 $t \geqslant \hat{t}$ 时刻的状态值保持 b 不变. 这意味着弹性一致无法实现.

充分性. 将式 (4.5) 代入式 (4.4), 有

$$x_i(t+1) = \sum_{j=1}^{N} \bar{w}_{ij}(t) x_j(t) \tag{4.6}$$

式中, $\bar{w}_{ij}(t) = w_{ij}(t)$, 当 $i \neq j$ 时, 且 $\bar{w}_{ii}(t) = 1 - \sum_{j=1}^{N} w_{ij}(t)$. 根据 $\bar{w}_{ij}(t) \geqslant 0$ 可知, 每个正常结点在 $(t+1)$ 时刻的值是集合 $\mathcal{N}_i(t) \backslash \mathcal{R}_i(t)$ 中所有结点在 t 时刻状态值的凸组合. 此外, 对于正常结点 i, 有 $x_j(t) \in [\underline{x}(t), \overline{x}(t)], j \in \{i\} \cup \mathcal{N}_i(t) \backslash \mathcal{R}_i(t)$. 因此, 有 $x_i(t+1) \in [\underline{x}(t), \overline{x}(t)]$. 通过递归可知, $[\underline{x}[0], \overline{x}[0]] \supseteq [\underline{x}[1], \overline{x}[1]] \supseteq \cdots \supseteq [\underline{x}(t), \overline{x}(t)] \supseteq \cdots$ 成立. 上述分析表明, 所有正常结点的状态值在任意时刻都保持在区间 $\varUpsilon = [\underline{x}[0], \overline{x}[0]]$ 内.

由于 $\overline{x}(t)$ 和 $\underline{x}(t)$ 是单调有界的, 则 $\overline{x}(t)$ 和 $\underline{x}(t)$ 都存在极限, 记作 $\overline{X}$ 和 $\underline{X}$. 显然, 弹性一致实现的充要条件是 $\overline{X}=\underline{X}$. 接下来采取反证法证明上述论断.

假设 $\overline{X}>\underline{X}$, 则存在常数 $\epsilon_0>0$ 使得 $\overline{X}-\epsilon_0>\underline{X}+\epsilon_0$. 由于 $\mathcal{G}(t)$ 是联合 $(F+1,F+1)$-鲁棒的, 因此, 存在一个有界时间间隔的无穷序列 $\{[t_j,t_{j+1})\}$ 使得对每一对非空不相交的结点子集 $\mathcal{S}_1$ 和 $\mathcal{S}_2$, 以下三个条件至少有一个条件成立:

(1) $|\mathcal{X}_{\mathcal{S}_1}^{F+1}[t_j,t_{j+1})|=|\mathcal{S}_1|$;

(2) $|\mathcal{X}_{\mathcal{S}_2}^{F+1}[t_j,t_{j+1})|=|\mathcal{S}_2|$;

(3) $|\mathcal{X}_{\mathcal{S}_1}^{F+1}[t_j,t_{j+1})|+|\mathcal{X}_{\mathcal{S}_2}^{F+1}[t_j,t_{j+1})|\geqslant F+1$.

令 $\alpha\in\left(0,\dfrac{1}{2}\right)$ 是所有非零权重 $\bar{w}_{ij}(t)$ 的下界, 即有 $\bar{w}_{ij}(t)\geqslant\alpha,\forall t\geqslant 0$, $\forall i,\forall j\in\{i\}\cup\mathcal{N}_i(t)\backslash\mathcal{R}_i(t)$; 令 T 是所有时间间隔 $[t_j,t_{j+1})$ 的最大长度; 令 $\epsilon=\dfrac{\alpha^{N_0T+1}}{1-\alpha^{N_0T+1}}\epsilon_0<\epsilon_0$, 其中 $N_0\geqslant N-F$, 是正常结点的数量; 令 $t_p=\min\{t|\overline{x}(t)<\overline{X}+\epsilon,\underline{x}(t)>\underline{X}-\epsilon\}$. 不难发现, $0<\epsilon<\dfrac{\alpha^{t_{N_0+p}-t_p}}{1-\alpha^{t_{N_0+p}-t_p}}\epsilon_0<\epsilon_0$.

定义序列 $\{\epsilon_l\}$ 的迭代方式为:

$$\epsilon_{l+1}=\alpha\epsilon_l-(1-\alpha)\epsilon,\ l=0,\cdots,t_{N_0+p}-t_p-1.$$

显然, 序列 $\{\epsilon_l\}$ 是严格单调递增的, 且满足

$$\begin{aligned}\epsilon_{t_{N_0+p}-t_p}&=\alpha^{t_{N_0+p}-t_p}\epsilon_0-\sum_{l=0}^{t_{N_0+p}-t_p-1}\alpha^l(1-\alpha)\epsilon\\&=\alpha^{t_{N_0+p}-t_p}\epsilon_0-(1-\alpha^{t_{N_0+p}-t_p})\epsilon>0.\end{aligned}$$

因此, $\epsilon_l>0$, 且对任意 l 都有 $\overline{X}-\epsilon_l>\underline{X}+\epsilon_l$.

令 $\mathcal{Y}_1(t_p+l,\epsilon_l)$ 和 $\mathcal{Y}_2(t_p+l,\epsilon_l)$ 分别为 (t_p+l) 时刻状态值大于 $(\overline{X}-\epsilon_l)$ 和小于 $(\underline{X}+\epsilon_l)$ 的结点子集, 即

$$\begin{aligned}\mathcal{Y}_1(t_p+l,\epsilon_l)&=\{i\in\mathcal{V}|x_i[t_p+l]>\overline{X}-\epsilon_l\},\\\mathcal{Y}_2(t_p+l,\epsilon_l)&=\{i\in\mathcal{V}|x_i[t_p+l]<\underline{X}+\epsilon_l\}.\end{aligned}\tag{4.7}$$

则对任意的 l 都有 $\mathcal{Y}_1(t_p+l,\epsilon_l)\cap\mathcal{Y}_2(t_p+l,\epsilon_l)=\varnothing$.

接下来证明

$$\begin{aligned}&|\left(\mathcal{Y}_1(t_j,\epsilon_{t_j-t_p})\cup\mathcal{Y}_2(t_j,\epsilon_{t_j-t_p})\right)\cap\mathcal{N}|>\\&|\left(\mathcal{Y}_1(t_{j+1},\epsilon_{t_{j+1}-t_p})\cup\mathcal{Y}_2(t_{j+1},\epsilon_{t_{j+1}-t_p})\right)\cap\mathcal{N}|\end{aligned}\tag{4.8}$$

为此, 首先证明, 对任意的 l 有 $\{\mathcal{Y}_1(t_p+l,\epsilon_l)\cap\mathcal{N}\}\supseteq\{\mathcal{Y}_1(t_p+l+1,\epsilon_{l+1})\cap\mathcal{N}\}$ 和 $\{\mathcal{Y}_2(t_p+l,\epsilon_l)\cap\mathcal{N}\}\supseteq\{\mathcal{Y}_2(t_p+l+1,\epsilon_{l+1})\cap\mathcal{N}\}$ 成立.

正常结点在 (t_p+l) 时刻可以分解为 5 个不相交的子集:

$$\begin{aligned}
&\mathcal{Z}_1(t_p+l,\epsilon_l)=\{i\in\mathcal{Y}_1(t_p+l,\epsilon_l)\cap\mathcal{N}||\mathcal{N}_i[t_p+l]\backslash\mathcal{Y}_1(t_p+l,\epsilon_l)|\geqslant F+1\},\\
&\mathcal{Z}_2(t_p+l,\epsilon_l)=\{\mathcal{Y}_1(t_p+l,\epsilon_l)\cap\mathcal{N}\}\backslash\mathcal{Z}_1(t_p+l,\epsilon_l),\\
&\mathcal{Z}_3(t_p+l,\epsilon_l)=\{i\in\mathcal{Y}_2(t_p+l,\epsilon_l)\cap\mathcal{N}||\mathcal{N}_i[t_p+l]\backslash\mathcal{Y}_2(t_p+l,\epsilon_l)|\geqslant F+1\},\\
&\mathcal{Z}_4(t_p+l,\epsilon_l)=\{\mathcal{Y}_2(t_p+l,\epsilon_l)\cap\mathcal{N}\}\backslash\mathcal{Z}_3(t_p+l,\epsilon_l),\\
&\mathcal{Z}_5(t_p+l,\epsilon_l)=\mathcal{N}\backslash\{(\mathcal{Y}_1(t_p+l,\epsilon_l)\cup\mathcal{Y}_2(t_p+l,\epsilon_l))\cap\mathcal{N}\}.
\end{aligned}$$

对于任意结点 $i\in\mathcal{Z}_1(t_p+l,\epsilon_l)$, 至少有一个值不超过 $(\overline{X}-\epsilon_l)$ 的邻居结点状态会在控制输入中被使用到, 于是有

$$\begin{aligned}
x_i(t_p+l+1)&\leqslant\alpha(\overline{X}-\epsilon_l)+(1-\alpha)\overline{x}(t_p+l)\\
&<\alpha(\overline{X}-\epsilon_l)+(1-\alpha)(\overline{X}+\epsilon)\\
&=\overline{X}-\epsilon_{l+1},
\end{aligned}$$

这表明 $\mathcal{Z}_1(t_p+l,\epsilon_l)\cap\mathcal{Y}_1(t_p+l+1,\epsilon_{l+1})=\varnothing$. 另一方面, 结点 i 的控制输入会使用自身的状态值, 于是有

$$\begin{aligned}
x_i(t_p+l+1)&>\alpha(\overline{X}-\epsilon_l)+(1-\alpha)\underline{x}(t_p+l)\\
&>\alpha(\underline{X}+\epsilon_l)+(1-\alpha)(\underline{X}-\epsilon)\\
&=\underline{X}+\epsilon_{l+1},
\end{aligned}$$

表明 $\mathcal{Z}_1(t_p+l,\epsilon_l)\cap\mathcal{Y}_2(t_p+l+1,\epsilon_{l+1})=\varnothing$. 因此, $\mathcal{Z}_1(t_p+l,\epsilon_l)\subseteq\mathcal{Z}_5(t_p+l+1,\epsilon_{l+1})$.

对任意结点 $i\in\mathcal{Z}_2(t_p+l,\epsilon_l)$, 所有值不超过 $(\overline{X}-\epsilon_l)$ 的邻居都被移除, 因此, 有

$$x_i(t_p+l+1)>\overline{X}-\epsilon_l>\underline{X}+\epsilon_{l+1},$$

进而可得 $\mathcal{Z}_2(t_p+l,\epsilon_l)\cap\mathcal{Y}_2(t_p+l+1,\epsilon_{l+1})=\varnothing$.

类似上述分析, 可以得到 $\mathcal{Z}_3(t_p+l,\epsilon_l)\subseteq\mathcal{Z}_5(t_p+l+1,\epsilon_{l+1})$ 和 $\mathcal{Z}_4(t_p+l,\epsilon_l)\cap\mathcal{Y}_1(t_p+l+1,\epsilon_{l+1})=\varnothing$.

对任意结点 $i\in\mathcal{Z}_5(t_p+l,\epsilon_l)$, 其控制协议会使用自身的状态值, 于是有

$$x_i(t_p+l+1) \leqslant \alpha(\overline{X}-\epsilon_l)+(1-\alpha)\overline{x}(t_p+l) < \overline{X}-\epsilon_{l+1},$$

及

$$x_i(t_p+l+1) \geqslant \alpha(\underline{X}+\epsilon_l)+(1-\alpha)\underline{x}(t_p+l) > \underline{X}+\epsilon_{l+1}.$$

因此, $\mathcal{Z}_5(t_p+l,\epsilon_l) \subseteq \mathcal{Z}_5(t_p+l+1,\epsilon_{l+1})$.

基于上述分析, 可以得出如下结论:

$\mathcal{Y}_1(t_p+l,\epsilon_l)$ 中的正常结点总会在 $\mathcal{V}\backslash\mathcal{Y}_2(t_p+l+1,\epsilon_{l+1})$ 中, $\mathcal{Y}_2(t_p+l,\epsilon_l)$ 中的正常结点总会在 $\mathcal{V}\backslash\mathcal{Y}_1(t_p+l+1,\epsilon_{l+1})$ 中, $\mathcal{V}\backslash\{\mathcal{Y}_1(t_p+l,\epsilon_l)\cup\mathcal{Y}_2(t_p+l,\epsilon_l)\}$ 中的正常结点保持在 $\mathcal{V}\backslash\{\mathcal{Y}_1(t_p+l+1,\epsilon_{l+1})\cup\mathcal{Y}_2(t_p+l+1,\epsilon_{l+1})\}$ 中. 因此, 有 $\{\mathcal{Y}_1(t_p+l,\epsilon_l)\cap\mathcal{N}\} \supseteq \{\mathcal{Y}_1(t_p+l+1,\epsilon_{l+1})\cap\mathcal{N}\}$, $\{\mathcal{Y}_2(t_p+l,\epsilon_l)\cap\mathcal{N}\} \supseteq \{\mathcal{Y}_2(t_p+l+1,\epsilon_{l+1})\cap\mathcal{N}\}$, 进而可得

$$\begin{aligned}&\{(\mathcal{Y}_1(t_j,\epsilon_{t_j-t_p})\cup\mathcal{Y}_2(t_j,\epsilon_{t_j-t_p}))\cap\mathcal{N}\} \supseteq \\ &\{(\mathcal{Y}_1(t_{j+1},\epsilon_{t_{j+1}-t_p})\cup\mathcal{Y}_2(t_{j+1},\epsilon_{t_{j+1}-t_p}))\cap\mathcal{N}\},\end{aligned}$$

这表明 $|(\mathcal{Y}_1(t_j,\epsilon_{t_j-t_p})\cup\mathcal{Y}_2(t_j,\epsilon_{t_j-t_p}))\cap\mathcal{N}| \geqslant |(\mathcal{Y}_1(t_{j+1},\epsilon_{t_{j+1}-t_p})\cup\mathcal{Y}_2(t_{j+1},\epsilon_{t_{j+1}-t_p}))\cap\mathcal{N}|$ 成立.

接下来, 进一步证明 $|(\mathcal{Y}_1(t_j,\epsilon_{t_j-t_p})\cup\mathcal{Y}_2(t_j,\epsilon_{t_j-t_p}))\cap\mathcal{N}| = |(\mathcal{Y}_1(t_{j+1},\epsilon_{t_{j+1}-t_p})\cup\mathcal{Y}_2(t_{j+1},\epsilon_{t_{j+1}-t_p}))\cap\mathcal{N}|$ 不成立. 考虑在非空不相交的结点子集对 $\mathcal{Y}_1(t_j,\epsilon_{t_j-t_p})$ 和 $\mathcal{Y}_2(t_j,\epsilon_{t_j-t_p})$ 中, 存在正常结点 $i_j \in \mathcal{Y}_1(t_j,\epsilon_{t_j-t_p})\cup\mathcal{Y}_2(t_j,\epsilon_{t_j-t_p})$ 及某个时刻 $T_j \in [t_j,t_{j+1})$, 使得结点 i_j 在 T_j 时刻在其自身所在子集外至少有 $(F+1)$ 个邻居. 不失一般性地, 设 $i_j \in \mathcal{Y}_1(t_j,\epsilon_{t_j-t_p})$. 当 $i_j \notin \mathcal{Y}_1(T_j,\epsilon_{T_j-t_p})$ 时, 有

$$\begin{aligned}&|(\mathcal{Y}_1(t_j,\epsilon_{t_j-t_p})\cup\mathcal{Y}_2(t_j,\epsilon_{t_j-t_p}))\cap\mathcal{N}| \\ >\ &|(\mathcal{Y}_1(T_j,\epsilon_{T_j-t_p})\cup\mathcal{Y}_2(T_j,\epsilon_{T_j-t_p}))\cap\mathcal{N}| \\ \geqslant\ &|(\mathcal{Y}_1(t_{j+1},\epsilon_{t_{j+1}-t_p})\cup\mathcal{Y}_2(t_{j+1},\epsilon_{t_{j+1}-t_p}))\cap\mathcal{N}|.\end{aligned}$$

当 $i_j \in \mathcal{Y}_1(T_j,\epsilon_{T_j-t_p})$ 时, 有 $i_j \notin \mathcal{Y}_1(T_j+1,\epsilon_{T_j+1-t_p})$, 进而可得

$$\begin{aligned}&|(\mathcal{Y}_1(t_j,\epsilon_{t_j-t_p})\cup\mathcal{Y}_2(t_j,\epsilon_{t_j-t_p}))\cap\mathcal{N}| \\ \geqslant\ &|(\mathcal{Y}_1(T_j,\epsilon_{T_j-t_p})\cup\mathcal{Y}_2(T_j,\epsilon_{T_j-t_p}))\cap\mathcal{N}| \\ >\ &|(\mathcal{Y}_1(t_{j+1},\epsilon_{t_{j+1}-t_p})\cup\mathcal{Y}_2(t_{j+1},\epsilon_{t_{j+1}-t_p}))\cap\mathcal{N}|.\end{aligned}$$

上述分析证明了式 (4.8) 一定成立. 注意到 $|(\mathcal{Y}_1(t_j,\epsilon_{t_j-t_p})\cup\mathcal{Y}_2(t_j,\epsilon_{t_j-t_p}))\cap\mathcal{N}| > 0$

和 $|(\mathcal{Y}_1(t_p,\epsilon_0)\cup\mathcal{Y}_2(t_p,\epsilon_0))\cap\mathcal{N}|\leqslant N_0$ 恒成立, 从而可以得出矛盾. 因此, 有 $\overline{X}=\underline{X}$, 即弹性一致可以实现. ■

注解 4.4 当通信图是固定图时, 定理 4.1 退化为文献 [163] 中在 F-整体恶意攻击模型下的结论. 由命题 4.8 可知, 定理 4.1 与文献 [13] 中的结论是一致的. 与文献 [163] 中的结论相比, 定理 4.1 中提到的联合 $(F+1,F+1)$-鲁棒图给出时变通信下一阶离散多智能系统实现弹性一致的充要条件, 降低了通信图在每一时刻都要保持 $(F+1,F+1)$-鲁棒的要求, 减少了通信资源的消耗.

对于 F-局部恶意攻击模型, 人们很难得出实现弹性一致的充要条件. 接下来分别给出 F-局部恶意攻击模型下实现弹性一致的充分条件和必要条件.

定理 4.2 在 F-局部恶意攻击模型下, 具有时变通信图的一阶离散多智能体系统实现弹性一致的充分条件是其通信图 $\mathcal{G}(t)$ 是联合 $(2F+1)$-鲁棒的, 必要条件是 $\mathcal{G}(t)$ 是联合 $(F+1)$-鲁棒的.

证明: 必要条件的证明采取反证法. 若通信图 $\mathcal{G}(t)$ 不是联合 $(F+1)$-鲁棒的, 则存在两个非空不相交的结点子集和某个时刻 $\hat{t}$, 使得在该时刻之后, 上述两个子集中的任意结点在自身所在子集外部都至多有 F 个邻居. 令这两个子集中的所有结点在 $\hat{t}$ 时刻的状态值分别为正常结点的最大值和最小值. 此时, 这两个子集中的所有正常结点都会移除与其状态值不同的所有邻居结点, 导致其状态值保持不变. 因此, 弹性一致无法实现.

充分条件的证明与定理 4.1 类似. 考虑定理 4.1 中定义的非空不相交的结点子集 $\mathcal{Y}_1(t_j,\epsilon_{t_j-t_p})\cap\mathcal{N}$ 和 $\mathcal{Y}_2(t_j,\epsilon_{t_j-t_p})\cap\mathcal{N}$. 由于通信图 $\mathcal{G}(t)$ 是联合 $(2F+1)$-鲁棒的, 则在每个时间间隔 $[t_j,t_{j+1})$ 上, 都存在某个时刻 T_j, 使得在这两个子集中至少有一个正常结点在自身子集外部至少有 $(2F+1)$ 个邻居, 其中至少有 $(F+1)$ 个邻居是正常结点. 因此, 在每个时间间隔的某个时刻, 这两个子集中至少有一个正常结点会使用自身子集外部正常邻居结点的状态值进行状态更新, 从而有 $|(\mathcal{Y}_1(t_j,\epsilon_{t_j-t_p})\cup\mathcal{Y}_2(t_j,\epsilon_{t_j-t_p}))\cap\mathcal{N}|>|(\mathcal{Y}_1(t_{j+1},\epsilon_{t_{j+1}-t_p})\cup\mathcal{Y}_2(t_{j+1},\epsilon_{t_{j+1}-t_p}))\cap\mathcal{N}|$. 因此, 弹性一致可以实现.

■

由于 F-整体恶意攻击模型是 F-局部恶意攻击模型的特例, 因此, 可以直接得出以下推论.

推论 4.1 联合 $(2F+1)$-鲁棒的时变通信图 $\mathcal{G}(t)$ 必定是联合 $(F+1,F+1)$-鲁棒的.

定义 $\mathcal{G}_{\mathcal{O}}(t)=\{\mathcal{O},\mathcal{E}_{\mathcal{O}}(t)\},\mathcal{E}_{\mathcal{O}}(t)=\{(i,j)|i,j\in\mathcal{O}\}$ 为正常结点及其通信连边诱导形成的通信子图. 对于 Byzantine 模型, 有如下结论.

定理 4.3 在 F-局部或 F-整体 Byzantine 攻击模型下, 具有时变通信图的一阶离散多智能体系统实现弹性一致的充要条件是其通信子图 $\mathcal{G}_{\mathcal{O}}(t)$ 是联合

$(F+1)$-鲁棒的.

证明: 充分性. 由于通信子图 $\mathcal{G}_{\mathcal{O}}(t)$ 是联合 $(F+1)$-鲁棒的, 则在任意时间间隔 $[t_j, t_{j+1})$ 上都存在某个时刻 T_j, 使得集合 $\mathcal{Y}_1(t_j, \epsilon_{t_j-t_p}) \cap \mathcal{N}$ 和 $\mathcal{Y}_2(t_j, \epsilon_{t_j-t_p}) \cap \mathcal{N}$ 中至少有一个正常结点在自身子集外部有不少于 $(F+1)$ 个正常邻居. 与定理 4.2 类似, 弹性一致得以实现.

必要性. 采取反证法进行证明. 若通信子图 $\mathcal{G}_{\mathcal{O}}(t)$ 不是联合 $(F+1)$-鲁棒的, 则在正常结点集合 $\mathcal{O}$ 中存在两个非空不相交的结点子集 $\mathcal{S}_1$ 和 $\mathcal{S}_2$, 以及某个时刻 $\hat{t}$, 使得在该时刻之后, 这两个集合中的任意结点在自身子集外部至多有 F 个邻居是正常结点. 令集合 $\mathcal{S}_1$ 和 $\mathcal{S}_2$ 中所有结点的状态值分别为正常结点的最大值和最小值. 由于这两个子集中每个结点至多有 F 个 Byzantine 邻居, 当这些 Byzantine 邻居给 $\mathcal{S}_1$ 中的结点发送最大值, 给 $\mathcal{S}_2$ 中的结点发送最小值时, 这两个子集中的结点的状态值都保持不变, 于是弹性一致无法实现.

■

下述结果给出时变通信图 $\mathcal{G}(t)$ 与正常结点及其连边形成的通信子图 $\mathcal{G}_{\mathcal{O}}(t)$ 的联合鲁棒性之间的关系.

命题 4.9 在 F-局部或 F-整体 Byzantine 攻击模型下, 当时变通信图 $\mathcal{G}(t)$ 是联合 $(2F+1)$-鲁棒时, 时变通信子图 $\mathcal{G}_{\mathcal{O}}(t)$ 是联合 $(F+1)$-鲁棒的.

证明: 时变通信图 $\mathcal{G}(t)$ 是联合 $(2F+1)$-鲁棒的, 则正常结点集合 $\mathcal{O}$ 的任意两个非空不相交子集 $\mathcal{S}_1$ 和 $\mathcal{S}_2$ 中至少有一个是联合 $(2F+1)$-可达集合. 不失一般性, 设其为 $\mathcal{S}_1$. 由于 $\mathcal{S}_1$ 中的每个结点至多有 F 个邻居是异常结点, 因此, $\mathcal{S}_1$ 在时变通信子图 $\mathcal{G}_{\mathcal{O}}(t)$ 中是联合 r-可达集合, 这意味着时变通信子图 $\mathcal{G}_{\mathcal{O}}(t)$ 是联合 $(F+1)$-鲁棒的.

■

由命题 4.9 可得如下推论.

推论 4.2 在 F-局部或 F-整体 Byzantine 攻击模型下, 离散一阶多智能体系统在 W-MSR 算法下实现弹性一致的充分条件为其时变通信图 $\mathcal{G}(t)$ 是联合 $(2F+1)$-鲁棒的.

例 4.1 考虑离散一阶多智能体系统 (4.4), 其通信图在图 4.1 所示的 6 个图上随机切换. 智能体 2 为恶意结点, 其控制输入为 0.02, 保持不变. 所有智能体的初值在 $[0,1]$ 之间随机选取. W-MSR 算法中, 选取权重 $\bar{w}_{ij} = \dfrac{1}{|\{i\} \cup \mathcal{N}_i(t) \backslash \mathcal{R}_i|}$, 智能体的状态轨迹如图 4.2 所示（虚线表示恶意结点的状态轨迹, 实线表示正常结点的状态轨迹）, 仿真结果表明弹性一致性得以实现.

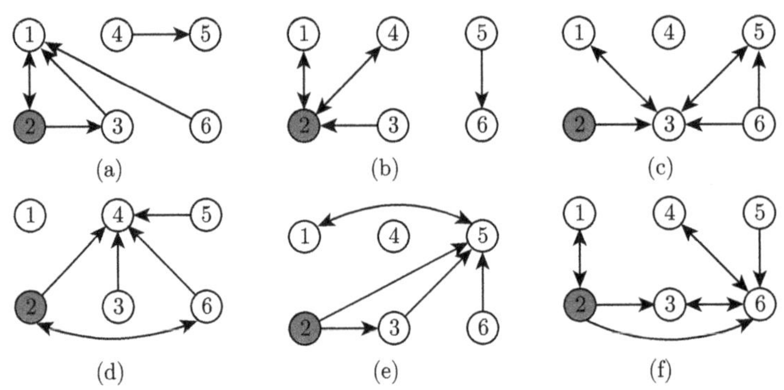

图 4.1 时变通信图满足联合 (2, 2)-鲁棒性

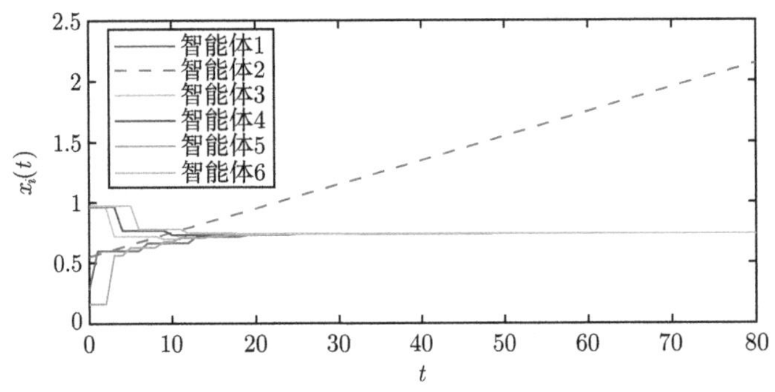

图 4.2 W-MSR 算法下智能体的状态轨迹

4.2.3 二阶多智能体系统弹性一致控制

对于离散二阶多智能体系统, 即 $\boldsymbol{A}=\begin{bmatrix}1 & T\\0 & 1\end{bmatrix}, \boldsymbol{B}=\begin{bmatrix}0\\T\end{bmatrix}$, 此时, 智能体的动力学可以写成

$$\begin{aligned}x_i(t+1)&=x_i(t)+Tv_i(t),\\v_i(t+1)&=v_i(t)+Tu_i(t),\quad i=1,\cdots,N.\end{aligned}\tag{4.9}$$

式中, $x_i(t)\in\mathbb{R}, v_i(t)\in\mathbb{R}, u_i(t)\in\mathbb{R}$ 分别是智能体 i 的位置、速度和控制输入; T 为采样周期.

设计基于子序列删减的二阶相对位置加权平均一致 (double-intergrator positionbased mean subsequence reduced, DP-MSR) 算法, 其步骤如下[166]:

步骤 1. 在 t 时刻, 每个正常结点 i 将接收到的相对位置 $x_j(t)-x_i(t)$ 按从大到小的顺序进行排列.

步骤 2. 每个正常结点 i 分别移除 F 个最大的符号为正和 F 个最小的符号

为负的相对位置 $x_j(t)-x_i(t)$. 如果符号为正或为负的相对状态值的个数少于 F, 则移除所有符号为正或为负的相对位置. 记 $\mathcal{R}_i(t)$ 为移除邻居组成的集合.

步骤 3. 每个正常结点执行如下的控制输入:

$$u_i(t)=\sum_{j=1}^{N} w_{ij}(t)(x_j(t)-x_i(t))-\beta v_i(t) \tag{4.10}$$

式中, 若 $j\notin\mathcal{N}_i(t)\backslash\mathcal{R}_i(t)$, 则 $w_{ij}(t)=0$; 若 $j\in\mathcal{N}_i(t)\backslash\mathcal{R}_i(t)$, 则 $w_{ij}(t)>0$, 满足 $\sum\limits_{j=1}^{N} w_{ij}(t)<\dfrac{1}{T^2}$. $\beta>0$ 是常数且有 $1+T^2\sum\limits_{j=1}^{N} w_{ij}(t)\leqslant\beta T\leqslant 2$.

令 $\overline{y}(t)=\max(x_i(t),x_i(t-1)),\underline{y}(t)=\min(x_i(t),x_i(t-1)),\forall i\in\mathcal{O}$. 下述结论给出具有时变通信图的离散二阶多智能体系统在 F-整体恶意攻击模型下采用 DP-MSR 算法实现弹性一致的充要条件.

定理 4.4 在 F-整体恶意攻击模型下, 具有时变通信图的离散二阶多智能体系统在 DP-MSR 算法下实现弹性一致的充要条件是其通信图 $\mathcal{G}(t)$ 是联合 $(F+1,F+1)$-鲁棒的.

证明: 必要性. 若 $\mathcal{G}(t)$ 不是联合 $(F+1,F+1)$-鲁棒的, 则存在非空不相交的结点子集 $\mathcal{S}_1,\mathcal{S}_2$, 使得在某个时刻 $\hat{t}$ 之后, 有以下条件:

(1) $|\mathcal{X}_{\mathcal{S}_1}^{F+1}[\hat{t},\infty)|<|\mathcal{S}_1|$;

(2) $|\mathcal{X}_{\mathcal{S}_2}^{F+1}[\hat{t},\infty)|<|\mathcal{S}_2|$;

(3) $|\mathcal{X}_{\mathcal{S}_1}^{F+1}[\hat{t},\infty)|+|\mathcal{X}_{\mathcal{S}_2}^{F+1}[\hat{t},\infty)|\leqslant F$.

令 $x_i(\hat{t})=a,\forall i\in\mathcal{S}_1$, $x_j(\hat{t})=b,\forall j\in\mathcal{S}_2$, $v_i(\hat{t})=0,\forall i\in\mathcal{S}_1\cup\mathcal{S}_2$, 其中 $a<b$. 由条件 (3) 可知, 可以令 $\mathcal{X}_{\mathcal{S}_1}^{F+1}[\hat{t},\infty)\cup\mathcal{X}_{\mathcal{S}_2}^{F+1}[\hat{t},\infty)$ 中所有的结点为恶意结点, 且保持零输入. 令 $\mathcal{S}_1\backslash\mathcal{X}_{\mathcal{S}_1}^{F+1}[\hat{t},\infty)$ 和 $\mathcal{S}_2\backslash\mathcal{X}_{\mathcal{S}_2}^{F+1}[\hat{t},\infty)$ 中的结点均为正常结点. 由条件 (1) 和条件 (2) 可知, $\mathcal{S}_1$ 和 $\mathcal{S}_2$ 是非空集合. 对任意正常结点 $i\in\mathcal{S}_1$, 至多有 F 个邻居的位置不等于 a, 因此, $\{i\}\cup\mathcal{N}_i(t)\backslash\mathcal{R}_i(t)$ 中所有的结点在 $t\geqslant\hat{t}$ 时刻都有相同的位置 a. 进而, $\mathcal{S}_1$ 中所有正常结点的速度一直为零, 位置一直为 a. 同理可得, $\mathcal{S}_2$ 中正常结点的速度为零, 位置一直为 b. 此时, 弹性一致无法实现.

充分性. 将式 (4.10) 代入式 (4.9) 可得

$$\begin{aligned}
x_i(t+1)&=x_i(t)+Tv_i(t),\\
v_i(t+1)&=(1-T\beta)v_i(t)+T\sum_{j=1}^{N} w_{ij}(t)(x_j(t)-x_i(t)).
\end{aligned} \tag{4.11}$$

注意到

$$x_i(t+1)-(1-T\beta)x_i(t)=x_i(t)-(1-T\beta)x_i(t-1)+T(v_i(t)-(1-T\beta)v_i(t-1)),$$

则有

$$x_i(t+1)=(2-T\beta)x_i(t)+T^2\sum_{j=1}^{N}w_{ij}(t-1)x_j(t-1)+$$

$$\left(T\beta-1-T^2\sum_{j=1}^{N}w_{ij}(t-1)\right)x_i(t-1)$$

由于 $1+T^2\sum\limits_{j=1}^{N}w_{ij}(t-1)\leqslant\beta T\leqslant 2$, $w_{ij}(t-1)\geqslant 0$ 且 $\sum\limits_{j=1}^{N}w_{ij}(t-1)<\dfrac{1}{T^2}$, 因此, 所有正常结点在 $(t+1)$ 时刻的位置是其自身在 t 和 $(t-1)$ 时刻的位置, 以及 $\mathcal{N}_i(t-1)\backslash\mathcal{R}_i(t-1)$ 中的结点在 $(t-1)$ 时刻位置的凸组合. 对任意正常结点 i, 若 $j\in\{i\}\cup\mathcal{N}_i(t-1)\backslash\mathcal{R}_i(t-1)$, 则有 $x_i(t)\in[\underline{y}(t),\overline{y}(t)], x_j(t-1)\in[\underline{y}(t),\overline{y}(t)]$, 因此, $x_i(t+1)\in[\underline{y}(t),\overline{y}(t)]$. 上述分析表明 $[\underline{y}[1],\overline{y}[1]]\supseteq\cdots\supseteq[\underline{y}(t),\overline{y}(t)]\supseteq\cdots$. 于是, 所有正常结点的位置都保持在区间 $\bar{\Upsilon}=[\underline{y}[1],\overline{y}[1]]$ 内.

弹性一致的证明与定理 4.1 类似, 此处不再赘述. ■

对于 F-局部恶意攻击模型, 有如下结论.

定理 4.5 在 F-局部恶意攻击模型下, 具有时变通信图的二阶离散多智能体系统在 DP-MSR 算法下实现弹性一致的充分条件是其通信图 $\mathcal{G}(t)$ 是联合 $(2F+1)$-鲁棒的, 必要条件是 $\mathcal{G}(t)$ 是联合 $(F+1)$-鲁棒的.

证明: 充分条件的证明与定理 4.4 类似, 此处不再赘述. 必要条件通过反证法进行证明. 若时变通信图 $\mathcal{G}(t)$ 不是联合 $(F+1)$-鲁棒的, 则存在两个非空不相交的结点子集和一个时刻 $\hat{t}$, 使得在该时刻之后, 这两个子集中的任意结点在自身子集外部至多有 F 个邻居. 令这两个子集中所有结点的位置分别为所有正常结点位置的最大值和最小值, 速度均为零. 则这两个子集中的正常结点将移除所有与自己状态不相同的邻居结点, 从而导致自身的位置保持不变. 于是弹性一致无法实现.

■

根据命题 4.9, 有如下推论.

推论 4.3 在 F-局部或 F-整体 Byzantine 攻击模型下, 具有时变通信图的二阶离散多智能体系统在 DP-MSR 算法下实现弹性一致的充要条件是其通信子图 $\mathcal{G}_{\mathcal{O}}(t)$ 是联合 $(F+1)$-鲁棒的.

注解4.5 不难发现, 具有时变通信图的二阶离散多智能体系统在 DP-MSR 算法下的弹性一致条件与一阶离散多智能体系统在 W-MSR 算法下实现弹性一致的通信图条件是相同的. 这是由于 DP-MSR 算法采用绝对速度做反馈, 使得二阶离散多智能体系统实现静态的弹性一致. 基于此, 不难设计针对高阶积分器型多智能体系统的相关 MSR 算法, 并将相关结果推广到具有时变通信图的高阶离散多智能体系统的静态弹性一致.

例 4.2 考虑例 4.1 中图 4.1 所示的时变通信图在离散二阶多智能体系统中的弹性一致问题. 智能体 2 为恶意结点, 其控制输入为 0.001, 保持不变. 所有智能体的初值在 $[-3,3]\times[-1,1]$ 之间随机选取. 在 DP-MSR 算法下, 选取 $T=1,\beta=1.9,w_{ij}=\dfrac{1}{|\{i\}\cup\mathcal{N}_i(t)\backslash\mathcal{R}_i|}$. 智能体的状态轨迹如图 4.3 所示（虚线表示恶意结点的状态轨迹, 实线表示正常结点的状态轨迹）, 仿真结果表明弹性一致得以实现.

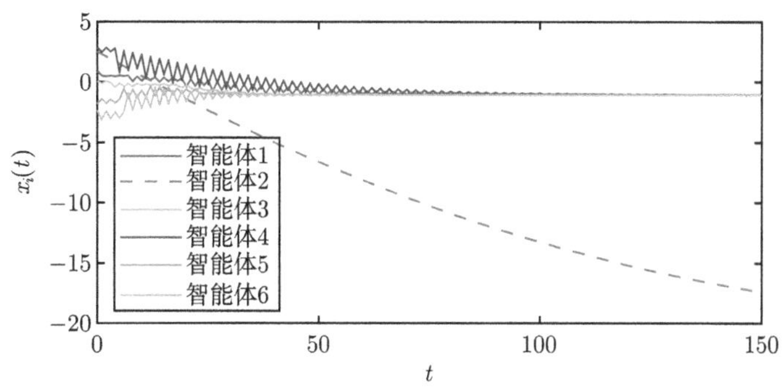

图 4.3 DP-MSR 算法下智能体的状态轨迹

4.3 基于攻击隔离的多智能体系统弹性一致性

本节考虑一般线性多智能体系统在遭受传感器攻击下的弹性一致控制问题. 为简单起见, 若智能体 i 遭受传感器攻击, 则称其为恶意智能体. 此时, 连续多智能体的动力学由式 (4.1) 变化为

$$\begin{cases}\dot{\boldsymbol{x}}_i(t)=\boldsymbol{A}\boldsymbol{x}_i(t)+\boldsymbol{B}\boldsymbol{u}_i(t),\\ \boldsymbol{y}_i(t)=\boldsymbol{C}\boldsymbol{x}_i(t)+\boldsymbol{M}\boldsymbol{f}_i(\boldsymbol{x},t,T_i),\quad i=1,2,\cdots,N.\end{cases}\tag{4.12}$$

式中, $\boldsymbol{f}_i(\boldsymbol{x},t,T_i)\in\mathbb{R}^q$ 是传感器攻击对第 i 个智能体造成的影响, $\boldsymbol{x}$ 是 $\boldsymbol{x}_i(t)\,(i=1,\cdots,N)$ 的紧凑形式, T_i 是攻击发生的时刻; $\boldsymbol{A}$, $\boldsymbol{B}$, $\boldsymbol{C}$ 和 $\boldsymbol{M}$ 是具有相容维数的定常实矩阵. 为方便攻击隔离, 对智能体的系统矩阵做如下假设:

假设 4.1 $\mathrm{Rank}(\boldsymbol{C}\boldsymbol{B})=\mathrm{Rank}(\boldsymbol{B})=m$.

假设 4.2 $\mathrm{Rank}\begin{pmatrix}s\boldsymbol{I}_n-\boldsymbol{A} & \boldsymbol{B}\\ \boldsymbol{C} & 0\end{pmatrix}=n+m,\forall s\in\mathbb{C}$.

注解 4.6 假设 4.1 表明输出的维数多于输入, 假设 4.2 意味着系统没有传输零点. 假设 4.1 ~ 假设 4.2 确保存在一个分布式有限时间观测器[167], 并可以借助此观测器进行攻击检测.

接下来给出攻击隔离的定义.

定义 4.12　对于遭受 1-弱局部恶意攻击或 F-整体恶意攻击的多智能体系统 (4.12), 攻击隔离意味着:

(1) 所有恶意智能体可以被隔离;

(2) 没有正常的智能体被误隔离.

4.3.1　基于攻击隔离的弹性一致算法

为便于隔离恶意智能体, 定义智能体的一致性误差 $\boldsymbol{\varepsilon}_i(t) = \sum_{j\in\mathcal{N}_i} a_{ij}(\boldsymbol{x}_i(t) - \boldsymbol{x}_j(t))$, $i = 1, 2, \cdots, N$, 构造基于相对输出信息的分布式有限时间观测器来估计智能体的一致性误差. 观测器结构如下所示:

$$\begin{cases} \dot{\hat{\boldsymbol{z}}}_i(t) = \boldsymbol{A_c}\hat{\boldsymbol{z}}_i(t) + \boldsymbol{B_c}\sum\limits_{j\in\mathcal{N}_i} a_{ij}(\boldsymbol{y}_i(t) - \boldsymbol{y}_j(t)), \\ \hat{\boldsymbol{\chi}}_i(t) = \boldsymbol{D_c}[\hat{\boldsymbol{z}}_i(t) - \exp(\boldsymbol{A_c}\tau)\hat{\boldsymbol{z}}_i(t-\tau)], \\ \hat{\boldsymbol{\varepsilon}}_i(t) = \hat{\boldsymbol{\chi}}_i(t) - \boldsymbol{E}\sum\limits_{j\in\mathcal{N}_i} a_{ij}(\boldsymbol{y}_i(t) - \boldsymbol{y}_j(t)). \end{cases} \tag{4.13}$$

式中, $\hat{\boldsymbol{z}}_i(t) \in \mathbb{R}^{2n}$ 和 $\hat{\boldsymbol{\chi}}_i(t) \in \mathbb{R}^n$ 是辅助变量, 满足当 $-\tau \leqslant t \leqslant 0$ 时, 有 $\hat{\boldsymbol{z}}_i(t) = \boldsymbol{0}$, τ 是预先设定的收敛时间, 使得当 $t \geqslant \tau$ 时, 一致性误差的估计值 $\boldsymbol{\varepsilon}_i(t) = \hat{\boldsymbol{\varepsilon}}_i(t)$ 恒成立; $\boldsymbol{A_c} = \begin{pmatrix} \boldsymbol{GA} - \boldsymbol{H}_1\boldsymbol{C} & \boldsymbol{0}_{n\times n} \\ \boldsymbol{0}_{n\times n} & \boldsymbol{GA} - \boldsymbol{H}_2\boldsymbol{C} \end{pmatrix}$; $\boldsymbol{B_c} = \begin{pmatrix} \boldsymbol{B}_{c1} \\ \boldsymbol{B}_{c2} \end{pmatrix}$; $\boldsymbol{H}_k$ 是使得 $\boldsymbol{GA} - \boldsymbol{H}_k\boldsymbol{C}$ 稳定的观测器增益; $\boldsymbol{B}_{ck} = \boldsymbol{H}_k(\boldsymbol{I}_p + \boldsymbol{CE}) - \boldsymbol{GAE}$, $k = 1, 2$, $\boldsymbol{G} = \boldsymbol{I}_n + \boldsymbol{EC}$, $\boldsymbol{E} = -\boldsymbol{B}\left((\boldsymbol{CB})^{\mathrm{T}}\boldsymbol{CB}\right)^{-1}(\boldsymbol{CB})^{\mathrm{T}}$; $\boldsymbol{D_c} = \begin{pmatrix} \boldsymbol{I}_n & \boldsymbol{0}_{n\times 2n} \end{pmatrix}\begin{pmatrix} \boldsymbol{C_c} & \exp(\boldsymbol{A_c}\tau)\boldsymbol{C_c} \end{pmatrix}^{-1}$; $\boldsymbol{C_c} = \begin{pmatrix} \boldsymbol{I}_n \\ \boldsymbol{I}_n \end{pmatrix}$.

引理 4.1[167]　考虑没有遭受攻击且满足假设 4.1 和假设 4.2 的子系统 $\mathcal{G}_i(\mathcal{J}_i, \mathcal{E}_i)$, 式 (4.12), 存在 τ^* 使得对于任意的 $\tau \in (0, \tau^*)$, 智能体 i 的一致性误差估计 $\hat{\boldsymbol{\varepsilon}}_i(t)$ 可以在 τ 时刻精确收敛到其一致性误差 $\boldsymbol{\varepsilon}_i(t)$, 即当 $t \geqslant \tau$ 时, $\hat{\boldsymbol{\varepsilon}}_i(t) = \boldsymbol{\varepsilon}_i(t)$ 恒成立.

定义 $\tilde{\boldsymbol{\varepsilon}}_i(t) = \boldsymbol{\varepsilon}_i(t) - \hat{\boldsymbol{\varepsilon}}_i(t)$ 为一致性误差的残差, 则根据式 (4.12) 和式 (4.13) 有

$$\begin{aligned} \tilde{\boldsymbol{\varepsilon}}_i(t) = & -\boldsymbol{D_c}\int_{t-\tau}^{t} \exp(\boldsymbol{A_c}(t-s))\boldsymbol{B_c}\boldsymbol{M}\sum_{j\in\mathcal{N}_i}(\boldsymbol{f}_i - \boldsymbol{f}_j)\,\mathrm{d}s \\ & + \boldsymbol{EM}\sum_{j\in\mathcal{N}_i}(\boldsymbol{f}_i - \boldsymbol{f}_j),\ t \geqslant \tau \end{aligned} \tag{4.14}$$

式中, $\boldsymbol{f}_i$ 是 $\boldsymbol{f}_i(\boldsymbol{x},t,T_i)$ 的简写.

由引理 4.1 及式 (4.14) 可得下述关于攻击检测的推论.

推论 4.4 考虑满足假设 4.1 和假设 4.2 的子系统 $\mathcal{G}_i(\mathcal{J}_i,\mathcal{E}_i)$ 式 (4.12), 在观测器式 (4.13) 的条件下, 如果存在 $t \geqslant \tau$ 使得 $\tilde{\boldsymbol{\varepsilon}}_i(t) \neq \boldsymbol{0}$ 成立, 则子系统 $\mathcal{G}_i(\mathcal{J}_i,\mathcal{E}_i)$ 中存在恶意智能体.

注解 4.7 如果子系统 $\mathcal{G}_i(\mathcal{J}_i,\mathcal{E}_i)$ 中只有一个恶意智能体, 一定满足 $\sum\limits_{j\in\mathcal{N}_i}(\boldsymbol{f}_i-\boldsymbol{f}_j) \neq \boldsymbol{0}$. 此时, 子系统 $\mathcal{G}_i(\mathcal{J}_i,\mathcal{E}_i)$ 中存在一个恶意智能体的充要条件是 $t \geqslant \tau$ 时刻 $\tilde{\varepsilon}_i(t) \neq 0$ 成立. 然而, 如果子系统 $\mathcal{G}_i(\mathcal{J}_i,\mathcal{E}_i)$ 中存在多个恶意智能体, 则它们可能相互合谋使得 $\sum\limits_{j\in\mathcal{N}_i}(\boldsymbol{f}_i-\boldsymbol{f}_j)=\boldsymbol{0}$ 成立, 导致 $\tilde{\boldsymbol{\varepsilon}}_i(t)$ 无法检测出子系统 $\mathcal{G}_i(\mathcal{J}_i,\mathcal{E}_i)$ 中是否存在恶意智能体.

通过上述的攻击检测方法, 恶意智能体被锁定在子系统 $\mathcal{G}_i(\mathcal{J}_i,\mathcal{E}_i)$ 中, 但子系统 $\mathcal{G}_i(\mathcal{J}_i,\mathcal{E}_i)$ 中具体哪些智能体是恶意的尚不明确. 算法 4.1 给出了一种分布式攻击隔离算法来隔离具体的恶意智能体. 需要指出的是, 状态指标 $\mathcal{I}_i=1$ 说明子系统 $\mathcal{G}_i(\mathcal{J}_i,\mathcal{E}_i)$ 中存在恶意智能体, 反之, 则没有; 计数器 C_i 用来统计内邻居集合

算法 4.1: 分布式攻击隔离算法

```
对每个智能体 i 构造分布式有限时间观测器式 (4.13):
初始化: ẑ_i(t) = 0; I_i = 0; C_i = 0; S_i = 0.
if t ⩾ τ then
    if ε̃_i(t) ≠ 0 then
        I_i = 1;
        C_i = 1.
    end
    i 发送 I_i 给其所有的邻居 j, j ∈ N_i, 记 N_i = {N_{i^1}, N_{i^2}, ···, N_{i^{|N_i|}}}.
    for j = N_{i^1} : N_{i^{|N_i|}} do
        if I_j = 1 then
            C_i = C_i + 1.
        end
    end
    if C_i = |J_i| then
        S_i = 1;
        i 被隔离为恶意智能体;
        i 发送 S_i 给所有邻居 j, j ∈ N_i.
    end
end
```

$\mathcal{J}_i$ 中 $\mathcal{I}_j=1, j\in\mathcal{J}_i$ 的个数; 安全指标 $S_i=1$ 表示智能体 i 为恶意智能体, 反之, 则为正常智能体.

注解 4.8 算法 4.1 表明, 智能体 i 的状态指标 $\mathcal{I}_i$ 仅依赖于其一致性误差的残差 $\tilde{\varepsilon}_i(t)$, 其中 $\tilde{\varepsilon}_i(t)$ 涉及其内邻居 $\mathcal{J}_i$ 的相关信息. 然而, 智能体 i 的安全指标 S_i 依赖于其所有邻居的状态指标 $\mathcal{I}_j, j\in\mathcal{N}_i$, 而邻居的状态指标 $\mathcal{I}_j$ 又涉及其内邻居 $k\in\mathcal{N}_j$. 由此可知, 智能体 i 的安全指标与其两步邻居的信息相关, 而这样的两步信息通过交换邻居的状态指标 $\mathcal{I}_j, j\in\mathcal{N}_i$ 得来.

注解 4.9 算法 4.1 包含 3 个步骤. 首先, 每个智能体 i 利用邻居的输出信息 $\boldsymbol{y}_j(t), j\in\mathcal{N}_i$ 构造分布式有限时间观测器式 (4.13), 并得到残差 $\tilde{\varepsilon}_i(t)$ 和状态指标 $\mathcal{I}_i$; 然后, 每个智能体 i 接收邻居的状态指标 $\mathcal{I}_j, j\in\mathcal{N}_i$, 并由此计算自身的安全指标 S_i; 最后, 每个智能体将自身的安全指标 S_i 发送给所有邻居. 因此, 算法 4.1 仅适用于无向图.

注解 4.10 对于不发生攻击合谋的情况, 若智能体 i 是恶意的, 则存在时刻 $t\geqslant\tau$ 使得 $\tilde{\boldsymbol{\varepsilon}}_k(t)\neq\mathbf{0}, \forall k\in\mathcal{J}_i$ 成立. 因此, 所有恶意智能体都可以被算法 4.1 隔离. 但是, 也可能会有正常智能体被误隔离. 例如, 给定正常智能体 m 和恶意智能体 i, 两者满足 $\mathcal{J}_m\subseteq\mathcal{J}_i$, 由于恶意智能体 i 会导致存在时刻 $t\geqslant\tau$ 使得 $\tilde{\boldsymbol{\varepsilon}}_k(t)\neq\mathbf{0}, \forall k\in\mathcal{J}_m$ 成立, 那么正常智能体 m 会被算法 4.1 误隔离为恶意智能体. 因此, 还需要一些关于通信结构的条件, 才可以保证算法 4.1 不会引起误隔离.

利用分布式有限时间观测器式 (4.13) 和文献 [168] 中基于观测器的控制协议设计思想, 可以得到如下控制协议:

$$\begin{cases}\boldsymbol{u}_i(t)=\rho_i(t)\boldsymbol{K}\hat{\boldsymbol{\varepsilon}}_i(t),\\ \dot{\rho}_i(t)=\hat{\boldsymbol{\varepsilon}}_i(t)^{\mathrm{T}}\boldsymbol{Q}\boldsymbol{B}\boldsymbol{B}^{\mathrm{T}}\boldsymbol{Q}\hat{\boldsymbol{\varepsilon}}_i(t).\end{cases}\tag{4.15}$$

式中, $\rho_i(t)\in\mathbb{R}$ 是自适应增益; $\boldsymbol{K}=-\boldsymbol{B}^{\mathrm{T}}\boldsymbol{Q}$, $\boldsymbol{Q}$ 是正定矩阵, 满足 $\boldsymbol{Q}^{-1}\boldsymbol{A}^{\mathrm{T}}+\boldsymbol{A}\boldsymbol{Q}^{-1}-2\boldsymbol{B}\boldsymbol{B}^{\mathrm{T}}<0$.

引理 4.2[168] 考虑没有攻击且满足假设 4.1 和假设 4.2 的多智能体系统 (4.12), 在控制协议 (4.15) 的条件下实现一致的充要条件是其通信图 $\mathcal{G}$ 是连通的.

当多智能体系统 (4.12) 中存在恶意智能体时, 仅依靠控制协议 (4.15)中的控制协议无法完成一致任务, 还需要设计额外的基于攻击隔离的弹性一致算法, 见算法 4.2.

注解 4.11 正常智能体通过设置 $a_{ij}=0$ 移除恶意邻居的影响, 此时, 通过算法 4.2 实现弹性一致的充要条件是所有正常智能体及其连边组成的通信图是连通的.

注解 4.12 在文献 [163,166,169] 中, 利用 MSR 算法, 每个正常智能体最多移除 $2F$ 个邻居的值, 以避免恶意智能体对正常智能体的影响. MRS 算法不适用于一般线性多智能体系统. 本节中, 算法 4.2 允许每个正常智能体仅移除恶意邻居的信息, 因而降低了对通信图的要求. 此外, 这种算法适用于一般线性多智能体系统.

算法 4.2: 基于攻击隔离的弹性一致算法

对每一个安全状态 $S_i = 0$ 的智能体 i 及其邻居 $j, j \in \mathcal{N}_i$ **do**

for $j = N_{i^1} : N_{i^{|\mathcal{N}_i|}}$ **do**

  if $S_j = 1$ **then**

    $a_{ij} = 0$;

    $\mathcal{N}_i = \mathcal{N}_i \setminus j$.

  end

end

设计形如式 (4.15) 的控制协议.

4.3.2 图的可隔离性

通信图的结构在隔离和抵消攻击的影响方面有重要作用. 具体来说, 通信图的结构决定了算法 4.1 是否会误隔离某些正常智能体. 为了确保不发生误隔离, 首先给出一些关于图的性质.

定义 4.13 (结点可隔离性) 对于一个非平凡图 $\mathcal{G} = (\mathcal{V}, \mathcal{E})$, 一个结点 $i \in \mathcal{V}$ 及其邻居 N_{i^j}, $j = 1, 2, \cdots, |\mathcal{N}_i|$, 如果结点 i 及其邻居 N_{i^j} 的内邻居满足 $\mathcal{J}_i \cap \mathcal{J}_{i^1} \cap \mathcal{J}_{i^2} \cap \cdots \cap \mathcal{J}_{i^{|\mathcal{N}_i|}} = \{i\}$, 那么结点 i 是可隔离的.

注解 4.13 如果有两个结点 i 和 m, 且满足 $\mathcal{J}_i \cap \mathcal{J}_{i^1} \cap \mathcal{J}_{i^2} \cap \cdots \cap \mathcal{J}_{i^{|\mathcal{N}_i|}} \supseteq \{i, m\}$, 则有 $N_{i^k} \in \mathcal{J}_m, k = 1, 2, \cdots, |\mathcal{N}_i|$ 和 $i \in \mathcal{J}_m$, 这表明 $\mathcal{J}_i \subseteq \mathcal{J}_m$. 另一方面, 如果 $\mathcal{J}_i \subseteq \mathcal{J}_m$ 成立, 则有 $\mathcal{J}_i \cap \mathcal{J}_{i^1} \cap \cdots \cap \mathcal{J}_{i^{|\mathcal{N}_i|}} \supseteq \{i, m\}$. 由此可得, 在图中只有一个结点遭遇攻击的前提下, 结点 i 可隔离的充要条件是 $\mathcal{J}_i \not\subseteq \mathcal{J}_m, \forall m \neq i$.

定义 4.13 给出结点可隔离性的定义, 接下来给出图可隔离性的概念.

定义 4.14 (r-可隔离性) 对于一个含有 N 个结点的非平凡图 $\mathcal{G} = (\mathcal{V}, \mathcal{E})$, 如果每个结点 i 和其他 r 个结点 $R_1, R_2, \cdots, R_r$ 的内邻居满足 $\mathcal{J}_i \not\subseteq \{\mathcal{J}_{R_1} \cup \mathcal{J}_{R_2} \cup \cdots \cup \mathcal{J}_{R_r}\}$, 那么图 $\mathcal{G}$ 是 r-可隔离的.

注解 4.14 由注解 4.13 和定义 4.14 可知, 图 $\mathcal{G}$ 的 1-可隔离性等价于图中所有的结点都是可隔离的. 此外, 由定义 4.14 可知, 4 结点及以上的环形图是 1-可隔离的.

注解 4.15 根据定义 4.14 中的条件 $\mathcal{J}_i \not\subseteq \{\mathcal{J}_{R_1} \cup \mathcal{J}_{R_2} \cup \cdots \cup \mathcal{J}_{R_r}\}$ 可知, r-可隔离图中所有结点的邻居个数都满足 $|\mathcal{N}_i| \geqslant r + 1$. 此外, 如果图 $\mathcal{G}$ 是 r-可隔离的, 那么它一定是 r'-可隔离的, $1 \leqslant r' \leqslant r$.

文献 [163] 中图的鲁棒性要求结点有足够多的邻居, 但是, 即使图的鲁棒性很强, 也无法确保每个结点和其他结点的内邻居满足定义 4.14 中的条件. 可以看出, 为了便于攻击隔离, 图的可隔离性更加关注图的结构而非连边的冗余性. 接下来, 举例说明图的可隔离性在攻击隔离中的作用. 对于图 4.4(a) 中的完全图, 由检查结点 3 及其邻居 1, 2, 4, 5 的内邻居的关系可知, $\mathcal{J}_3 \cap \mathcal{J}_1 \cap \mathcal{J}_2 \cap \mathcal{J}_4 \cap \mathcal{J}_5 = \{1,2,3,4,5\}$, 不满足定义 4.13. 此外, 由结点 3 为恶意结点可知, 图 4.4(a) 中所有的结点都满足 $\tilde{\varepsilon}_i(t) \neq \mathbf{0}$. 因此, 不能利用算法 4.1 隔离出恶意结点 3. 而对于图 4.4(b) 中的环形图, 通过检查结点 3 及其邻居 1, 5 的内邻居关系可知, $\mathcal{J}_3 \cap \mathcal{J}_1 \cap \mathcal{J}_5 = \{3\}$, 满足定义 4.13, 因此, 结点 3 是可隔离的. 若结点 3 为恶意结点, 则有 $\tilde{\varepsilon}_i(t) \neq \mathbf{0}$, $i \in \{1,3,5\}$, 此时, 可通过算法 4.1 隔离出恶意结点 3. 接下来, 通过图的可隔离性来描述分布式攻击隔离算法和弹性一致控制算法的性能.

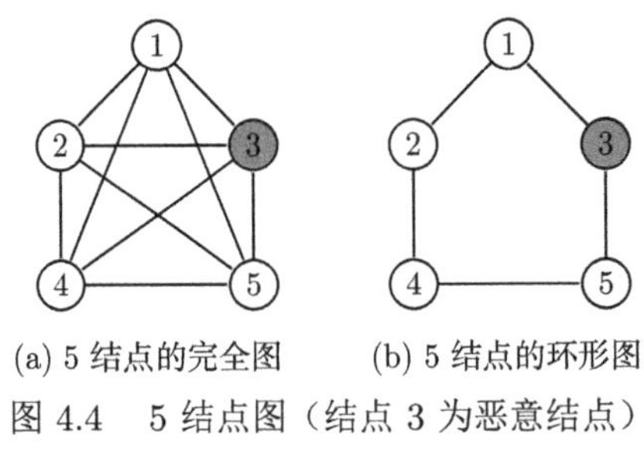

(a) 5 结点的完全图　　(b) 5 结点的环形图

图 4.4　5 结点图（结点 3 为恶意结点）

4.3.3 算法性能分析

本节首先给出 1-弱局部恶意攻击模型下算法 4.1 完成攻击隔离的充要条件.

定理 4.6　*考虑满足假设 4.1 和假设 4.2 的多智能体系统 (4.12), 在 1-弱局部恶意攻击模型下, 算法 4.1 完成攻击隔离的充要条件是以下两个论述条件同时成立:*

(1) 对所有恶意智能体 $i \in \mathcal{F}$ 的内邻居 $k \in \mathcal{J}_i$ 来说, 存在时刻 $t \geqslant \tau$ 使得 $\tilde{\varepsilon}_k(t) \neq \mathbf{0}$ 成立;

(2) 通信图 $\mathcal{G}$ 是 1-可隔离的.

证明: 充分性.

考虑两种情况:

(1) 至少存在一个恶意智能体没有被隔离;

(2) 所有恶意智能体已被隔离但至少存在一个正常智能体被误隔离.

1) 若恶意智能体 i 没有被隔离, 则存在时刻 $t \geqslant \tau$ 使得 $\varepsilon_i(t) = \mathbf{0}$, 这与条件 (1) 不符合.

2) 若子系统 $\mathcal{G}_i^*(\mathcal{J}_i^*, \mathcal{E}_i^*)$ 中有一个恶意智能体 i 和一个正常智能体 m 同时被隔离, 则存在时刻 $t \geqslant \tau$ 使得 $\tilde{\varepsilon}_k(t) \neq \mathbf{0}$, $\forall k \in \mathcal{J}_i \cup \mathcal{J}_m$ 成立. 同时, 由 1-弱局部恶意攻击模型的定义可知, 子系统 $\mathcal{G}_m^*(\mathcal{J}_m^*, \mathcal{E}_m^*)$ 中最多只有一个恶意智能体, 这说明

智能体 m 的所有邻居都是智能体 i 的邻居, 即 $\mathcal{J}_m \subseteq \mathcal{J}_i$, 这与图的 1-可隔离性定义不符.

必要性.

1) 若条件 (1) 不满足, 则恶意智能体 $i \in \mathcal{F}$ 的内邻居中至少有一个正常智能体 $m \in \mathcal{J}_i$ 满足 $\tilde{\varepsilon}_m(t) = \mathbf{0}$, $t \geqslant \tau$, 这意味着恶意智能体 i 不能被算法 4.1 隔离.

2) 假设 $\mathcal{J}_m \subseteq \mathcal{J}_i$, 且 i 为恶意智能体, m 为正常智能体. 在 1-弱局部恶意攻击模型下, 存在时刻 $t \geqslant \tau$ 使得 $\tilde{\varepsilon}_k(t) \neq \mathbf{0}, \forall k \in \mathcal{J}_m$ 成立, 这意味着正常智能体 m 会被算法 4.1 误隔离. ■

借助于定理 4.6 关于攻击隔离的结果, 可以得到如下弹性一致的推论.

推论 4.5 考虑满足假设 4.1 和假设 4.2 的多智能体系统 (4.12), 在 1-弱局部恶意攻击模型下, 系统利用算法 4.2 实现弹性一致的充要条件是以下 3 个论述条件同时成立:

(1) 对所有恶意智能体 $i \in \mathcal{F}$ 的内邻居 $k \in \mathcal{J}_i$ 来说, 存在时刻 $t \geqslant \tau$ 使得 $\tilde{\varepsilon}_k(t) \neq \mathbf{0}$ 成立;

(2) 通信图 $\mathcal{G}$ 是 1-可隔离的;

(3) 所有正常智能体及其连边组成的通信子图 $\mathcal{G}_{\mathcal{O}}$ 是连通的.

证明: 这个结论可从定理 4.6 和引理 4.2 直接得到. 条件 (1) 和条件 (2) 确保所有恶意智能体可以被隔离, 条件 (3) 确保移除恶意智能体的影响后, 所有正常智能体可以实现弹性一致. ■

注意到, 推论 4.5 给出 1-弱局部恶意攻击模型下实现弹性一致的充要条件. 实际中, 攻击的位置无法预先给定, 因此, 更大的挑战是隔离出任意 F 个恶意智能体并实现 F-整体恶意攻击模型下的弹性一致. 借助于定义 4.14, 可得到如下关于 F-整体恶意攻击模型下弹性一致的相关结果.

定理 4.7 考虑满足假设 4.1 和假设 4.2 的多智能体系统 (4.12), 在 F-整体恶意攻击模型下, 算法 4.1 完成攻击隔离的充分条件是以下两个论述条件同时成立:

(1) 对所有恶意智能体 $i \in \mathcal{F}$ 的内邻居 $k \in \mathcal{J}_i$ 来说, 存在时刻 $t \geqslant \tau$ 使得 $\tilde{\varepsilon}_k(t) \neq \mathbf{0}$ 成立;

(2) 通信图 $\mathcal{G}$ 是 F-可隔离的.

证明: 条件 (1) 表明算法 4.1 可以隔离所有恶意智能体. 还需要证明在 F-可隔离图的条件下不会有正常智能体被误隔离. 由定义 4.14 可知, 当且仅当正常智能体 $i \in \mathcal{O}$ 和 F 个恶意智能体 $R_k \in \mathcal{F}, k = 1, 2, \cdots, F$ 的内邻居满足 $\mathcal{J}_i \subseteq \{\mathcal{J}_{R_1} \cup \mathcal{J}_{R_2} \cup \cdots \cup \mathcal{J}_{R_F}\}$ 时, 正常智能体会被算法 4.1 误隔离. ■

推论 4.6 考虑满足假设 4.1 和假设 4.2 的多智能体系统 (4.12), 在 F-整体恶意攻击模型下, 系统利用算法 4.2 实现弹性一致的充要条件是以下 3 个论述条件同时成立:

(1) 对所有恶意智能体 $i \in \mathcal{F}$ 的内邻居 $k \in \mathcal{J}_i$ 来说, 存在时间 $t \geqslant \tau$ 使得 $\tilde{\varepsilon}_k(t) \neq 0$ 成立;

(2) 通信图 $\mathcal{G}$ 是 F-可隔离的;

(3) 所有正常智能体及其连边组成的通信子图 $\mathcal{G}_{\mathcal{O}}$ 是连通的.

证明类似于推论 4.5, 此处不再赘述.

下面的结果表明, 对于一个 F-可隔离图而言, 最多只能完成 F 个恶意智能体的隔离.

命题 4.10 如果图 $\mathcal{G}$ 是 F-可隔离的, 则算法 4.2 不一定能完成 $(F+1)$ 个恶意智能体的隔离.

证明: 通过反证法进行证明. 考虑一个 F-可隔离图 $\mathcal{G}$, 存在一个结点 i 和其他 $(F+1)$ 个结点 $R_1, R_2, \cdots, R_{F+1}$ 满足 $\mathcal{J}_i \subseteq \left\{\mathcal{J}_{R_1} \cup \mathcal{J}_{R_2} \cup \cdots \cup \mathcal{J}_{R_{F+1}}\right\}$. 假设结点 i 是正常的, 且结点 $R_1, R_2, \cdots, R_{F+1}$ 为恶意结点, 则存在时间 $t \geqslant \tau$ 使得 $\tilde{\varepsilon}_k(t) \neq 0, \forall k \in \mathcal{J}_i$ 成立. 此时, 正常结点 i 会被算法 4.1 误隔离为恶意智能体, 这意味着攻击隔离的失效. ■

4.3.4 仿真分析

本节给出两个例子来说明上述理论结果的正确性.

例 4.3 考虑如图 4.5 所示的 2-可隔离性图, 其中智能体 1 和智能体 3 为恶意智能体. 每个智能体的动力学如式 (4.12) 所示, 系统矩阵描述如下:

$$
\boldsymbol{A} = \begin{bmatrix} 2.25 & 9 & 0 \\ 1 & -1 & 0 \\ 0 & -18 & 0 \end{bmatrix}, \quad \boldsymbol{B} = \begin{bmatrix} 1 \\ 0 \\ 0 \end{bmatrix}, \quad \boldsymbol{C} = \begin{bmatrix} 1 & 0 & 0 \\ 0 & 1 & 0 \end{bmatrix}, \quad \boldsymbol{M} = \begin{bmatrix} 1 \\ 0 \end{bmatrix}.
$$

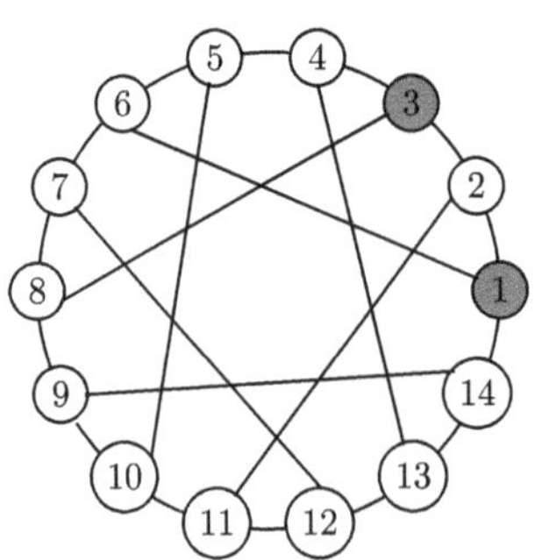

图 4.5 2-可隔离的通信图

当 $t \leqslant 1.2$ 时, 系统中不存在攻击. 当 $t > 1.2$ 时, 攻击对智能体 1 和智能体 3 的影响分别描述为 $f_1 = 10\cos(x_{1_1})\sin(x_{2_1})$ 和 $f_3 = 10\cos(x_{3_1})x_{2_1}$, 其中

x_{i_j} 表示 $\boldsymbol{x}_i$ 的第 j 个分量. 令 $\tau=1$, 其他参数参见文献 [167].

系统的弹性一致结果如图 4.6 ~ 图 4.8 所示. 从图 4.6 可以看到, 智能体的一致性误差在 $t=1$ 时可以被准确估计; 当 $t>1.2$ 时, 智能体 1, 2, 3, 4, 6, 8, 14 满足 $\tilde{\boldsymbol{\varepsilon}}_i(t)\neq\mathbf{0}$. 从图 4.7 中可以看出, 攻击发生以后, 智能体 1 和智能体 3 的安全指标变为 1. 图 4.8 表明正常智能体可以实现弹性一致.

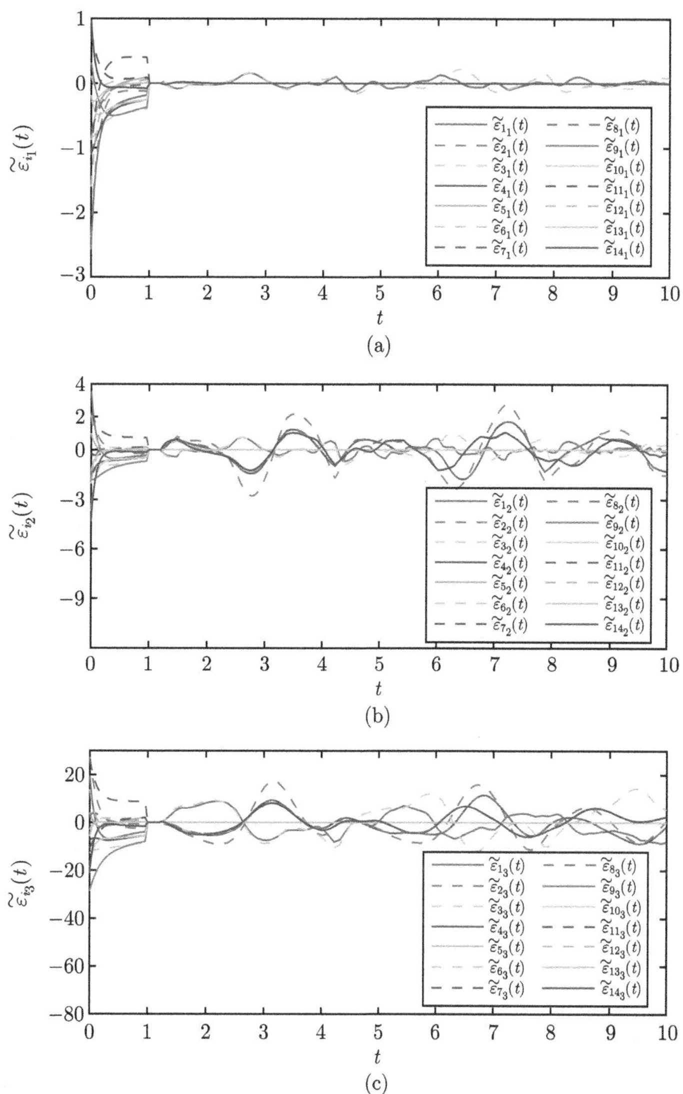

图 4.6　弹性一致性误差的残差 $\tilde{\boldsymbol{\varepsilon}}_i(t)$, 其中, $\tilde{\varepsilon}_{i_k}(t)$, $k\in\{1,2,3\}$ 是 $\tilde{\boldsymbol{\varepsilon}}_i(t)$ 的第 k 维分量

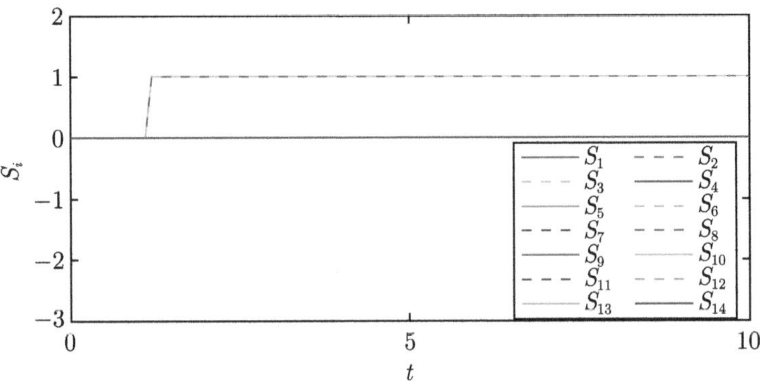

图 4.7　安全指标 S_i

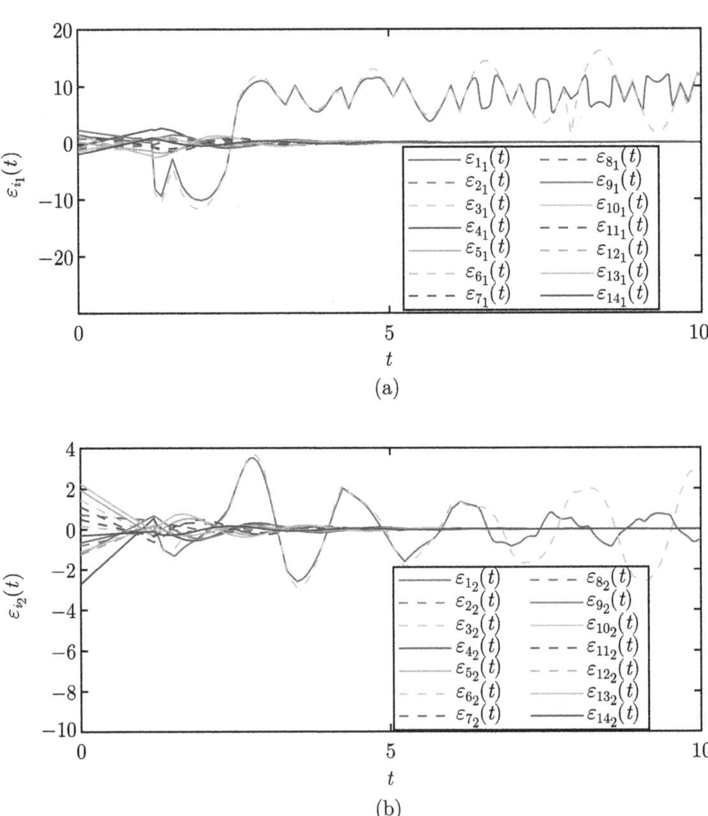

(a)

(b)

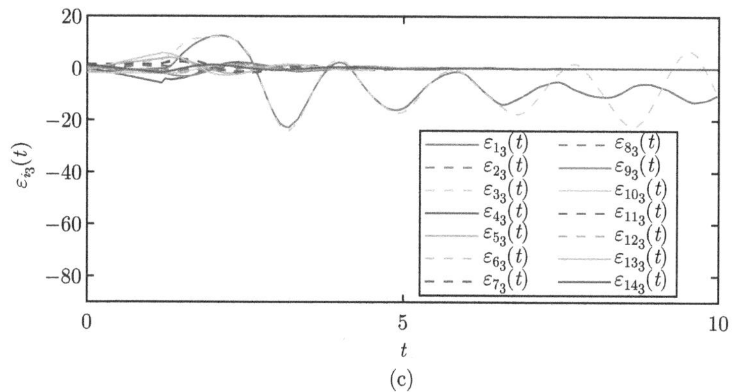

(c)

图 4.8 弹性一致性误差 $\boldsymbol{\varepsilon}_i(t)$, 其中 $\varepsilon_{i_k}(t), k \in \{1,2,3\}$ 是 $\boldsymbol{\varepsilon}_i(t)$ 的第 k 维分量

例 4.4 将本章提出的基于攻击隔离的弹性一致算法（算法 4.2）和文献 [166] 提出的 DP-MSR 算法进行对比.

首先, 给出图的 (r,s)-鲁棒性概念.

定义 4.15 ((r,s)-鲁棒性)[163] 对于一个由 N 个结点组成的非平凡图 $\mathcal{G}=(\mathcal{V},\mathcal{E})$, 如果对于图中的每一对非空不相交的结点子集 $\mathcal{S}_1$ 和 $\mathcal{S}_2$, 定义 $\mathcal{X}_{\mathcal{S}_k}^r=\{i\in\mathcal{S}_k \big| |\mathcal{N}_i\backslash\mathcal{S}_k|\geqslant r\}$, $k\in\{1,2\}$, 下面论述条件中至少有一个成立:

(1) $\left|\mathcal{X}_{S_1}^r\right|=|\mathcal{S}_1|$;

(2) $\left|\mathcal{X}_{S_2}^r\right|=|\mathcal{S}_2|$;

(3) $\left|\mathcal{X}_{S_1}^r\right|+\left|\mathcal{X}_{S_2}^r\right|\geqslant s$,

那么, 图 $\mathcal{G}$ 是 (r,s)-鲁棒的.

由定义 4.14 和定义 4.15 可知, 图 4.4(b) 中的通信图是 1-可隔离的但不是 $(2,2)$-鲁棒的. 假设图 4.4(b) 组成的多智能体具有二阶积分器动力学, 且智能体 3 在 $t=1$ 时被攻击变为恶意智能体, 各智能体的初值由文献 [166] 给定.

图 4.9(a) 表明, 由于通信图 4.4(b) 不是 $(2,2)$-鲁棒的, 因此该智能体系统利用 DP-MSR 算法无法实现弹性一致; 而由于其是 1-可隔离的, 因此, 该智能体系统可通过本节给出的算法 4.2（基于攻击隔离的算法）实现弹性一致. 上述分析表明, 若通信图不满足 (r,s)-鲁棒性但满足 r-可隔离性, 可以通过算法 4.2 使多智能体系统实现弹性一致.

最后, 对涉及图的 F-可隔离性的基于攻击隔离的弹性一致算法和涉及图的 $(F+1,F+1)$-鲁棒性的 MSR 算法进行归纳总结. 图的 F-可隔离性强调图的结构而非高连通度, 从而减少通信代价, 但分布式有限时间观测器和攻击隔离算法的使用增加了系统的计算负担. 另一方面, 图的 $(F+1,F+1)$-鲁棒性依赖于高连通度, 增加了通信代价, 但是局部 MSR 算法的计算压力较小. 因此, 对于积分器型的多智能体系统, 具体选择哪一个算法可以综合考虑以下两方面因素: (1) 通信代价和计算压力的权衡; (2) 给定通信图的性质. 而对于一般线性多智能体系统, 只能使用本节提出的基于攻击隔离的弹性一致算法.

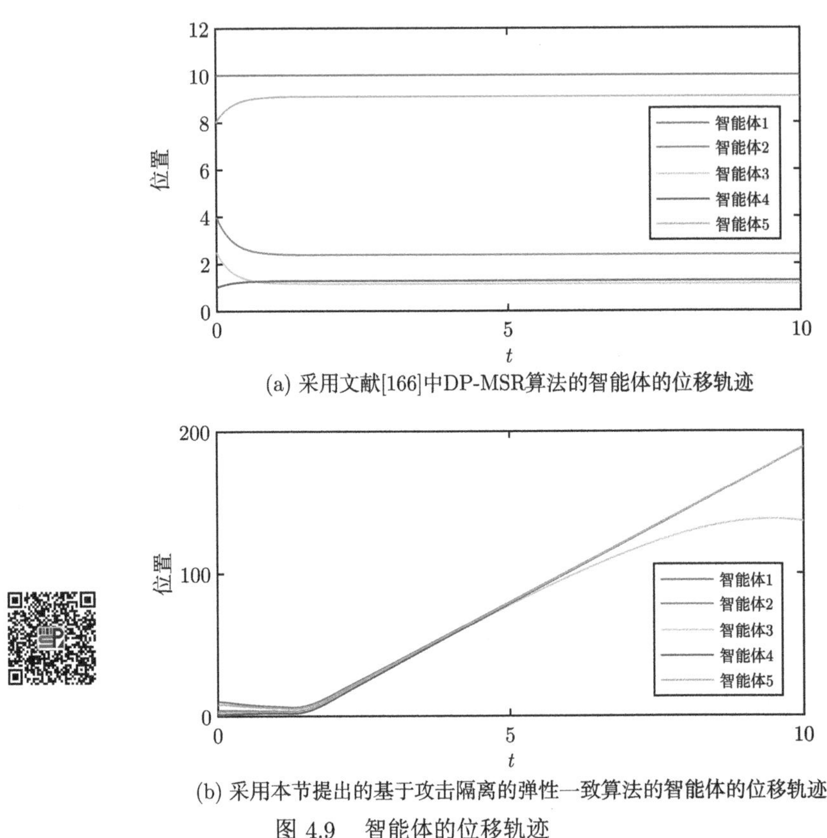

(a) 采用文献[166]中DP-MSR算法的智能体的位移轨迹

(b) 采用本节提出的基于攻击隔离的弹性一致算法的智能体的位移轨迹

图 4.9　智能体的位移轨迹

4.4 本章小结

本章给出多智能体系统在网络攻击下的弹性一致控制方法. 对于离散积分器型的多智能体系统, 可以采用基于子序列删减的平均一致算法, 通过删减极端状态的邻居, 克服网络攻击对一致性的破坏作用. 在此类算法下, 提出时变通信图所需满足的鲁棒性条件. 对于连续时间线性多智能体系统, 需要引入攻击检测和隔离算法, 并在控制协议中只删减异常结点的影响, 实现正常结点的弹性一致. 在此类算法构架下, 提出了固定通信图所需满足的可隔离性条件. 本章关于基于子序列删减的平均一致算法的弹性一致性理论是在时变通信图的框架下展开的, 在固定通信图下的相关结论, 读者可参考文献 [163, 166].

第五章　DoS 攻击下的多智能体系统一致性安全控制

DoS (denial-of-service, 拒绝服务) 攻击是一种最常见的干扰通信攻击 [170], 攻击者只需掌握系统组件之间的通信协议, 就可以据此展开诸如阻塞信道、耗尽服务资源等各种形式的 DoS 攻击. 本章将研究 3 种攻击场景下, 线性和非线性多智能体系统, 连续时间以及基于事件驱动策略下的分布式一致性安全控制问题.

5.1　线性多智能体系统在 DoS 攻击下的分布式一致性安全控制

本节将研究线性多智能体系统在 DoS 攻击下的分布式一致性安全控制问题. 基于智能控制中心的 "重建 + 修复" 策略, 给出有效选取控制增益和耦合强度的算法, 以保证多智能体系统在攻击下仍能实现分布式一致性的控制目标. 本节的相关结果主要基于文献 [64].

5.1.1　问题描述

本节考虑结点受到 DoS 攻击的情形. 具体来说, 当结点遭受 DoS 攻击时, 该结点和邻居结点的所有通信连边都将丢失. 具体地, 如图 5.1 所示, 所考虑的多智能体系统包含 4 个跟随者结点和标号为 5 的领导者结点. 假设在 t_1 时刻结点 2 受到攻击, 即在完全修复之前, 结点 2 将丢失与邻居结点 1 和 3 的连边, 结点 1 和 3 的动力学演化在该段时间将不受结点 2 的影响. 结点 2 在受攻击时段将成为孤立结点, 通信图上相应地则表示为删除该结点.

假设存在一个智能控制中心 (smart control center, SCC), 例如, 智能电网中的能源管理系统, 其作用是负责实时监测、控制和决策 (如实时监测结点状态, 启动攻击修复策略等). 提出一种基于 SCC 监测的 "重建 + 修复" 策略, 在系统遭受 DoS 攻击情形下实现一致性的安全控制目标. 假设所考虑的多智能体系统有 N 个智能体, 其通信图如图 5.2 所示, 其中第 i 个结点的动力学为:

$$\dot{\boldsymbol{x}}_i(t) = \boldsymbol{A}\boldsymbol{x}_i(t) + c\boldsymbol{B}\boldsymbol{K}\sum_{j=1,j\neq i}^{N} a_{ij}\left[\boldsymbol{x}_j(t) - \boldsymbol{x}_i(t)\right] + cp_i\boldsymbol{B}\boldsymbol{K}\left[\boldsymbol{x}_{N+1}(t) - \boldsymbol{x}_i(t)\right] \quad (5.1)$$

式中 $\boldsymbol{x}_i(t) \in \mathbb{R}^n$, $i = 1, \cdots, N$ 为跟随者结点的状态; $\boldsymbol{A} \in \mathbb{R}^{n\times n}$, $\boldsymbol{B} \in \mathbb{R}^{n\times m}$ 分别为控制输入矩阵; 耦合强度 c 为正常数; $\boldsymbol{K} \in \mathbb{R}^{m\times n}$ 为需要设计的增益矩阵; 定义牵制增益 $p_i \in \{0, 1\}$, 若结点 i 可以接收领导者结点的信息, 则牵制增益 $p_i = 1$, 否则 $p_i = 0$; 矩阵 $\boldsymbol{\mathcal{A}} = [a_{ij}]_{N\times N}$ 表示跟随者结点的通信图 $\mathcal{G}$ 的邻接矩阵. $\boldsymbol{x}_{N+1}(t)$ 为领导者结点的状态, 领导者结点的动力学为:

$$\dot{\boldsymbol{x}}_{N+1}(t) = \boldsymbol{A}\boldsymbol{x}_{N+1}(t). \tag{5.2}$$

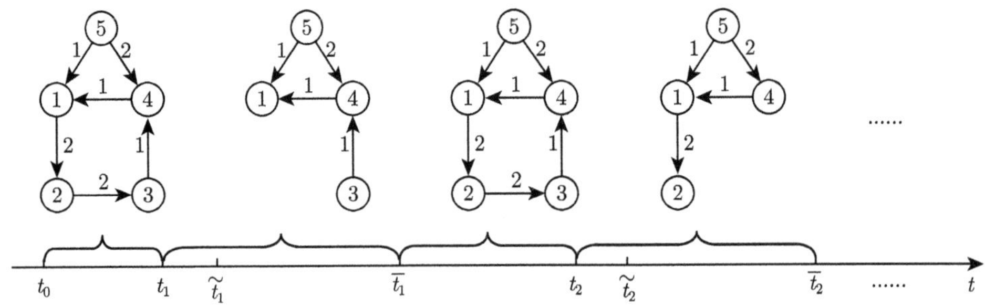

图 5.1　在多智能体系统受到 DoS 攻击时, 4 个跟随者结点和 1 个领导者结点组成的多智能体系统通信网络的演变示意图. 其中, t_0 表示初始时刻; t_i, $\widetilde{t}_i$ 和 $\bar{t}_i$, $i = 1, 2, \cdots$, 分别为第 i 段攻击发生、修复系统启动, 以及结点通信功能完全恢复的时刻. 注意到 $t_1 \geqslant t_0$ 且 $\bar{t}_i > \widetilde{t}_i \geqslant t_i$ 对所有结点 $i = 1, 2, \cdots$ 均成立

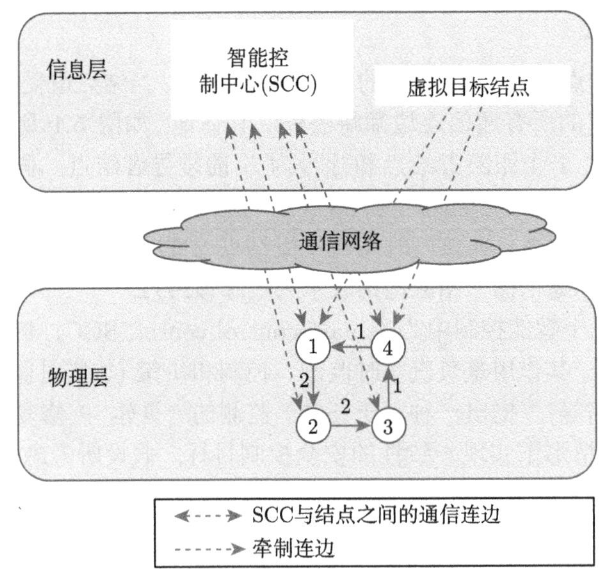

图 5.2　所考虑的多智能体系统示意图, 其中 $N = 4$, 结点 1 和 4 为牵制结点, 即这两个结点可以直接接收领导者结点的信息

本节的控制目标是在攻击的情形下, 通过选取合适的增益 $\boldsymbol{K}$ 和 c 使得式 (5.1) 中跟随者结点的状态仍能收敛到 $\boldsymbol{x}_{N+1}(t)$. 增广后的通信图包含 $(N+1)$ 个结点, 记为 $\widehat{\mathcal{G}}$. 假设在时刻 t_k, 网络 (5.1) 中至少有一个结点受到攻击, $k\in\mathbb{N}$, 其中 $\mathbb{N}$ 为正整数. 在时刻 t_k 受到攻击的结点将在时刻 $\bar{t}_k$ 恢复正常, $k\in\mathbb{N}$, 其中 $\bar{t}_k>t_k$, $k\in\mathbb{N}$. 为了符号的简洁, 令 $\mathcal{V}_{\text{att}}^{(k)}$ 为时刻 t_k 时受到攻击的结点集合, $k\in\mathbb{N}$. 假设系统中的 SCC 可以实时检测每个结点的状态, 在时刻 $\widetilde{t}_k$, SCC 将开始启动修复策略来修复受攻击结点的功能, 其中 $\widetilde{t}_k\geqslant t_k$, $k\in\mathbb{N}$, 与此同时, 被攻击结点 i 将启动状态重构机制, 其中 $i\in\mathcal{V}_{\text{att}}^{(k)}$. 对于 $t\in[t_k,\bar{t}_k)$ 和任意给定的 $k\in\mathbb{N}$, i 的重构系统状态记为 $\widehat{\boldsymbol{x}}_i(t)$, 其动力学方程由下式给出:

$$\dot{\widehat{\boldsymbol{x}}}_i(t)=\boldsymbol{A}\widehat{\boldsymbol{x}}_i(t) \tag{5.3}$$

式中, $t\in[t_k,\bar{t}_k)$ 且初始状态 $\widehat{\boldsymbol{x}}_i(t_k)=\boldsymbol{x}_i(t_k)$, $i\in\mathcal{V}_{\text{att}}^{(k)}$. 注意到若 SCC 可以获取矩阵 $\boldsymbol{A}$ 的信息, 则由式 (5.3) 重构被攻击结点的状态将并不困难.

对于所有 $t\in[t_k,\bar{t}_k)$ 和任给的 $k\in\mathbb{N}$, 结点 $i\in\mathcal{V}\setminus\mathcal{V}_{\text{att}}^{(k)}$ 的动力学可以表示为:

$$\dot{\boldsymbol{x}}_i(t)=\boldsymbol{A}\boldsymbol{x}_i(t)+c\boldsymbol{B}\boldsymbol{K}\sum_{j=1,j\neq i,j\in\mathcal{V}\setminus\mathcal{V}_{\text{att}}^{(k)}}^{N}a_{ij}\left[\boldsymbol{x}_j(t)-\boldsymbol{x}_i(t)\right]+cp_i\boldsymbol{B}\boldsymbol{K}\left[\boldsymbol{x}_{N+1}(t)-\boldsymbol{x}_i(t)\right] \tag{5.4}$$

当结点 i 的功能在时刻 $\bar{t}_k$ 完全恢复, $i\in\mathcal{V}_{\text{att}}^{(k)}$, 则结点 i 的状态将被重置为 $\boldsymbol{x}_i(\bar{t}_k)=\widehat{\boldsymbol{x}}_i(\bar{t}_k^-)$, 其中 $i\in\mathcal{V}_{\text{att}}^{(k)}$. 为了得到主要结果, 首先给出如下两个假设:

假设 5.1 包含 $(N+1)$ 个结点的增广通信图 $\widehat{\mathcal{G}}$ 包含一个以领导者结点 $(N+1)$ 为根结点的有向生成树.

假设 5.2 存在两个整数 τ_m 和 τ_M, 使得 $\tau_m\leqslant t_{k+1}-t_k\leqslant\tau_M$, 其中, $k\in\mathbb{N}$.

接下来, 对结点 i, $i=1,2,\cdots,N$, 引入如下的增广状态变量:

$$\widetilde{\boldsymbol{x}}_i(t)=\boldsymbol{x}_i(t) \tag{5.5}$$

式中 $t\in[\bar{t}_k,t_{k+1})$, $k\in\mathbb{N}$, 且

$$\widetilde{\boldsymbol{x}}_i(t)=\begin{cases}\widehat{\boldsymbol{x}}_i(t), & i\in\mathcal{V}_{\text{att}}^{(k)},\\ \boldsymbol{x}_i(t), & i\in\mathcal{V}\setminus\mathcal{V}_{\text{att}}^{(k)}.\end{cases} \tag{5.6}$$

式中, $t\in[t_{k+1},\bar{t}_{k+1})$, $k\in\mathbb{N}$. 控制目标转化为使得每个结点 i 的增广状态 $\widetilde{\boldsymbol{x}}_i(t)$ 收敛到领导者结点状态 $\boldsymbol{x}_{N+1}(t)$, $i=1,2,\cdots,N$, 即

$$\lim_{t\to+\infty}\|\widetilde{\boldsymbol{x}}_i(t)-\boldsymbol{x}_{N+1}(t)\|=0,$$

对于任意的初始状态 $\boldsymbol{x}_i(0)\in\mathbb{R}^n,\ i=1,2,\cdots,N$ 和 $\boldsymbol{x}_{N+1}(0)\in\mathbb{R}^n$ 均成立.

为了实现控制目标, 在 $[t_k,\bar{t}_k)$ 时间段, 引入包含 $(N+1)$ 个结点的通信图 $\widetilde{\mathcal{G}}_k$, 其中含 $|\mathcal{V}_{\rm att}^{(k)}|$ 个动力学由方程 (5.3) 所刻画的结点, 其中 $k\in\mathbb{N}$, $|\mathcal{V}_{\rm att}^{(k)}|$ 表示集合 $\mathcal{V}_{\rm att}^{(k)}$ 的基数, 详见图 5.3.

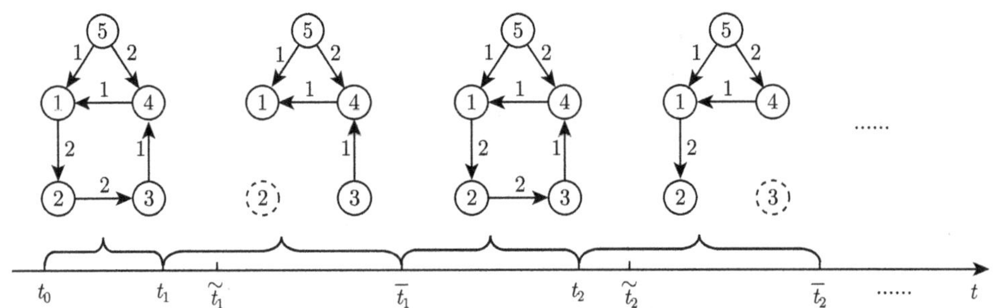

图 5.3 网络受到攻击时, 增广的通信图包含 4 个结点和 1 个领导者结点, 其中结点 2 在 t_1 时刻受到攻击, 结点 3 在 t_2 时刻受到攻击. 这里, t_0 表示初始时刻, t_i 和 $\bar{t}_i$, $(i=1,2,\cdots,N)$ 分别表示第 i 个攻击发生和结点功能被完全修复的时刻, 其中 $\bar{t}_i>t_i$, $(i=1,2,\cdots,N)$ 且 $t_1\geqslant t_0$. 虚线圈内的数字表示动力学由方程 (5.3) 给出的虚拟引进的结点

由于 N 为有限数, 从而可以进一步假设, 对于每一个 $k\in\mathbb{N}$, $\widetilde{\mathcal{G}}_k\in\widetilde{G}$, 其中 $\widetilde{G}=\{\widetilde{\mathcal{G}}^1,\widetilde{\mathcal{G}}^2,\cdots,\widetilde{\mathcal{G}}^m\}$, $m\in\mathbb{N}$. 引入如下记号:

$$\theta(\cdot):\mathbb{N}\mapsto\{1,2,\cdots,m\} \tag{5.7}$$

使得 $\widetilde{\mathcal{G}}_k=\widetilde{\mathcal{G}}^{\theta(k)}$, $k\in\mathbb{N}$. 对于所有 $i=1,2,\cdots,m$, $\widetilde{\mathcal{G}}^i$ 的 Laplace 矩阵表示为 $\widetilde{\boldsymbol{L}}^i$. 注意到结点 $(N+1)$ 在增广的通信图 $\widetilde{\mathcal{G}}_k$ 中不会接收其他结点的信息, $k\in\mathbb{N}$, 从而可以得到矩阵 $\widetilde{\boldsymbol{L}}^i$ $(i=1,2,\cdots,m)$ 有如下形式:

$$\widetilde{\boldsymbol{L}}^i=\begin{pmatrix}\widehat{\overline{\boldsymbol{L}}}^i & -\boldsymbol{p}^{(i)}\\ \boldsymbol{0}_N^{\rm T} & 0\end{pmatrix} \tag{5.8}$$

式中, $\boldsymbol{p}^{(i)}=[p_1^{(i)},p_2^{(i)},\cdots,p_N^{(i)}]^{\rm T}$, 若 $p_j=1$ 且 $j\notin\mathcal{V}_{\rm att}^{(i)}$, 则 $p_j^{(i)}=1$; 否则 $p_j^{(i)}=0$. 另一方面, 增广的通信图 $\widehat{\mathcal{G}}$ 的 Laplace 矩阵 $\widehat{\boldsymbol{L}}$ 可以分块为:

$$\widehat{\boldsymbol{L}}=\begin{pmatrix}\overline{\boldsymbol{L}} & -\boldsymbol{p}\\ \boldsymbol{0}_N^{\rm T} & 0\end{pmatrix} \tag{5.9}$$

式中 $\boldsymbol{p}=[p_1,p_2,\cdots,p_N]^{\rm T}$; $\overline{\boldsymbol{L}}=\boldsymbol{L}+{\rm diag}(p_1,p_2,\cdots,p_N)$. 这里 $\boldsymbol{L}$ 为通信图 $\mathcal{G}$ 的 Laplace 矩阵. 基于假设 5.1 和假设 5.2, 可以得到 $\overline{\boldsymbol{L}}$ 为非奇异矩阵. 由文

献 [156] 中的引理 4 可以得知, 存在向量 $\boldsymbol{\xi} = [\xi_1, \xi_2, \cdots, \xi_N]^{\mathrm{T}} > 0$, 使得如下条件成立:

$$\begin{aligned} &(\overline{\boldsymbol{L}})^{\mathrm{T}} \boldsymbol{\xi} = \mathbf{1}_N \\ &\boldsymbol{\Xi} \overline{\boldsymbol{L}} + \left(\overline{\boldsymbol{L}}\right)^{\mathrm{T}} \boldsymbol{\Xi} > 0 \end{aligned} \tag{5.10}$$

式中, $\boldsymbol{\Xi} = \mathrm{diag}(\xi_1, \xi_2, \cdots, \xi_N)$. 令 $\boldsymbol{e}(t) = \left[\boldsymbol{e}_1(t)^{\mathrm{T}}, \boldsymbol{e}_2(t)^{\mathrm{T}}, \cdots, \boldsymbol{e}_N(t)^{\mathrm{T}}\right]^{\mathrm{T}}$, 其中 $\boldsymbol{e}_i(t) = \widetilde{\boldsymbol{x}}_i(t) - \boldsymbol{x}_{N+1}(t)$, $i = 1, 2, \cdots, N$. 通过计算可知:

$$\dot{\boldsymbol{e}}(t) = \left(\boldsymbol{I}_N \otimes \boldsymbol{A} - c\widehat{\widetilde{\boldsymbol{L}}}^{\theta(k)} \otimes \boldsymbol{BK}\right) \boldsymbol{e}(t), \quad t \in [t_k, \bar{t}_k) \tag{5.11}$$

且有

$$\dot{\boldsymbol{e}}(t) = \left(\boldsymbol{I}_N \otimes \boldsymbol{A} - c\overline{\boldsymbol{L}} \otimes \boldsymbol{BK}\right) \boldsymbol{e}(t), \quad t \in [\bar{t}_k, t_{k+1}) \tag{5.12}$$

其中映射 $\theta(k)$ 在式 (5.7) 中被定义.

注意到在时刻 t_k, 至少有一个结点受到攻击, 从而可得 0 为矩阵 $\widehat{\widetilde{\boldsymbol{L}}}^{\theta(k)}$ 的一个特征根, 其中 $k \in \mathbb{N}$. 更进一步, 对于任意 $k \in \mathbb{N}$, $\widehat{\widetilde{\boldsymbol{L}}}^{\theta(k)}$ 的零特征值的几何重数为 1. 这表明对任意 $i \in \{1, 2, \cdots, m\}$, $-\widehat{\widetilde{\boldsymbol{L}}}^{i}$ 是临界稳定的, 即如下的矩阵不等式对于某些正定矩阵 $\boldsymbol{\Psi}^{(i)}$ 总是可行的:

$$-\boldsymbol{\Psi}^{(i)} \widehat{\widetilde{\boldsymbol{L}}}^{i} - \left(\widehat{\widetilde{\boldsymbol{L}}}^{i}\right)^{\mathrm{T}} \boldsymbol{\Psi}^{(i)} \leqslant 0. \tag{5.13}$$

5.1.2 分布式一致性算法实现

接下来, 给出一个多步算法来选择控制参数 $\boldsymbol{K}$ 和 c, 以实现受攻击情形下的一致性控制目标.

算法 5.1 在假设 5.1和假设 5.2 下, 控制参数 $\boldsymbol{K}$ 和 c 可以设计如下步骤:

步骤 1. 选取 $\theta > 0$, $\kappa_0 > 0$, $\varphi_0 > 0$ 和 $\varphi_1 > 0$. 求解如下矩阵不等式:

$$\begin{aligned} &\boldsymbol{AP} + \boldsymbol{PA}^{\mathrm{T}} - \kappa_0 \boldsymbol{BB}^{\mathrm{T}} + \theta \boldsymbol{P} < 0, \\ &\boldsymbol{P} < \varphi_0 \boldsymbol{I}_n, \\ &-\widehat{\boldsymbol{\Psi}}^{(i)} \widehat{\widetilde{\boldsymbol{L}}}^{i} - \left(\widehat{\widetilde{\boldsymbol{L}}}^{i}\right)^{\mathrm{T}} \widehat{\boldsymbol{\Psi}}^{(i)} \leqslant 0, \\ &\widehat{\boldsymbol{\Psi}}^{(i)} < \varphi_1 \boldsymbol{I}_N. \end{aligned} \tag{5.14}$$

得到可行解 $\boldsymbol{P}>0$ 和 $\widehat{\boldsymbol{\Psi}}^{(i)}>0, i=1,2,\cdots,m$. 选取 $\boldsymbol{K}=\dfrac{1}{2}\boldsymbol{B}^{\mathrm{T}}\boldsymbol{P}^{-1}$.

步骤 2. 选取耦合强度 $c>2\kappa_0\xi_{\max}/\lambda_0$, 其中, λ_0 为 $\boldsymbol{\Xi}\overline{\boldsymbol{L}}+\overline{\boldsymbol{L}}^{\mathrm{T}}\boldsymbol{\Xi}$ 的最小特征根, κ_0 由步骤 1 给出, $\xi_{\max}=\max_{i=1,2,\cdots,N}\{\xi_i\}$, $\boldsymbol{\Xi}=\operatorname{diag}(\xi_1,\xi_2,\cdots,\xi_N)$ 在式 (5.10) 中定义.

简记 $\xi_{\min}=\min_{i=1,2,\cdots,N}\{\xi_i\}$, 以及

$$
\begin{aligned}
\lambda_{\max}^{\widehat{\boldsymbol{\Psi}}}&=\max_{i=1,2,\cdots,m}\lambda_{\max}(\widehat{\boldsymbol{\Psi}}^{(i)}),\\
\lambda_{\min}^{\widehat{\boldsymbol{\Psi}}}&=\min_{i=1,2,\cdots,m}\lambda_{\min}(\widehat{\boldsymbol{\Psi}}^{(i)}),\\
\zeta_1&=\xi_{\max}/\lambda_{\min}^{\widehat{\boldsymbol{\Psi}}},\\
\zeta_2&=\lambda_{\max}^{\widehat{\boldsymbol{\Psi}}}/\xi_{\min}.
\end{aligned}
\tag{5.15}
$$

式中, $\boldsymbol{\xi}=[\xi_1,\xi_2,\cdots,\xi_N]^{\mathrm{T}}$ 在式 (5.10) 中定义. 则可以得到如下结论.

定理 5.1 若假设 5.1和假设 5.2 成立, 且存在 $\boldsymbol{P}>0$, $\kappa_0>0$, $\theta>0$, $\varphi_0>0$ 和 $\varphi_1>0$ 使得矩阵不等式 (5.14) 成立, 控制参数 $\boldsymbol{K}$ 和 c 由算法 5.1 给出, 且对于 $k\in\mathbb{N}$, 存在 $\epsilon>0$, 使得 $\theta(t_k-\bar{t}_{k-1})-\tilde{\theta}(\bar{t}_k-t_k)-\ln(\widetilde{\zeta}_1\widetilde{\zeta}_2)>\epsilon$, 其中 $\tilde{\theta}$ 通过求解如下优化问题得到:

$$
\begin{aligned}
&\min\ \tilde{\theta}\\
&\text{s.t.}\quad \boldsymbol{A}\boldsymbol{Q}+\boldsymbol{Q}\boldsymbol{A}^{\mathrm{T}}<\tilde{\theta}\boldsymbol{Q},\quad \boldsymbol{Q}<\varphi_0\boldsymbol{I}_n.
\end{aligned}
\tag{5.16}
$$

式中, $\widetilde{\zeta}_1=(\zeta_1\lambda_{\max}(\boldsymbol{P}^{-1}))/\lambda_{\min}(\boldsymbol{Q}^{-1})$; $\widetilde{\zeta}_2=(\zeta_2\lambda_{\max}(\boldsymbol{Q}^{-1}))/\lambda_{\min}(\boldsymbol{P}^{-1})$, 且 $\boldsymbol{P}>0$ 在式 (5.14) 中定义, 则多智能体系统 (5.1) 在攻击下的全局一致性可以实现.

证明: 为切换系统 (5.11)~(5.12) 构造如下的多 Lyapunov 函数:

$$
V(t)=\begin{cases}\boldsymbol{e}(t)^{\mathrm{T}}\left(\boldsymbol{\Psi}^{(\theta(k))}\otimes\boldsymbol{Q}^{-1}\right)\boldsymbol{e}(t), & t\in[t_k,\bar{t}_k),\\ \boldsymbol{e}(t)^{\mathrm{T}}\left(\boldsymbol{\Xi}\otimes\boldsymbol{P}^{-1}\right)\boldsymbol{e}(t), & t\in[\bar{t}_k,t_{k+1}).\end{cases}
\tag{5.17}
$$

式中, $\boldsymbol{\Xi}$ 在式 (5.10) 中定义, $\boldsymbol{\Psi}^{(\theta(k))}\in\left\{\boldsymbol{\Psi}^{(1)},\boldsymbol{\Psi}^{(2)},\cdots,\boldsymbol{\Psi}^{(m)}\right\}$, 正定矩阵 $\boldsymbol{\Psi}^{(1)},\boldsymbol{\Psi}^{(2)},\cdots,\boldsymbol{\Psi}^{(m)}$ 和 $\boldsymbol{P}$ 由矩阵不等式 (5.14) 解出.

对 $V(t)$ 沿着系统 (5.11) 关于时间进行求导可以得到:

$$
\dot{V}(t)\leqslant\boldsymbol{e}(t)^{\mathrm{T}}\left[\boldsymbol{\Psi}^{(\theta(k))}\otimes(\boldsymbol{Q}^{-1}\boldsymbol{A}+\boldsymbol{A}^{\mathrm{T}}\boldsymbol{Q}^{-1})\right]\boldsymbol{e}(t)\leqslant\tilde{\theta}V(t)
\tag{5.18}
$$

式中, $t\in[t_k,\bar{t}_k)$, $k\in\mathbb{N}$; $\boldsymbol{\Psi}^{(\theta(k))}\in\left\{\boldsymbol{\Psi}^{(1)},\boldsymbol{\Psi}^{(2)},\cdots,\boldsymbol{\Psi}^{(m)}\right\}$.

对 $V(t)$ 沿着系统 (5.12) 关于时间进行求导可以得到

$$\dot{V}(t)=\boldsymbol{e}(t)^{\mathrm{T}}\left(\boldsymbol{\Xi}\otimes\boldsymbol{P}^{-1}\boldsymbol{A}+\boldsymbol{\Xi}\otimes\boldsymbol{A}^{\mathrm{T}}\boldsymbol{P}^{-1}\right)\boldsymbol{e}(t)-2c\boldsymbol{e}(t)^{\mathrm{T}}\left(\boldsymbol{\Xi}\overline{\boldsymbol{L}}\otimes\boldsymbol{P}^{-1}\boldsymbol{B}\boldsymbol{K}\right)\boldsymbol{e}(t) \tag{5.19}$$

式中, $t\in[\bar{t}_k,\,t_{k+1})$, $k\in\mathbb{N}$.

将 $\boldsymbol{K}=\dfrac{1}{2}\boldsymbol{B}^{\mathrm{T}}\boldsymbol{P}^{-1}$ 代入式 (5.19) 得到

$$\begin{aligned}\dot{V}(t)&=\boldsymbol{e}(t)^{\mathrm{T}}\left[\boldsymbol{\Xi}\otimes(\boldsymbol{P}^{-1}\boldsymbol{A}+\boldsymbol{A}^{\mathrm{T}}\boldsymbol{P}^{-1})\right]\boldsymbol{e}(t)-c\boldsymbol{e}(t)^{\mathrm{T}}\left(\boldsymbol{\Xi}\overline{\boldsymbol{L}}\otimes\boldsymbol{P}^{-1}\boldsymbol{B}\boldsymbol{B}^{\mathrm{T}}\boldsymbol{P}^{-1}\right)\boldsymbol{e}(t)\\&\leqslant\boldsymbol{e}(t)^{\mathrm{T}}\left[\boldsymbol{\Xi}\otimes\left(\boldsymbol{P}^{-1}\boldsymbol{A}+\boldsymbol{A}^{\mathrm{T}}\boldsymbol{P}^{-1}-\frac{c\lambda_0}{2\xi_{\max}}\boldsymbol{P}^{-1}\boldsymbol{B}\boldsymbol{B}^{\mathrm{T}}\boldsymbol{P}^{-1}\right)\right]\boldsymbol{e}(t)\\&\leqslant\boldsymbol{e}(t)^{\mathrm{T}}\left[\boldsymbol{\Xi}\otimes\left(\boldsymbol{P}^{-1}\boldsymbol{A}+\boldsymbol{A}^{\mathrm{T}}\boldsymbol{P}^{-1}-\kappa_0\boldsymbol{P}^{-1}\boldsymbol{B}\boldsymbol{B}^{\mathrm{T}}P^{-1}\right)\right]\boldsymbol{e}(t)\end{aligned}$$

最后一个不等式由如下参数选取得出: $c>(2\kappa_0\xi_{\max})/\lambda_0$, λ_0 为 $\boldsymbol{\Xi}\overline{\boldsymbol{L}}+\overline{\boldsymbol{L}}^{\mathrm{T}}\boldsymbol{\Xi}$ 的最小特征根, $\xi_{\max}=\max_{i=1,2,\cdots,N}\xi_i$, 且 $\boldsymbol{\Xi}=\mathrm{diag}(\xi_1,\xi_2,\cdots,\xi_N)$ 定义在式 (5.10).

另一方面, 从式 (5.14) 可以得到

$$\boldsymbol{P}^{-1}\boldsymbol{A}+\boldsymbol{A}^{\mathrm{T}}\boldsymbol{P}^{-1}-\kappa_0\boldsymbol{P}^{-1}\boldsymbol{B}\boldsymbol{B}^{\mathrm{T}}\boldsymbol{P}^{-1}<-\theta\boldsymbol{P}^{-1} \tag{5.20}$$

注意到式 (5.14), 可以从式 (5.20) 得出, 对于所有 $t\in[\bar{t}_k,\,t_{k+1})$ 有

$$\dot{V}(t)\leqslant-\theta V(t) \tag{5.21}$$

基于式 (5.17), 可以得到 $V(t_{k+1})\leqslant\widetilde{\zeta}_2V(t_{k+1})$. 从而由式 (5.18) 和式 (5.21) 可以得到

$$\begin{aligned}V(t_{k+1})&\leqslant\widetilde{\zeta}_2\mathrm{e}^{-\theta(t_{k+1}-\bar{t}_k)}V(\bar{t}_k)\leqslant\widetilde{\zeta}_1\widetilde{\zeta}_2\mathrm{e}^{-\theta(t_{k+1}-\bar{t}_k)}V(\bar{t}_k^-)\\&\leqslant\widetilde{\zeta}_1\widetilde{\zeta}_2V(t_k)\mathrm{e}^{-\theta(t_{k+1}-\bar{t}_k)+\tilde{\theta}(\bar{t}_k-t_k)}\leqslant\mathrm{e}^{-\epsilon}V(t_k)\end{aligned} \tag{5.22}$$

式中, 最后一个不等式由如下条件得出: $\theta(t_k-\bar{t}_{k-1})-\tilde{\theta}(\bar{t}_k-t_k)-\ln(\widetilde{\zeta}_1\widetilde{\zeta}_2)>\epsilon$, 其中 $\epsilon>0$. 从而, 利用文献 [47] 中定理 3 证明的方法, 可以得到 $\|\boldsymbol{e}(t)\|\to0$, $t\to+\infty$. 定理得证. ■

5.1.3 仿真分析

本小节将进行一些数值算例, 以验证所得结果的有效性.

例 5.1 假设所考虑的多智能体系统中有 5 个结点, 其中结点 5 为领导者结点. 增广通信图 $\widehat{\mathcal{G}}$ 如图 5.4 所示. 在该数值仿真中, 假设每个结点都是垂直起降 (VTOL) 飞机. 多个 VTOL 飞机在 135kt 空速下的典型负载和飞行条件可以

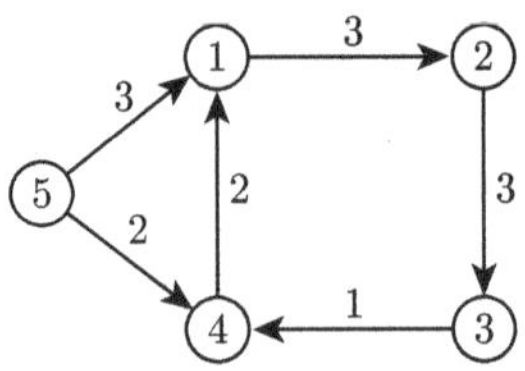

图 5.4　包含 4 个跟随者结点和 1 个领导者结点的增广通信图

由动力学方程 (5.1) 所描述. 每个结点状态表示为: $\boldsymbol{x}_i(t) = [x_{i1}(t), x_{i2}(t), x_{i3}(t), x_{i4}(t)]^{\mathrm{T}} \in \mathbb{R}^4$, 且

$$\boldsymbol{A} = \begin{pmatrix} -0.0366 & 0.0271 & 0.0188 & -0.4555 \\ 0.0482 & -1.01 & 0.0024 & -4.0208 \\ 0.1002 & 0.3681 & -0.707 & 1.420 \\ 0.0 & 0.0 & 1.0 & 0.0 \end{pmatrix}, \quad \boldsymbol{B} = \begin{pmatrix} 0.4422 & 0.1761 \\ 3.5446 & -7.5922 \\ -5.52 & 4.49 \\ 0.0 & 0.0 \end{pmatrix}.$$

其中, $x_{i1}(t)$ 为水平速度, $x_{i2}(t)$ 表示垂直速度, $x_{i3}(t)$ 是俯仰率, $x_{i4}(t)$ 是俯仰角, $1 \leqslant i \leqslant 5$.

设 $t_k = 0.5(k-1)$, $k = 1, 2, \cdots$, 其中结点 1 受到攻击. 进一步假设结点 1 的功能将在时间点 $\bar{t}_k = 0.5(k-1) + 0.2$ 恢复正常, $k = 1, 2, \cdots$. 可以计算得知: $t_{k+1} - \bar{t}_k = 0.3$, $\bar{t}_k - t_k = 0.2$, $\boldsymbol{\Xi} = \mathrm{diag}(0.7692, 0.9487, 0.6154, 0.8462)$ (定义在式 (5.10) 中). 接下来, 根据所提算法设计控制参数 c 和 $\boldsymbol{K}$. 设 $\varphi_0 = 200$, $\varphi_1 = 50$, $\kappa_0 = 5$, $\theta = 80$. 求解矩阵不等式 (5.14) 得到:

$$\boldsymbol{P} = \begin{pmatrix} 0.00851 & 0.02999 & -0.07823 & 0.00094 \\ 0.02999 & 3.20845 & -2.58803 & 0.03307 \\ -0.07823 & -2.58803 & 2.44260 & -0.03086 \\ 0.00094 & 0.03308 & -0.03086 & 0.00058 \end{pmatrix},$$

$$\boldsymbol{K} = 10^4 \times \begin{pmatrix} 1.03689 & 0.11736 & 0.15772 & 0.02181 \\ 0.39959 & 0.04500 & 0.06095 & 0.03038 \end{pmatrix},$$

$$\widehat{\boldsymbol{\Psi}}^{(1)} = \begin{pmatrix} 50.00000 & 0 & 0 & 0 \\ 0 & 55.23650 & -10.59310 & -7.74540 \\ 0 & -10.59310 & 13.96127 & -10.10451 \\ 0 & -7.74540 & -10.10451 & 53.54974 \end{pmatrix}.$$

进一步可以计算得知: $\xi_{\min} = 0.6154$, $\xi_{\max} = 0.9487$, $\lambda_{\max}^{\widehat{\boldsymbol{\Psi}}} = 62.2217$, $\lambda_{\min}^{\widehat{\boldsymbol{\Psi}}} = 8.3660$, 以及 $\lambda_0 = 1.7176$. 则可以选取 $c = 5.525 > 2\kappa_0\xi_{\max}/\lambda_0$. 求解优化问

题 (5.16) 得到 $\widetilde{\theta} = 1.85$, 且

$$
\boldsymbol{Q} = \begin{pmatrix} 82.5949 & 8.2068 & 2.8642 & -1.8817 \\ 8.2068 & 102.9694 & -5.4413 & -32.2114 \\ 2.8642 & -5.4413 & 45.4352 & 5.2563 \\ -1.8817 & -32.2114 & 5.2563 & 26.5602 \end{pmatrix}.
$$

另一方面, 可以计算得知: $\lambda_{\max}(\boldsymbol{Q}^{-1}) = 0.06908$, $\lambda_{\min}(\boldsymbol{Q}^{-1}) = 0.00853$, $\ln(\widetilde{\zeta}_1\widetilde{\zeta}_2) = 22.7296$. 由定理 5.1 可以得到, 所考虑的多智能体系统中, 采用基于监控的 "重建 + 修复" 策略, 确保一致性控制目标的实现. 图 5.5 展示了所考虑网络中所有受攻击结点的状态演化趋势. 在该仿真中, 假设所考虑的网络中有一个 SCC 来监控所有结点的演变并激活修复机制. 然而, 如果不采用基于监控的 "重建 + 修复" 策略, 则无法确保一致性的实现 (图 5.6).

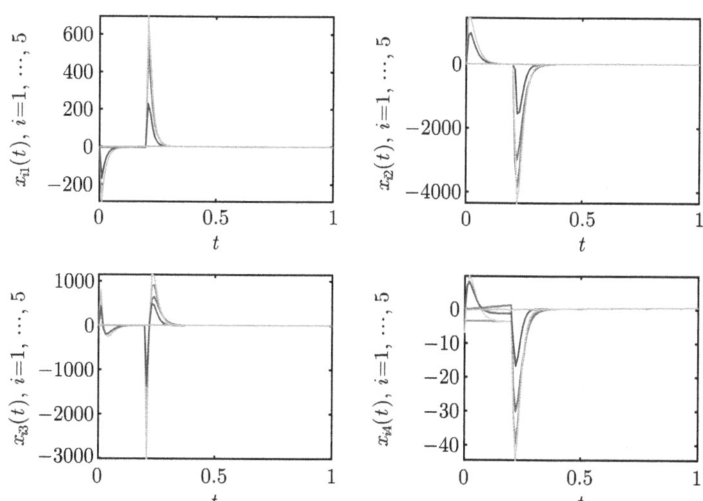

图 5.5 基于监控的 "重建 + 修复" 策略, 所考虑的多智能体系统中各结点状态演化图

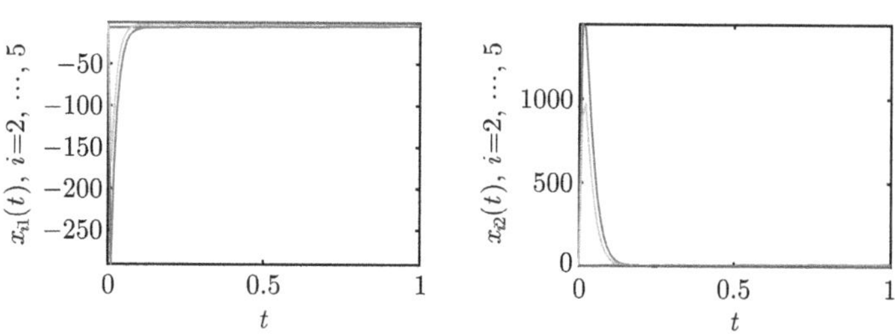

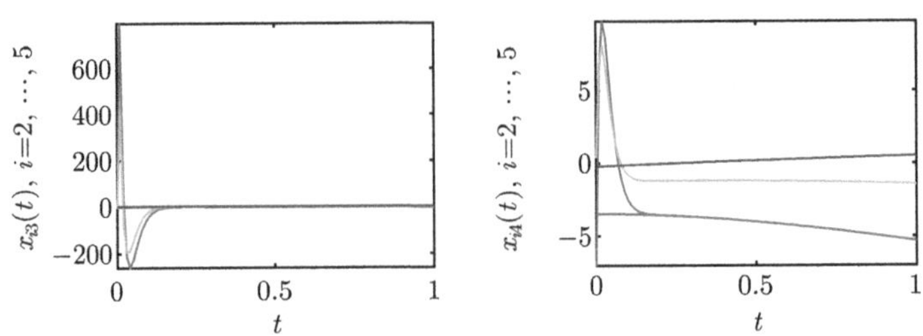

图 5.6　无"重建 + 修复"策略时, 所考虑的多智能体系统中各结点状态演化图

5.2　非线性多智能体系统在 DoS 攻击下的分布式一致性安全控制

本节将研究在 DoS 攻击下, 具有非线性多智能体系统基于观测器的分布式一致性安全控制问题. 由于在很多实际场景中, 直接获取结点的状态信息往往不可能或代价较大, 仅能获取结点的输出信息. 故而, 这里将首先考虑设计分布式观测器观测各个结点的状态. 所考虑的 DoS 攻击将可能破坏两个通信网络的连通性: (1) 分布式控制器通信网络; (2) 分布式观测器通信网络. DoS 攻击对这两个网络的攻击影响是独立的. 分布式安全控制的目标是在这种攻击情形下, 适当选取控制增益来实现非线性多智能体系统的一致性. 其主要结果来源于文献 [171].

5.2.1　问题描述

设所考虑多智能体系统的通信拓扑结构由有向通信图 $\widetilde{\mathcal{G}}(\mathcal{V},\mathcal{E})$ 表示, 其中 $\mathcal{V}=\{1,2,\cdots,N,N+1\}$ 为结点集合, 包含 N 个跟随者结点和一个领导者结点. 控制目标是实现一致性跟踪, 即跟随者结点状态跟踪上领导者结点状态. $\mathcal{E}\subseteq\mathcal{V}\times\mathcal{V}$ 为有向边集合, 图 $\widetilde{\mathcal{G}}$ 的邻接矩阵记为 $\widetilde{\boldsymbol{\mathcal{A}}}=[a_{ij}]_{(N+1)\times(N+1)}$, 图 $\widetilde{\mathcal{G}}$ 的 Laplace 矩阵记为 $\widetilde{\boldsymbol{\mathcal{L}}}=[l_{ij}]_{(N+1)\times(N+1)}$.

假设多智能体系统中包含 $(N+1)$ 个结点, 跟随者 i 的动力学方程可表示如下:

$$
\begin{aligned}
\dot{\boldsymbol{x}}_i(t)&=\boldsymbol{A}\boldsymbol{x}_i(t)+\boldsymbol{B}\boldsymbol{u}_i(t)+\boldsymbol{f}(\boldsymbol{x}_i(t),t),\\
\boldsymbol{y}_i(t)&=\boldsymbol{C}\boldsymbol{x}_i(t).
\end{aligned}
\tag{5.23}
$$

式中, $\boldsymbol{x}_i(t)\in\mathbb{R}^n$, $\boldsymbol{y}_i(t)\in\mathbb{R}^m$, $i=1,2,\cdots,N$, 分别表示结点 i 在 t 时刻的状态和输出; $\boldsymbol{u}_i(t)\in\mathbb{R}^q$ 为跟随者 i 的控制输入; $\boldsymbol{A}\in\mathbb{R}^{n\times n}$; $\boldsymbol{B}\in\mathbb{R}^{n\times q}$; $\boldsymbol{C}\in\mathbb{R}^{m\times n}$; $\boldsymbol{f}(\boldsymbol{x}_i(t),t)=[f_1(\boldsymbol{x}_i(t),t),\cdots,f_n(\boldsymbol{x}_i(t),t)]^{\mathrm{T}}\in\mathbb{R}^n$, $i=1,2,\cdots,N$ 为非线性连续函数.

领导者结点标号为 $(N+1)$, 其动力学满足:

$$\dot{\boldsymbol{x}}_{N+1}(t)=\boldsymbol{A}\boldsymbol{x}_{N+1}(t)+\boldsymbol{f}(\boldsymbol{x}_{N+1}(t),t) \tag{5.24}$$

假设 5.3 非线性函数 $\boldsymbol{f}(\cdot,\cdot):\mathbb{R}^n\times[0,+\infty)\mapsto\mathbb{R}^n$ 满足 Lipschitz 条件, 即存在正常数 l 使得

$$||\boldsymbol{f}(\boldsymbol{a},t)-\boldsymbol{f}(\boldsymbol{b},t)||\leqslant l||\boldsymbol{a}-\boldsymbol{b}|| \tag{5.25}$$

对所有的 $\boldsymbol{a},\boldsymbol{b}\in\mathbb{R}^n$ 均成立.

由于假设仅能获取结点的输出信息, 故而首先需要设计观测器来估计结点的状态. 跟随者结点 i 的观测器设计如下:

$$\begin{aligned}
&\dot{\boldsymbol{z}}_i(t)=\boldsymbol{A}\boldsymbol{z}_i(t)+\boldsymbol{B}\boldsymbol{u}_i(t)+\mu\sum_{j=1}^{N+1}a_{ij}F\left(\boldsymbol{\eta}_j(t)-\boldsymbol{\eta}_i(t)\right)+\boldsymbol{f}(\boldsymbol{z}_i(t),t),\\
&\boldsymbol{w}_i(t)=\boldsymbol{C}\boldsymbol{z}_i(t),\\
&\boldsymbol{u}_i(t)=\nu\boldsymbol{K}\sum_{j=1}^{N+1}a_{ij}\left(\boldsymbol{z}_j(t)-\boldsymbol{z}_i(t)\right).
\end{aligned} \tag{5.26}$$

式中, $\boldsymbol{z}_i(t)$ 为结点 i 的观测器状态; $\boldsymbol{\eta}_i(t)=\boldsymbol{w}_i(t)-\boldsymbol{y}_i(t)=\boldsymbol{C}(\boldsymbol{z}_i(t)-\boldsymbol{x}_i(t))$. 需要设计的参数有: 耦合强度 μ, ν、观测增益矩阵 $\boldsymbol{F}\in\mathbb{R}^{n\times m}$ 以及控制增益矩阵 $\boldsymbol{K}\in\mathbb{R}^{q\times n}$.

令 $\boldsymbol{e}_i(t)=\boldsymbol{x}_i(t)-\boldsymbol{x}_{N+1}(t)$, $\hat{\boldsymbol{e}}_i(t)=\boldsymbol{x}_i(t)-\boldsymbol{z}_i(t)$ 分别表示跟踪误差和观测误差. 通信图 $\widetilde{\mathcal{G}}$ 对应的 Laplace 矩阵 $\widetilde{\boldsymbol{L}}$ 可以表示如下:

$$\widetilde{\boldsymbol{L}}=\begin{pmatrix}\boldsymbol{\mathcal{L}} & \boldsymbol{h}\\ \boldsymbol{0}_N^{\mathrm{T}} & 0\end{pmatrix} \tag{5.27}$$

式中, $\boldsymbol{h}=[h_1,h_2,\cdots,h_N]^{\mathrm{T}}$, 且 $h_i=1$ 当且仅当存在从领导者结点到跟随者结点 i 存在一条有向边, 否则, $h_i=0$. 进一步, 记 $\hat{\boldsymbol{\mathcal{L}}}=(\boldsymbol{\mathcal{L}},\boldsymbol{h})\in\mathbb{R}^{N\times(N+1)}$.

根据以上动力学方程, 进一步有:

$$\begin{aligned}
&\dot{\boldsymbol{x}}_i(t)=\boldsymbol{A}\boldsymbol{x}_i(t)+\nu\boldsymbol{B}\boldsymbol{K}\sum_{j=1}^{N+1}a_{ij}(\boldsymbol{z}_j(t)-\boldsymbol{z}_i(t))+\boldsymbol{f}(\boldsymbol{x}_i(t),t),\\
&\dot{\boldsymbol{z}}_i(t)=\boldsymbol{A}\boldsymbol{z}_i(t)+\nu\boldsymbol{B}\boldsymbol{K}\sum_{j=1}^{N+1}a_{ij}(\boldsymbol{z}_j(t)-\boldsymbol{z}_i(t))+\boldsymbol{f}(\boldsymbol{z}_i(t),t)\\
&\qquad+\mu\boldsymbol{F}\sum_{j=1}^{N+1}a_{ij}(\boldsymbol{\eta}_j(t)-\boldsymbol{\eta}_i(t)).
\end{aligned} \tag{5.28}$$

其中 $i=1,2,\cdots,N$. 由于假设领导者的参考信号可以由跟随者通信图中的根结点获取, 定义 $\boldsymbol{z}_{N+1}(t)=\boldsymbol{x}_{N+1}(t)$.

记

$$\boldsymbol{x}(t)=\left[\boldsymbol{x}_1(t)^{\mathrm{T}},\cdots,\boldsymbol{x}_N(t)^{\mathrm{T}}\right]^{\mathrm{T}},$$

$$\boldsymbol{z}(t)=\left[\boldsymbol{z}_1(t)^{\mathrm{T}},\cdots,\boldsymbol{z}_N(t)^{\mathrm{T}}\right]^{\mathrm{T}},$$

$$\boldsymbol{\eta}(t)=\left[\boldsymbol{\eta}_1(t)^{\mathrm{T}},\cdots,\boldsymbol{\eta}_N(t)^{\mathrm{T}}\right]^{\mathrm{T}},$$

$$\hat{\boldsymbol{x}}(t)=\left[\boldsymbol{z}(t)^{\mathrm{T}},\boldsymbol{x}_{N+1}(t)^{\mathrm{T}}\right]^{\mathrm{T}},$$

$$\widetilde{\boldsymbol{f}}(\boldsymbol{x}(t),t)=\left[\boldsymbol{f}(\boldsymbol{x}_1(t),t)^{\mathrm{T}},\cdots,\boldsymbol{f}(\boldsymbol{x}_N(t),t)^{\mathrm{T}}\right]^{\mathrm{T}}\in\mathbb{R}^{nN}.$$

从而有

$$\begin{aligned}\dot{\boldsymbol{x}}(t)&=(\boldsymbol{I}_N\otimes\boldsymbol{A})\,\boldsymbol{x}(t)-\nu\left(\hat{\boldsymbol{\mathcal{L}}}\otimes\boldsymbol{BK}\right)\hat{\boldsymbol{x}}(t)+\widetilde{\boldsymbol{f}}(\boldsymbol{x}(t),t),\\ \dot{\boldsymbol{z}}(t)&=(\boldsymbol{I}_N\otimes\boldsymbol{A})\,\boldsymbol{z}(t)-\nu\left(\hat{\boldsymbol{\mathcal{L}}}\otimes\boldsymbol{BK}\right)\hat{\boldsymbol{x}}(t)+\widetilde{\boldsymbol{f}}(\boldsymbol{z}(t),t)-\mu\,(\boldsymbol{L}\otimes\boldsymbol{F})\,\boldsymbol{\eta}(t).\end{aligned}\tag{5.29}$$

故而, 可得跟踪误差以及观测误差的动力学方程如下:

$$\begin{aligned}\dot{\hat{\mathbf{e}}}(t)&=(\boldsymbol{I}_N\otimes\boldsymbol{A})\,\hat{\mathbf{e}}(t)-\mu\,(\boldsymbol{\mathcal{L}}\otimes\boldsymbol{FC})\,\hat{\mathbf{e}}(t)+\boldsymbol{g}(\boldsymbol{x}(t),\boldsymbol{z}(t),t),\\ \dot{\mathbf{e}}(t)&=(\boldsymbol{I}_N\otimes\boldsymbol{A})\,\mathbf{e}(t)-\nu\left(\hat{\boldsymbol{\mathcal{L}}}\otimes\boldsymbol{BK}\right)\hat{\boldsymbol{x}}(t)+\boldsymbol{p}(\boldsymbol{x}(t),\boldsymbol{x}_{N+1}(t),t).\end{aligned}\tag{5.30}$$

式中, $\boldsymbol{g}(\boldsymbol{x}(t),\boldsymbol{z}(t),t)=\widetilde{\boldsymbol{f}}(\boldsymbol{x}(t),t)-\widetilde{\boldsymbol{f}}(\boldsymbol{z}(t),t)$; $\boldsymbol{p}(\boldsymbol{x}(t),\boldsymbol{x}_{N+1}(t),t)=\widetilde{\boldsymbol{f}}(\boldsymbol{x}(t),t)-\mathbf{1}_N\otimes\boldsymbol{f}(\boldsymbol{x}_{N+1},t)$.

由于

$$\begin{aligned}\left(\hat{\boldsymbol{\mathcal{L}}}\otimes\boldsymbol{B}K\right)\hat{\boldsymbol{x}}(t)&=\left(\hat{\boldsymbol{\mathcal{L}}}\otimes\boldsymbol{BK}\right)\left(\hat{\boldsymbol{x}}(t)-\mathbf{1}_{N+1}\otimes\boldsymbol{x}_{N+1}(t)\right)\\&=(\boldsymbol{\mathcal{L}}\otimes\boldsymbol{BK})\left(\boldsymbol{z}(t)-\mathbf{1}_N\otimes\boldsymbol{x}_{N+1}(t)\right)\\&=(\boldsymbol{\mathcal{L}}\otimes\boldsymbol{BK})\left(\mathbf{e}(t)-\hat{\mathbf{e}}(t)\right)\end{aligned}\tag{5.31}$$

从而有

$$\dot{\widetilde{\mathbf{e}}}(t)=\widetilde{\boldsymbol{A}}\widetilde{\mathbf{e}}(t)+\widetilde{\boldsymbol{g}}(\boldsymbol{x}(t),\boldsymbol{z}(t),\boldsymbol{x}_{N+1}(t),t)\tag{5.32}$$

式中, $\widetilde{\boldsymbol{e}}(t)=[\hat{\boldsymbol{e}}(t)^{\mathrm{T}},\boldsymbol{e}(t)^{\mathrm{T}}]^{\mathrm{T}}$,

$$\begin{aligned}\widetilde{\boldsymbol{A}}&=\begin{pmatrix}\boldsymbol{I}_N\otimes\boldsymbol{A}-\mu(\boldsymbol{\mathcal{L}}\otimes\boldsymbol{FC}) & \boldsymbol{0}_{nN\times nN}\\ \nu(\boldsymbol{\mathcal{L}}\otimes\boldsymbol{BK}) & \boldsymbol{I}_N\otimes\boldsymbol{A}-\nu(\boldsymbol{\mathcal{L}}\otimes\boldsymbol{BK})\end{pmatrix},\\ \widetilde{\boldsymbol{g}}(\boldsymbol{x}(t),\boldsymbol{z}(t),\boldsymbol{x}_{N+1}(t),t)&=\begin{pmatrix}\boldsymbol{g}(\boldsymbol{x}(t),\boldsymbol{z}(t),t)\\ \boldsymbol{p}(\boldsymbol{x}(t),\boldsymbol{x}_{N+1}(t),t)\end{pmatrix}.\end{aligned}\tag{5.33}$$

类似地, 假设在所考虑的多智能体系统中存在 SCC, 可以监测整个网络状态, 检测恶意攻击以及修复被攻击的通信网络. 图 5.7 为所考虑的多智能体系统示意图. 假设 DoS 攻击对分布式控制器通信网络和分布式观测器通信网络的攻击和影响是相互独立的, 即在同一时间段内, 两个网络中被攻击的结点未必相同, 相应的通信图可能为不同的不连通的通信图, 如图 5.8 所示. 不失一般性, 这里假设两个网络的通信图在攻击下将分别有一个结点成为孤立结点.

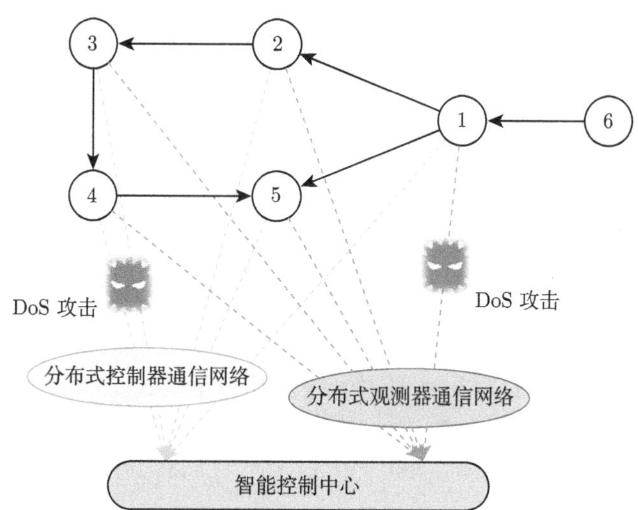

图 5.7 多智能体系统示意图. 带有 5 个跟随者和标号为 6 的领导者的多智能体系统, 其中跟随者 1 可直接接收领导者的信息. 2 个通信网络均可能遭受 DoS 攻击

设攻击在时刻 t_1 发生, 但 SCC 在时刻 $\tilde{t}_1$ 才检测到该攻击所造成的影响, 并立即启用修复, 攻击所造成的破坏在 $\bar{t}_1$ 时刻才被完全修复. 从 $\tilde{t}_1$ 到 $\bar{t}_1$, 网络的通信图均不连通. 具体地, 如图 5.8 所示，结点 3 在控制器通信网络中遭到破坏, 结点 4 在观测器通信网络中受到攻击而丢失通信连边. 在时间区间 $[\bar{t}_1,t_2]$ 内, 整个网络的通信图恢复并保持初始正常状态, 直到 t_2 时刻下一个攻击发生.

假设 5.4 假设存在两个正常数 $\bar{\tau}_m$ 和 $\bar{\tau}_M$, 使得 $\bar{\tau}_m<t_k-t_{k-1}<\bar{\tau}_M$, $k\in\mathbb{N}$, 其中 $\bar{t}_0=t_0$.

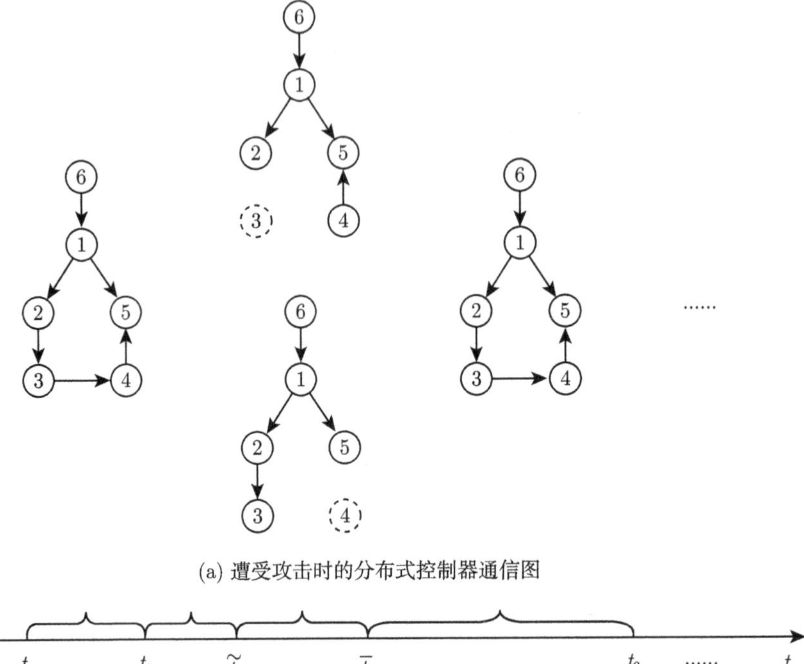

(b) 遭受攻击时的分布式观测器通信图

图 5.8　通信网络图在 DoS 攻击下的演化过程. 假设网络由 5 个跟随者和标号为 6 的领导者构成, t_0 为初始时刻. 在时刻 t_i 发生第 i 次攻击. 在时刻 $\tilde{t}_i$, 攻击被 SCC 检测出来, 修复机制随之启动. 直至 $\bar{t}_i$ 时刻, 第 i 个攻击造成的破坏被完全修复, 2 个通信网络恢复正常

在时间区间 $[\bar{t}_{k-1}, t_k)$, $k \in \mathbb{N}$ 中, 误差动力学由式 (5.32) 表示. 记控制器和观测器的增广的通信图的 Laplace 矩阵分别为 $\widetilde{\boldsymbol{L}}^{\bar{\theta}(k)}$ 和 $\widetilde{\boldsymbol{L}}^{\hat{\theta}(k)}$, $t \in [t_k, \bar{t}_{k+1})$, $k \in \mathbb{N}$. 其中, $\boldsymbol{h}^{\bar{\theta}(k)} = [h_1^{\bar{\theta}(k)}, h_2^{\bar{\theta}(k)}, \cdots, h_N^{\bar{\theta}(k)}]^{\mathrm{T}}$, $\boldsymbol{h}^{\hat{\theta}(k)} = [h_1^{\hat{\theta}(k)}, h_2^{\hat{\theta}(k)}, \cdots, h_N^{\hat{\theta}(k)}]^{\mathrm{T}}$, 且 $h_i^{\bar{\theta}(k)} = 1$ ($h_i^{\hat{\theta}(k)} = 1$). 当且仅当从领导者到结点 i 存在一条有向边且该结点没有受到第 k 次攻击对控制器（观测器）通信网络产生的影响, 否则, $h_i^{\bar{\theta}(k)} = 0$ ($h_i^{\hat{\theta}(k)} = 0$). 则结点状态和相应观测器的动力学可以表示如下:

$$
\begin{aligned}
\dot{\boldsymbol{x}}(t) &= (\boldsymbol{I}_N \otimes \boldsymbol{A})\, \boldsymbol{x}(t) - \nu \left(\hat{\boldsymbol{\mathcal{L}}}^{\hat{\theta}(k)} \otimes \boldsymbol{BK} \right) \hat{\boldsymbol{x}}(t) + \widetilde{\boldsymbol{f}}(\boldsymbol{x}(t), t), \\
\dot{\boldsymbol{z}}(t) &= (\boldsymbol{I}_N \otimes \boldsymbol{A})\, \boldsymbol{z}(t) - \nu \left(\hat{\boldsymbol{\mathcal{L}}}^{\hat{\theta}(k)} \otimes \boldsymbol{BK} \right) \hat{\boldsymbol{x}}(t) + \widetilde{\boldsymbol{f}}(\boldsymbol{z}(t), t) - \mu \left(\boldsymbol{\mathcal{L}}^{\bar{\theta}(k)} \otimes \boldsymbol{F} \right) \boldsymbol{\eta}(t).
\end{aligned}
\tag{5.34}
$$

从而误差系统可以写为:

$$\dot{\widetilde{\boldsymbol{e}}}(t) = \widetilde{\boldsymbol{A}}^{(\theta(k))}\widetilde{\boldsymbol{e}}(t) + \widetilde{\boldsymbol{g}}\left(\boldsymbol{x}(t), \boldsymbol{z}(t), \boldsymbol{x}_{N+1}(t), t\right) \tag{5.35}$$

式中,

$$\widetilde{\boldsymbol{A}}^{(\theta(k))} = \begin{pmatrix} \boldsymbol{I}_N \otimes \boldsymbol{A} - \mu(\boldsymbol{\mathcal{L}}^{\bar{\theta}(k)} \otimes \boldsymbol{FC}) & \boldsymbol{0}_{nN\times nN} \\ \nu(\boldsymbol{\mathcal{L}}^{\hat{\theta}(k)} \otimes \boldsymbol{BK}) & \boldsymbol{I}_N \otimes \boldsymbol{A} - \nu(\boldsymbol{\mathcal{L}}^{\hat{\theta}(k)} \otimes \boldsymbol{BK}) \end{pmatrix}. \tag{5.36}$$

假设 5.5 增广的通信图 $\widetilde{\mathcal{G}}$ 包含至少一棵有向生成树, 且以领导者为根结点.

注解 5.1 假设 5.5 是解决带有跟随者动力学 (5.23) 和领导者动力学 (5.24) 的一致性问题的一个必要的通信图条件.

注解 5.2 若假设 5.5 成立, 则存在正向量 $\boldsymbol{\psi} = [\phi_1, \cdots, \phi_N]^{\mathrm{T}}$ 使得 $\boldsymbol{\phi}\boldsymbol{\mathcal{L}} + \boldsymbol{\mathcal{L}}^{\mathrm{T}}\boldsymbol{\phi} > 0$, 其中 $\boldsymbol{\mathcal{L}}^{\mathrm{T}}\boldsymbol{\psi} = \boldsymbol{1}_N$ 且 $\boldsymbol{\phi} = \mathrm{diag}(\phi_1, \cdots, \phi_N)$.

5.2.2 基于观测器的分布式一致性算法实现

本小节的主要目标是设计合适的反馈增益矩阵 $\boldsymbol{F}, \boldsymbol{K}$, 以及耦合强度 μ, ν, 使得在系统遭受攻击的情形下, 跟随者仍能跟踪到领导者的状态. 下面给出选取相应参数的算法.

算法 5.2 当假设 5.3～假设 5.5 成立时, 反馈增益矩阵 $\boldsymbol{F}, \boldsymbol{K}$ 和耦合强度 μ, ν 可由如下步骤选取:

步骤 1. 选取常数 $c_1 > 0, \alpha > 0$, 求解线性矩阵不等式

$$\boldsymbol{\Omega}_1 = \begin{pmatrix} \boldsymbol{A}^{\mathrm{T}}\boldsymbol{Q} + \boldsymbol{QA} - \gamma_1\boldsymbol{C}^{\mathrm{T}}\boldsymbol{C} + \dfrac{1}{\alpha}\boldsymbol{I}_n + c_1\boldsymbol{Q} & l\sqrt{\alpha}\boldsymbol{Q} \\ l\sqrt{\alpha}\boldsymbol{Q} & -\boldsymbol{I}_n \end{pmatrix} < 0 \tag{5.37}$$

得到正定矩阵 $\boldsymbol{Q}$ 和常数 $\gamma_1 > 0$. 选取 $\boldsymbol{F} = \boldsymbol{Q}^{-1}\boldsymbol{C}^{\mathrm{T}}$ 以及 $\mu > \dfrac{\gamma_1\phi_{\max}}{\lambda_{\min}(\boldsymbol{\phi}\boldsymbol{\mathcal{L}} + \boldsymbol{\mathcal{L}}^{\mathrm{T}}\boldsymbol{\phi})}$, 其中, $\phi_{\max} = \max_{i=1,\cdots,N}\{\phi_i\}$.

步骤 2. 选取常数 $c_2 > 0, \beta > 0$, 求解线性矩阵不等式

$$\boldsymbol{\Omega}_2 = \begin{pmatrix} \boldsymbol{PA}^{\mathrm{T}} + \boldsymbol{AP} - \gamma_2\boldsymbol{BB}^{\mathrm{T}} + l^2\beta\boldsymbol{I}_n + c_2\boldsymbol{P} & \dfrac{1}{\sqrt{\beta}}\boldsymbol{P} \\ \dfrac{1}{\sqrt{\beta}}\boldsymbol{P} & -\boldsymbol{I}_n \end{pmatrix} < 0 \tag{5.38}$$

得到正定矩阵 $\boldsymbol{P}$ 和常数 $\gamma_2 > 0$. 选取 $\boldsymbol{K} = \boldsymbol{B}^{\mathrm{T}}\boldsymbol{P}^{-1}$ 以及 $\nu > \dfrac{\gamma_2\phi_{\max}}{\lambda_{\min}(\boldsymbol{\phi}\boldsymbol{\mathcal{L}} + \boldsymbol{\mathcal{L}}^{\mathrm{T}}\boldsymbol{\phi})}$, 其中, $\phi_{\max} = \max_{i=1,\cdots,N}\{\phi_i\}$.

从而, 可以得到如下主要定理.

定理 5.2 在假设 5.3~假设 5.5 下, 若控制参数按照算法 5.2 选取, 且存在 $\varepsilon>0$, 使得如下条件成立

$$\theta(\bar{t}_k-t_k)-\bar{c}(t_k-\bar{t}_{k-1})<-\varepsilon \tag{5.39}$$

式中, $\theta=\min\{\theta_1,\theta_2\}$; $\bar{c}=\min\{c_1,c_2\}$; c_1, c_2 由算法 5.2 确定, θ_1, θ_2 由如下优化问题给出:

(1) 求解如下的优化问题:

$$\begin{aligned}&\min\ \theta_1,\\&\text{s.t. } \boldsymbol{QA}+\boldsymbol{A}^{\mathrm{T}}\boldsymbol{Q}-\mu\frac{\bar{\lambda}_{\min}}{\phi_{\min}}\boldsymbol{C}^{\mathrm{T}}\boldsymbol{C}+\frac{1}{\alpha}\boldsymbol{I}_n+\alpha l^2\boldsymbol{QQ}^{\mathrm{T}}<\theta_1\boldsymbol{Q}\end{aligned} \tag{5.40}$$

式中, $\bar{\lambda}_{\min}=\min_{\bar{\theta}(k)}\{\boldsymbol{\phi}\boldsymbol{\mathcal{L}}^{\bar{\theta}(k)}+(\boldsymbol{\mathcal{L}}^{\bar{\theta}(k)})^{\mathrm{T}}\boldsymbol{\phi}\}$; $\phi_{\min}=\min_{i=1,\cdots,N}\{\phi_i\}$.

(2) 求解如下的优化问题:

$$\begin{aligned}&\min\ \theta_2,\\&\text{s.t. } \boldsymbol{A}^{\mathrm{T}}\boldsymbol{P}^{-1}+\boldsymbol{P}^{-1}\boldsymbol{A}-\nu\frac{\hat{\lambda}_{\min}}{\phi_{\min}}\boldsymbol{P}^{-1}\boldsymbol{BB}^{\mathrm{T}}\boldsymbol{P}^{-1}+l^2\beta(\boldsymbol{P}^{-1})^2+\frac{1}{\beta}\boldsymbol{I}_n<\theta_2\boldsymbol{P}^{-1}\end{aligned} \tag{5.41}$$

式中, $\hat{\lambda}_{\min}=\min_{\hat{\theta}(k)}\{\boldsymbol{\phi}\boldsymbol{\mathcal{L}}^{\hat{\theta}(k)}+(\boldsymbol{\mathcal{L}}^{\hat{\theta}(k)})^{\mathrm{T}}\boldsymbol{\phi}\}$; $\phi_{\min}=\min_{i=1,\cdots,N}\{\phi_i\}$. 则带有跟随者动力学 (5.23) 和领导者动力学 (5.24) 的一致性跟踪在控制协议式 (5.26) 下可以实现.

证明: 对误差系统式 (5.32) 和式 (5.35) 构造如下的 Lyapunov 函数:

$$V(t)=\hat{\boldsymbol{e}}(t)^{\mathrm{T}}(\boldsymbol{\phi}\otimes\boldsymbol{Q})\hat{\boldsymbol{e}}(t)+\kappa\boldsymbol{e}(t)^{\mathrm{T}}(\boldsymbol{\phi}\otimes\boldsymbol{P}^{-1})\boldsymbol{e}(t) \tag{5.42}$$

式中, κ 为待定的正常数. 记 $V_1(t)=\hat{\boldsymbol{e}}(t)^{\mathrm{T}}(\boldsymbol{\phi}\otimes\boldsymbol{Q})\hat{\boldsymbol{e}}(t)$, $V_2(t)=\boldsymbol{e}(t)^{\mathrm{T}}(\boldsymbol{\phi}\otimes\boldsymbol{P}^{-1})\boldsymbol{e}(t)$.

考虑当 $t\in[\bar{t}_{k-1},t_k)$, $k\in\mathbb{N}$ 时, 即没有攻击发生, 由假设 5.5 可知, 增广通信图含有一棵有向生成树, 且以领导者为根结点. 由式 (5.32) 和线性矩阵不等式 (5.37), 并利用引理 2.3 可知, 将 $V_1(t)$ 沿着误差系统 (5.32) 对时间 t 求导时可得

$$\begin{aligned}\dot{V}_1(t)&=2\hat{\boldsymbol{e}}(t)^{\mathrm{T}}(\boldsymbol{\phi}\otimes\boldsymbol{Q})\left[(\boldsymbol{I}_N\otimes\boldsymbol{A}-\mu(\boldsymbol{\mathcal{L}}\otimes\boldsymbol{FC}))\hat{\boldsymbol{e}}(t)+\boldsymbol{g}(\boldsymbol{x}(t),\boldsymbol{z}(t),t)\right]\\&\leqslant\hat{\boldsymbol{e}}(t)^{\mathrm{T}}\left[\boldsymbol{\phi}\otimes\left(\boldsymbol{QA}+\boldsymbol{A}^{\mathrm{T}}\boldsymbol{Q}-\gamma_1\boldsymbol{C}^{\mathrm{T}}\boldsymbol{C}+\frac{1}{\alpha}\boldsymbol{I}_n+\alpha l^2\boldsymbol{QQ}^{\mathrm{T}}\right)\right]\hat{\boldsymbol{e}}(t)\end{aligned} \tag{5.43}$$

注意到有如下不等式成立:

$$-\mu\left(\boldsymbol{\phi}\boldsymbol{\mathcal{L}}+\boldsymbol{\mathcal{L}}^{\mathrm{T}}\boldsymbol{\phi}\right)\leqslant-\mu\lambda_{\min}\left(\boldsymbol{\phi}\boldsymbol{\mathcal{L}}+\boldsymbol{\mathcal{L}}^{\mathrm{T}}\boldsymbol{\phi}\right)\leqslant-\mu\frac{\lambda_{\min}\left(\boldsymbol{\phi}\boldsymbol{\mathcal{L}}+\boldsymbol{\mathcal{L}}^{\mathrm{T}}\boldsymbol{\phi}\right)}{\phi_{\max}}\psi$$

利用线性矩阵不等式 (5.37), 可以推出

$$\boldsymbol{Q}\boldsymbol{A}+\boldsymbol{A}^{\mathrm{T}}\boldsymbol{Q}-\gamma_1\boldsymbol{C}^{\mathrm{T}}\boldsymbol{C}+\frac{1}{\alpha}\boldsymbol{I}_n+\alpha l^2\boldsymbol{Q}\boldsymbol{Q}^{\mathrm{T}}<-c_1\boldsymbol{Q}$$

则存在常数 $\widetilde{c}_1$, $0<\widetilde{c}_1\ll c_1$, 使得

$$\dot{V}_1(t)\leqslant-(c_1+\widetilde{c}_1)\hat{\boldsymbol{e}}(t)^{\mathrm{T}}(\boldsymbol{\phi}\otimes\boldsymbol{Q})\hat{\boldsymbol{e}}(t) \tag{5.44}$$

同理, $V_2(t)$ 沿着误差系统 (5.32) 关于时间 t 求导可得

$$\begin{aligned}\dot{V}_2(t)&=2\boldsymbol{e}(t)^{\mathrm{T}}\left(\boldsymbol{\phi}\otimes\boldsymbol{P}^{-1}\right)\dot{\boldsymbol{e}}(t)\\&=\boldsymbol{e}(t)^{\mathrm{T}}\left[\boldsymbol{\phi}\otimes\left(\boldsymbol{A}^{\mathrm{T}}\boldsymbol{P}^{-1}+\boldsymbol{P}^{-1}\boldsymbol{A}\right)\right]\boldsymbol{e}(t)\\&\quad-2\nu\boldsymbol{e}(t)^{\mathrm{T}}\left(\boldsymbol{\phi}\boldsymbol{\mathcal{L}}\otimes\boldsymbol{P}^{-1}\boldsymbol{B}\boldsymbol{B}^{\mathrm{T}}\boldsymbol{P}^{-1}\right)\boldsymbol{e}(t)\\&\quad+2\boldsymbol{e}(t)^{\mathrm{T}}\left(\boldsymbol{\phi}\otimes\boldsymbol{P}^{-1}\right)\boldsymbol{p}\left(\boldsymbol{x}(t),\boldsymbol{x}_{N+1}(t),t\right)\\&\quad+2\nu\boldsymbol{e}(t)^{\mathrm{T}}\left(\boldsymbol{\phi}\boldsymbol{\mathcal{L}}\otimes\boldsymbol{P}^{-1}\boldsymbol{B}\boldsymbol{B}^{\mathrm{T}}\boldsymbol{P}^{-1}\right)\hat{\boldsymbol{e}}(t)\\&\leqslant\boldsymbol{e}(t)^{\mathrm{T}}(\boldsymbol{\phi}\otimes\boldsymbol{\Upsilon})\boldsymbol{e}(t)+2\nu\boldsymbol{e}(t)^{\mathrm{T}}\left(\boldsymbol{\phi}\boldsymbol{\mathcal{L}}\otimes\boldsymbol{P}^{-1}\boldsymbol{B}\boldsymbol{B}^{\mathrm{T}}\boldsymbol{P}^{-1}\right)\hat{\boldsymbol{e}}(t)\end{aligned} \tag{5.45}$$

式中,

$$\boldsymbol{\Upsilon}=\boldsymbol{A}^{\mathrm{T}}\boldsymbol{P}^{-1}+\boldsymbol{P}^{-1}\boldsymbol{A}-\nu\frac{\lambda_{\min}\left(\boldsymbol{\phi}\boldsymbol{\mathcal{L}}+\boldsymbol{\mathcal{L}}^{\mathrm{T}}\boldsymbol{\phi}\right)}{\phi_{\max}}\boldsymbol{P}^{-1}\boldsymbol{B}\boldsymbol{B}^{\mathrm{T}}\boldsymbol{P}^{-1}+l^2\beta(\boldsymbol{P}^{-1})^2+\frac{1}{\beta}\boldsymbol{I}_n.$$

选取 $\nu>\dfrac{\gamma_2\phi_{\max}}{\lambda_{\min}\left(\boldsymbol{\phi}\boldsymbol{\mathcal{L}}+\boldsymbol{\mathcal{L}}^{\mathrm{T}}\boldsymbol{\phi}\right)}$, 则有 $\boldsymbol{\Upsilon}<\boldsymbol{\Upsilon}_1$, 其中

$$\boldsymbol{\Upsilon}_1=\boldsymbol{A}^{\mathrm{T}}\boldsymbol{P}^{-1}+\boldsymbol{P}^{-1}\boldsymbol{A}-\gamma_2\boldsymbol{P}^{-1}\boldsymbol{B}\boldsymbol{B}^{\mathrm{T}}\boldsymbol{P}^{-1}+l^2\beta(\boldsymbol{P}^{-1})^2+\frac{1}{\beta}\boldsymbol{I}_n.$$

若 $\boldsymbol{\Omega}_2<0$, 则 $\boldsymbol{\Upsilon}_1<-c_2\boldsymbol{P}^{-1}$, 从而存在常数 $\widetilde{c}_2$, 满足 $0<\widetilde{c}_2\ll c_2$, 使得

$$\dot{V}_2(t)<-(c_2+\widetilde{c}_2)\boldsymbol{e}(t)^{\mathrm{T}}\left(\boldsymbol{\phi}\otimes\boldsymbol{P}^{-1}\right)\boldsymbol{e}(t)+2\nu\boldsymbol{e}(t)^{\mathrm{T}}\left(\boldsymbol{\phi}\boldsymbol{\mathcal{L}}\otimes\boldsymbol{P}^{-1}\boldsymbol{B}\boldsymbol{B}^{\mathrm{T}}\boldsymbol{P}^{-1}\right)\hat{\boldsymbol{e}}(t) \tag{5.46}$$

结合式 (5.44) 和式 (5.46), 可以得到

$$\dot{V}(t)<-c_1\hat{\boldsymbol{e}}(t)^{\mathrm{T}}(\boldsymbol{\phi}\otimes\boldsymbol{Q})\hat{\boldsymbol{e}}(t)-\kappa c_2\boldsymbol{e}(t)^{\mathrm{T}}\left(\boldsymbol{\phi}\otimes\boldsymbol{P}^{-1}\right)\boldsymbol{e}(t)+\widetilde{\boldsymbol{e}}(t)\boldsymbol{\Pi}\widetilde{\boldsymbol{e}}(t) \tag{5.47}$$

式中,

$$\boldsymbol{\Pi}=\begin{pmatrix}-\widetilde{c}_1(\boldsymbol{\phi}\otimes\boldsymbol{Q}) & \kappa\boldsymbol{\Pi}_1^{\mathrm{T}}\\ \kappa\boldsymbol{\Pi}_1 & -\kappa\widetilde{c}_2(\boldsymbol{\phi}\otimes\boldsymbol{P}^{-1})\end{pmatrix} \tag{5.48}$$

这里 $\boldsymbol{\Pi}_1 = \nu\boldsymbol{\phi}\boldsymbol{\mathcal{L}} \otimes \boldsymbol{P}^{-1}\boldsymbol{B}\boldsymbol{B}^{\mathrm{T}}\boldsymbol{P}^{-1}$.

由于 $-\kappa\widetilde{c}_2\left(\boldsymbol{\phi} \otimes \boldsymbol{P}^{-1}\right) < 0$, $\boldsymbol{\Pi} < 0$, 当且仅当 κ 满足

$$\widetilde{c}_1\left(\boldsymbol{\phi} \otimes \boldsymbol{Q}\right) > \kappa\boldsymbol{\Pi}_1^{\mathrm{T}}\left(\widetilde{c}_2\boldsymbol{\phi} \otimes \boldsymbol{P}^{-1}\right)^{-1}\boldsymbol{\Pi}_1,$$

当 κ 取值足够小时, 上述不等式总成立.

综上, 可得如下不等式成立

$$\dot{V}(t) < -\bar{c}V(t), \quad t \in [\bar{t}_{k-1}, t_k),$$

式中, $\bar{c} = \min\{c_1, c_2\}$.

当考虑 $t \in [t_k, \bar{t}_k)$ 时, 即网络攻击使得控制器通信网络和观测器通信网络的通信图变为不连通时, 对 $V_1(t)$ 沿着误差系统 (5.35) 关于时间 t 求导. 根据式 (5.40) 选取 θ_1, 则有

$$\begin{aligned}\dot{V}_1(t) &= 2\hat{\boldsymbol{e}}(t)^{\mathrm{T}}(\boldsymbol{\phi} \otimes \boldsymbol{Q})\left[\left(\boldsymbol{I}_N \otimes \boldsymbol{A} - \mu\left(\boldsymbol{\mathcal{L}}^{\bar{\theta}(k)} \otimes \boldsymbol{F}\boldsymbol{C}\right)\right)\hat{\boldsymbol{e}}(t) + \boldsymbol{g}(\boldsymbol{x}(t), \boldsymbol{z}(t), t)\right] \\ &\leqslant (\theta_1 - \widetilde{c}_1)\hat{\boldsymbol{e}}(t)^{\mathrm{T}}(\boldsymbol{\phi} \otimes \boldsymbol{Q})\hat{\boldsymbol{e}}(t)\end{aligned} \tag{5.49}$$

同样地, 对 $V_2(t)$ 沿着误差系统 (5.35) 关于时间 t 求导, 根据式 (5.41) 选取 θ_2, 可以得到

$$\begin{aligned}\dot{V}_2(t) = &\ \boldsymbol{e}(t)^{\mathrm{T}}[\boldsymbol{\phi} \otimes (\boldsymbol{A}^{\mathrm{T}}\boldsymbol{P}^{-1} + \boldsymbol{P}^{-1}\boldsymbol{A})]\boldsymbol{e}(t) \\ &- 2\nu\boldsymbol{e}(t)^{\mathrm{T}}(\boldsymbol{\phi}\boldsymbol{\mathcal{L}}^{\hat{\theta}(k)} \otimes \boldsymbol{P}^{-1}\boldsymbol{B}\boldsymbol{B}^{T}\boldsymbol{P}^{-1})\boldsymbol{e}(t) \\ &+ 2\boldsymbol{e}(t)^{\mathrm{T}}(\boldsymbol{\phi} \otimes \boldsymbol{P}^{-1})\boldsymbol{p}(\boldsymbol{x}(t), \boldsymbol{x}_{N+1}(t), t) \\ &+ 2\nu\boldsymbol{e}(t)^{\mathrm{T}}(\boldsymbol{\phi}\boldsymbol{\mathcal{L}}^{\hat{\theta}(k)} \otimes \boldsymbol{P}^{-1}\boldsymbol{B}\boldsymbol{B}^{\mathrm{T}}\boldsymbol{P}^{-1})\hat{\boldsymbol{e}}(t) \\ \leqslant &\ (\theta_2 - \widetilde{c}_2)\boldsymbol{V}_2(t) + 2\nu\boldsymbol{e}(t)^{\mathrm{T}}(\boldsymbol{\phi}\boldsymbol{\mathcal{L}}^{\hat{\theta}(k)} \otimes \boldsymbol{P}^{-1}\boldsymbol{B}\boldsymbol{B}^{\mathrm{T}}\boldsymbol{P}^{-1})\hat{\boldsymbol{e}}(t).\end{aligned} \tag{5.50}$$

结合式 (5.49) 和式 (5.50), 则可以得出

$$\dot{V}(t) < \theta_1\hat{\boldsymbol{e}}(t)^{\mathrm{T}}(\boldsymbol{\phi} \otimes \boldsymbol{Q})\hat{\boldsymbol{e}}(t) + \kappa\theta_2\boldsymbol{e}(t)^{\mathrm{T}}\left(\boldsymbol{\phi} \otimes \boldsymbol{P}^{-1}\right)\boldsymbol{e}(t) + \widetilde{e}(t)^{\mathrm{T}}\boldsymbol{\Pi}^{(\theta(k))}\widetilde{\boldsymbol{e}}(t) \tag{5.51}$$

式中,

$$\boldsymbol{\Pi}^{(\theta(k))} = \begin{pmatrix} -\widetilde{c}_1(\boldsymbol{\phi} \otimes \boldsymbol{Q}) & \kappa(\nu\boldsymbol{\phi}\boldsymbol{\mathcal{L}}^{\hat{\theta}(k)} \otimes \boldsymbol{P}^{-1}\boldsymbol{B}\boldsymbol{B}^{\mathrm{T}}\boldsymbol{P}^{-1})^{\mathrm{T}} \\ \kappa(\nu\boldsymbol{\phi}\boldsymbol{\mathcal{L}}^{\hat{\theta}(k)} \otimes \boldsymbol{P}^{-1}\boldsymbol{B}\boldsymbol{B}^{\mathrm{T}}\boldsymbol{P}^{-1}) & -\kappa\widetilde{c}_2(\boldsymbol{\phi} \otimes \boldsymbol{P}^{-1}) \end{pmatrix} \tag{5.52}$$

对所有 $\hat{\theta}(k)$, 选取足够小的 κ, 可以使得 $\mathbf{\Pi}^{(\theta(k))} < 0$ 成立. 综上有

$$\dot{V}(t) < \theta_1 \hat{\boldsymbol{e}}(t)^{\mathrm{T}}(\boldsymbol{\phi} \otimes \boldsymbol{Q})\hat{\boldsymbol{e}}(t) + \kappa\theta_2 \boldsymbol{e}(t)^{\mathrm{T}}(\boldsymbol{\phi} \otimes \boldsymbol{P}^{-1})\boldsymbol{e}(t) < \theta V(t)$$

式中, $\theta = \min\{\theta_1, \theta_2\}$.

基于以上分析, 可以总结出

$$V(\bar{t}_k) \leqslant \mathrm{e}^{\theta(\bar{t}_k - t_k)} V(t_k) \leqslant \mathrm{e}^{\theta(\bar{t}_k - t_k) - \bar{c}(t_k - \bar{t}_{k-1})} V(\bar{t}_{k-1}).$$

由以上不等式和条件 (5.39) 可得: $V(\bar{t}_k) < \mathrm{e}^{-\varepsilon} V(\bar{t}_{k-1})$. 通过迭代得到: $V(\bar{t}_k) < \mathrm{e}^{-k\varepsilon} V(\bar{t}_0)$, 这表明跟踪误差 $\boldsymbol{e}(t)$ 和观测误差 $\hat{\boldsymbol{e}}(t)$ 将随着时间趋于无穷而趋于 $\mathbf{0}$, 从而带有跟随者动力学 (5.23) 和领导者动力学 (5.24) 的一致性可以实现. ■

注解 5.3 本节中, 观测器通信网络和控制器通信网络中的网络攻击假设是发生于同一时间段. 若考虑一种更一般的 DoS 攻击情形, 观测器通信网络和控制器通信网络所遭受的网络攻击可以发生在不同时刻, 即异步情形, 具体可以参见图 5.9 的示例说明. 该攻击情形下的一致性安全控制相关结果可参考文献 [63].

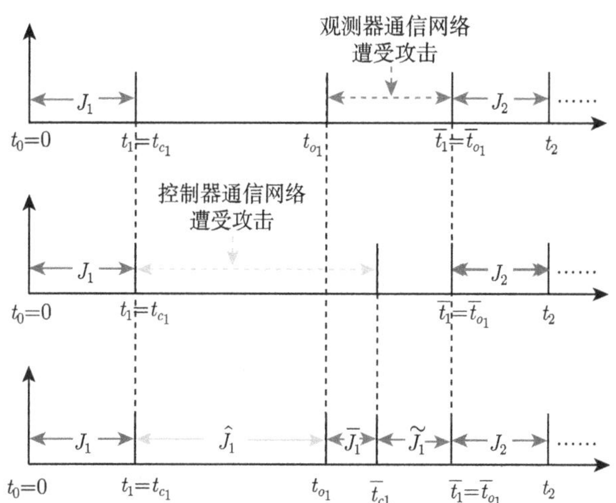

图 5.9 异步 DoS 攻击示意图. 其中, t_1 为第 1 轮异步攻击开始时刻, $\bar{t}_1$ 为第 1 轮异步攻击终止时刻. 不妨假设第 1 轮攻击中控制器通信网络首先遭受攻击, 记 t_{c_1} 为第 1 轮控制器通信网络攻击开始时刻, $\bar{t}_{c_1}$ 为第 1 轮控制器通信网络终止时刻. t_{o_1} 为第 1 轮观测器通信网络攻击开始时刻, $\bar{t}_{o_1}$ 为第 1 轮观测器通信网络终止时刻. 记 J_1 为系统未受攻击时间段, $\widehat{J}_1$ 为仅发生控制器通信网络攻击的时间段, $\widetilde{J}_1$ 为同时发生观测器通信网络和控制器通信网络攻击时间段, $\overline{J}_1$ 为仅发生观测器通信网络攻击时间段, $\bar{J}_1$ 为同时发生观测器通信网络和控制器通信网络攻击时间段, $\widetilde{J}_1$ 为仅发生观测器通信网络攻击时间段

5.2.3 仿真分析

本节将给出一个数值仿真例子来验证理论结果的有效性.

例 5.2 考虑如下的多智能体系统, 其中跟随者的动力学由式 (5.23) 所描述, 领导者的动力学方程由式 (5.24) 表示. 这里假设有 5 个跟随者, 其标号为 1 ~ 5, 一个领导者, 标号为 6. 结点的状态和输出分别表示为 $\boldsymbol{x}_i(t) = [x_{i1}(t), x_{i2}(t), x_{i3}(t)]^{\mathrm{T}} \in \mathbb{R}^3$ 和 $\boldsymbol{y}_i(t) = [y_{i1}(t), y_{i2}(t)]^{\mathrm{T}} \in \mathbb{R}^2$, $i = 1, 2, \cdots, 6$. 结点动力学方程中的参数设定如下:

$$\boldsymbol{A} = \begin{pmatrix} -1 & 0 & 0 \\ 0 & -1 & -2 \\ 0 & 1 & 1 \end{pmatrix},\ \boldsymbol{B} = \boldsymbol{I}_3,\ \boldsymbol{C} = \begin{pmatrix} 1.05 & 1 & 0 \\ 0 & 1 & 0.95 \end{pmatrix},$$

且 $\boldsymbol{f}(\boldsymbol{x}_i(t)) = [0.33\sin(x_{i1}(t)), 0, 0]^{\mathrm{T}}$. 这 6 个结点的初始状态分别设为 $\boldsymbol{x}_1(0) = [8, -7, 3]^{\mathrm{T}}$, $\boldsymbol{x}_2(0) = [-6, 1, -5]^{\mathrm{T}}$, $\boldsymbol{x}_3(0) = [2, 5, 4]^{\mathrm{T}}$, $\boldsymbol{x}_4(0) = [1, 6, 2]^{\mathrm{T}}$, $\boldsymbol{x}_5(0) = [-3, -2, 7.5]^{\mathrm{T}}$, $\boldsymbol{x}_6(0) = [5, 4, -3, 5]^{\mathrm{T}}$. 在该例中, 当没有攻击发生时, 网络的通信图如图 5.10(a) 所示, 即有

$$\boldsymbol{\mathcal{L}} = \begin{pmatrix} 1 & 0 & 0 & 0 & 0 \\ -1 & 1 & 0 & 0 & 0 \\ 0 & -1 & 1 & 0 & 0 \\ 0 & 0 & -1 & 1 & 0 \\ -1 & 0 & 0 & -1 & 2 \end{pmatrix}.$$

进一步, 假设 $h = 0.01\mathrm{s}$ 且 $t_i = 120ih$, $\bar{t}_i = 121ih$, $i \in \mathbb{N}$. 假设攻击在时间段 $[t_i, \bar{t}_i]$ 内发生, 并具有如下攻击特性:

(1) 在控制输入通信网络中, 结点 3 或结点 4 可能被攻击, 这将使得结点 3 或结点 4 在修复过程完成之前, 一直为该通信网络中的孤立结点, 相应的通信拓扑结构如图 5.10(b) 和 (c) 所示. 在该仿真中, 进一步假设结点 3 或结点 4 被攻击的概率相等.

(2) 在观测通信网络中, 结点 3 或结点 5 可能被攻击, 这将使得结点 3 或结点 5 在修复过程完成之前, 一直为该通信网络中的孤立结点, 相应的通信拓扑结构如图 5.10 (b) 和 (d) 所示. 进一步假设结点 3 或结点 5 被攻击的概率相等.

为了求解控制反馈增益矩阵 $\boldsymbol{K}$, 观测反馈增益矩阵 $\boldsymbol{F}$, 以及耦合强度 μ, ν, 选取 $\alpha = 2$, $\beta = 2$, $c_1 = 8$, $c_2 = 8$, 根据算法 5.2 求解矩阵 $\boldsymbol{P}$ 和 $\boldsymbol{Q}$. 从而, 可计算得出

$$\boldsymbol{P} = \begin{pmatrix} 6.2313 & 0 & 0 \\ 0 & 6.2746 & 0.1772 \\ 0 & 0.1772 & 5.0567 \end{pmatrix},\ \boldsymbol{Q} = \begin{pmatrix} 9.7877 & 8.7150 & 1.0103 \\ 8.7150 & 14.3461 & 7.5883 \\ 1.0103 & 7.5883 & 7.0582 \end{pmatrix}.$$

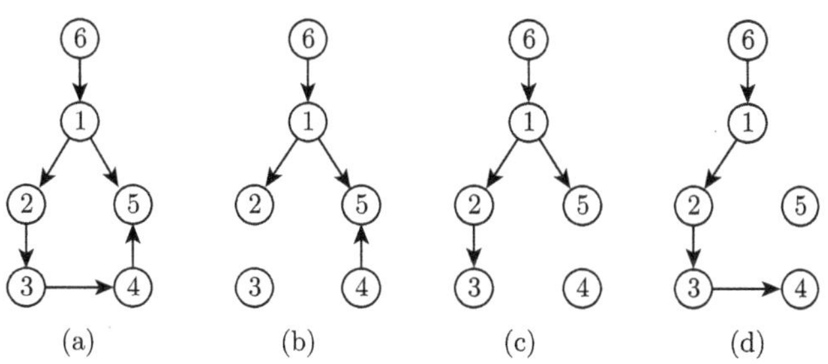

图 5.10 通信图拓扑结构. 其中, (a) 为无攻击时的通信图, (b)~(d) 为攻击时可能的通信图

选取反馈增益矩阵 $\boldsymbol{F}$ 和 $\boldsymbol{K}$ 如下:

$$\boldsymbol{F}=\boldsymbol{Q}^{-1}\boldsymbol{C}=\begin{pmatrix}-0.7685 & -0.4609\\ 1.1091 & 0.5648\\ -1.0824 & -0.4067\end{pmatrix},$$

$$\boldsymbol{K}=\boldsymbol{B}^{\mathrm{T}}\boldsymbol{P}^{-1}=\begin{pmatrix}0.1605 & 0 & 0\\ 0 & 0.1595 & -0.0056\\ 0 & -0.0056 & 0.1980\end{pmatrix},$$

其中, $\gamma_1=109.4778$, $\gamma_2=108.1788$, $\theta=908.1177$. 可以验证, 条件 (5.39) 对于该例是成立的.

当不施加安全控制协议时, 设攻击发生在 $t_1=1.2$, 6 个结点的状态轨迹如图 5.11 所示. 可以看出, 由于两个通信网络图不连通, 跟随者的状态无法跟踪

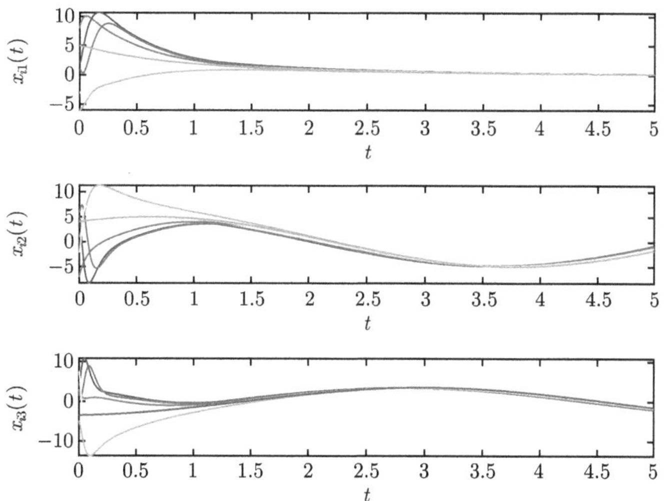

图 5.11 当没有施加安全控制协议时, 6 个结点在攻击下的状态轨迹图

到领导者的状态轨迹上. 定义平均跟踪误差 $E_1(t)=\frac{1}{5}\sum_{i=1}^{5}\|\boldsymbol{e}_i(t)\|$ 以及平均观测误差 $E_2(t)=\frac{1}{5}\sum_{i=1}^{5}\|\hat{\boldsymbol{e}}_i(t)\|$. 从图 5.12 中可以看出, 这两个平均误差随着时间趋于无穷而未趋于 0.

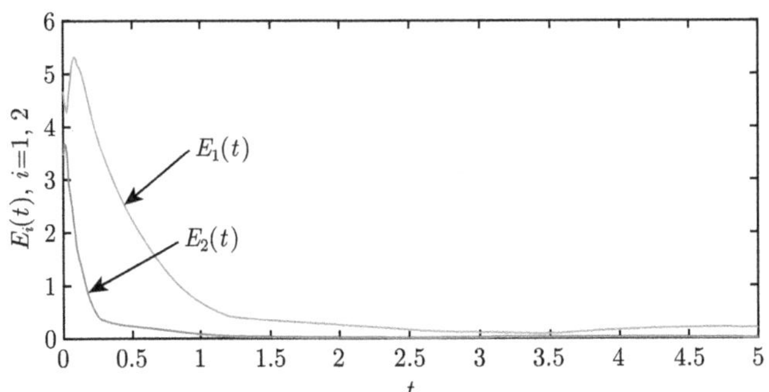

图 5.12　当没有施加安全控制协议时, 5 个跟随者在攻击下的平均跟踪误差 $E_1(t)$ 和平均观测误差 $E_2(t)$

当施加本章提出的基于观测器的安全控制协议时, 图 5.13 展示了最终的一致性控制目标可以实现. 此外, 图 5.14 也表明平均误差 $E_1(t)$ 和 $E_2(t)$ 均随着时间趋于无穷而收敛到 0. 以上的仿真结果有效地验证了主要结论的正确性.

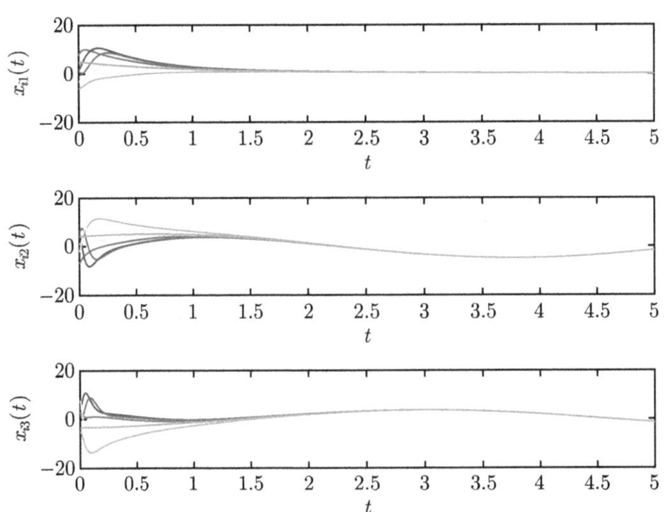

图 5.13　当施加安全控制协议时, 6 个结点在攻击下的状态轨迹图

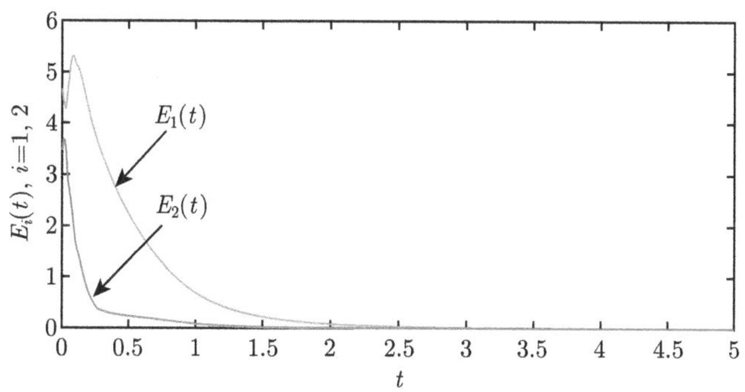

图 5.14 当施加安全控制协议时, 5 个跟随者在攻击下的平均跟踪误差 $E_1(t)$ 和平均观测误差 $E_2(t)$

5.3 DoS 攻击下基于事件驱动策略的分布式一致性安全控制

本节我们将研究有向通信图下基于事件驱动策略的多智能体系统在 DoS 攻击下的分布式一致性跟踪问题. 这里所考虑的多智能体系统结点之间包含一定的物理耦合关系, 即为具有固定物理连接的物理层和具有内置控制单元的信息层组成. 连接这两层的通信信道, 以信息层内连接控制单元的通信网络均有可能受到 DoS 攻击. 然而, 注意到这两种攻击对网络系统的整体性能有不同的影响: 前者影响控制输入的及时更新, 后者则影响信息层中通信图的连接权值. 首先, 连接物理层和信息层的通信网络作用是传输反馈两层之间的状态和控制输入信号, 对于可能在该通信网络内发生的 DoS 攻击, 本节将设计基于事件驱动策略的分布式控制输入协议以及相应的本地观测器, 并给出选取事件驱动控制参数和保证无 Zeno 现象参数的有效算法, 以保证多智能体系统可以实现均方一致性. 同时, 将揭示多智能体系统中控制参数与 DoS 攻击指标之间的内在定量联系. 其次, 对信息层内部遭受 DoS 攻击的情形, 将利用混杂控制理论, 给出为保证多智能体系统实现分布式控制目标, 有关 DoS 攻击指标和修复时间长度之间需满足的充分性条件. 本小节的主要结果来源于参考文献 [172].

5.3.1 问题描述

考虑如图 5.15 所示的具有物理层和信息层的多智能体系统, 例如电力系统 [173], 其由紧密连接的物理层 (如电力网络物理组件) 和信息层 (控制和调度中心) 组成. 具体地, 物理层和信息层通过通信信道连接, 通信信道中传输传感器所获取的状态信息和执行器产生的控制输入信息. 在物理层中, 各智能体之间存在物理连接, 通过诸如电力系统中的输电线路等固有的物理连接相互作用. 这些物理连接一旦建成, 通常是固定的.

另一方面，信息层包括物理层中智能体对应的控制单元，控制单元通过信息层中的通信网络相互交互信息. 如图 5.15 所示，智能体 i 所对应的控制单元为 i'. 这些控制单元通过与邻居控制单元交换信息，并基于分布式控制协议生成控制输入传回并作用于物理层. 通常，物理层和信息层的通信图拓扑结构之间无直接关系，可以是不同的拓扑结构. 然而，连接两层之间的通信信道和信息层内部的通信拓扑连边，在这两种通信网络中均有可能受到 DoS 的攻击，将阻碍控制目标的实现，甚至破坏整个多智能体系统的稳定性. 由于智能体之间的物理连接是固定的，所以控制目标是为控制单元设计合适的分布式控制协议，并结合有效的通信网络图拓扑结构恢复方法对通信图连边进行调整或恢复，从而在有 DoS 攻击的场景下仍能实现给定的控制目标.

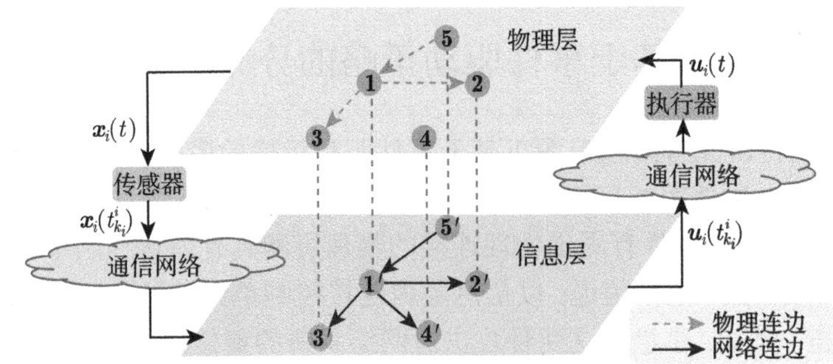

图 5.15　具有物理层和信息层的多智能体系统框架. 其中，结点 i 对应的信息层中的控制单元记作 i', $i=1,2,\cdots,N,N+1$

所考虑的多智能体系统的通信图由有向通信图 $\mathcal{G}(\mathcal{V},\mathcal{E})$ 表示，对应的邻接矩阵记为 $\boldsymbol{\mathcal{A}}=[a_{ij}]_{N\times N}$. 记有向通信图 $\overline{\mathcal{G}}_P$ 为包含 N 个跟随结点和领导结点的物理层通信图，$\boldsymbol{\mathcal{A}}_P=[a_{ij}^P]_{(N+1)\times(N+1)}$ 为有向通信图 $\overline{\mathcal{G}}_P$ 的邻接矩阵. 设所考虑的多智能体系统中跟随结点 i 的动力学如下:

$$\dot{\boldsymbol{x}}_i(t)=\boldsymbol{A}\boldsymbol{x}_i(t)+\rho\sum_{j\in\mathcal{N}_i^P}a_{ij}^P(\boldsymbol{x}_j(t)-\boldsymbol{x}_i(t))+\boldsymbol{B}\boldsymbol{u}_i(t) \tag{5.53}$$

式中，$i=1,2,\cdots,N$; $\boldsymbol{x}_i(t)\in\mathbb{R}^n$ 为智能体 i 在 t 时刻的状态; $\mathcal{N}_i^P$ 为智能体 i 在物理层通信图 $\overline{\mathcal{G}}_P$ 中的邻居智能体集合; $\boldsymbol{u}_i(t)\in\mathbb{R}^q$ 为跟随结点 i 的控制输入; $\boldsymbol{A}\in\mathbb{R}^{n\times n}$; $\boldsymbol{B}\in\mathbb{R}^{n\times q}$. 假设 $(\boldsymbol{A},\boldsymbol{B})$ 可镇定，参数 ρ 表示物理耦合权重，这里不妨假设其取值为非负. 有向通信图 $\overline{\mathcal{G}}_P$ 的 Laplace 矩阵记为 $\overline{\boldsymbol{L}}_P$，具体形式如下:

$$\overline{\boldsymbol{L}}_P=\begin{pmatrix}\widetilde{\boldsymbol{\mathcal{L}}}_P & \boldsymbol{h}_P\\ \boldsymbol{0}_{1\times N} & 0\end{pmatrix} \tag{5.54}$$

式中, 若在物理层中, 存在从领导者结点 $(N+1)$ 到跟随者结点 i 的有向物理连边, 则 $\boldsymbol{h}_P=[h_1^P,h_2^P,\cdots,h_N^P]^{\mathrm{T}}$, $h_i^P=1$, 否则 $h_i^P=0$.

考虑多智能体系统中的跟随者结点的目标是跟踪领导者的状态轨迹. 其中领导者的动力学方程为

$$\dot{\boldsymbol{x}}_{N+1}(t)=\boldsymbol{A}\boldsymbol{x}_{N+1}(t) \tag{5.55}$$

与传统的采样控制不同, 这里为了节约有限的通信资源和减少通信负担, 采用基于事件驱动的控制策略进行一致性跟踪控制.

对于智能体 i, 记 $t_0^i,t_1^i,\cdots,t_{k_i}^i,\cdots$ 为其相应的事件驱动时刻所组成的序列. 如图 5.15 所示, 智能体的状态 $\boldsymbol{x}_i(t_{k_i}^i)$ 首先由传感器采集, 接着传输到信息层中标号为 i' 的控制单元中. 随后控制单元 i' 将产生控制输入 $\boldsymbol{u}_i(t_{k_i}^i)$, 并通过通信网络将此控制信息传回物理层中的执行器. 接下来, 给出 DoS 攻击的建模方式, DoS 攻击特性将由如下的两个指标刻画.

与一些现有文献, 如文献 [174,175] 中的假设不同, 其假设 DoS 攻击的发生服从一定的概率分布. 本节引入 DoS 攻击频率（DoS attack frequency）和 DoS 攻击时间比率（DoS attack time ratio) 这两个指标来刻画 DoS 攻击特性. 这两个指标最初由文献 [176] 提出, 其中 DoS 信号可以是周期发生的, 也可以是非周期的, 且无需服从一定的概率分布.

定义 5.1(DoS 攻击频率 [176]) 记 $N_{\mathrm{a}}(t_0,t)$ 为 DoS 信号在时间区间 $[t_0,t]$ 发生关/开转换的数目, 其中 $t>t_0\geqslant 0$. 假设存在常数 $\tau_D>0$ 和 $N_0\geqslant 0$ 使得如下不等式成立:

$$N_{\mathrm{a}}(t_0,t)\leqslant N_0+\frac{t-t_0}{\tau_D} \tag{5.56}$$

定义 5.2 (DoS 攻击时间比率 [176]) 记 $|T_{\mathrm{a}}(t_0,t)|$ 为时间区间 $[t_0,t]$ 内 DoS 攻击持续的总时间长度, 其中 $t>t_0\geqslant 0$. 定义 $R_{\mathrm{a}}(t_0,t)=\dfrac{|T_{\mathrm{a}}(t_0,t)|}{t-t_0}$ 为时间段 $[t_0,t]$ 内的攻击时间比率.

首先要研究的第一个攻击场景是 DoS 攻击发生在连接物理层和信息层的通信信道中 (图 5.16).

由于信道只连接物理层和信息层, 在给定的网络维护费用下, 假定其防御单一攻击的能力相对较强. 因此, 可以认为攻击者发起的 DoS 攻击不一定在攻击时段每时每刻都能成功阻断信息传送. 例如, DoS 攻击将以一定的“成功率”阻断物理层和信息层的信息传输. 著名的 DoS 攻击的事件有, 美国东部时间 2018 年 2 月 28 日 12 点 15 分左右, GitHub 遭遇了可能是迄今为止最大的 DDoS (distributed denial-of-service) 攻击, 最高访问量为 1.35Tb/s, 其中, 从 5:26~5:30 时段发生的间断性断线的情况, 即为此处讨论的 DoS 攻击有一定的“成功率”阻断信息传输的情形.

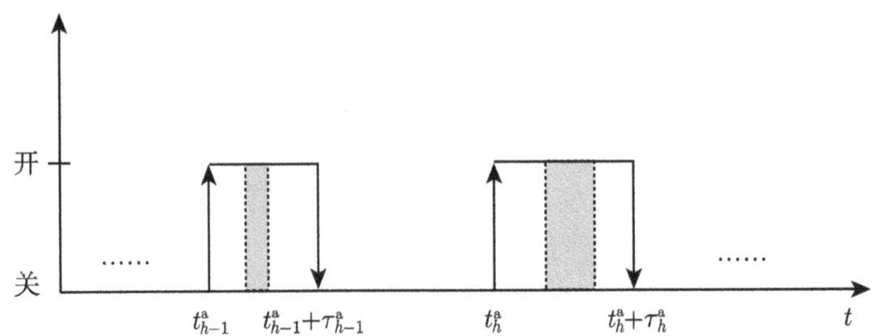

图 5.16　DoS 攻击发生于连接物理层和信息层的通信信道的示意图. 图中向上的箭头表示 DoS 信号由关到开的转换, 而向下的箭头则表示 DoS 信号由开到关的转换. 在图中, DoS 信号在 t^{a}_h 处启动, 在 $t^{\mathrm{a}}_h+\tau^{\mathrm{a}}_h$ 处结束, $h=0,1,\cdots$. 灰色区域表示在一个攻击周期内, 信息有一定概率可以在两层之间的通信信道正常传输

记 $\varGamma_h=[t^{\mathrm{a}}_h, t^{\mathrm{a}}_h+\tau^{\mathrm{a}}_h)$ 为第 h 轮 DoS 攻击时间区间, $T_{\mathrm{a}}(t_0,t)=\cup_h \varGamma_h\cap[t_0,t]$ 为总的攻击时间区间. $T_{\mathrm{s}}(t_0,t)=[t_0,t]\backslash T_{\mathrm{a}}(t_0,t)$ 表示无 DoS 攻击的总的时间区间. 在攻击时间区间内, 由于连接信息层和物理层的通信网络被 DoS 信号影响, 采样的数据既不能被传感器通过信道传输, 也无法从控制单元传输回执行器端. 通过以上的讨论, 进一步假设在攻击时间段 $[t^{\mathrm{a}}_h, t^{\mathrm{a}}_h+\tau^{\mathrm{a}}_h)$ 内, 事件驱动的更新尝试以概率 p 可以成功地由控制单元接收并启动控制输入的更新, 即 DoS 信号在攻击时段内, 以概率 $(1-p)$ 成功阻断该信息的传输. 则对于时间区间 $t\in[t^{\mathrm{a}}_h, t^{\mathrm{a}}_h+\tau^{\mathrm{a}}_h)$, 定义随机变量 $p(t)$ 如下: $p(t)=0$ 当且仅当发生完全的通信中断, $p(t)=1$ 当且仅当正常的通信活动仍然可以进行, 即随机变量 $p(t)$ 取值 0 和 1 的概率分别为:

$$\Pr\{p(t)=1\}=p;\ \Pr\{p(t)=0\}=1-p \tag{5.57}$$

考虑的第二类攻击场景, 即 DoS 攻击发生在信息层内部 (图 5.17), 攻击将破坏连接控制单元通信网络的连通性. 由于信息层内的通信图通常具有数目较多的控制单元和较强的连通性, 即存在较多数量的通信连边. 若攻击者同时对多个通信连边发起攻击, 那么在一定的防御和总维护成本下, 每个连边的防御能力将相对较低. 故而考虑在该情形下, DoS 攻击在攻击时段总能成功阻断信息的传输, 即不能成功阻断信息传输的概率设为零.

针对上述两种类型的 DoS 攻击场景, 首先分别给出分布式均方一致和分布式一致性跟踪控制目标的描述.

定义 5.3　如果对于任意初值条件, 有如下等式成立:

$$\lim_{t\to\infty}\mathbb{E}\{\|\boldsymbol{x}_i(t)-\boldsymbol{x}_{N+1}(t)\|\}=0,\quad \forall i=1,2,\cdots,N \tag{5.58}$$

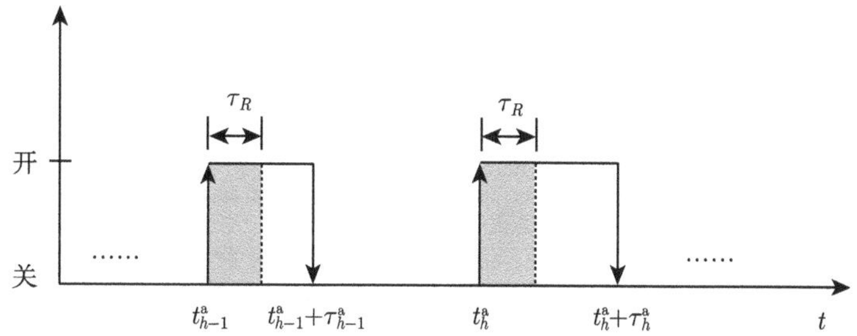

图 5.17 DoS 攻击发生于信息层内部的示意图. 图中向上的箭头表示 DoS 信号由关到开的转换, 而向下的箭头则表示 DoS 信号由开到关的转换. 在图中, DoS 信号在 t_h^{a} 处启动, 在 $t_h^{\mathrm{a}}+\tau_h^{\mathrm{a}}$ 处结束, $h=0,1,\cdots$. 不同于图 5.16(场景一), 在该场景中, 在 DoS 攻击发生时刻 t_h^{a} 之后, 假设信息层需要 τ_R 的时长检测到攻击并利用一些通信连边恢复机制重建该层的通信图

则称带有跟随者结点动力学 (5.53) 和领导者动力学 (5.55) 的多智能体系统的分布式均方一致可以实现.

定义 5.4 如果对于任意初值条件, 有如下等式成立:

$$\lim_{t\to\infty}\|\boldsymbol{x}_i(t)-\boldsymbol{x}_{N+1}(t)\|=0,\quad \forall i=1,2,\cdots,N \tag{5.59}$$

则称带有跟随者结点动力学 (5.53) 和领导者动力学 (5.55) 的多智能体系统的分布式一致跟踪可以实现.

下面将给出本节主要结果, 设计合适的反馈增益矩阵和事件触发参数, 以保证上述两种一致性目标在两种 DoS 攻击场景下均能实现.

5.3.2 事件触发机制与一致性算法实现

首先, 考虑第一种 DoS 攻击场景, 其中攻击将破坏连接物理层和信息层这两层的通信信道. 因此, 在 DoS 攻击时间间隔内, $\boldsymbol{u}(t_k)$ 将无法通过传统的采样保持机制（即零阶保持器, zero-order holder, ZOH）进行更新. 图 5.18 给出 DoS 攻击情况下多智能体系统中每个智能体的系统框图. 记包含 N 个跟随结点对应的控制单元之间的网络通信图为 $\mathcal{G}_c$, 其邻接矩阵 $\boldsymbol{\mathcal{A}}_c=[a_{ij}^c]_{N\times N}$. 包含 N 个跟随者结点和领导者结点（标号为 $N+1$）对应的控制单元的增广的网络通信图为 $\overline{\mathcal{G}}_c$. 记 $\overline{\boldsymbol{L}}_c$ 为增广拓扑图 $\overline{\mathcal{G}}_c$ 的 Laplace 矩阵

$$\overline{\boldsymbol{L}}_c=\begin{pmatrix}\widetilde{\boldsymbol{\mathcal{L}}}_c & \boldsymbol{h}_c\\ \boldsymbol{0}_{1\times N} & 0\end{pmatrix} \tag{5.60}$$

式中, $\boldsymbol{h}_c=[h_1^c,h_2^c,\cdots,h_N^c]^{\mathrm{T}}$. 若存在一条从控制单元 $(N+1)'$ 到 i' 的有向边, 则 $h_i^c=1$, 否则 $h_i^c=0$.

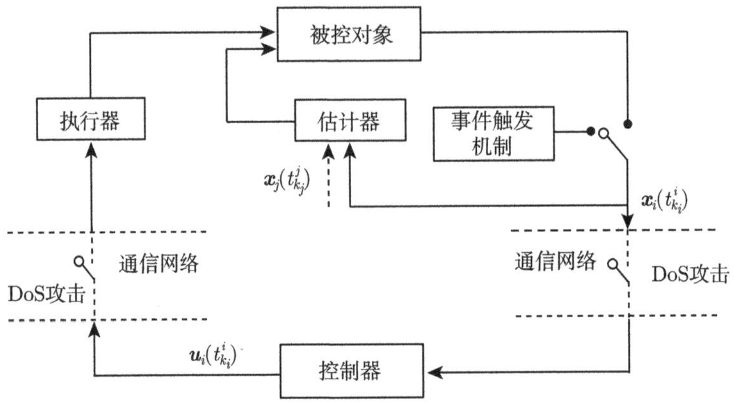

图 5.18　DoS 攻击连接物理层和信息层的通信信道时, 每个智能体的系统框图

假设 5.6[156,177]　增广的通信图 $\overline{\mathcal{G}}_c$ 含有一个以领导者为根结点的有向生成树.

引理 5.1[177]　若假设 5.6 成立, 则存在正向量 $\boldsymbol{\psi}=[\phi_1,\phi_2,\cdots,\phi_N]^{\mathrm{T}}$, 使得如下的不等式成立:

$$\boldsymbol{\phi}\widetilde{\boldsymbol{\mathcal{L}}}_c+\widetilde{\boldsymbol{\mathcal{L}}}_c^{\mathrm{T}}\boldsymbol{\phi}>0 \tag{5.61}$$

式中, $\boldsymbol{\phi}=\mathrm{diag}(\phi_1,\phi_2,\cdots,\phi_N)$, 且 $\widetilde{\boldsymbol{\mathcal{L}}}_c^{\mathrm{T}}\boldsymbol{\psi}=\mathbf{1}_N$.

设 $t_{k_i(t)}^i$ 为最近的成功更新智能体 i 控制输入的时刻, 简记为 $t_{k_i}^i$, 其中 $k_i(t)$ 由如下的事件驱动机制所确定:

$$k_i(t)=\begin{cases}-1, & T_{\mathrm{s}}(t_0,t)=\varnothing,\\ \sup\{k_i\in\mathbb{R}|t_{k_i}^i\in T_{\mathrm{s}}(t_0,t)\}, & \text{其他}.\end{cases} \tag{5.62}$$

进一步地, 假设当 $t_0^a=t_0$ 且 $\boldsymbol{x}_i(t_{-1}^i)=\mathbf{0}$ 时, $\boldsymbol{u}_i(t_0)=\mathbf{0}$.

由控制单元生成的分布式控制输入设计如下:

$$\begin{aligned}\boldsymbol{u}_i(t)&=\boldsymbol{K}\boldsymbol{\zeta}_i(t),\\ \boldsymbol{\zeta}_i(t)&=\sum_{j\in\overline{\mathcal{N}}_i^c}a_{ij}^c(\boldsymbol{z}_j(t)-\boldsymbol{z}_i(t))\\ &=\sum_{j\in\mathcal{N}_i^c}a_{ij}^c(\boldsymbol{z}_j(t)-\boldsymbol{z}_i(t))+h_i^c(\boldsymbol{z}_{N+1}(t)-\boldsymbol{z}_i(t))\end{aligned} \tag{5.63}$$

式中, $t\in[t_{k_i}^i,t_{k_i+1}^i)$; $\overline{\mathcal{N}}_i^c$ 和 $\mathcal{N}_i^c$ 分别表示结点 i 在增广的通信图 $\overline{\mathcal{G}}_c$ 中和通信图 $\mathcal{G}_c$ 中的邻居结点; 控制反馈增益矩阵 $\boldsymbol{K}$ 待设计; $\boldsymbol{z}_j(t)$ 为对邻居结点 j 的状态估计, 其由内置于控制单元 i' 的估计器所生成.

当结点 j 的事件触发条件被满足时, 其状态 $\boldsymbol{x}_j(t^j_{k_j})$ 将会被传播至它的所有邻居结点, 以更新相应的 $\boldsymbol{z}_j(t)$. 具体地, $\boldsymbol{z}_j(t)$ 将由如下的动力学方程所刻画:

$$\begin{cases}\dot{\boldsymbol{z}}_j(t)=\boldsymbol{A}\boldsymbol{z}_j(t), & t^j_{k_j}<t<t^j_{k_j+1},\\ \boldsymbol{z}_j(t)=\boldsymbol{x}_j(t^j_{k_j}), & t=t^j_{k_j},\ j\in\overline{\mathcal{N}}^c_i.\end{cases}\tag{5.64}$$

对于领导结点 $(N+1)$, 有 $\boldsymbol{z}_{N+1}(t)=\boldsymbol{x}_{N+1}(t)$.

定义测量误差如下:

$$\boldsymbol{e}_i(t)=\boldsymbol{z}_i(t)-\boldsymbol{x}_i(t),\quad i=1,2,\cdots,N.\tag{5.65}$$

记 $\boldsymbol{z}(t)=[\boldsymbol{z}_1(t)^{\mathrm{T}},\boldsymbol{z}_2(t)^{\mathrm{T}},\cdots,\boldsymbol{z}_N(t)^{\mathrm{T}}]^{\mathrm{T}}$, $\boldsymbol{x}(t)=[\boldsymbol{x}_1(t)^{\mathrm{T}},\boldsymbol{x}_2(t)^{\mathrm{T}},\cdots,\boldsymbol{x}_N(t)^{\mathrm{T}}]^{\mathrm{T}}$ 且 $\boldsymbol{e}(t)=\boldsymbol{z}(t)-\boldsymbol{x}(t)$. 则相应的事件触发条件可以描述为

$$\|\boldsymbol{e}_i(t)\|=\sigma_i\|\boldsymbol{\zeta}_i(t)\|\tag{5.66}$$

具体地, 这意味着 $\boldsymbol{x}_i(t^i_{k_i})$ 将由通信信道传递以更新控制输入 $\boldsymbol{u}_i(t)$, $t\in[t^i_{k_i},t^i_{k_i+1})$, 其中 $\sigma_i>0$ 为待确定的事件触发参数.

从而, 观测误差 $\boldsymbol{e}(t)$ 将在触发时刻 $t^i_{k_i}$ 被置于 $\mathbf{0}$, 且当无网络攻击时, 始终满足如下的不等式条件:

$$\|\boldsymbol{e}_i(t)\|\leqslant\sigma_i\|\boldsymbol{\zeta}_i(t)\|\tag{5.67}$$

为了避免 Zeno 现象（即事件在有限区间内被触发无穷多次, 这种高频的触发和切换, 将导致控制器元件的损坏）, 受文献 [178] 的启发, 这里引入 Zeno-free 事件触发策略. 具体地, 通过提前在触发机制中人为地引入一个严格正实参数, 并限定两次连续的触发时刻的时间间隔严格大于该参数. 对智能体 i 引入正的常数 $\delta^i_{k_i}$, $i=1,2,\cdots,N$. 则触发时刻将由如下的机制确定: $t^i_{k_i+1}=t^i_{k_i}+\delta^i_{k_i}$, 其中, $\delta^i_{k_i}=\max\{\Delta^i_{k_i},\varepsilon_i\}$ 且

$$\Delta^i_{k_i}=\inf_{t>t^i_{k_i}}\{t-t^i_{k_i}\mid\|\boldsymbol{e}_i(t)\|=\sigma_i\|\boldsymbol{\zeta}_i(t)\|\}\tag{5.68}$$

这里的参数 $\varepsilon_i>0$ 将在后文中确定. 该 Zeno-free 事件触发策略对应的控制输入如图 5.19 所示.

记跟踪误差 $\widetilde{\boldsymbol{e}}_i(t)=\boldsymbol{x}_i(t)-\boldsymbol{x}_{N+1}(t)$, $i=1,2,\cdots,N$ 且 $\widetilde{\boldsymbol{e}}(t)=\boldsymbol{x}(t)-\mathbf{1}_N\otimes\boldsymbol{x}_{N+1}(t)$. 当 $t\in[t^{\mathrm{a}}_h+\tau^{\mathrm{a}}_h,t^{\mathrm{a}}_{h+1})$, 通信网络中无 DoS 攻击时, 多智能体系统中结点动力学有如下的紧凑形式:

$$\begin{aligned}\dot{\boldsymbol{x}}(t)=&(\boldsymbol{I}_N\otimes\boldsymbol{A})\boldsymbol{x}(t)-\rho(\widetilde{\boldsymbol{\mathcal{L}}}_P\otimes\boldsymbol{I}_n)[\boldsymbol{x}(t)-\mathbf{1}_N\otimes\boldsymbol{x}_{N+1}(t)]\\&-(\widetilde{\boldsymbol{\mathcal{L}}}_c\otimes\boldsymbol{BK})[\boldsymbol{z}(t)-\mathbf{1}_N\otimes\boldsymbol{x}_{N+1}(t)]\end{aligned}\tag{5.69}$$

从而, 可得:

$$\begin{aligned}\dot{\widetilde{\boldsymbol{e}}}(t) = & [(\boldsymbol{I}_N \otimes \boldsymbol{A}) - \rho(\widetilde{\boldsymbol{\mathcal{L}}}_P \otimes \boldsymbol{I}_n) - (\widetilde{\boldsymbol{\mathcal{L}}}_c \otimes \boldsymbol{BK})]\widetilde{\boldsymbol{e}}(t) \\ & - (\widetilde{\boldsymbol{\mathcal{L}}}_c \otimes \boldsymbol{BK})\boldsymbol{e}(t), \quad t \in [t_h^{\mathrm{a}} + \tau_h^{\mathrm{a}}, t_{h+1}^{\mathrm{a}})\end{aligned} \tag{5.70}$$

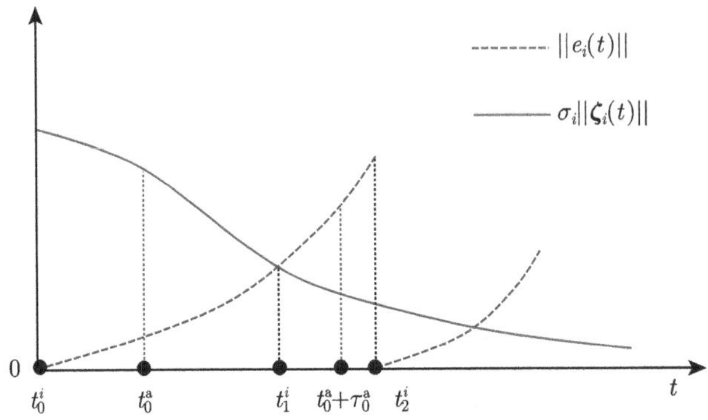

图 5.19　DoS 攻击发生在连接物理层和信息层的通信信道中, 系统的控制输入更新示意图. 其中, $\{t_{k_i}^i\}$ 为事件触发时刻, $\{t_h^{\mathrm{a}}\}$ 为 DoS 攻击信号发生关/开转换的时刻, 且在该轮攻击中相应的开/关转换时刻为 $\{t_h^{\mathrm{a}} + \tau_h^{\mathrm{a}}\}$. 由于引入了 Zeno-free 事件触发策略 (5.68), 当第 h 轮攻击在时刻 $(t_h^{\mathrm{a}} + \tau_h^{\mathrm{a}})$ 结束时, 还需要一段额外的时间 $\delta_{k_i}^i = \max\{\Delta_{k_i}^i, \varepsilon_i\}$ 直到下一次事件被触发. 与正常通信网络中的事件驱动控制相比, 在有 DoS 攻击的时间区间内, 即使事件触发条件满足, 误差 $\|\boldsymbol{e}_i(t)\|$ 也无法被置于 $\mathbf{0}$

接下来的主要定理将提供选取合适的控制参数, 以及有关 DoS 攻击指标的充分条件, 以保证多智能体系统在该 DoS 攻击下也能实现分布式均方一致性跟踪.

定理 5.3　对于含有跟随者结点动力学 (5.53) 和领导者结点动力学 (5.55) 的多智能体系统, 若假设 5.6 成立, 且以下的 4 个条件成立, DoS 攻击下的分布式均方一致性跟踪仍可以实现:

(1) 存在正定矩阵 $\boldsymbol{P}$ 和正常数 γ_1, 使得如下的线性矩阵不等式 (linear matrix inequality, LMI) 对给定的正常数 c_i, $i = 1, 2$ 成立:

$$\boldsymbol{AP} + \boldsymbol{PA}^{\mathrm{T}} - \rho\frac{\lambda_{\min}^P}{\phi_{\max}}\boldsymbol{P} - \gamma_1\boldsymbol{BB}^{\mathrm{T}} + c_1\boldsymbol{P} < 0 \tag{5.71}$$

且

$$\boldsymbol{P}^{-1}\boldsymbol{A} + \boldsymbol{A}^{\mathrm{T}}\boldsymbol{P}^{-1} - \rho\frac{\lambda_{\min}^P}{\phi_{\max}}\boldsymbol{I}_n < c_2\boldsymbol{P}^{-1} \tag{5.72}$$

则可以选取反馈控制增益 $\boldsymbol{K} = v\boldsymbol{B}^{\mathrm{T}}\boldsymbol{P}^{-1}$, 其中 $v > \dfrac{\phi_{\max}\gamma_1}{\widetilde{\lambda}_{\min}}$,

$$\phi_{\max} = \max\{\phi_1, \cdots, \phi_N\},$$

$$\widetilde{\lambda}_{\min} = \lambda_{\min}(\boldsymbol{\phi}\widetilde{\boldsymbol{\mathcal{L}}}_c + \widetilde{\boldsymbol{\mathcal{L}}}_c^{\mathrm{T}}\boldsymbol{\phi}),$$

$$\lambda_{\min}^P = \lambda_{\min}(\boldsymbol{\phi}\widetilde{\boldsymbol{\mathcal{L}}}_P + \widetilde{\boldsymbol{\mathcal{L}}}_P^{\mathrm{T}}\boldsymbol{\phi})$$

其中 $\boldsymbol{\phi}$ 在引理 5.1 中定义.

(2) 存在正常数 c^*, 使得 τ_D 和 $R_{\mathrm{a}}(t_0,t)$ 满足如下不等式:

$$-\widetilde{c}_1 + \frac{\widetilde{c}_1 + \widetilde{c}_2}{\tau_D}\bar{\tau} + (\widetilde{c}_1 + \widetilde{c}_2)R_{\mathrm{a}}(t_0,t) \leqslant -c^* < 0 \tag{5.73}$$

式中, $\widetilde{c}_1 \in (0,c_1)$; $\widetilde{c}_2 = c_2(1-p) - \widetilde{c}_1 p$; $\bar{\tau} = \sup_{(i,k_i)\in\mathcal{C}}\{\delta_{k_i}^i\}$, 这里的 $\mathcal{C} = \{(i,k_i)|t_{k_i}^i \in \cup_h \boldsymbol{\Gamma}_h\}$.

(3) 令 $\pi_1, \pi_2 > 0$ 且 $\pi_1 + \pi_2 = \bar{\pi} < 1$. 选取事件触发参数 σ_i 如下:

$$\sigma_i^2 \leqslant \pi_1 \leqslant \bar{\pi} \tag{5.74}$$

式中, $\bar{\pi} \leqslant \dfrac{d\left(\theta_1 - \dfrac{\theta_3}{\alpha}\right)}{\theta_2 + \alpha\theta_3}$; $d \in (0,1)$; $\alpha > \dfrac{\theta_3}{\theta_1}$;

$$c_1^* = (c_1 - \widetilde{c}_1)\lambda_{\min}(\boldsymbol{\phi} \otimes \boldsymbol{P}^{-1});$$

$$\theta_1 = c_1^*\sigma_{\min}((\widetilde{\boldsymbol{\mathcal{L}}}_c^{-1})^{\mathrm{T}}\widetilde{\boldsymbol{\mathcal{L}}}_c^{-1} \otimes \boldsymbol{I}_n);$$

$$\theta_2 = 2\sigma_{\max}(\boldsymbol{\phi}\widetilde{\boldsymbol{\mathcal{L}}}_c \otimes \boldsymbol{P}^{-1}\boldsymbol{BK}) - c_1^*;$$

$$\theta_3 = \sigma_{\max}[(\widetilde{\boldsymbol{\mathcal{L}}}_c^{-1})^{\mathrm{T}}\boldsymbol{\phi}\widetilde{\boldsymbol{\mathcal{L}}}_c \otimes \boldsymbol{P}^{-1}\boldsymbol{BK} - c_1^*((\widetilde{\boldsymbol{\mathcal{L}}}_c^{-1})^{\mathrm{T}} \otimes \boldsymbol{I}_n)].$$

(4) Zeno-free 事件触发参数 ε_i 通过如下条件选取:

$$\varepsilon_i \leqslant \widetilde{\varepsilon} \triangleq \frac{1}{\kappa_1}\ln\left(\frac{\kappa_1}{\kappa_2}\sqrt{\frac{\pi_2}{N}} + 1\right)$$

式中, $\kappa_1 = 2\|\boldsymbol{A}\|$ 且 $\kappa_2 = \|\boldsymbol{BK}\|$.

证明: 不失一般性, 记 $\widetilde{T}_{\mathrm{a}}(t_0,t) = \left[\cup_h[t_h^{\mathrm{a}}, t_h^{\mathrm{a}} + \tau_h^{\mathrm{a}} + \bar{\tau})\right] \cap [t_0,t]$, 其中 $\bar{\tau} = \sup_{(i,k_i)\in\mathcal{C}}\{\delta_{k_i}^i\}$, 且 $\mathcal{C} = \{(i,k_i) \mid t_{k_i}^i \in \cup_h \boldsymbol{\Gamma}_h\}$; $\widetilde{T}_{\mathrm{s}}(t_0,t) = [t_0,t]\backslash\widetilde{T}_{\mathrm{a}}(t_0,t)$. 则 $\bar{\tau}$ 为在第 h 轮攻击结束后, 产生最近的一次事件触发所需的时间. 因此, 在时间区间 $[t_h^{\mathrm{a}} + \tau_h^{\mathrm{a}}, t_h^{\mathrm{a}} + \tau_h^{\mathrm{a}} + \bar{\tau})$ 内, 直到下一次事件触发前, 控制输入中所用的状态信息都未能成功更新, 即在区间 $\widetilde{T}_{\mathrm{a}}(t_0,t)$ 内, 事件触发不等式 $\|\boldsymbol{e}_i(t)\| \leqslant \sigma_i\|\boldsymbol{\zeta}_i(t)\|$ 将未必始终成立.

考虑如下的 Lyapunov 函数:

$$V(t)=\widetilde{\boldsymbol{e}}(t)^{\mathrm{T}}(\boldsymbol{\phi}\otimes\boldsymbol{P}^{-1})\widetilde{\boldsymbol{e}}(t) \tag{5.75}$$

首先考虑时间区间 $\widetilde{T}_{\mathrm{s}}(t_0,t)$, 由于无攻击发生, 所以不等式 (5.67) 始终成立. 且注意到 $\boldsymbol{K}=v\boldsymbol{B}^{\mathrm{T}}\boldsymbol{P}^{-1}$, 其中 $v>\dfrac{\phi_{\max}\gamma_1}{\widetilde{\lambda}_{\min}}$ 和 LMI 式 (5.71) 成立, 可以计算得出

$$\begin{aligned}\dot{V}(t)&=2\widetilde{\boldsymbol{e}}(t)^{\mathrm{T}}(\boldsymbol{\phi}\otimes\boldsymbol{P}^{-1})\dot{\widetilde{\boldsymbol{e}}}(t)\\&\quad-\widetilde{\boldsymbol{e}}(t)^{\mathrm{T}}[(\boldsymbol{\phi}\widetilde{\boldsymbol{\mathcal{L}}}_c+\widetilde{\boldsymbol{\mathcal{L}}}_c^{\mathrm{T}}\boldsymbol{\phi})\otimes v\boldsymbol{P}^{-1}\boldsymbol{B}\boldsymbol{B}^{\mathrm{T}}\boldsymbol{P}^{-1}]\widetilde{\boldsymbol{e}}(t)\\&\quad-2\widetilde{\boldsymbol{e}}(t)^{\mathrm{T}}(\boldsymbol{\phi}\widetilde{\boldsymbol{\mathcal{L}}}_c\otimes\boldsymbol{P}^{-1}\boldsymbol{B}\boldsymbol{K})\boldsymbol{e}(t)\\&\leqslant\widetilde{\boldsymbol{e}}(t)^{\mathrm{T}}[\boldsymbol{\phi}\otimes(\boldsymbol{P}^{-1}\boldsymbol{A}+\boldsymbol{A}^{\mathrm{T}}\boldsymbol{P}^{-1}-\gamma_1\boldsymbol{P}^{-1}\boldsymbol{B}\boldsymbol{B}^{\mathrm{T}}\boldsymbol{P}^{-1}\\&\quad-\frac{\rho\lambda_{\min}^{P}}{\phi_{\max}}\boldsymbol{P}^{-1})]\widetilde{\boldsymbol{e}}(t)-2\widetilde{\boldsymbol{e}}(t)^{\mathrm{T}}(\boldsymbol{\phi}\widetilde{\boldsymbol{\mathcal{L}}}_c\otimes\boldsymbol{P}^{-1}\boldsymbol{B}\boldsymbol{K})\boldsymbol{e}(t)\\&\leqslant-c_1\widetilde{\boldsymbol{e}}(t)^{\mathrm{T}}(\boldsymbol{\phi}\otimes\boldsymbol{P}^{-1})\widetilde{\boldsymbol{e}}(t)-2\widetilde{\boldsymbol{e}}^{\mathrm{T}}(t)(\boldsymbol{\phi}\widetilde{\boldsymbol{\mathcal{L}}}_c\otimes\boldsymbol{P}^{-1}\boldsymbol{B}\boldsymbol{K})\boldsymbol{e}(t).\end{aligned}$$

结合已有事实: $\widetilde{\boldsymbol{e}}(t)=\boldsymbol{z}(t)-\mathbf{1}_N\otimes\boldsymbol{x}_{N+1}(t)-\boldsymbol{e}(t)$ 且 $\boldsymbol{\zeta}(t)=(\widetilde{\boldsymbol{\mathcal{L}}}_c\otimes\boldsymbol{I}_n)(\mathbf{1}_N\otimes\boldsymbol{x}_{N+1}(t)-\boldsymbol{z}(t))$, 可以得到: $\widetilde{\boldsymbol{e}}(t)=-(\widetilde{\boldsymbol{\mathcal{L}}}_c^{-1}\otimes\boldsymbol{I}_n)\boldsymbol{\zeta}(t)-\boldsymbol{e}(t)$.

如下分解参数 c_1: $c_1=\widetilde{c}_1+\bar{c}_1$, 其中 $\widetilde{c}_1>0$ 且 $\bar{c}_1>0$. 记 $c_1^*\triangleq\bar{c}_1\lambda_{\min}(\boldsymbol{\phi}\otimes\boldsymbol{P}^{-1})$, 可以得到

$$\begin{aligned}\dot{V}(t)&\leqslant-\widetilde{c}_1\widetilde{\boldsymbol{e}}(t)^{\mathrm{T}}(\boldsymbol{\phi}\otimes\boldsymbol{P}^{-1})\widetilde{\boldsymbol{e}}(t)-c_1^*\widetilde{\boldsymbol{e}}(t)^{\mathrm{T}}\widetilde{\boldsymbol{e}}(t)-2\widetilde{\boldsymbol{e}}(t)^{\mathrm{T}}(\boldsymbol{\phi}\widetilde{\boldsymbol{\mathcal{L}}}_c\otimes\boldsymbol{P}^{-1}\boldsymbol{B}\boldsymbol{K})\boldsymbol{e}(t)\\&\leqslant-\widetilde{c}_1\widetilde{\boldsymbol{e}}(t)^{\mathrm{T}}(\boldsymbol{\phi}\otimes\boldsymbol{P}^{-1})\widetilde{\boldsymbol{e}}(t)-c_1^*\sigma_{\min}((\widetilde{\boldsymbol{\mathcal{L}}}_c^{-1})^{\mathrm{T}}\widetilde{\boldsymbol{\mathcal{L}}}_c^{-1}\otimes\boldsymbol{I}_n)\boldsymbol{\zeta}(t)^{\mathrm{T}}\boldsymbol{\zeta}(t)\\&\quad+(2\sigma_{\max}(\boldsymbol{\phi}\widetilde{\boldsymbol{\mathcal{L}}}_c\otimes\boldsymbol{P}^{-1}\boldsymbol{B}\boldsymbol{K})-c_1^*)\boldsymbol{e}(t)^{\mathrm{T}}\boldsymbol{e}(t)\\&\quad+\sigma_{\max}[(\widetilde{\boldsymbol{\mathcal{L}}}_c^{-1})^{\mathrm{T}}\boldsymbol{\phi}\widetilde{\boldsymbol{\mathcal{L}}}_c\otimes\boldsymbol{P}^{-1}\boldsymbol{B}\boldsymbol{K}-c_1^*((\widetilde{\boldsymbol{\mathcal{L}}}_c^{-1})^{\mathrm{T}}\otimes\boldsymbol{I}_n)]\\&\quad\times\left[\alpha\boldsymbol{e}(t)^{\mathrm{T}}\boldsymbol{e}(t)+\frac{1}{\alpha}\boldsymbol{\zeta}(t)^{\mathrm{T}}\boldsymbol{\zeta}(t)\right]\\&=-\widetilde{c}_1\widetilde{\boldsymbol{e}}(t)^{\mathrm{T}}(\boldsymbol{\phi}\otimes\boldsymbol{P}^{-1})\widetilde{\boldsymbol{e}}(t)-(\theta_1-\frac{\theta_3}{\alpha})\boldsymbol{\zeta}(t)^{\mathrm{T}}\boldsymbol{\zeta}(t)+(\theta_2+\alpha\theta_3)\boldsymbol{e}(t)^{\mathrm{T}}\boldsymbol{e}(t)\end{aligned} \tag{5.76}$$

式中, 参数 θ_i, $i=1,2,3$ 在定理 5.3 中定义.

选取 $\alpha>\dfrac{\theta_3}{\theta_1}$, 且利用不等式: $\boldsymbol{e}(t)^{\mathrm{T}}\boldsymbol{e}(t)\leqslant\bar{\pi}\boldsymbol{\zeta}(t)^{\mathrm{T}}\boldsymbol{\zeta}(t)$, 其中 $\bar{\pi}\leqslant\dfrac{d\left(\theta_1-\dfrac{\theta_3}{\alpha}\right)}{\theta_2+\alpha\theta_3}$,

$d \in (0,1)$, 从而可以得到

$$\begin{aligned}\dot{V}(t) &\leqslant -\widetilde{c}_1\widetilde{\boldsymbol{e}}(t)^{\mathrm{T}}(\boldsymbol{\phi}\otimes\boldsymbol{P}^{-1})\widetilde{\boldsymbol{e}}(t) - (1-d)\boldsymbol{\zeta}(t)^{\mathrm{T}}\boldsymbol{\zeta}(t)\\ &\leqslant -\widetilde{c}_1\widetilde{\boldsymbol{e}}(t)^{\mathrm{T}}(\boldsymbol{\phi}\otimes\boldsymbol{P}^{-1})\widetilde{\boldsymbol{e}}(t)\end{aligned} \tag{5.77}$$

考虑时间区间 $\widetilde{T}_{\mathrm{a}}(t_0,t)$, 注意到由于 DoS 信号的阻碍, 事件驱动不等式不一定成立. 结合式 (5.57) 并利用 $V(\boldsymbol{e}_t)$ 的无穷小算子 $\mathcal{L}$ [179]:

$$\mathcal{L}V(\boldsymbol{e}(t),t) = \lim_{h\to0^+}\frac{1}{h}\{\mathbb{E}\{V(\boldsymbol{e}(t+h),t+h)|\boldsymbol{e}(t)\} - V(\boldsymbol{e}(t))\} \tag{5.78}$$

由于在 DoS 攻击区间内, 假定控制输入被置于 $\mathbf{0}$, 则由式 (5.57) 可得

$$\begin{aligned}\mathbb{E}\{\mathcal{L}V(t)\} \leqslant{}& p\mathbb{E}\{-c_1\widetilde{\boldsymbol{e}}(t)^{\mathrm{T}}(\boldsymbol{\phi}\otimes\boldsymbol{P}^{-1})\widetilde{\boldsymbol{e}}(t) - 2\widetilde{\boldsymbol{e}}(t)^{\mathrm{T}}(\boldsymbol{\phi}\widetilde{\boldsymbol{\mathcal{L}}}_c\otimes\boldsymbol{P}^{-1}\boldsymbol{BK})\boldsymbol{e}(t)\}\\ &+(1-p)\mathbb{E}\left\{\widetilde{\boldsymbol{e}}(t)^{\mathrm{T}}\left(\boldsymbol{\phi}\otimes\left(\boldsymbol{P}^{-1}\boldsymbol{A}+\boldsymbol{A}^{\mathrm{T}}\boldsymbol{P}^{-1}-\rho\frac{\lambda_{\min}^{P}}{\phi_{\max}}\boldsymbol{I}_n\right)\right)\widetilde{\boldsymbol{e}}(t)\right\}\\ \leqslant{}& -\widetilde{c}_1p\mathbb{E}\{V(t)\} + c_2(1-p)\mathbb{E}\{V(t)\}\\ ={}& (c_2(1-p)-\widetilde{c}_1p)\mathbb{E}\{V(t)\} \triangleq \widetilde{c}_2\mathbb{E}\{V(t)\}\end{aligned} \tag{5.79}$$

接下来, 考虑 $t\in[t_{h-1}^{\mathrm{a}}+\tau_{h-1}^{\mathrm{a}}+\bar{\tau},t_h^{\mathrm{a}})$, 则有

$$\begin{aligned}\mathbb{E}\{V(t)\} &\leqslant \mathrm{e}^{-\widetilde{c}_1(t-t_{h-1}^{\mathrm{a}}-\tau_{h-1}^{\mathrm{a}}-\bar{\tau})}\mathbb{E}\{V(t_{h-1}^{\mathrm{a}}+\tau_{h-1}^{\mathrm{a}}+\bar{\tau})\}\\ &\leqslant \mathrm{e}^{-\widetilde{c}_1(t-t_{h-1}^{\mathrm{a}}-\tau_{h-1}^{\mathrm{a}}-\bar{\tau})}\mathrm{e}^{\widetilde{c}_2(\tau_{h-1}^{\mathrm{a}}+\bar{\tau})}\mathbb{E}\{V(t_{h-1}^{\mathrm{a}})\}\\ &\leqslant \mathrm{e}^{-\widetilde{c}_1|\widetilde{T}_{\mathrm{s}}(t_0,t)|+\widetilde{c}_2|\widetilde{T}_{\mathrm{a}}(t_0,t)|}\mathbb{E}\{V(t_0)\}\end{aligned} \tag{5.80}$$

且对于时间区间 $t\in[t_h^{\mathrm{a}},t_h^{\mathrm{a}}+\tau_h^{\mathrm{a}}+\bar{\tau})$, 有

$$\begin{aligned}\mathbb{E}\{V(t)\} &\leqslant \mathrm{e}^{\widetilde{c}_2(t-t_h^{\mathrm{a}})}\mathbb{E}\{V(t_h^{\mathrm{a}})\}\\ &\leqslant \mathrm{e}^{\widetilde{c}_2(t-t_h^{\mathrm{a}})-\widetilde{c}_1(t_h^{\mathrm{a}}-t_{h-1}^{\mathrm{a}}-\tau_{h-1}^{\mathrm{a}}-\bar{\tau})}\mathbb{E}\{V(t_{h-1}^{\mathrm{a}}+\tau_{h-1}^{\mathrm{a}}+\bar{\tau})\}\\ &\leqslant \mathrm{e}^{-\widetilde{c}_1|\widetilde{T}_{\mathrm{s}}(t_0,t)|+\widetilde{c}_2|\widetilde{T}_{\mathrm{a}}(t_0,t)|}\mathbb{E}\{V(t_0)\}\end{aligned} \tag{5.81}$$

基于定义 5.1 和定义 5.2, 可以进一步得出

$$-\widetilde{c}_1|\widetilde{T}_{\mathrm{s}}(t_0,t)| + \widetilde{c}_2|\widetilde{T}_{\mathrm{a}}(t_0,t)|$$

$$
\begin{aligned}
&= -\widetilde{c}_1(t - t_0 - |\widetilde{T}_{\mathrm{a}}(t_0,t)|) + \widetilde{c}_2|\widetilde{T}_{\mathrm{a}}(t_0,t)| \\
&= -\widetilde{c}_1(t - t_0) + |\widetilde{T}_{\mathrm{a}}(t_0,t)|(\widetilde{c}_1 + \widetilde{c}_2) \\
&= -\widetilde{c}_1(t - t_0) + (\widetilde{c}_1 + \widetilde{c}_2)[|T_{\mathrm{a}}(t_0,t)| + (1 + N_{\mathrm{a}}(t_0,t))\bar{\tau}] \\
&\leqslant -\widetilde{c}_1(t - t_0) + (\widetilde{c}_1 + \widetilde{c}_2)\left[(t-t_0)R_{\mathrm{a}}(t_0,t) + (1 + N_0 + \frac{t-t_0}{\tau_D})\bar{\tau}\right]
\end{aligned} \tag{5.82}
$$

若存在正常数 c^* 使得

$$
-\widetilde{c}_1 + \frac{\widetilde{c}_1 + \widetilde{c}_2}{\tau_D}\bar{\tau} + (\widetilde{c}_1 + \widetilde{c}_2)R_{\mathrm{a}}(t_0,t) \leqslant -c^* < 0 \tag{5.83}
$$

成立, 则直接得到 $\mathbb{E}\{V(t)\} \leqslant \mathrm{e}^{-c^*(t-t_0)}\mathbb{E}\{V(t_0)\}$.

最后将确定 Zeno-free 事件触发策略所对应的参数 ε_i 以保证不等式 (5.67) 始终成立.

注意到, 采样时刻 $t^i_{k_i}$ 由 $\Delta^i_{k_i}$ 和 ε_i 共同决定. 记 $W_1(t)$ 和 $W_2(t)$ 分别为采样时刻由 $\Delta^i_{k_i}$ 和 ε_i 分别确定的智能体的（标号）集合. 从而, $W_1(t)\cup W_2(t) = \{1,2,\cdots,N\}$ 和 $W_1(t)\cap W_2(t) = \varnothing$.

接下来, 进一步分析 $\dfrac{\|\boldsymbol{e}_i(t)\|}{\|\boldsymbol{\zeta}(t)\|}$ 在两次采样时刻间隔 $(t^i_{k_i}, t^i_{k_i+1})$ 的动力学演化情况.

为了保证 $\boldsymbol{e}(t)^{\mathrm{T}}\boldsymbol{e}(t) \leqslant \bar{\pi}\boldsymbol{\zeta}(t)^{\mathrm{T}}\boldsymbol{\zeta}(t)$, 选取非负常数 π_1 和 π_2 使得 $\pi_1+\pi_2 = \bar{\pi}$ 以及如下不等式成立:

$$
\sum_{i\in W_1(t)} \boldsymbol{e}_i(t)^{\mathrm{T}}\boldsymbol{e}_i(t) \leqslant \pi_1 \sum_{i=1}^{N} \boldsymbol{\zeta}_i(t)^{\mathrm{T}}\boldsymbol{\zeta}_i(t) \tag{5.84}
$$

$$
\sum_{i\in W_2(t)} \boldsymbol{e}_i(t)^{\mathrm{T}}\boldsymbol{e}_i(t) \leqslant \pi_2 \sum_{i=1}^{N} \boldsymbol{\zeta}_i(t)^{\mathrm{T}}\boldsymbol{\zeta}_i(t) \tag{5.85}
$$

对于集合 $W_1(t)$ 中的结点, 一个保证式 (5.84) 成立的充分条件为: $\|\boldsymbol{e}_i(t)\| \leqslant \sigma_i\|\boldsymbol{\zeta}_i(t)\|$, 其中 $\sigma_i^2 \leqslant \pi_1 \leqslant \bar{\pi}$.

对于集合 $W_2(t)$ 中的智能体, 一个保证式 (5.85) 成立的充分条件为: $\|\boldsymbol{e}_i(t)\| \leqslant \sqrt{\dfrac{\pi_2}{N}}\|\boldsymbol{\zeta}(t)\|$. 由于 $\boldsymbol{e}_i(t)$ 在触发时刻 $t^i_{k_i}$ 被置于 $\mathbf{0}$, 所以 $\dfrac{\|\boldsymbol{e}_i(t)\|}{\|\boldsymbol{\zeta}(t)\|}$ 从 $\mathbf{0}$ 演化到 $\sqrt{\dfrac{\pi_2}{N}}$ 所需要的时间可以计算如下. 在一个时间段 $[t^i_{k_i}, t^i_{k_i+1})$ 内, $\dfrac{\|\boldsymbol{e}_i(t)\|}{\|\boldsymbol{\zeta}(t)\|}$ 的动力学可以做

如下估计:

$$\begin{aligned}\frac{\mathrm{d}}{\mathrm{d}t}\left(\frac{\|\boldsymbol{e}_i(t)\|}{\|\boldsymbol{\zeta}(t)\|}\right) &= \frac{\boldsymbol{e}_i(t)^{\mathrm{T}}\dot{\boldsymbol{e}}_i(t)}{\|\boldsymbol{e}_i(t)\|\|\boldsymbol{\zeta}(t)\|} - \frac{\|\boldsymbol{e}_i(t)\|\boldsymbol{\zeta}(t)^{\mathrm{T}}\dot{\boldsymbol{\zeta}}(t)}{\|\boldsymbol{\zeta}(t)\|^3} \\ &\leqslant \frac{\|\dot{\boldsymbol{e}}_i(t)\|}{\|\boldsymbol{\zeta}(t)\|} + \frac{\|\boldsymbol{e}_i(t)\|\|\dot{\boldsymbol{\zeta}}(t)\|}{\|\boldsymbol{\zeta}(t)\|^2}\end{aligned} \tag{5.86}$$

且同时注意到 $\dot{\boldsymbol{\zeta}}(t) = (\boldsymbol{I}_N \otimes \boldsymbol{A})\boldsymbol{\zeta}(t)$ 和

$$\|\dot{\boldsymbol{e}}_i(t)\| \leqslant \|\boldsymbol{A}\|\|\boldsymbol{e}_i(t)\| + \|\boldsymbol{BK}\|\|\boldsymbol{\zeta}_i(t)\|$$

可以得出

$$\frac{\mathrm{d}}{\mathrm{d}t}\left(\frac{\|\boldsymbol{e}_i(t)\|}{\|\boldsymbol{\zeta}(t)\|}\right) \leqslant 2\|\boldsymbol{A}\|\frac{\|\boldsymbol{e}_i(t)\|}{\|\boldsymbol{\zeta}(t)\|} + \|\boldsymbol{BK}\|.$$

通过利用比较原理和考虑常微分方程 $\dot{\boldsymbol{y}}(t) = \kappa_1\boldsymbol{y}(t) + \kappa_2$, 其中 $\kappa_1 = 2\|\boldsymbol{A}\|$, $\kappa_2 = \|\boldsymbol{BK}\|$, 则对于 $\boldsymbol{y}(t)$ 从 $\mathbf{0}$ 演化至 $\sqrt{\frac{\pi_2}{N}}$, 需要时间 $\widetilde{\varepsilon} \triangleq \frac{1}{\kappa_1}\ln\left(\frac{\kappa_1}{\kappa_2}\sqrt{\frac{\pi_2}{N}}+1\right)$. 从而, ε_i 需要小于 $\widetilde{\varepsilon}$. 结合如上选取的参数 ε_i 和 σ_i, 可以保证 $\mathbb{E}\{V(t)\} \leqslant \mathrm{e}^{-c^*(t-t_0)}$ $\mathbb{E}\{V(t_0)\}$ 对 $t \geqslant t_0$ 始终成立. 综上, $\mathbb{E}\{||\widetilde{\boldsymbol{e}}_i(t)||\}$ 将随着时间趋于无穷而趋于零. 从而定理得证. ■

注解 5.4 定理 5.3 中的条件 (1) 提供了选取合适反馈增益矩阵 $\boldsymbol{K}$ 的方法. 条件 (2) 则是对 DoS 攻击频率和时间比率的限制条件, 以保证当合适选择其他控制参数时可以实现均方一致性跟踪. 通常, 攻击频率和时间比率较大的 DoS 信号对应于较严重的攻击情形, 对网络系统的控制目标实现具有较强的阻碍作用. 这种直觉与条件 (2) 吻合, 因为更严重的攻击将使得该不等式更难成立. 条件 (3) 则是关注如何选择事件触发的控制参数 σ_i 来实现控制目标. 最后, 条件 (4) 揭示了如何选择合适的 Zeno-free 事件触发参数 ε_i, 以排除 Zeno 行为.

注解 5.5 若发生攻击情形: $t_{h-1}^{\mathrm{a}} + \tau_{h-1}^{\mathrm{a}} + \bar{\tau} > t_h^{\mathrm{a}}$, 且下一轮攻击满足 $t_h^{\mathrm{a}} + \tau_h^{\mathrm{a}} + \bar{\tau} < t_{h+1}^{\mathrm{a}}$ (若该不等式条件对第 h 轮攻击不满足, 则寻找最近的一轮攻击, 例如, h' 使得 $t_{h'}^{\mathrm{a}} + \tau_{h'}^{\mathrm{a}} + \bar{\tau} < t_{h'+1}^{\mathrm{a}}$ 满足), 则可以重新对时间区间标号, 记 $[t_{h-1}^{\mathrm{a}}, t_h^{\mathrm{a}} + \tau_h^{\mathrm{a}})$ 为新的第 $(h-1)$ 轮攻击. 由于 DoS 信号在整个时间区间 $[t_{h-1}^{\mathrm{a}}, t_h^{\mathrm{a}} + \tau_h^{\mathrm{a}})$ 内均存在, 故而可以对 $V(t)$ 进行类似的分析和证明.

接下来, 考虑第二类 DoS 攻击场景. 假设 DoS 信号在信息层内部的通信图中, 破坏信息层控制单元之间的通信连边. 这样的攻击将会阻碍 N 个跟随者结点之间的相对信息交互和产生有效的分布式控制输出. 首先给出一个通信图连通性恢复策略.

假设 DoS 攻击于 t_h^{a} 时刻发生在信息层内部, 并且该轮攻击中结束于 $(t_h^{\mathrm{a}} + \tau_h^{\mathrm{a}})$ 时刻, $h = 0, 1, \cdots$. 一旦 DoS 攻击被系统所检测到, 信息层将启动通信图连通

性恢复策略, 以补充适当的备用网络连接, 期望可以使得网络通信图恢复到包含以领导者控制单元 $(N+1)'$ 为根结点的有向生成树的通信图. 这里假设系统检测和恢复通信图连通性的总时间为 τ_R. 从而, 信息层通信网络将于 $(t_h^{\mathrm{a}}+\tau_R)$ 时刻恢复其连通性. 一般来说, 信息层的网络通信图具有较强的连通性. 因此, 一种可行的方法是部署几个备用的连接通路, 以便更好地抵御 DoS 攻击. 一旦 DoS 信号阻塞了其中一个/某些通道, 可以在检测到攻击发生后立即启用备份通道. 在此修复过程中, 由于邻居信息不可用, 每个智能体所对应的控制输入将无法实现准确实时更新, 这里统一将其置零. 在通信图修复至连通之前, 由于通信信道一部分被攻击而断开, 这将导致一些跟随者可能无法获取领导者的状态信息, 如果仍使用基于零阶保持器的控制输入, 跟随者结点的动力学演化轨迹将有可能完全偏离领导者的轨迹. 注意到, 在每一轮攻击中, 由于依据攻击的情形不同, 可能使用不同的通信图连通性恢复策略, 从而恢复后的网络通信图可能与原始网络通信图不同. 具体地, 通信图连通性恢复策略可以大致分为以下两大类.

策略 1: 以分布式的角度补充网络连边

如果一个或少数的网络连边在攻击下失效, 相应的备用连边会被启动, 取代被拥塞的连边. 这种备用连边通常具有与原连边相同的通信方向. 这样原始的通信图结构可以被成功修复.

当多个连边同时受到 DoS 信号攻击时, 网络中的一些智能体（所对应的控制单元）将成为孤立结点, 无法直接或间接地获取到领导者的信息. 在这种情况下, 可以通过添加双向连边将所有这些孤立结点与它们的邻居结点连接起来, 注意到它们的邻居总是可以直接或间接地获取领导结点的信息.

上述两种策略均可以看作是“分布式”的, 因为恢复网络通信图过程只是通过增加孤立结点与其邻居结点的连边来试图重构整个通信网络的连通性.

策略 2: 以全局角度补充网络连边

不管攻击者破坏的严重程度如何, 一种可行的方法是通过在每对结点之间添加双向连边来实现全局通信图连通性的恢复. 这种全局的机制工作量较大, 但对于更为严重的损害时也较为有效.

综上所述, 在 DoS 攻击的时间间隔内, 修复后的网络通信图可能与原来的网络通信图不同. 此外, 在不同的攻击场景下, 网络将会根据攻击对系统的具体影响程度激活不同的恢复策略. 因此, 网络的通信图结构也可能在每个时间间隔 $[t_h^{\mathrm{a}}+\tau_R, t_h^{\mathrm{a}}+\tau_h^{\mathrm{a}})$ 内发生变化, $h=0,1,\cdots$. 记包含 N 个跟随结点和标号为 $(N+1)$ 的领导结点的信息层通信网络的增广的通信图为 $\overline{\mathcal{G}}_c$. 引入切换信号: $\sigma(t):[0,+\infty)\rightarrow\mathcal{P}\triangleq\{1,2,\cdots,m,m+1,\cdots,m+q,m+q+1\}$ 且切换通信图可以表示为 $\overline{\mathcal{G}}_c^{\sigma(t)}$. 假设 $\overline{\mathcal{G}}_c^{\sigma(0)}=\overline{\mathcal{G}}_c^{m+q+1}=\overline{\mathcal{G}}_c$. 在攻击时段 $[t_h^{\mathrm{a}}, t_h^{\mathrm{a}}+\tau_h^{\mathrm{a}})$, 信息层网络通

信图在修复前 $[t_h^{\mathrm{a}}, t_h^{\mathrm{a}}+\tau_R)$ 和修复后 $[t_h^{\mathrm{a}}+\tau_R, t_h^{\mathrm{a}}+\tau_h^{\mathrm{a}})$ 的所有可能的情况集合分别记为 $\{\overline{\mathcal{G}}_c^{a_1},\cdots,\overline{\mathcal{G}}_c^{a_m}\}$ 和 $\{\overline{\mathcal{G}}_c^{R_1},\cdots,\overline{\mathcal{G}}_c^{R_q}\}$. 相应的 Laplace 矩阵分别记为 $\overline{\boldsymbol{L}}_c^{a_i}$ 和 $\overline{\boldsymbol{L}}_c^{R_j}$.

$$\overline{\boldsymbol{L}}_c^{a_i}=\begin{pmatrix}\widetilde{\boldsymbol{\mathcal{L}}}_c^{a_i} & \boldsymbol{h}_c^{a_i}\\ \boldsymbol{0}_{1\times N} & 0\end{pmatrix}\tag{5.87}$$

和

$$\overline{\boldsymbol{L}}_c^{R_j}=\begin{pmatrix}\widetilde{\boldsymbol{\mathcal{L}}}_c^{R_j} & \boldsymbol{h}_c^{R_j}\\ \boldsymbol{0}_{1\times N} & 0\end{pmatrix}\tag{5.88}$$

式中, $\boldsymbol{h}_c^{a_i}=[h_1^{a_i},h_2^{a_i},\cdots,h_N^{a_i}]^{\mathrm{T}}$; $\boldsymbol{h}_c^{R_j}=[h_1^{R_j},h_2^{R_j},\cdots,h_N^{R_j}]^{\mathrm{T}}$; $i=1,2,\cdots,m$; $j=1,2,\cdots,q$.

假设 5.7 信息层通信网络的增广的通信图 $\overline{\mathcal{G}}_c^{R_i}$ 包含以领导结点为根结点的有向生成树, $i=1,2,\cdots,q$.

基于上述假设和引理 5.1, 可以得知存在正向量 $\boldsymbol{\phi}^{R_i}=[\phi_1^{R_i},\phi_2^{R_i},\cdots,\phi_N^{R_i}]^{\mathrm{T}}$ 满足如下不等式条件:

$$\boldsymbol{\phi}^{R_i}\widetilde{\boldsymbol{\mathcal{L}}}_c^{R_i}+(\widetilde{\boldsymbol{\mathcal{L}}}_c^{R_i})^{\mathrm{T}}\boldsymbol{\phi}^{R_i}>0\tag{5.89}$$

式中, $(\widetilde{\boldsymbol{L}}_c^{R_i})^{\mathrm{T}}\boldsymbol{\Phi}^{R_i}=\boldsymbol{1}_N$ 且 $\boldsymbol{\phi}^{R_i}=\mathrm{diag}(\phi_1^{R_i},\phi_2^{R_i},\ldots,\phi_N^{R_i})$, $i=1,2,\cdots,q$.

采用控制输入式 (5.63), 并进行类似推导过程, 可以得到误差动力学方程为

$$\dot{\widetilde{\boldsymbol{e}}}(t)=[(\boldsymbol{I}_N\otimes\boldsymbol{A})-\rho(\widetilde{\boldsymbol{\mathcal{L}}}_P\otimes\boldsymbol{I}_n)-(\widetilde{\boldsymbol{\mathcal{L}}}_c^{\sigma(t)}\otimes\boldsymbol{BK})]\widetilde{\boldsymbol{e}}(t)-(\widetilde{\boldsymbol{\mathcal{L}}}_c^{\sigma(t)}\otimes\boldsymbol{BK})\boldsymbol{e}(t)\tag{5.90}$$

下面的定理则给出选择合适的控制参数和有关 DoS 攻击指标的充分条件, 以保证多智能体系统在该类攻击下分布式一致性跟踪仍能实现.

定理 5.4 对于含有跟随者结点动力学 (5.53) 和领导者结点动力学 (5.55) 的多智能体系统, 若假设 5.7 成立, 且以下的 4 个条件成立, 则 DoS 攻击下的分布式一致性跟踪仍可以实现:

(1) 存在正定矩阵 $\boldsymbol{P}$ 和正常数 γ_1, 使得如下 LMI 对给定的正常数 c_i 成立, $i=1,2$:

$$\boldsymbol{AP}+\boldsymbol{PA}^{\mathrm{T}}-\rho\frac{\widetilde{\lambda}_{\min}^P}{\phi_{\max}^R}\boldsymbol{P}-\gamma_1\boldsymbol{BB}^{\mathrm{T}}+c_1\boldsymbol{P}<0\tag{5.91}$$

且

$$\boldsymbol{P}^{-1}\boldsymbol{A}+\boldsymbol{A}^{\mathrm{T}}\boldsymbol{P}^{-1}-\rho\frac{\widetilde{\lambda}_{\min}^P}{\phi_{\max}^R}\boldsymbol{I}_n<c_2\boldsymbol{P}^{-1}\tag{5.92}$$

则选取 $\boldsymbol{K}=v\boldsymbol{B}^{\mathrm{T}}\boldsymbol{P}^{-1}$, 其中

$$v>\max\left\{\frac{\phi_{\max}^{R}\gamma_1}{\widetilde{\lambda}_{\min}^{R}},\frac{\phi_{\max}\gamma_1}{\widetilde{\lambda}_{\min}}\right\}$$

$$\widetilde{\lambda}_{\min}^{R}=\min_i\{\lambda_{\min}(\boldsymbol{\phi}^{R_i}\widetilde{\boldsymbol{\mathcal{L}}}_c^{R_i}+(\widetilde{\boldsymbol{\mathcal{L}}}_c^{R_i})^{\mathrm{T}}\boldsymbol{\phi}^{R_i})\}$$

$$\widetilde{\lambda}_{\min}^{P}=\min\{\min_i\{\lambda_{\min}(\boldsymbol{\phi}^{R_i}\widetilde{\boldsymbol{\mathcal{L}}}_P+\widetilde{\boldsymbol{\mathcal{L}}}_P^{\mathrm{T}}\boldsymbol{\phi}^{R_i})\},\lambda_{\min}^{P}\}$$

且

$$\phi_{\max}^{R}=\max_i\{\phi_{\max}^{R_i}\}$$

其中 $\boldsymbol{\phi}^{R_i}$ 定义于式 (5.89).

(2) 存在正常数 $\widetilde{c}^*$, 使得 τ_D, τ_R 和 $\bar{\tau}_R$ 满足如下不等式:

$$-\widetilde{c}_1+\frac{\widetilde{c}_1+c_2}{\tau_D}\bar{\tau}_R+(\widetilde{c}_1+c_2)R_{\mathrm{a}}(t_0,t)\leqslant-\widetilde{c}^*<0 \tag{5.93}$$

其中, $\widetilde{c}_1\in(0,c_1)$, $\bar{\tau}_R=\sup_{(i,k_i)\in\mathcal{C}_R}\{\delta_{k_i}^i\}$, 这里的 $\mathcal{C}_R=\{(i,k_i)\mid t_{k_i}^i\in\cup_h[t_h^{\mathrm{a}},t_h^{\mathrm{a}}+\tau_R)\}$.

(3) 令 $\pi_1^R,\pi_2^R>0$ 且 $\pi_1^R+\pi_2^R=\bar{\pi}_R<1$. 可以选取事件触发控制参数 σ_i 如下:

$$\sigma_i^2\leqslant\pi_1^R\leqslant\bar{\pi}_R \tag{5.94}$$

式中, $\bar{\pi}_R\leqslant\dfrac{d\left(\theta_1^{\min}-\dfrac{\theta_3^{\max}}{\alpha}\right)}{\theta_2^{\max}+\alpha\theta_3^{\max}}$, 且 $d\in(0,1)$, $\alpha>\dfrac{\theta_3^{\max}}{\theta_1^{\min}}$,

$$\theta_1^{\min}=\max_{\sigma(t)}\{\widetilde{c}_1^*\sigma_{\min}(((\widetilde{\boldsymbol{\mathcal{L}}}_c^{\sigma(t)})^{-1})^{\mathrm{T}}(\widetilde{\boldsymbol{\mathcal{L}}}_c^{\sigma(t)})^{-1}\otimes\boldsymbol{I}_n)\},$$

$$\theta_2^{\max}=\max_{\sigma(t)}\{2\sigma_{\max}(\boldsymbol{\phi}^{\sigma(t)}\widetilde{\boldsymbol{\mathcal{L}}}_c^{\sigma(t)}\otimes\boldsymbol{P}^{-1}\boldsymbol{B}\boldsymbol{K})-\widetilde{c}_1^*\},$$

$$\theta_3^{\max}=\max_{\sigma(t)}\{\sigma_{\max}[((\widetilde{\boldsymbol{\mathcal{L}}}_c^{\sigma(t)})^{-1})^{\mathrm{T}}\boldsymbol{\phi}^{\sigma(t)}\widetilde{\boldsymbol{\mathcal{L}}}_c^{\sigma(t)}\otimes\boldsymbol{P}^{-1}\boldsymbol{B}\boldsymbol{K}-\widetilde{c}_1^*(((\widetilde{\boldsymbol{\mathcal{L}}}_c^{\sigma(t)})^{-1})^{\mathrm{T}}\otimes\boldsymbol{I}_n)]\}$$

且 $\widetilde{c}_1^*=(c_1-\widetilde{c}_1)\max_{\sigma(t)}(\lambda_{\min}(\boldsymbol{\phi}^{\sigma(t)}\otimes\boldsymbol{P}^{-1}))$.

(4) Zeno-free 事件触发参数 ε_i 可以通过如下不等式选取: $\varepsilon_i\leqslant\widetilde{\varepsilon}\triangleq\dfrac{1}{\kappa_1}\times\ln\left(\dfrac{\kappa_1}{\kappa_2}\times\sqrt{\dfrac{\pi_2}{N}}+1\right)$, 其中 $\kappa_1=2\|\boldsymbol{A}\|$ 且 $\kappa_2=\|\boldsymbol{B}\boldsymbol{K}\|$.

证明: 不失一般性, 记 $\widetilde{T}_{\rm a}^R(t_0,t)=\left[\cup_h[t_h^{\rm a},t_h^{\rm a}+\tau_R+\bar{\tau}_R)\right]\cap[t_0,t]$, 其中 $\bar{\tau}_R=\sup_{(i,k_i)\in\mathcal{C}_R}\ \{\delta_{k_i}^i\}$, 且 $\mathcal{C}_R=\{(i,k_i)\mid t_{k_i}^i\in\cup_h[t_h^{\rm a},t_h^{\rm a}+\tau_R)\}$. $\widetilde{T}_{\rm s}^R(t_0,t)=\left[\cup_h[t_h^{\rm a}+\tau_R+\bar{\tau}_R,t_h^{\rm a}+\tau_h^{\rm a})\right]\cap[t_0,t]$, $\widetilde{T}_{\rm n}^R(t_0,t)=\left[\cup_h[t_{h-1}^{\rm a}+\tau_{h-1}^{\rm a},t_h^{\rm a})\right]\cap[t_0,t]$.

考虑如下的多 Lyapunov 函数

$$V(t)=\widetilde{\boldsymbol{e}}(t)^{\rm T}(\boldsymbol{\phi}^{\sigma(t)}\otimes\boldsymbol{P}^{-1})\widetilde{\boldsymbol{e}}(t) \tag{5.95}$$

其中

$$\boldsymbol{\phi}^{\sigma(t)}=\begin{cases}\boldsymbol{\phi}, & t\in T_{\rm n}(t_0,t)\cup\widetilde{T}_{\rm a}^R,\\ \boldsymbol{\phi}^{R_j}, & j\in 1,2,\cdots,q,\quad t\in\widetilde{T}_{\rm s}^R.\end{cases} \tag{5.96}$$

考虑时间区间 $\widetilde{T}_{\rm n}^R(t_0,t)$, 其中在该段时间区间内, 事件触发条件不等式总是满足, 且信息层通信图和 $\overline{\mathcal{G}}_c$ 保持一致. 则有: $\boldsymbol{\phi}^{\sigma(t)}=\boldsymbol{\phi}$, 其中 $\boldsymbol{\phi}$ 由引理 5.1 给出. 通过相似的求导过程, 可以直接计算得出:

$$\dot{V}(t)\leqslant-\widetilde{c}_1\widetilde{\boldsymbol{e}}(t)^{\rm T}(\boldsymbol{\phi}\otimes\boldsymbol{P}^{-1})\widetilde{\boldsymbol{e}}(t) \tag{5.97}$$

接下来, 考虑区间: $\widetilde{T}_{\rm a}^R(t_0,t)$, 其中信息层的通信网络由于受到 DoS 攻击的影响, 网络通信图丢失连通性, 且事件触发条件不等式未必时时满足. 注意到在这些相应的修复时间, 假设作用于物理层的控制输入 $\boldsymbol{u}_i(t)$ 被置为 $\mathbf{0}$. 从而, 类似的推导过程可得:

$$\dot{V}(t)\leqslant\widetilde{\boldsymbol{e}}(t)^{\rm T}\left[\boldsymbol{\phi}\otimes\left(\boldsymbol{P}^{-1}\boldsymbol{A}+\boldsymbol{A}^{\rm T}\boldsymbol{P}^{-1}-\rho\frac{\lambda_{\min}^P}{\phi_{\max}}\right)\right]\widetilde{\boldsymbol{e}}(t)\leqslant c_2\widetilde{\boldsymbol{e}}(t)^{\rm T}(\boldsymbol{\phi}\otimes\boldsymbol{P}^{-1})\widetilde{\boldsymbol{e}}(t) \tag{5.98}$$

最后, 考虑时间区间: $\widetilde{T}_{\rm s}^R(t_0,t)$, 其中信息层的网络通信图被修复为 $\overline{\mathcal{G}}_c^{R_i}$, $i=1,2,\cdots,q$. 记 $\widetilde{\lambda}_{\min}^R=\min_i\{\lambda_{\min}(\boldsymbol{\phi}^{R_i}\widetilde{\boldsymbol{\mathcal{L}}}_c^{R_i}+(\widetilde{\boldsymbol{\mathcal{L}}}_c^{R_i})^{\rm T}\boldsymbol{\phi}^{R_i})\}$, $\phi_{\max}^R=\max_i\{\phi_{\max}^{R_i}\}$, 其中 $\phi_{\max}^{R_i}=\max_j\{\phi_j^{R_i}\}$ 且 $\widetilde{\lambda}_{\min}^P=\min\{\min_i\{\lambda_{\min}(\boldsymbol{\phi}^{R_i}\widetilde{\boldsymbol{\mathcal{L}}}_P+\widetilde{\boldsymbol{\mathcal{L}}}_P^{\rm T}\boldsymbol{\phi}^{R_i})\},\lambda_{\min}^P\}$. 可以从 $v>\max\left\{\dfrac{\phi_{\max}^R\gamma_1}{\widetilde{\lambda}_{\min}^R},\ \dfrac{\phi_{\max}\gamma_1}{\widetilde{\lambda}_{\min}}\right\}$ 得出:

$$\begin{aligned}\dot{V}(t)\leqslant&\ \widetilde{\boldsymbol{e}}(t)^{\rm T}\left[\boldsymbol{\phi}^{\sigma(t)}\otimes\left(\boldsymbol{P}^{-1}\boldsymbol{A}+\boldsymbol{A}^{\rm T}\boldsymbol{P}^{-1}-\gamma_1\boldsymbol{P}^{-1}\boldsymbol{B}\boldsymbol{B}^{\rm T}\boldsymbol{P}^{-1}\right.\right.\\&\left.\left.-\frac{\rho\widetilde{\lambda}_{\min}^P}{\phi_{\max}^R}\boldsymbol{P}^{-1}\right)\right]\widetilde{\boldsymbol{e}}(t)-2\widetilde{\boldsymbol{e}}(t)^{\rm T}(\boldsymbol{\phi}^{\sigma(t)}\widetilde{\boldsymbol{\mathcal{L}}}_c^{\sigma(t)}\otimes\boldsymbol{P}^{-1}\boldsymbol{B}\boldsymbol{K})\boldsymbol{e}(t)\\\leqslant&-c_1\widetilde{\boldsymbol{e}}(t)^{\rm T}(\boldsymbol{\phi}^{\sigma(t)}\otimes\boldsymbol{P}^{-1})\widetilde{\boldsymbol{e}}(t)-2\widetilde{\boldsymbol{e}}(t)^{\rm T}(\boldsymbol{\phi}^{\sigma(t)}\widetilde{\boldsymbol{\mathcal{L}}}_c^{\sigma(t)}\otimes\boldsymbol{P}^{-1}\boldsymbol{B}\boldsymbol{K})\boldsymbol{e}(t).\end{aligned}$$

将正常数 c_1 分解为: $c_1 = \widetilde{c}_1 + \widetilde{c}_1^*$, 其中 $\widetilde{c}_1 > 0$, $\widetilde{c}_1^* = \max_{\sigma(t)}(\lambda_{\min}(\boldsymbol{\phi}^{\sigma(t)} \otimes \boldsymbol{P}^{-1}))$, 从而有

$$\begin{aligned}\dot{V}(t) \leqslant & -\widetilde{c}_1\widetilde{\boldsymbol{e}}(t)^{\mathrm{T}}(\boldsymbol{\phi}^{\sigma(t)} \otimes \boldsymbol{P}^{-1})\widetilde{\boldsymbol{e}}(t) - \widetilde{c}_1^*\widetilde{\boldsymbol{e}}(t)^{\mathrm{T}}\widetilde{\boldsymbol{e}}(t) \\ & - 2\widetilde{\boldsymbol{e}}(t)^{\mathrm{T}}(\boldsymbol{\phi}^{\sigma(t)}\widetilde{\boldsymbol{\mathcal{L}}}_c^{\sigma(t)} \otimes \boldsymbol{P}^{-1}\boldsymbol{BK})\boldsymbol{e}(t)\end{aligned} \tag{5.99}$$

记 $\theta_1^{\sigma(t)} = \widetilde{c}_1^*\sigma_{\min}(((\widetilde{\boldsymbol{\mathcal{L}}}_c^{\sigma(t)})^{-1})^{\mathrm{T}}(\widetilde{\boldsymbol{\mathcal{L}}}_c^{\sigma(t)})^{-1} \otimes \boldsymbol{I}_n)$, $\theta_2^{\sigma(t)} = 2v\sigma_{\max}(\boldsymbol{\phi}^{\sigma(t)}\widetilde{\boldsymbol{\mathcal{L}}}_c^{\sigma(t)} \otimes \boldsymbol{P}^{-1}\boldsymbol{B}\times \boldsymbol{B}^{\mathrm{T}}\boldsymbol{P}^{-1}) - \widetilde{c}_1^*$, $\theta_3^{\sigma(t)} = \sigma_{\max}[((\widetilde{\boldsymbol{\mathcal{L}}}_c^{\sigma(t)})^{-1})^{\mathrm{T}}\boldsymbol{\phi}^{\sigma(t)}\widetilde{\boldsymbol{\mathcal{L}}}_c^{\sigma(t)} \otimes v\boldsymbol{P}^{-1}\boldsymbol{BBP}^{-1} - \widetilde{c}_1^* \times (((\widetilde{\boldsymbol{\mathcal{L}}}_c^{\sigma(t)})^{-1})^{\mathrm{T}} \otimes \boldsymbol{I}_n)]$. 由于 $\boldsymbol{\phi}^{\sigma(t)} > 0$, $\widetilde{\boldsymbol{\mathcal{L}}}_c^{\sigma(t)}$ 的所有特征值具有正实部, v 可以选取充分大从而保证 $\theta_2^{\sigma(t)}$ 和 $\theta_3^{\sigma(t)}$ 均大于 0. α 选取为 $\alpha > \dfrac{\theta_3^{\max}}{\theta_1^{\min}}$, 且利用不等式 $\boldsymbol{e}(t)^{\mathrm{T}}\boldsymbol{e}(t) \leqslant \bar{\pi}_R\boldsymbol{\zeta}(t)^{\mathrm{T}}\boldsymbol{\zeta}(t)$, 其中 $\bar{\pi}_R \leqslant \dfrac{d\left(\theta_1^{\min} - \dfrac{\theta_3^{\max}}{\alpha}\right)}{\theta_2^{\max} + \alpha\theta_3^{\max}}$, $d \in (0,1)$ 且 $\widetilde{\boldsymbol{e}}(t) = -((\widetilde{\boldsymbol{\mathcal{L}}}_c^{\sigma(t)})^{-1} \otimes \boldsymbol{I}_n)\boldsymbol{\zeta}(t) - \boldsymbol{e}(t)$, 则可以直接得到

$$\begin{aligned}\dot{V}(t) &\leqslant -\widetilde{c}_1\widetilde{\boldsymbol{e}}(t)^{\mathrm{T}}(\boldsymbol{\phi}^{\sigma(t)} \otimes \boldsymbol{P}^{-1})\widetilde{\boldsymbol{e}}(t) - (1-d)\boldsymbol{\zeta}(t)^{\mathrm{T}}\boldsymbol{\zeta}(t) \\ &\leqslant -\widetilde{c}_1\widetilde{\boldsymbol{e}}(t)^{\mathrm{T}}(\boldsymbol{\phi}^{\sigma(t)} \otimes \boldsymbol{P}^{-1})\widetilde{\boldsymbol{e}}(t)\end{aligned} \tag{5.100}$$

记 $\kappa = \max_{i\neq j,i,j\in\mathcal{P}} \dfrac{\phi_{\max}^i}{\phi_{\max}^j}$. 当 $t \in [t_{h+1}^{\mathrm{a}} + \tau_{h-1}^{\mathrm{a}}, t_h^{\mathrm{a}})$, 从而有

$$\begin{aligned}V(t) &\leqslant \mathrm{e}^{-\widetilde{c}_1(t-t_{h-1}^{\mathrm{a}}-\tau_{h-1}^{\mathrm{a}})}V(t_{h-1}^{\mathrm{a}} + \tau_{h-1}^{\mathrm{a}}) \\ &\leqslant \kappa\mathrm{e}^{-\widetilde{c}_1(t-t_{h-1}^{\mathrm{a}}-\tau_{h-1}^{\mathrm{a}})}V((t_{h-1}^{\mathrm{a}} + \tau_{h-1}^{\mathrm{a}})^-) \\ &\leqslant \kappa^2\mathrm{e}^{-\widetilde{c}_1(t-t_{h-1}^{\mathrm{a}}-\tau_R-\bar{\tau}_R)}V(t_{h-1}^{\mathrm{a}} + \tau_R + \bar{\tau}_R) \\ &\leqslant \kappa^{s_1}\mathrm{e}^{-\widetilde{c}_1(|\widetilde{T}_{\mathrm{s}}^R(t_0,t)|+|T_{\mathrm{n}}(t_0,t)|)+c_2|\widetilde{T}_{\mathrm{a}}^R(t_0,t)|}V(t_0)\end{aligned} \tag{5.101}$$

其中, s_1 为一个非负整数. 相应地, 当 $t \in [t_h^{\mathrm{a}}, t_h^{\mathrm{a}} + \tau_R + \bar{\tau}_R)$, 可以得出

$$V(t) \leqslant \kappa^{s_2}\mathrm{e}^{-\widetilde{c}_1(|\widetilde{T}_{\mathrm{s}}^R(t_0,t)|+|T_{\mathrm{n}}(t_0,t)|)+c_2|\widetilde{T}_{\mathrm{a}}^R(t_0,t)|}V(t_0) \tag{5.102}$$

其中, s_2 为一个非负整数.

最后, 当 $t \in [t_h^{\mathrm{a}} + \tau_R + \bar{\tau}_R, t_h^{\mathrm{a}} + \tau_h^{\mathrm{a}})$, 相应的有

$$V(t) \leqslant \kappa^{s_3}\mathrm{e}^{-\widetilde{c}_1(|\widetilde{T}_{\mathrm{s}}^R(t_0,t)|+|T_{\mathrm{n}}(t_0,t)|)+c_2|\widetilde{T}_{\mathrm{a}}^R(t_0,t)|}V(t_0), \tag{5.103}$$

其中 s_3 为一个非负整数. 从而, 结合上文假设和相似的推导过程, 可以得到

$$
\begin{aligned}
&-\widetilde{c}_1(|\widetilde{T}_{\rm s}^R(t_0,t)|+|T_{\rm n}(t_0,t)|)+c_2|\widetilde{T}_{\rm a}^R(t_0,t)| \\
&=-\widetilde{c}_1(t-t_0)+(\widetilde{c}_1+c_2)\left[\left(1+N_0+\frac{t-t_0}{\tau_D}\right)(\bar{\tau}_R+\tau_R)+(t-t_0)R_{\rm a}(t_0,t)\right]
\end{aligned} \tag{5.104}
$$

故而, 接下来有

$$
V(t)\leqslant s_0{\rm e}^{\left(-\widetilde{c}_1+\frac{\widetilde{c}_1+c_2}{\tau_D}(\bar{\tau}_R+\tau_R)+(\widetilde{c}_1+c_2)R_{\rm a}(t_0,t)\right)(t-t_0)}V(t_0) \tag{5.105}
$$

综上, 如果条件 (5.93) 成立, 则有 $V(t)\leqslant {\rm e}^{-\widetilde{c}^*(t-t_0)}V(t_0)$, 也即 $\|\widetilde{\boldsymbol{e}}(t)\|$ 将随着时间趋于无穷而趋于零, 分布式一致性跟随实现. 最后, Zeno-free 事件触发参数 ε_i 可以类似定理 5.3 得出. 从而定理得证. ■

5.3.3 仿真分析

本小节将进行数值模拟来验证理论结果的有效性.

例 5.3 考虑具有一个领导者结点和 4 个跟随者结点的多机器人系统. 在正常通信情况下的物理和网络通信图如图 5.15 所示. 控制目标是协同机器人的位置和速度使得跟随者机器人结点的位置和速度跟踪上领导者结点. 每个机器人的动力学方程用系统 (5.53) 和 (5.55) 来描述, 系统矩阵由如下表达式给出:

$$
\boldsymbol{A}=\begin{pmatrix}0 & -0.5\\ 0.5 & 0\end{pmatrix},\quad \boldsymbol{B}=\begin{pmatrix}0\\ 1\end{pmatrix} \tag{5.106}
$$

可以验证得知系统的可控性矩阵式满秩, 从而 $(\boldsymbol{A},\boldsymbol{B})$ 可控.

首先, 考虑第一种攻击场景. 选取 $\rho=0.1$, $c_1=0.5$, $c_2=2$, $\widetilde{c}_1=0.49$, $p=0.1$ 且求解矩阵不等式 (5.71) 和 (5.72) 得到 $\gamma_1=0.9176$, $\widetilde{\varepsilon}=0.0426{\rm s}$, 以及

$$
\boldsymbol{P}=\begin{pmatrix}0.2820 & 0.1579\\ 0.1579 & 0.4399\end{pmatrix},\quad \boldsymbol{K}=\begin{pmatrix}-3.9674 & 7.0834\end{pmatrix} \tag{5.107}
$$

则对于 4 个跟随者结点, ε_i 可以选取为 0.04s. 假设 DoS 攻击的参数选取为: $\tau_D=0.24$ s 和 $R_{\rm a}(t_0,t)=0.01$, 可以计算得知不等式 (5.73) 成立. 在该仿真实例中, 假设 DoS 发生在两个时间段 $[0.4,0.64)$ s 和 $[1,1.24)$ s.

为了便于对比, 图 5.20 描绘了考虑无 DoS 攻击时的多机器人系统的状态轨迹和一致性跟踪误差. 相应的控制输入和触发时刻如图 5.21 所示. 从图中可以看出, 事件触发控制策略在正常通信环境下可以有效实现控制目标. 当满足定理 5.3 中

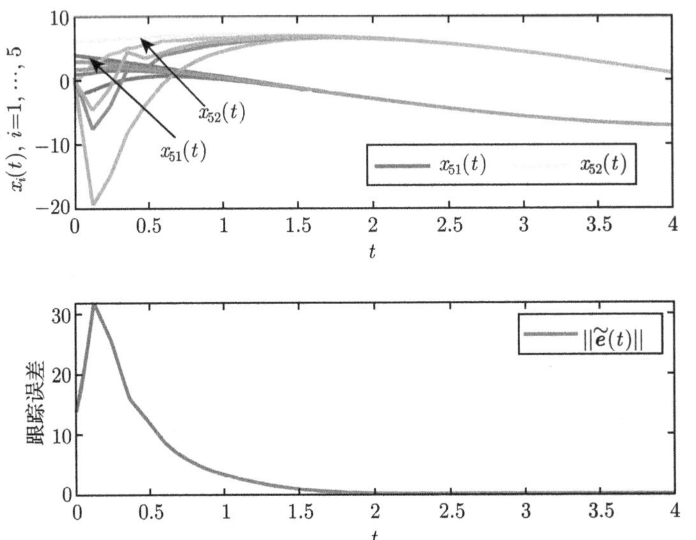

图 5.20 无 DoS 攻击场景下, 多机器人系统状态和一致性跟踪误差示意图, 其中 $\boldsymbol{x}_i(t)=[x_{i1}(t),x_{i2}(t)]^{\mathrm{T}}$, $i=1,2,\cdots,5$

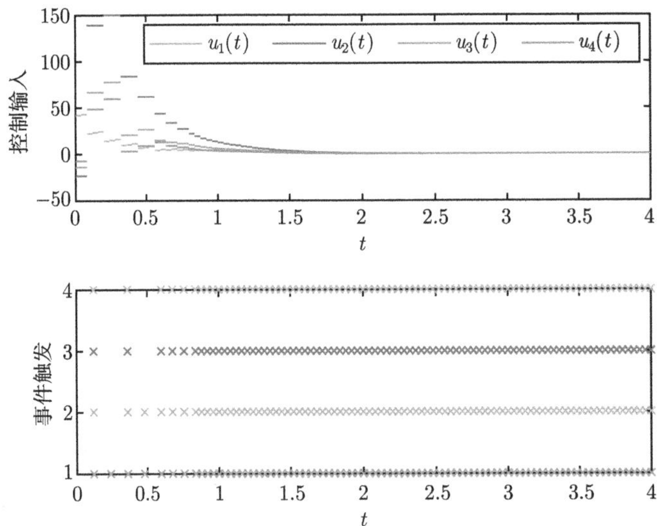

图 5.21 无 DoS 攻击场景下, 多机器人系统控制输入和事件触发时刻示意图

条件的 DoS 攻击发生时, 这些跟随者的状态轨迹和一致跟踪误差如图 5.22 所示. 从图中观察得知, 最终的一致跟踪在攻击下仍然可以利用所提出的控制协议实现. 具体来说, 图 5.23 给出了每个跟随者的控制输入和相应的触发时刻示意图. 注意到 $p>0$, 结点 1 在 $[1,1.24)$ s 期间仍然有成功触发的事件. 由于存在结点 1 到其

余跟随者之间存在连边, 这些结点的控制输入也由于结点 1 的事件触发而更新相应的控制输入.

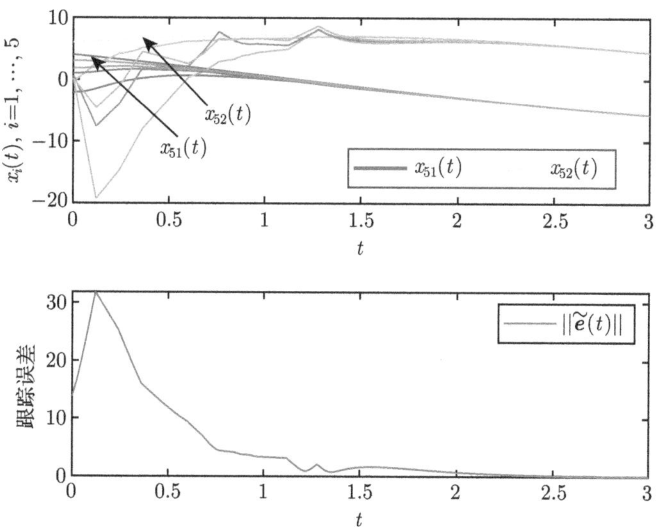

图 5.22 第一类 DoS 攻击场景下, 多机器人系统状态和一致性跟踪误差示意图, 其中 $\boldsymbol{x}_i(t) = [x_{i1}(t), x_{i2}(t)]^{\mathrm{T}}$, $i = 1, 2, \cdots, 5$

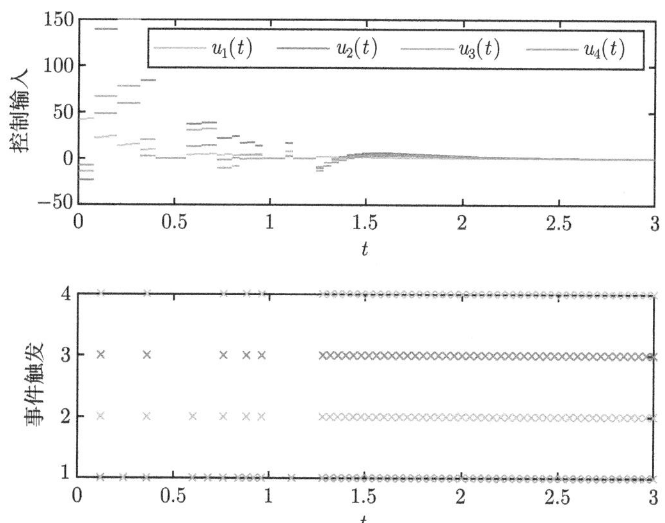

图 5.23 第一类 DoS 攻击场景下, 多机器人系统控制输入和事件触发时刻示意图

接下来, 考虑第二类 DoS 攻击场景, 即发生于信息层内部通信连边的 DoS 攻击下的一致性跟踪. 假设在 DoS 攻击时间段内, 修复前和修复后的信息层通信图

对应的矩阵 $\widetilde{\mathcal{L}}_c^{\sigma(t)}$ 分别为:

$$\widetilde{\mathcal{L}}_c^{a_1} = \begin{pmatrix} 1 & 0 & 0 & 0 \\ -1 & 1 & 0 & 0 \\ -1 & 0 & 1 & 0 \\ 0 & 0 & 0 & 0 \end{pmatrix}, \quad \widetilde{\mathcal{L}}_c^{a_2} = \begin{pmatrix} 1 & 0 & 0 & 0 \\ -1 & 1 & 0 & 0 \\ 0 & 0 & 0 & 0 \\ 0 & 0 & 0 & 0 \end{pmatrix},$$

且

$$\widetilde{\mathcal{L}}_c^{R_1} = \begin{pmatrix} 1 & 0 & 0 & 0 \\ -1 & 1 & 0 & 0 \\ -1 & 0 & 1 & 0 \\ -1 & 0 & 0 & 1 \end{pmatrix}, \quad \widetilde{\mathcal{L}}_c^{R_2} = \begin{pmatrix} 1 & 0 & 0 & 0 \\ -1 & 1 & 0 & 0 \\ -1 & 0 & 1 & 0 \\ 0 & -1 & 0 & 1 \end{pmatrix}.$$

选取 $c_1 = 0.45$, $c_2 = 1.6$, $\widetilde{c}_1 = 0.4$ 且求解定理 5.4 中的不等式条件可得: $\gamma_1 = 0.8962$, $v = 2.6125$, $\widetilde{\varepsilon} = 0.0487\text{s}$ 和

$$\boldsymbol{P} = \begin{pmatrix} 0.3221 & 0.1656 \\ 0.1656 & 0.4712 \end{pmatrix}, \quad \boldsymbol{K} = \begin{pmatrix} -3.4799 & 6.7680 \end{pmatrix} \tag{5.108}$$

假设 DoS 攻击的参数设置为 $\tau_D = 0.22\text{s}$ 和 $R_{\rm a}(t_0, t) = 0.01$. 在该例中, 假设 DoS 攻击发生在如下两个时间段: $[0.6, 0.84)\text{s}$ 和 $[1, 1.24)\text{s}$.

当信息层的通信网络中出现满足定理 5.4 条件的 DoS 攻击时, 跟随者的状态轨迹和一致性跟踪误差如图 5.24 所示. 图 5.25 描述了每个跟随者的控制输入和相应的事件触发时刻. 注意到, 在 DoS 时间间隔内的时间段 $\widetilde{T}_{\rm s}^R(t_0, t)$ 中, 网络通信图可以被修复为 $\overline{\mathcal{G}}_c^{R_j}$, $j = 1, 2$, 其通过使用事件触发策略来更新控制输入. 如上仿真图验证了一致跟踪可以通过应用控制协议 (5.63) 在该 DoS 攻击场景中实现.

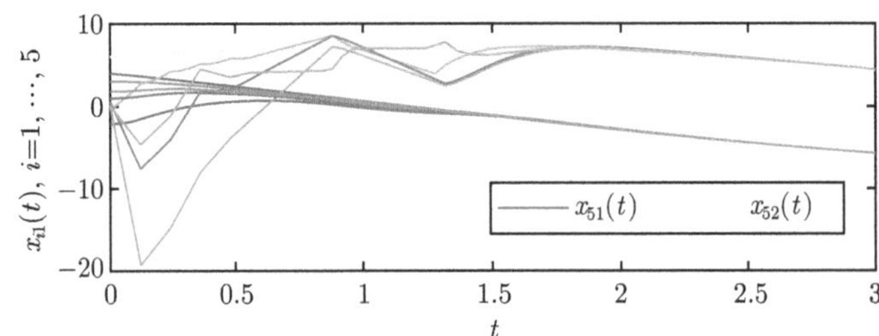

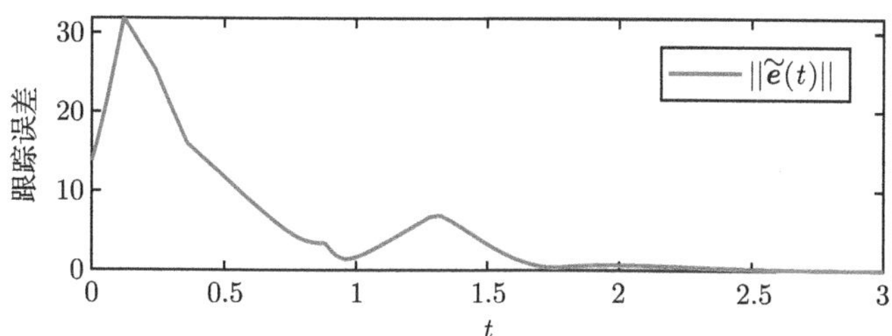

图 5.24 第二类 DoS 攻击场景下, 多机器人系统状态和一致性跟踪误差示意图, 其中 $\boldsymbol{x}_i(t)=[x_{i1}(t),x_{i2}(t)]^{\mathrm{T}}$, $i=1,2,\cdots,5$

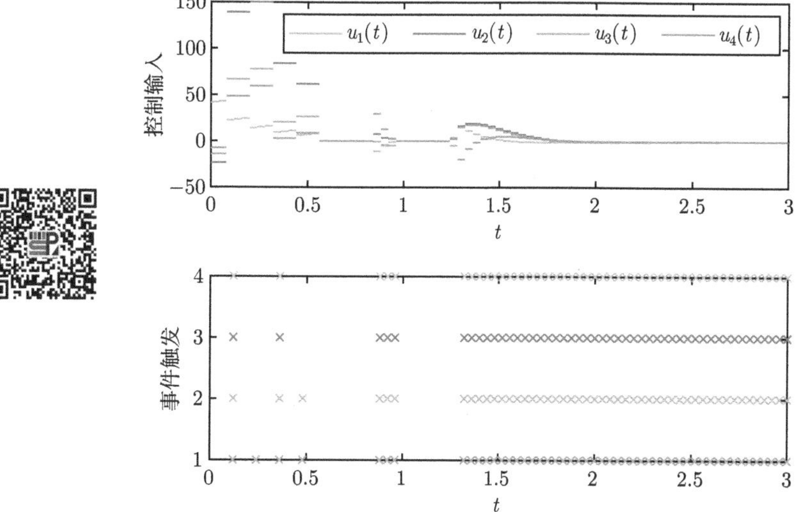

图 5.25 第二类 DoS 攻击场景下, 多机器人系统控制输入和事件触发时刻示意图

5.4 本章小结

本章首先考虑了 DoS 攻击下线性多智能体系统的一致性安全控制问题. 其中假设多智能体系统中的跟随结点受到 DoS 攻击, 攻击将导致该结点和邻居结点的所有通信连边丢失. 基于 SCC 的功能, 提出了一种基于监控的 “重建 + 修复” 策略, 并给出了合理选取控制增益的方法, 以保证多智能体系统在 DoS 攻击下仍能实现一致性跟踪的控制目标. 通过对多 VTOL 飞机系统的数值仿真, 验证了所得结果的有效性.

接下来, 研究具有非线性动力学的多智能体系统基于观测器的一致性安全控制问题. 设计了分布式观测器观测各个结点的状态信息, 基于此, 设计了一致性跟踪协议. 考虑的 DoS 攻击将可能破坏两个通信网络的连通性: ① 分布式控制器通信网络; ② 分布式观测器通信网络. 考虑较为一般的场景, 即 DoS 攻击对这两个网络的攻击影响是独立的. 给出了一个选取控制器和观测器反馈控制增益矩阵以及耦合强度的有效算法, 并通过设计合适的 Lyapunov 函数, 给出保证间歇 DoS 攻击环境下仍能实现一致性跟踪目标的充分性条件.

最后, 研究具有物理耦合的多智能体系统在两种 DoS 攻击场景下的分布式事件触发一致性控制. 所考虑的 DoS 攻击可以发生在连接信息层和物理层的通信信道中, 或发生于信息层内部的通信网络中. 给出了两个攻击指标: 攻击频率和攻击时间比率, 来刻画攻击的特性. 为了保证即使出现第一类 DoS 攻击场景时, 多智能体系统仍能实现均方一致性跟踪目标, 设计了有效的分布式控制协议、估计器以及事件触发条件. 对于第二类 DoS 攻击场景, 给出了选择控制参数和事件触发参数的具体算法. 结合图理论和混杂控制理论, 揭示了 DoS 攻击指标、系统参数矩阵和修复连边时长之间的内在关系. 最后, 通过对多机器人系统进行数值仿真, 验证了所得结果的正确性.

随着现代信息技术的高速发展, 研究多智能体系统在多种攻击下的一致性安全控制具有直接且重要的现实意义, 可以作为研究信息物理系统多种安全问题的关键突破口. 多种攻击下的一致性安全控制、分布式入侵监测和检测方法、一致性安全控制与隐私保护策略等问题, 这些都是未来研究工作的方向.

第六章　基于一致性的安全编队控制方法及应用

多智能体协同编队控制是指多个智能体从初始位置出发, 相互配合, 最终运动到特定相对位置, 并保持队形协同运动的过程. 编队控制在很多群体智能任务中发挥基础性的作用, 例如, 多无人机系统可以利用空气动力学特性保持特定编队飞行以节省燃料; 水下多机器人可以形成特定队形, 对海底地形实施覆盖式探测等等 [180]. 考虑到编队控制的重要性, 学者们已提出多类有效的控制方法, 主要可分为领导者-跟随者方法、虚拟结构体方法、基于行为的编队控制方法等 [77]. 近年来, 基于分布式一致性的编队控制方法因其灵活性和广泛适用性得到大量研究, 已成为多智能体协同编队控制的主流方法之一 [181]. 注意到, 在实际的多智能体编队控制任务中, 每个智能体运动过程中不与其他智能体及周围障碍物发生碰撞是保证系统安全性的一个基本要求. 然而, 现存的大多数针对编队控制的研究结果并未考虑这一问题. 本章提出一种基于一致性的协同编队控制方案, 并将两类避碰控制策略推广到多智能体协同编队控制任务中, 实现无碰撞的安全协同编队控制.

6.1　问 题 描 述

以多移动小车协同探测任务为例, 对于图 6.1 中所示的一组实施环境探测的移动小车系统, 为了实现高精度探测, 希望小车在移动过程中能够保持一定的队形.

为了使移动小车可以保持与其邻居间的相对位置并实现稳定地编队运动, 需要为每辆小车设计控制输入. 假设多移动小车系统中共有 N 辆小车. 无人车之间的通信关系可以由通信图表示, 图中的每个结点代表一辆小车, 每条边代表一条通信链路, 若边 (i,j) 存在, 则小车 j 可以接收来自小车 i 的信息. 为简化起见, 假设每辆无人车（智能体）可通过自身控制装置使其动力学模型被简化为如下一阶积分器系统:

$$\dot{\boldsymbol{x}}_i(t)=\boldsymbol{v}_i(t),\ i=1,2,\cdots,N.$$

式中, $\boldsymbol{x}_i(t)\in\mathbb{R}^2$ 为智能体 i 的位置向量; $\boldsymbol{v}_i(t)\in\mathbb{R}^2$ 为智能体 i 的速度输入向量. 智能体 i 具有有界速度输入约束 $\|\boldsymbol{v}_i(t)\|_\infty\leqslant v_m$, 其中 $v_m>0$ 为每个速度分量的上界.

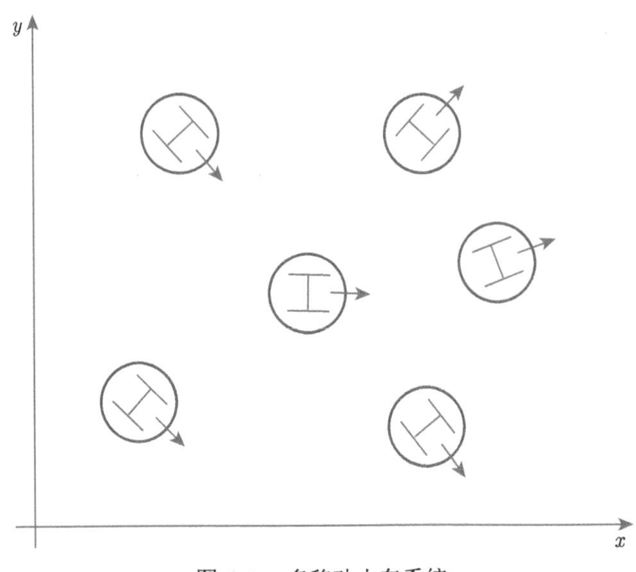

图 6.1　多移动小车系统

小车多智能体系统间通信图假设为无向连通图. 多智能体系统的理想编队队形由向量组 $\boldsymbol{d}_i(t) \in \mathbb{R}^2, i=1,2,\cdots,N$ 给出, 且向量组 $\boldsymbol{d}_i(t)$ 满足 $\sum\limits_{i=1}^{N} \boldsymbol{d}_i(t)=\boldsymbol{0}$. 编队控制目标为使得编队中心 $\boldsymbol{x}_c(t) = \dfrac{1}{N}\sum\limits_{i=1}^{N} \boldsymbol{x}_i(t)$ 跟踪目标轨迹 $\boldsymbol{x}_d(t) \in \mathbb{R}^2$, 同时存在编队位置分配 $s_1,s_2,\cdots,s_N$ 使得 $\boldsymbol{x}_i(t) - \boldsymbol{d}_{s_i}(t) = \boldsymbol{x}_j(t) - \boldsymbol{d}_{s_j}(t)$, 其中 $s_1,s_2,\cdots,s_N$ 为 $1,2,\cdots,N$ 的一个全排列. 当考虑多智能体系统编队运动过程中的安全性时, 还要求每个智能体在编队控制运动过程中与其他所有智能体和环境障碍物都保持安全距离, 避免碰撞.

6.2　基于一致性的编队控制方法

本节提出一种基于一致性的编队控制律. 首先确定一组优化的编队位置分配 $s_1,s_2,\cdots,s_N$. 基于多智能体的初始位置分布 $\boldsymbol{x}_i(0)$, 得到初始时刻理想编队位置集合 $\{\boldsymbol{x}_c(0)+\boldsymbol{d}_i(0),\ i=1,2,\cdots,N\}$, 其中 $\boldsymbol{x}_c(0) = \dfrac{1}{N}\sum\limits_{i=1}^{N} \boldsymbol{x}_i(0)$. 进而, 根据 $s_1,s_2,\cdots,s_N$ 对多智能体的初始位置集合和理想编队位置集合进行最短移动距离分配, 使得分配后所有智能体和其对应的理想编队位置间的距离和最小. 然后, 基于智能体 i 对应的理想编队位置 $\boldsymbol{d}_{s_i}(t), i=1,2,\cdots,N$, 设计如下基于一致性的标称编队控制器:

$$
\begin{aligned}
\boldsymbol{v}_i(t) =& -k_1\mathrm{sat}\left(\sum_{j=1}^{N} a_{ij}\left(\boldsymbol{x}_i(t)-\boldsymbol{d}_{s_i}(t)-\boldsymbol{x}_j(t)+\boldsymbol{d}_{s_j}(t)\right)\right)\\
&- k_2\mathrm{sat}(\hat{\boldsymbol{x}}_{ci}(t)-\boldsymbol{x}_d(t))+\dot{\boldsymbol{x}}_d(t),\\
\dot{\boldsymbol{p}}_i(t) =& -k_p\overline{\mathrm{sig}}^{1/2}(\boldsymbol{p}_i(t))+k_x\mathrm{sgn}\left[\sum_{j=1}^{N} a_{ij}\left(\hat{\boldsymbol{x}}_{ci}(t)-\hat{\boldsymbol{x}}_{cj}(t)\right)\right],\\
\hat{\boldsymbol{x}}_{ci}(t) =& \boldsymbol{x}_i(t)-\boldsymbol{p}_i(t).
\end{aligned}
\tag{6.1}
$$

式中, $\boldsymbol{p}_i(t)\in\mathbb{R}^2$ 为控制器的状态; $k_1,k_2,k_p,k_x>0$ 为控制器的参数; $\dot{\boldsymbol{x}}_d(t)$ 为理想的编队运动速度. 对于向量 $\boldsymbol{y}=[y_1,\cdots,y_N]^{\mathrm{T}}\in\mathbb{R}^N$, 函数 $\overline{\mathrm{sig}}^{1/2}(\boldsymbol{y})=\left[\overline{\mathrm{sig}}^{1/2}(y_1),\cdots,\overline{\mathrm{sig}}^{1/2}(y_N)\right]^{\mathrm{T}}$. 对于标量 y_i, 当 $|y_i|\geqslant 1$ 时, 有 $\overline{\mathrm{sig}}^{1/2}(y_i)=\mathrm{sgn}(y_i)$; 当 $|y_i|<1$ 时, 有 $\overline{\mathrm{sig}}^{1/2}(y_i)=\mathrm{sgn}(y_i)|y_i|^{1/2}$.

记 $\hat{\boldsymbol{x}}_c(t)=[\hat{\boldsymbol{x}}_{c1}(t)^{\mathrm{T}},\cdots,\hat{\boldsymbol{x}}_{cN}(t)^{\mathrm{T}}]^{\mathrm{T}}$, $\boldsymbol{p}(t)=[\boldsymbol{p}_1(t)^{\mathrm{T}},\cdots,\boldsymbol{p}_N(t)^{\mathrm{T}}]^{\mathrm{T}}$, $\boldsymbol{v}(t)=[\boldsymbol{v}_1(t)^{\mathrm{T}},\cdots,\boldsymbol{v}_N(t)^{\mathrm{T}}]^{\mathrm{T}}$, 则可得

$$
\dot{\hat{\boldsymbol{x}}}_c(t)=\boldsymbol{v}(t)+k_p\overline{\mathrm{sig}}^{1/2}(\boldsymbol{p}(t))-k_x\mathrm{sgn}\left[(\boldsymbol{L}\otimes\boldsymbol{I}_2)\,\hat{\boldsymbol{x}}_c(t)\right].
$$

式中, $\boldsymbol{L}$ 为通信图的 Laplace 矩阵. 构造 Lyapunov 函数

$$
V(t)=\frac{1}{2}\hat{\boldsymbol{x}}_c(t)^{\mathrm{T}}\left(\boldsymbol{L}\otimes\boldsymbol{I}_2\right)\hat{\boldsymbol{x}}_c(t).
$$

对 $V(t)$ 沿系统 $\hat{\boldsymbol{x}}_c(t)$ 的轨线求导并利用条件 $\|v\|_\infty\leqslant k_1+k_2+v_d$ 可得

$$
\begin{aligned}
\dot{V}(t)&=\hat{\boldsymbol{x}}_c(t)^{\mathrm{T}}\left(\boldsymbol{L}\otimes\boldsymbol{I}_2\right)\left[\boldsymbol{v}(t)+k_p\overline{\mathrm{sig}}^{1/2}(\boldsymbol{p}(t))\right]-k_x\|(\boldsymbol{L}\otimes\boldsymbol{I}_2)\,\hat{\boldsymbol{x}}_c(t)\|_1\\
&\leqslant-(k_x-k_1-k_2-v_d-k_p)\|(\boldsymbol{L}\otimes\boldsymbol{I}_m)\,\hat{\boldsymbol{x}}_c(t)\|_1.
\end{aligned}
$$

令 $\hat{\boldsymbol{x}}_c(t)=\left(\dfrac{\boldsymbol{1}_N\boldsymbol{1}_N^{\mathrm{T}}}{N}\otimes\boldsymbol{I}_2\right)\hat{\boldsymbol{x}}_c(t)+\hat{\boldsymbol{x}}_c^*(t)$, 可验证 $(\boldsymbol{L}\otimes\boldsymbol{I}_2)\,\hat{\boldsymbol{x}}_c(t)=(\boldsymbol{L}\otimes\boldsymbol{I}_2)\,\hat{\boldsymbol{x}}_c^*(t)$, 并且 $\left\|(\boldsymbol{L}\otimes\boldsymbol{I}_2)\,\hat{\boldsymbol{x}}_c^*(t)^{\mathrm{T}}\right\|_2^2=\hat{\boldsymbol{x}}_c^*(t)^{\mathrm{T}}(\boldsymbol{L}^2\otimes\boldsymbol{I}_2)^{\mathrm{T}}\hat{\boldsymbol{x}}_c^*(t)\geqslant\lambda_2^2\hat{\boldsymbol{x}}_c^*(t)^{\mathrm{T}}\hat{\boldsymbol{x}}_c^*(t)$. 同时有 $V(t)=\dfrac{1}{2}\hat{\boldsymbol{x}}_c^*(t)^{\mathrm{T}}\left(\boldsymbol{L}\otimes\boldsymbol{I}_2\right)\hat{\boldsymbol{x}}_c^*(t)\leqslant\dfrac{\lambda_N}{2}\hat{\boldsymbol{x}}_c^*(t)^{\mathrm{T}}\hat{\boldsymbol{x}}_c^*(t)$. 进而可得

$$
\|(\boldsymbol{L}\otimes\boldsymbol{I}_2)\,\hat{\boldsymbol{x}}_c(t)\|_1=\|(\boldsymbol{L}\otimes\boldsymbol{I}_2)\,\hat{\boldsymbol{x}}_c^*(t)\|_1\geqslant\|(\boldsymbol{L}\otimes\boldsymbol{I}_2)\,\hat{\boldsymbol{x}}_c^*(t)\|_2\geqslant\sqrt{\frac{2\lambda_2^2}{\lambda_N}}V(t)^{1/2},
$$

结合前面 $\dot{V}(t)$ 的推导式可得

$$\dot{V}(t) \leqslant -(k_x - k_1 - k_2 - v_d - k_p)\sqrt{\frac{2\lambda_2^2}{\lambda_N}} V(t)^{1/2}.$$

因此, 在 $k_1 + k_2 + v_d \leqslant v_m$ 且 $k_p + v_m < k_x$ 成立的条件下, 速度 $\boldsymbol{v}(t)$ 满足约束并且 $V(t)$ 在有限时间内趋向于零, 进而可得 $\hat{\boldsymbol{x}}_{ci}(t) = \hat{\boldsymbol{x}}_{cj}(t), i, j = 1, \cdots, N$.

进一步地, 当 $\hat{\boldsymbol{x}}_{ci}(t) = \hat{\boldsymbol{x}}_{cj}(t), i, j = 1, \cdots, N$ 时, 由式 (6.1) 可得 $\dot{\boldsymbol{p}}_i(t) = -k_p \overline{\text{sig}}^{1/2}(\boldsymbol{p}_i(t))$, 故 $\boldsymbol{p}_i(t)$ 经过有限时间收敛到 $\boldsymbol{0}$. 考虑到 $\hat{\boldsymbol{x}}_{ci}(t) = \boldsymbol{x}_i(t) - \boldsymbol{p}_i(t)$, $\sum\limits_{i=1}^{N} \hat{\boldsymbol{x}}_{ci}(t) = \sum\limits_{i=1}^{N} \boldsymbol{x}_i(t) - \sum\limits_{i=1}^{N} \boldsymbol{p}_i(t)$, 以及 $\hat{\boldsymbol{x}}_{ci}(t) = \hat{\boldsymbol{x}}_{cj}(t), i, j = 1, \cdots, N$, 则经过有限时间有 $\hat{\boldsymbol{x}}_{ci}(t) = \dfrac{1}{N}\sum\limits_{i=1}^{N} \boldsymbol{x}_i(t) = \boldsymbol{x}_c(t)$. 此时控制输入 $\boldsymbol{v}_i(t)$ 退化为:

$$\begin{aligned}\boldsymbol{v}_i(t) = &-k_1 \text{sat}\left(\sum_{j=1}^{N} a_{ij}\left(\boldsymbol{x}_i(t) - \boldsymbol{d}_{s_i}(t) - \boldsymbol{x}_j(t) + \boldsymbol{d}_{s_j}(t)\right)\right) \\ &- k_2 \text{sat}(\boldsymbol{x}_c(t) - \boldsymbol{x}_d(t)) + \dot{\boldsymbol{x}}_d(t).\end{aligned}$$

令 $\tilde{\boldsymbol{x}}_i(t) = \boldsymbol{x}_i(t) - \boldsymbol{d}_{s_i}(t)$, $\tilde{\boldsymbol{x}}(t) = [\tilde{\boldsymbol{x}}_1(t)^{\mathrm{T}}, \cdots, \tilde{\boldsymbol{x}}_N(t)^{\mathrm{T}}]^{\mathrm{T}}$, 以及 $\boldsymbol{\xi}(t) = (\boldsymbol{L} \otimes \boldsymbol{I}_2)\tilde{\boldsymbol{x}}(t)$, 其中 $\boldsymbol{\xi}(t) = [\boldsymbol{\xi}_1(t)^{\mathrm{T}}, \cdots, \boldsymbol{\xi}_N(t)^{\mathrm{T}}]^{\mathrm{T}}$, $\boldsymbol{\xi}_i(t) = [\xi_{i1}(t), \xi_{i2}(t)]^{\mathrm{T}}$, $i = 1, 2, \cdots, N$, 则有 $\dot{\boldsymbol{\xi}}(t) = -k_1(\boldsymbol{L} \otimes \boldsymbol{I}_2)\text{sat}(\boldsymbol{\xi}(t))$. 考虑 Lyapunov 函数 $V(t) = \sum\limits_{i=1}^{N}\sum\limits_{j=1}^{2}\int_0^{\xi_{ij}(t)} \text{sat}(s)\mathrm{d}s$, 求导可得 $\dot{V}(t) = -k_1 \text{sat}^{\mathrm{T}}(\boldsymbol{\xi}(t))(\boldsymbol{L} \otimes \boldsymbol{I}_2)\text{sat}(\boldsymbol{\xi}(t)) \leqslant 0$. 因此, $\boldsymbol{\xi}(t)$ 渐近趋向于向量 $\boldsymbol{\xi} = \boldsymbol{1}_N \otimes \boldsymbol{c}$, 其中 $\boldsymbol{c}$ 为一常数向量. 由 $(\boldsymbol{1}_N^{\mathrm{T}} \otimes \boldsymbol{I}_2)\boldsymbol{\xi}(t) = \boldsymbol{0}$, 可得 $\boldsymbol{c} = \boldsymbol{0}$. 因此当 $t \to \infty$ 时, $\boldsymbol{x}_i(t) - \boldsymbol{d}_{s_i}(t) - \boldsymbol{x}_j(t) + \boldsymbol{d}_{s_j}(t) \to \boldsymbol{0}$. 注意到 $\sum\limits_{i=1}^{N} \boldsymbol{d}_i(t) = \boldsymbol{0}$, 则当 $t \to \infty$ 时, $\boldsymbol{x}_i(t) - \boldsymbol{d}_{s_i}(t) - \boldsymbol{x}_c(t) \to \boldsymbol{0}$. 另外,

$$\begin{aligned}\dot{\boldsymbol{x}}_c(t) &= \frac{1}{N}\sum_{i=1}^{N} \boldsymbol{v}_i(t) \\ &= -\frac{k_1}{N}\sum_{i=1}^{N} \text{sat}\left[\sum_{j=1}^{N} a_{ij}\left(\boldsymbol{x}_i(t) - \boldsymbol{d}_{s_i}(t) - \boldsymbol{x}_j(t) + \boldsymbol{d}_{s_j}(t)\right)\right] \\ &\quad - k_2 \text{sat}\left(\boldsymbol{x}_c(t) - \boldsymbol{x}_d(t)\right) + \dot{\boldsymbol{x}}_d(t).\end{aligned}$$

注意到当 $t \to \infty$ 时, $\boldsymbol{x}_i(t) - \boldsymbol{d}_{s_i}(t) - \boldsymbol{x}_j(t) + \boldsymbol{d}_{s_j}(t) \to \boldsymbol{0}$, 进而有 $\boldsymbol{x}_c(t) - \boldsymbol{x}_d(t) \to \boldsymbol{0}$.

因此当 $t\to\infty$ 时, $\boldsymbol{x}_i(t)-\boldsymbol{d}_{s_i}(t)-\boldsymbol{x}_d(t)\to\mathbf{0}$, 即在控制器参数满足

$$
\begin{aligned}
&k_1+k_2+v_d\leqslant v_m,\\
&k_p+v_m<k_x.
\end{aligned}
$$

的条件下, 所设计的编队控制器 $\boldsymbol{v}_i$ 可以实现速度约束下的编队跟踪控制.

值得注意的是, 以上设计的基于一致性的编队控制器的优势在于只需使用多智能体系统间的相对位置测量信息, 对智能体间的通信能力要求较低. 同时, 控制器利用饱和函数能够使得智能体的速度全局有界. 通过选择合适的观测器参数和控制器参数, 可从理论上保证编队控制误差渐近趋向于零. 可以发现, 参数需满足的不等式条件形式较为简单, 因此容易选择满足条件的合适参数.

6.3 基于速度障碍物的安全编队控制

为保证智能体在环境中运动时的安全性, 每个智能体需注意与其他智能体及环境中的障碍物避免碰撞. 假设每个智能体 i 均可由圆形外形近似, 并记其碰撞半径为 R_i. 环境中静动态障碍物的运动学模型由如下微分方程模型表示:

$$
\dot{\boldsymbol{x}}_j(t)=\boldsymbol{v}_j(t),\ j=N+1,\cdots,N+M. \tag{6.2}
$$

式中, $\boldsymbol{v}_j(t)\in\mathbb{R}^2$ 为障碍物 j 的运动速度. 特别地, 对于静态障碍物 j, 有 $\boldsymbol{v}_j(t)=\mathbf{0}$. 考虑到避碰时智能体距离障碍物周围任意方向的距离都应大于一定距离, 因此假设静动态障碍物均可由圆形外形近似, 并记障碍物 j 的碰撞半径为 R_{O_j}. 对于外形更复杂的障碍物, 可用多个圆形叠加覆盖方式推广所设计的避碰控制方法.

6.3.1 速度障碍物构造

速度障碍物法是一类实用的基于几何的机器人避障控制方法 [182]. 本节考虑将此方法推广到多智能体协同编队运动控制问题中. 当智能体与静动态障碍物避障时, 设智能体由 A 表示, 障碍物由 B 表示. 记智能体的避碰半径为 r_A, 速度为 $\boldsymbol{v}_A$, 障碍物的避碰半径为 r_B, 速度为 $\boldsymbol{v}_B$. 速度障碍物构造如图 6.2 所示. 以障碍物 B 为圆心, (r_A+r_B) 为半径作圆, 由顶点 A 出发, 可作出此圆的两条切线. 当 $\boldsymbol{v}_A,\boldsymbol{v}_B$ 保持不变, 且相对速度 $(\boldsymbol{v}_A-\boldsymbol{v}_B)$ 落入此扇形区域内时, 智能体与障碍物将在有限时间后发生碰撞. 以智能体 A 的圆心为顶点, 将此扇形区域沿速度向量 $\boldsymbol{v}_B$ 平移, 则可得到速度障碍物 $\mathrm{VO}_B^A(\boldsymbol{v}_B)$. 其物理含义为, 若智能体 A 的速度向量 $\boldsymbol{v}_A$ 落入此区域, 则经过有限时间, 智能体与障碍物将会发生碰撞. 而当速度向量 $\boldsymbol{v}_A$ 在速度障碍物以外时, 智能体和障碍物保持速度不变将不会发生碰撞. 为了增大智能体速度 $\boldsymbol{v}_A$ 的可选范围, 考虑有限时间 τ 对应的速度障碍物. 类似前

述分析, 当智能体 A 的速度向量 $\boldsymbol{v}_A$ 不落入阴影区域时, 智能体和障碍物保持运动速度不变, 则在有限时间 τ 内不会发生碰撞. 将此阴影区域定义为智能体 A 相对于障碍物 B 的有限时间 τ 速度障碍物 $\mathrm{VO}_{B|A}^{\tau}(\boldsymbol{v}_B)$.

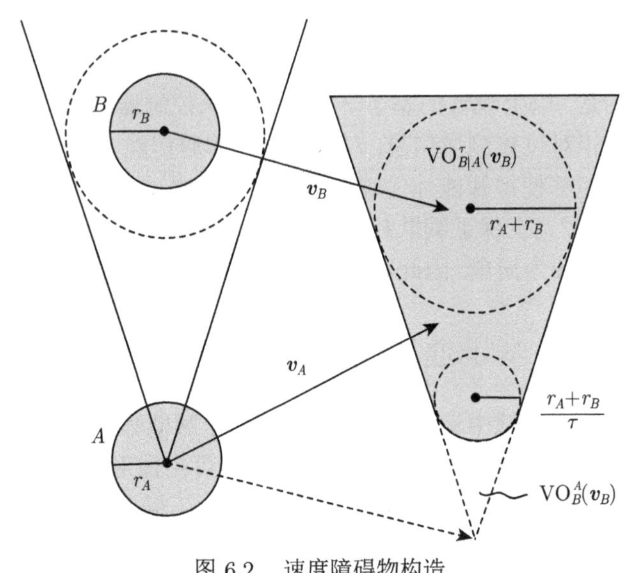

图 6.2 速度障碍物构造

当两个智能体之间避碰时, 可通过合作获得更大的可选速度集合 [183]. 设两个智能体分别由 A 和 B 表示, 并记智能体 A 的避碰半径为 r_A, 速度为 $\boldsymbol{v}_A$, 而智能体 B 的避碰半径为 r_B, 速度为 $\boldsymbol{v}_B$. 首先构造智能体 A 相对于智能体 B 的速度障碍物 $\mathrm{VO}_B^A(\boldsymbol{v}_B)$. 考虑到每个智能体只需改变一半的相对运动速度即可合作避开速度障碍物, 因此将速度障碍物沿向量 $\dfrac{\boldsymbol{v}_A+\boldsymbol{v}_B}{2}$ 平移, 得到互惠速度障碍物 $\mathrm{RVO}_{B|A}(\boldsymbol{v}_B,\boldsymbol{v}_A)$. 进一步考虑有限时间互惠速度障碍物. 类似于有限时间速度障碍物的构造方法, 可得有限时间 τ 互惠速度障碍物 $\mathrm{RVO}_{B|A}^{\tau}(\boldsymbol{v}_B,\boldsymbol{v}_A)$. 当智能体 A 和 B 的速度向量分别落在对应的有限时间 τ 互惠速度障碍物之外时, 保持智能体 A 和 B 运动速度不变, 则可保证在有限时间 τ 内两个智能体不会发生碰撞. 互惠速度障碍物构造示意图如图 6.3 所示.

6.3.2 避障编队控制器设计

根据智能体 i 与静动态障碍物 j 间对应的有限时间 τ 速度障碍物 $\mathrm{VO}_{j|i}^{\tau}(\boldsymbol{v}_j(t))$, 以及与其他智能体 k 间对应的有限时间 τ 互惠速度障碍物 $\mathrm{RVO}_{k|i}^{\tau}(\boldsymbol{v}_k(t),\boldsymbol{v}_i)$, 构造如下二次最优问题:

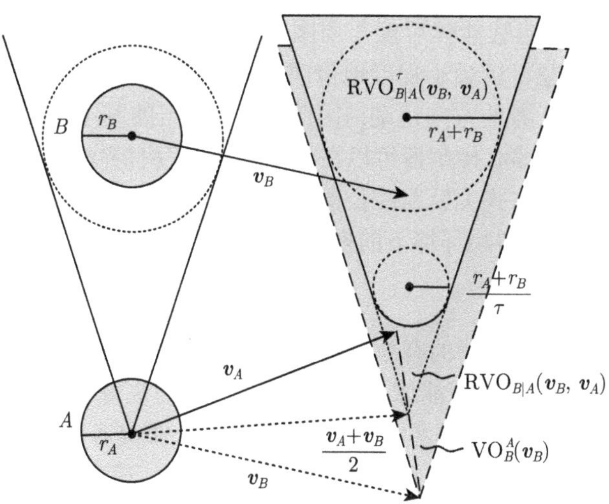

图 6.3 互惠速度障碍物构造

$$
\begin{aligned}
\boldsymbol{v}_i^*(t) &= \min_{\boldsymbol{v}_i} \|\boldsymbol{v}_i - \boldsymbol{v}_i^{\mathrm{pre}}(t)\|_2 \\
\text{s.t. } & \boldsymbol{v}_i \notin \cap \mathrm{VO}^{\tau}_{j|i}\left(\boldsymbol{v}_j(t)\right), \ j \in \mathcal{N}^i_O(t), \\
& \boldsymbol{v}_i \notin \cap \mathrm{RVO}^{\tau}_{k|i}\left(\boldsymbol{v}_k(t), \boldsymbol{v}_i\right), \ k \in \mathcal{N}^i_c(t), \\
& \|\boldsymbol{v}_i\|_\infty \leqslant v_m.
\end{aligned} \tag{6.3}
$$

式中, $\boldsymbol{v}_i^{\mathrm{pre}}(t)$ 为标称编队控制器; $\mathcal{N}^i_O(t)$ 为智能体 i 感知范围内的静动态障碍物集合; $\mathcal{N}^i_c(t)$ 为智能体 i 感知范围内的邻居智能体集合. 记 $\mathrm{Ds}=\min_{j\in\mathcal{N}^i_O(t)}\{\mathrm{dis}(\boldsymbol{x}_i(t), \boldsymbol{x}_{O_j}(t))-R_i-R_{O_j}-\delta\}$, 其中 $\boldsymbol{x}_{O_j}(t)\in\mathbb{R}^2$ 为障碍物 j 的圆心位置向量, $\mathrm{dis}(\boldsymbol{x},\boldsymbol{y})$ 代表两向量 $\boldsymbol{x},\boldsymbol{y}$ 间的距离, R_i 为智能体 i 的半径, R_{O_j} 为障碍物 j 的半径, $\delta>0$ 为碰撞安全裕度. 由 6.3.1 节内容, 每个智能体 i 的标称编队控制器设计为如下形式:

$$
\boldsymbol{v}_i^{\mathrm{pre}}(t) = \begin{cases}
-k_1 \mathrm{sat}\left(\displaystyle\sum_{j=1}^{N} a_{ij}\left(\boldsymbol{x}_i(t) - \boldsymbol{d}_{p_i}(t) - \boldsymbol{x}_j(t) + \boldsymbol{d}_{p_j}(t)\right)\right) \\
-k_2 \mathrm{sat}(\hat{\boldsymbol{x}}_{ci}(t) - \boldsymbol{x}_d(t)) + \dot{\boldsymbol{x}}_d(t)), \quad \mathrm{Ds} > 0, \\
-k_2 \mathrm{sat}(\boldsymbol{x}_i(t) - \boldsymbol{x}_d(t)) + \dot{\boldsymbol{x}}_d(t), \quad \mathrm{Ds} \leqslant 0.
\end{cases} \tag{6.4}
$$

所构造的最优化问题 (6.3) 的解 $\boldsymbol{v}_i^*(t)$ 即为多智能体系统的分布式避碰编队控制器. 所设计的基于二次最优问题的编队控制器能够在编队跟踪控制和避碰之间实现有效平衡, 并兼具计算量小的优势. 当智能体与环境中的障碍物以及邻居智能体无碰撞危险时, 最优控制器与标称编队控制器的输入一致, 因此智能体将完成编队控制目标; 当智能体可能与周围障碍物或者其他智能体发生碰撞时, 求解局部二次最优问题可以最小程度地修改标称编队控制器, 从而在完成避碰的同时尽量朝实现编队任务的方向运动. 因此, 本节提出的基于速度障碍物的具有有界输入的分布式避碰编队控制器可以在满足输入速度有界约束的前提下实现多智能体系统的无碰撞分布式编队跟踪控制. 该控制器具有计算量小、应用范围广等优势, 可适用于不同障碍物环境下的多类实际多智能体系统的编队跟踪控制任务.

6.3.3　仿真分析

为了展示所设计控制器的有效性, 考虑如下仿真算例.

例 6.1　假设有 6 个智能体（移动小车）, 初始位置和理想编队由图 6.4 给出, 其中理想编队队形为半径为 6.5 m 的圆形编队. 根据各智能体的初始位置, 确定通信图如图 6.5 所示. 每个智能体的半径 $r = 3\,\mathrm{m}$, 速度上界 $v_m = 2\,\mathrm{m/s}$. 编队跟踪轨迹 $\boldsymbol{x}_d(t) = [35, 35]^{\mathrm{T}}$, 即理想目的地为 $[35, 35]^{\mathrm{T}}$, $\dot{\boldsymbol{x}}_d(t) = \mathbf{0}$. 假设环境中有 3 个静态障碍物和 1 个动态障碍物, 静态障碍物半径为 6 m, 动态障碍物半径为 3 m.

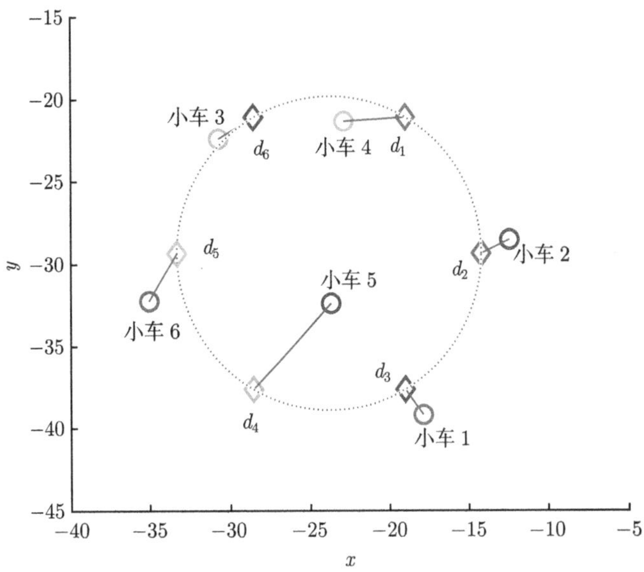

图 6.4　智能体的初始位置 (x, y) 及理想编队队形

首先设计编队控制器 (6.1):

$$\boldsymbol{v}_i(t) = -k_1 \mathrm{sat}\left(\sum_{j=1}^{N} a_{ij}\left(\boldsymbol{x}_i(t) - \boldsymbol{d}_{s_i}(t) - \boldsymbol{x}_j(t) + \boldsymbol{d}_{s_j}(t)\right)\right)$$

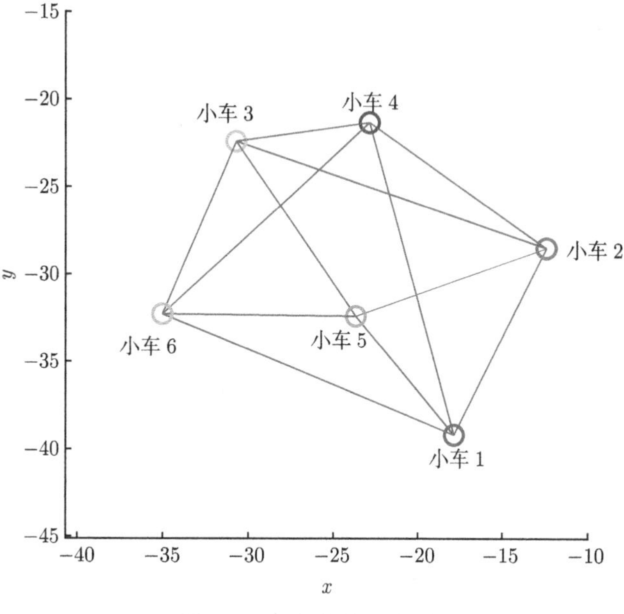

图 6.5 智能体的通信图

$$
\begin{aligned}
&- k_2 \operatorname{sat}(\hat{\boldsymbol{x}}_{ci}(t) - \boldsymbol{x}_d(t)) + \dot{\boldsymbol{x}}_d(t), \\
\dot{\boldsymbol{p}}_i(t) = &- k_p \overline{\operatorname{sig}}^{1/2}(\boldsymbol{p}_i(t)) + k_x \operatorname{sgn}\left[\sum_{j=1}^{N} a_{ij}\left(\hat{\boldsymbol{x}}_{ci}(t) - \hat{\boldsymbol{x}}_{cj}(t)\right)\right], \\
\hat{\boldsymbol{x}}_{ci}(t) = &\ \boldsymbol{x}_i(t) - \boldsymbol{p}_i(t).
\end{aligned}
$$

式中, $k_1 = 1; k_2 = 1; k_p = 2; k_x = 5$. 然后根据式 (6.4) 设计 $\boldsymbol{v}_i^{\text{pre}}(t)$, 其中 $\delta = 0.3\,\text{m}$. 进而构造二次最优问题得到分布式避碰编队控制器. 仿真结果如图 6.6 和

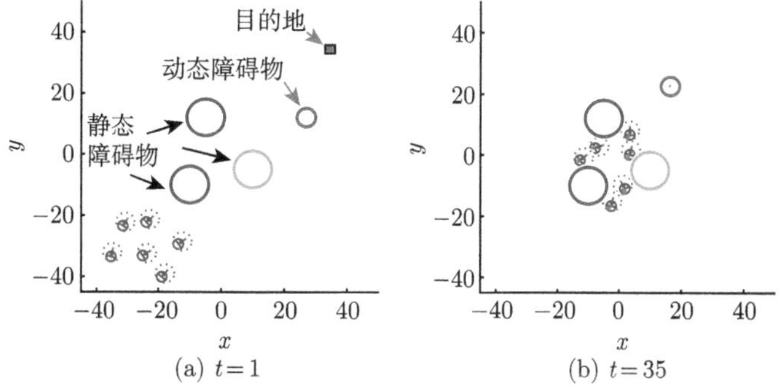

(a) $t=1$ (b) $t=35$

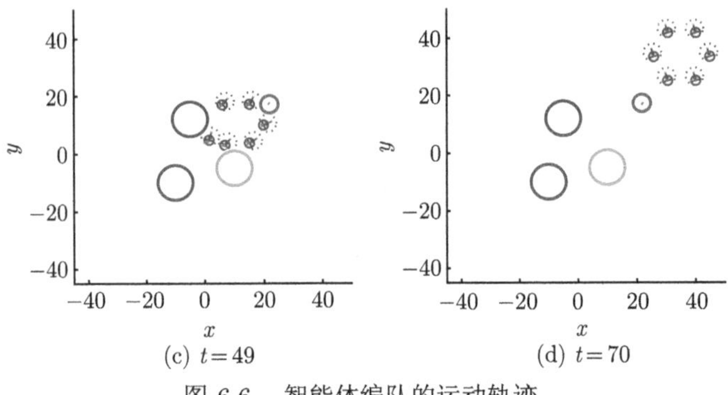

图 6.6　智能体编队的运动轨迹

图 6.7 所示. 图 6.6 显示, 利用所设计的分布式避碰编队控制器, 多智能体系统能够顺利实现编队跟踪控制, 同时运动过程中智能体能够自动避开环境中的静态障碍物以及动态障碍物. 图 6.7 显示了每时刻每个智能体与最近物体（包括其他智能体及环境障碍物）间的最小距离. 可以看出, 所设计控制器成功实现编队运动过程中避碰目标.

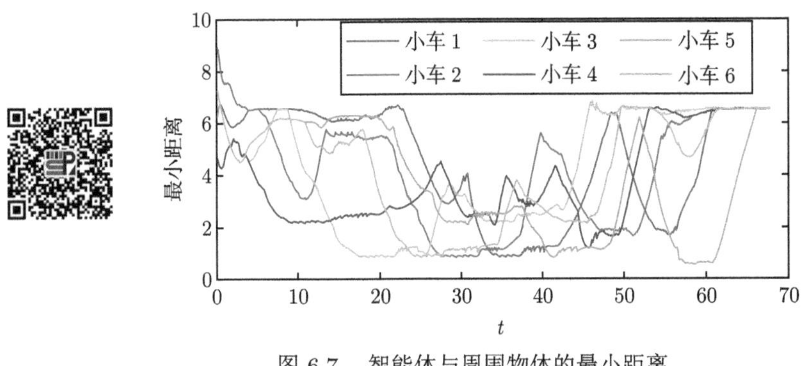

图 6.7　智能体与周围物体的最小距离

6.4　基于势函数的安全编队控制

势函数法是另一种常见的实现机器人避障运动控制的方法 [184]. 本节考虑一种基于势函数的多智能体系统分布式避障编队控制律, 其中编队控制作用和避障控制作用均由势函数产生. 用 $\mathcal{N}=\{\mathrm{Rb}_1,\cdots,\mathrm{Rb}_N\}$ 表示 N 个智能体集合. 为方便表示平面中 x, y 坐标分量, 每个智能体的位置向量由 $\boldsymbol{z}_i(t)=[x_i(t),y_i(t)]^{\mathrm{T}},i=1,\cdots,N$ 表示. 智能体 Rb_i 的运动学模型表示为:

$$\dot{\boldsymbol{z}}_i(t)=\boldsymbol{u}_i(t),\quad i=1,\cdots,N. \tag{6.5}$$

式中, $\boldsymbol{u}_i(t)=[u_{i1}(t),u_{i2}(t)]^{\mathrm{T}}\in\mathbb{R}^2$ 是第 i 个智能体沿 x 和 y 轴的速度. 令 $\mathcal{N}_i(t)\subseteq\{1,\cdots,N\}$, $\mathcal{N}_i(t)\neq\varnothing$, $i=1,\cdots,N$ 表示智能体 Rb_i 的邻居集合. 令 $\boldsymbol{c}_{ji}\in\mathbb{R}^2$, $\forall j\in\mathcal{N}_i(t)$ 表示智能体 Rb_i 在编队中相对于智能体 Rb_j 的期望位置, 则可用

$$\boldsymbol{z}_i^*(t)=\varphi_i\left(\mathcal{N}_i(t)\right)=\frac{1}{n_i(t)}\sum_{j\in\mathcal{N}_i(t)}\left(\boldsymbol{z}_j(t)+\boldsymbol{c}_{ji}\right),\quad i=1,\cdots,N. \tag{6.6}$$

给出队形中每个智能体 Rb_i 的期望编队位置, 其中 $n_i(t)$ 是 $\mathcal{N}_i(t)$ 的基数. 设 $\dfrac{d^s}{2}$ 为每个智能体的安全半径, 则避障编队控制问题即为每个智能体 Rb_i 设计一个控制律 $\boldsymbol{u}_i(t)=\boldsymbol{f}_i\left(\mathcal{N}_i(t)\right)$, 使得

$$\lim_{t\to\infty}\left(\boldsymbol{z}_i(t)-\boldsymbol{z}_i^*(t)\right)=\mathbf{0},\quad i=1,\cdots,N \text{（收敛到所需的队形）},$$

$$\|\boldsymbol{z}_i(t)-\boldsymbol{z}_j(t)\|\geqslant d^s,\ \forall t\geqslant 0,\quad i\neq j \text{（避障）}.$$

定义 6.1 多智能体系统的编队位置质心 $\bar{\boldsymbol{z}}(t)$ 是系统中所有智能体位置的平均值, 即

$$\bar{\boldsymbol{z}}(t)=\frac{1}{N}\left(\boldsymbol{z}_1(t)+\cdots+\boldsymbol{z}_N(t)\right). \tag{6.7}$$

6.4.1 基于势函数的避障编队控制策略

假设多智能体系统的通信图为无向连通图. 对于系统 (6.5), 定义如下编队势函数 (APF):

$$\gamma_i(t)=\sum_{j\in\mathcal{N}_i(t)}\ln\left[\cosh\left(\boldsymbol{z}_i(t)-\boldsymbol{z}_j(t)-\boldsymbol{c}_{ji}\right)\right],\quad i=1,\cdots,N. \tag{6.8}$$

容易看出 $\gamma_i(t)$ 总是非负的, 并且当 $\boldsymbol{z}_i(t)-\boldsymbol{z}_j(t)=\boldsymbol{c}_{ji}$, $i=1,\cdots,N, j\in\mathcal{N}_i(t)$ 时, $\gamma_i(t)$ 达到极小值 ($\gamma_i(t)=0$). 因此, 基于 APF 的控制律定义为:

$$\boldsymbol{u}_i(t)=-\frac{1}{2}k\left(\frac{\partial\gamma_i(t)}{\partial\boldsymbol{z}_i(t)}\right),\ i=1,\cdots,N,\quad k>0. \tag{6.9}$$

闭环系统 (6.5)~(6.9) 的形式如下:

$$\dot{\boldsymbol{z}}_i(t)=-k\left(\sum_{j\in\mathcal{N}_i(t)}\tanh\left(\boldsymbol{z}_i(t)-\boldsymbol{z}_j(t)-\boldsymbol{c}_{ji}\right)\right). \tag{6.10}$$

取 Lyapunov 函数 $V_1(t)=\sum\limits_{i=1}^{N}\gamma_i(t)$, 易得

$$\dot{V}_1(t)=\sum_{i=1}^{N}\frac{\partial V_1(t)}{\partial\boldsymbol{z}_i(t)}\dot{\boldsymbol{z}}_i(t)=-k\sum_{i=1}^{N}\left\|\frac{\partial\gamma_i(t)}{\partial\boldsymbol{z}_i(t)}\right\|^2\leqslant 0.$$

进而根据无向连通图的 Laplace 矩阵的性质容易证明, 基于闭环系统 (6.5)~(6.9) 的多智能体系统将渐近收敛到期望编队队形, 即 $\lim_{t\to\infty}(\boldsymbol{z}_i(t)-\boldsymbol{z}_i^*(t))=\mathbf{0}, i=1,\cdots,N$.

注解 6.1 基于所设计的编队势函数 (6.8), 编队控制律 (6.9) 为双曲正切函数求和形式, 因此控制输入全局有界. 对于带有输入约束的实际多智能体系统, 这种形式的控制律可保证从任意初始位置出发, 智能体始终满足输入约束.

注意到基于 APF 的控制策略保证了多智能体收敛到期望的队形. 但是, 运动过程中智能体之间可能发生碰撞. 本节使用避碰势函数 (RPF) 实现避碰, 其基本思想是每个智能体在运动过程中都将其他所有智能体视为移动障碍物. 记有可能与智能体 Rb_i 发生碰撞的智能体集合为

$$\mathcal{M}_i(t)=\left\{\text{Rb}_j\in\mathcal{N}\mid\beta_{ij}(t)\leqslant d^2\right\}, i=1,\cdots,N. \tag{6.11}$$

式中, $\beta_{ij}(t)=(\|\boldsymbol{z}_i(t)-\boldsymbol{z}_j(t)\|-d^s)^2, \forall i,j\in\mathcal{N}, i\neq j$, d 取决于智能体的感知半径. 一般来说, 集合 $\mathcal{M}_i(t)$ 会因智能体的运动而随时间变化. 在此基础上, 定义如下基于 APF 和 RPF 的编队避碰控制律:

$$\boldsymbol{u}_i(t)=-\frac{1}{2}k\frac{\partial\gamma_i(t)}{\partial\boldsymbol{z}_i(t)}-\sum_{j\in\mathcal{M}_i(t)}\frac{\partial V_{ij}(t)}{\partial\boldsymbol{z}_i(t)},\ i=1,\cdots,N. \tag{6.12}$$

式中, $\gamma_i(t)$ 是由式 (6.8) 定义, $V_{ij}(\beta_{ij}(t))$ 是满足以下特性的 RPF（在智能体 Rb_i 和 Rb_j 之间）:

(1) $\beta_{ij}(t)\leqslant d^2$ 且 $\beta_{ij}(t)\to0$ 时, V_{ij} 单调增加;

(2) $\lim_{\beta_{ij}\to0}V_{ij}(t)=\infty$;

(3) $\beta_{ij}(t)>d^2$ 时, $V_{ij}(t)=0$; $\beta_{ij}(t)=d^2$ 时, $\dfrac{\partial V_{ij}(t)}{\partial\boldsymbol{z}_i(t)}=0$.

最后一个条件保证了每个 $V_{ij}(t)$ 仅在智能体 Rb_i 的感知区域内平滑出现. 此外, 它还确保

$$\sum_{j\in\mathcal{M}_i(t)}\frac{\partial V_{ij}(t)}{\partial\boldsymbol{z}_i(t)}=\sum_{j\neq i}\frac{\partial V_{ij}(t)}{\partial\boldsymbol{z}_i(t)}. \tag{6.13}$$

一个满足上述性质的 RPF 例子为 [185]:

$$V_{ij}(t)=\begin{cases}\eta\left(\dfrac{1}{\beta_{ij}(t)}-\dfrac{1}{d^2}\right)^2, & \beta_{ij}(t)\leqslant d^2,\\ 0, & \beta_{ij}(t)>d^2.\end{cases} \tag{6.14}$$

式中, $\eta>0$. 以下函数也符合 RPF 的属性:

$$V_{ij}(t)=\begin{cases}\eta\left(\dfrac{1}{\beta_{ij}(t)}-\dfrac{1}{d^2}\right)^r, & \beta_{ij}(t)\leqslant d^2, \quad r=2,3,4,\cdots,\\ 0, & \beta_{ij}(t)>d^2.\end{cases} \tag{6.15}$$

$$V_{ij}(t)=\begin{cases}\eta\left(\dfrac{\left(\beta_{ij}(t)-d^2\right)^2}{\beta_{ij}(t)}\right), & \beta_{ij}(t)\leqslant d^2,\\ 0, & \beta_{ij}(t)>d^2.\end{cases} \tag{6.16}$$

注意到, 一般成立 $\beta_{ij}(t)=\beta_{ji}(t)$, $V_{ij}(t)=V_{ji}(t)$, $\dfrac{\partial V_{ij}(t)}{\partial\beta_{ij}(t)}=\dfrac{\partial V_{ji}(t)}{\partial\beta_{ji}(t)}$, $\forall i\neq j$. 因此, RPF 满足以下反对称特性:

$$\frac{\partial V_{ij}(t)}{\partial \boldsymbol{z}_i(t)}=-\frac{\partial V_{ji}(t)}{\partial \boldsymbol{z}_j(t)}, \quad \forall i\neq j. \tag{6.17}$$

取 Lyapunov 函数 $V(t)=\sum\limits_{i=1}^{N}\gamma_i(t)+\sum\limits_{i=1}^{N}\sum\limits_{j\neq i}V_{ij}(t)$, 容易证明沿闭环系统轨迹有 $\dot V(t)\leqslant 0$.

基于混合 APF 和 RPF 的避碰编队控制律的主要缺点是智能体可能被困在非预期的平衡点. 对于无向通信图的情况, 当智能体渐近趋向理想编队队形时, 经过有限时间有 $\sum\limits_{j\in\mathcal{N}_i(t)}\tanh\left(\boldsymbol{z}_i(t)-\boldsymbol{z}_j(t)-\boldsymbol{c}_{ji}\right)=\sum\limits_{j\in\mathcal{N}_i(t)}\left(\boldsymbol{z}_i(t)-\boldsymbol{z}_j(t)-\boldsymbol{c}_{ji}\right)$, $i=1,\cdots,N$, 进而可通过求解平衡方程得到闭环系统平衡点:

$$\left[(k\boldsymbol{L}+2\boldsymbol{R}(t))\otimes\boldsymbol{I}_2\right]\boldsymbol{z}(t)=k\boldsymbol{c}(t). \tag{6.18}$$

式中, $\boldsymbol{L}$ 是无向通信图对应的 Laplace 矩阵; $\boldsymbol{c}(t)=[\boldsymbol{c}_1(t)^{\mathrm{T}},\cdots,\boldsymbol{c}_N(t)^{\mathrm{T}}]^{\mathrm{T}}$; $\boldsymbol{c}_i(t)=\sum\limits_{j\in\mathcal{N}_i(t)}\boldsymbol{c}_{ji}$; 方阵 $\boldsymbol{R}(t)$ 里面的 (i,j) 项元素定义为

$$(\boldsymbol{R}(t))_{ij}=\begin{cases}\sum\limits_{j\neq i}\dfrac{\partial V_{ij}(t)}{\partial\beta_{ij}(t)}\cdot\dfrac{\|z_i(t)-z_j(t)\|-d^s}{|z_i(t)-z_j(t)\|}, & i=j,\\ -\dfrac{\partial V_{ij}(t)}{\partial\beta_{ij}(t)}\cdot\dfrac{\|z_i(t)-z_j(t)\|-d^s}{|z_i(t)-z_j(t)\|}, & i\neq j.\end{cases}$$

例如, 分析两个智能体 (Rb_1 和 Rb_2) 编队的最简单情况, 其中 $\mathcal{N}_1=\{2\}$ 且 $\mathcal{N}_2=\{1\}$, 则式 (6.18) 可简化为:

$$\left[\left(k\begin{bmatrix}1 & -1\\ -1 & 1\end{bmatrix}+2q\begin{bmatrix}\dfrac{\partial V_{12}(t)}{\partial\beta_{12}(t)} & -\dfrac{\partial V_{12}(t)}{\partial\beta_{12}(t)}\\ -\dfrac{\partial V_{21}(t)}{\partial\beta_{21}(t)} & \dfrac{\partial V_{21}(t)}{\partial\beta_{21}(t)}\end{bmatrix}\right)\otimes\boldsymbol{I}_2\right]\begin{bmatrix}\boldsymbol{z}_1(t)\\ \boldsymbol{z}_2(t)\end{bmatrix}=k\begin{bmatrix}\boldsymbol{c}_{21}\\ \boldsymbol{c}_{12}\end{bmatrix}. \tag{6.19}$$

式中，$q=\dfrac{\|z_1(t)-z_2(t)\|-d^s}{|z_1(t)-z_2(t)\|}$.

考虑到式 (6.14) 中给出的 Khatib 的 RPF，将式 (6.19) 改写为以下非线性联立方程组:

$$\begin{aligned}&k\left(\boldsymbol{z}_1(t)-\boldsymbol{z}_2(t)\right)-\delta\frac{4\eta q}{(\|\boldsymbol{z}_1(t)-\boldsymbol{z}_2(t)\|-d^s)^4}\times\\ &\qquad\left(\frac{1}{(\|\boldsymbol{z}_1(t)-\boldsymbol{z}_2(t)\|-d^s)^2}-\frac{1}{d^2}\right)(\boldsymbol{z}_1(t)-\boldsymbol{z}_2(t))=k\boldsymbol{c}_{21},\\ &k\left(\boldsymbol{z}_2(t)-\boldsymbol{z}_1(t)\right)-\delta\frac{4\eta q}{(\|\boldsymbol{z}_1(t)-\boldsymbol{z}_2(t)\|-d^s)^4}\times\\ &\qquad\left(\frac{1}{(\|\boldsymbol{z}_1(t)-\boldsymbol{z}_2(t)\|-d^s)^2}-\frac{1}{d^2}\right)(\boldsymbol{z}_2(t)-\boldsymbol{z}_1(t))=k\boldsymbol{c}_{12}.\end{aligned} \tag{6.20}$$

式中，$\delta=\begin{cases}1, & \beta_{12}(t)\leqslant d^2\\ 0, & \beta_{12}(t)>d^2\end{cases}$. 方程组 (6.20) 是六阶的. 然而，对于这种特殊情况，通过消去共同项 $\delta\dfrac{4\eta q}{\beta_{12}(t)^2}\left(\dfrac{1}{\beta_{12}(t)}-\dfrac{1}{d^2}\right)$，则得到

$$\frac{y_2(t)-y_1(t)}{x_2(t)-x_1(t)}=\frac{y_1(t)-y_2(t)-g_{21}}{x_1(t)-x_2(t)-h_{21}}=\frac{y_2(t)-y_1(t)-g_{12}}{x_2(t)-x_1(t)-h_{12}}. \tag{6.21}$$

式中，$\boldsymbol{c}_{21}=[g_{21},h_{21}]^{\mathrm{T}}$; $\boldsymbol{c}_{12}=[g_{12},h_{12}]^{\mathrm{T}}$. 式 (6.21) 的解释是，在非期望的平衡点处，智能体 Rb_1 和 Rb_2 被放置在与其期望位置相同的线上. 这个非期望的平衡点是因为当两个智能体试图移动到另一侧时，它们相互抵消了引它们运动而产生的力.

一般来说，求解方程 (6.18) 是一个高度复杂的非线性问题，对于两个以上智能体的情况，类似的分析是不容易实现的. 平衡点的位置取决于智能体通信图的 Laplace 结构和出现在这些平衡点上的 RPF 的可能组合的数量. 此外，对于有向通信图，很难找到类似于方程 (6.18) 的一般表达式.

6.4.2 质心位置分析

对于无向连通图的情形，在基于 APF 和 RPF 的编队控制律作用下，可以证明多智能体系统的质心具有保持不变的性质.

命题 6.1 考虑系统 (6.5) 和控制律 (6.12). 假设 $k>0$, 并且多智能体系统的通信图为无向连通图, 则闭环系统 (6.5)~(6.12) 轨迹满足系统质心位置保持不变, 即 $\bar{\boldsymbol{z}}(t)=\bar{\boldsymbol{z}}(0), \forall t \geqslant 0$.

证明: 闭环系统 (6.5)~(6.12) 中每个智能体 Rb_i 的动力学方程可以写成

$$\dot{\boldsymbol{z}}_i(t)=-k\left(\sum_{j \in \mathcal{N}_i(t)} \tanh \left(\boldsymbol{z}_i(t)-\boldsymbol{z}_j(t)-\boldsymbol{c}_{ji}\right)\right)-\sum_{j \in \mathcal{M}_i(t)} \frac{\partial V_{ij}(t)}{\partial \boldsymbol{z}_i(t)}, \quad i=1, \cdots, N. \tag{6.22}$$

进而有

$$\dot{\boldsymbol{z}}_i(t)=-k\left(\sum_{j \in \mathcal{N}_i(t)} \tanh \left(\boldsymbol{z}_i(t)-\boldsymbol{z}_j(t)-\boldsymbol{c}_{ji}\right)\right)-\sum_{j \neq i} \frac{\partial V_{ij}(t)}{\partial \boldsymbol{z}_i(t)}, \quad i=1, \cdots, N. \tag{6.23}$$

那么, 质心位置的动力学方程由下式给出:

$$\begin{aligned}
\dot{\bar{\boldsymbol{z}}}(t)=\frac{1}{N} \sum_{i=1}^N \dot{\boldsymbol{z}}_i(t)= & -\frac{k}{N}\left(\sum_{i=1}^N \sum_{j \in \mathcal{N}_i(t)} \tanh \left(\boldsymbol{z}_i(t)-\boldsymbol{z}_j(t)-\boldsymbol{c}_{ji}\right)\right) \\
& -\frac{1}{N} \sum_{i=1}^N \sum_{j \neq i} \frac{\partial V_{ij}(t)}{\partial \boldsymbol{z}_i(t)} .
\end{aligned} \tag{6.24}$$

进而可得 $\dot{\bar{\boldsymbol{z}}}(t)=\mathbf{0}, \forall t \geqslant 0$. ■

由上述命题可知, 质心的位置由机器人的初始位置确定, 即 $\bar{\boldsymbol{z}}(t)=\bar{\boldsymbol{z}}(0)$, 并在编队运动过程中保持不变.

6.4.3 仿真分析

下面通过一个仿真例子来验证基于势函数的避障编队控制律的控制效果.

例 6.2 考虑如图 6.8 所示的 6 个智能体（移动小车）, 其中各智能体的初始位置和理想编队位置如图所示. 智能体的通信图如图 6.9 所示. 采用式 (6.12) 中所设计的障编队控制律, 其中 APF 由式 (6.8) 给出, RPF 由式 (6.14) 给出, 感知范围参数 $d=1$, 安全距离 $d^s=6$, RPF 增益系数 $\eta=0.1$, 控制增益 $k=0.3$. 仿真结果如图 6.10 所示. 可以看到, 所有智能体渐近趋向理想编队位置. 同时, 图 6.11 给出了运动过程中每个智能体离最近智能体的距离, 由此可知基于势函数的避障编队控制律成功实现了运动过程中智能体间的避障运动.

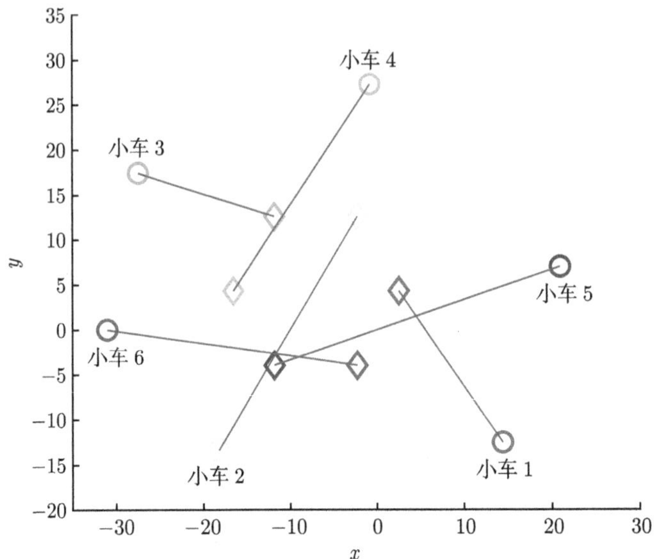

图 6.8　基于势函数的编队控制智能体的初始位置及理想编队位置

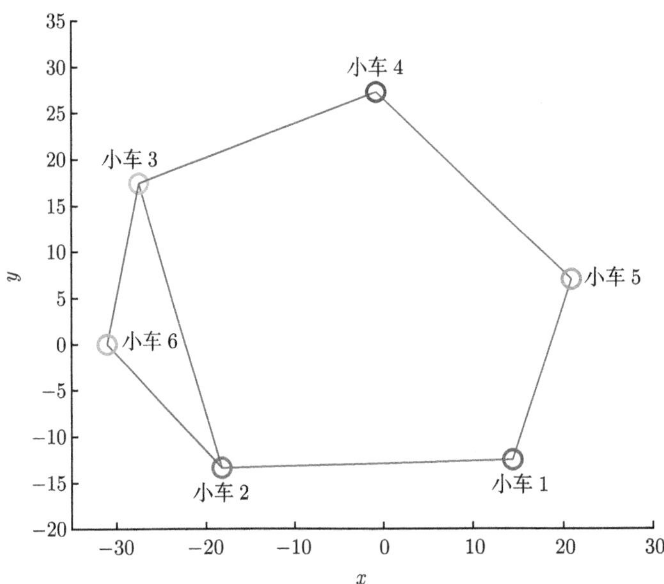

图 6.9　基于势函数的编队控制智能体的通信图

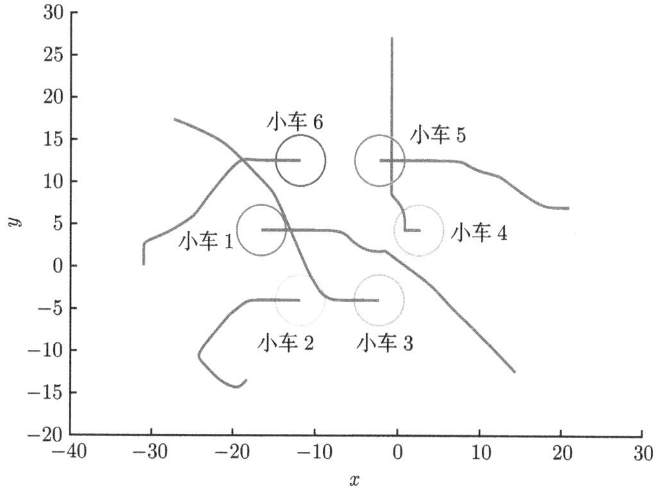

图 6.10 基于势函数的编队控制智能体的运动轨迹

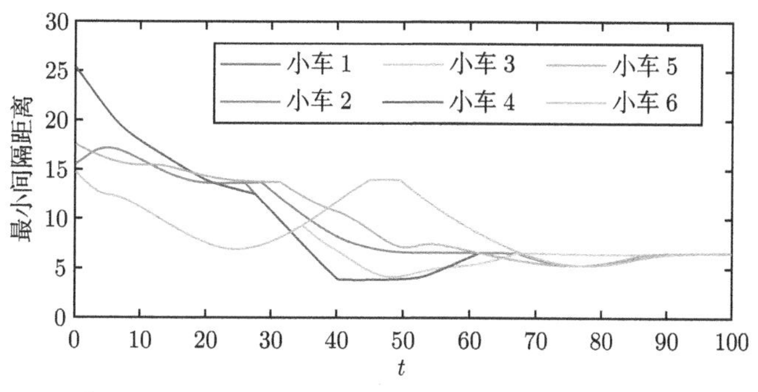

图 6.11 基于势函数的编队控制智能体间的最小距离

6.5 本 章 小 结

本章讨论了基于一致性的分布式编队控制律设计问题. 首先给出一种只使用相对位置信息的分布式编队控制律, 基于有限时间观测器, 证明了所设计的控制律能够实现多智能体系统编队跟踪控制. 接着讨论了两种实现编队避障控制的常用方法, 即基于速度障碍物的编队避障控制方法和基于势函数的编队避障控制方法. 通过构造局部二次最优控制问题, 证明了当智能体远离障碍物时, 基于速度障碍物的编队避障控制方法可以保持标称编队控制律性能. 基于势函数的避障方法的优势在于易于实现, 控制器形式较为简单. 最后, 通过仿真例子分别验证了两种编队避障控制方法的有效性.

第七章　基于一致性理论的无约束分布式优化

分布式优化在网络化系统中应用广泛, 例如, 通信网络中的资源配置问题、交通网络中的最优控制问题、传感器网络中的定位问题等 [186,187]. 在网络优化问题中, 每个结点充当一个智能体, 网络的全局目标函数通常表达为所有智能体的局部目标函数和. 分布式优化的目的在于利用多智能体之间的通信与协作找到整个网络优化问题的最优解.

在网络优化问题中, 集中式优化算法需要一个中心结点与其余结点一对一地通信来收集网络中其余所有结点的局部决策信息, 并计算整个网络的最优决策再返回给其余各个结点. 然而, 随着网络规模的增大, 集中式优化算法因其高昂的通信成本和计算成本并不适合解决大规模的网络优化问题. 与集中式优化算法相比, 分布式优化算法具有一些潜在的优势: (1) 每个智能体只需与邻居智能体进行局部信息的交互, 可减少通信基础设施的费用; (2) 智能体间不需要直接传递自身存储的局部信息, 包括目标函数和约束条件, 进而提高网络的安全性; (3) 对存在单个智能体故障的优化问题具有一定的鲁棒性. 分布式优化算法的优势使其可以高效地求解大规模复杂的网络优化问题. 因此, 研究分布式优化算法以解决大规模网络中的优化问题是一个重要的课题.

在已有的分布式优化工作中, 大部分算法依赖于通信图为无向通信图或有向平衡通信图的假设. 尽管在连续时间的框架下, 一些工作考虑了非平衡通信图下的无约束分布式凸优化问题 [188-191], 但是文献 [188, 189, 191] 中的算法依赖 Laplace 矩阵的列和为零这一前提条件, 这样的要求在非平衡通信图下很难保证. 此外, 在非平衡通信图下, 文献 [190] 中的算法只能最小化局部目标函数的加权和, 而不是原始的局部目标函数的和. 因此, 在一般强连通的有向通信图, 即相应的 Laplace 矩阵的行和为零的分布式环境下, 如何设计基于连续时间框架的分布式优化算法值得进一步研究. 另一方面, 在现实应用中, 单个智能体的计算资源和通信资源往往是有限的, 智能体与邻居智能体的频繁交互将消耗大量不必要的计算和通信资源, 引入事件触发通信机制使智能体之间仅在特定时刻进行信息交互, 可以节约大量的计算成本, 降低通信负担 [192,193]. 此外, 网络攻击的存在可能破坏智能体间的通信连边, 因此设计通信连边攻击下节约通信与计算资源的分布式优化算法具有重要的现实意义.

本章针对无约束的分布式凸优化问题, 基于一致性理论, 分别考虑了非平衡有向通信图下的分布式优化问题、通信连边攻击下基于连续时间通信机制的分布式优化问题, 以及通信连边攻击下基于事件触发通信机制的分布式优化问题, 设计了相应的分布式优化算法以通过智能体间的协作寻求最小化局部目标函数和的最优解.

7.1 问题描述

考虑 N 个智能体相互作用的分布式凸优化问题:

$$\min \sum_{i=1}^{N} f_i(\boldsymbol{s}), \quad \text{s.t.} \quad \boldsymbol{s} \in \mathbb{R}^n \tag{7.1}$$

式中, 对于每个智能体 $i \in \mathcal{I} = \{1, \cdots, N\}$; $f_i : \mathbb{R}^n \to \mathbb{R}$ 是智能体 i 的局部目标函数且不被其他的智能体所知; $\boldsymbol{s} \in \mathbb{R}^n$ 是决策变量. 在分布式优化中, 所有智能体相互协作旨在最小化全局目标函数, 该问题的最优解记为 $\boldsymbol{s}^*$.

为了分布式地求解该优化问题, 引入一致性约束, 将问题 (7.1) 转化为如下等价形式:

$$\begin{aligned} &\min f(\boldsymbol{x}) = \sum_{i=1}^{N} f_i(\boldsymbol{x}_i) \\ &\text{s.t.} \quad \boldsymbol{x}_1 = \boldsymbol{x}_2 = \cdots = \boldsymbol{x}_N. \end{aligned} \tag{7.2}$$

式中, $\boldsymbol{x} = \text{col}(\boldsymbol{x}_1, \cdots, \boldsymbol{x}_N)$. 在一致性约束下, 每个智能体对全局最优解 $\boldsymbol{s}^*$ 有着自己的局部估计, 通过与邻居智能体进行信息交互, 并借助梯度下降方法使得全局目标函数减小的同时所有智能体对最优解的局部估计达成一致.

根据文献 [194] 中的定理 3.34, 可获得问题 (7.1) 的最优解满足的条件.

引理 7.1 $\boldsymbol{s}^* \in \mathbb{R}^n$ 是问题 (7.1) 的最优解当且仅当 $\sum_{i=1}^{N} \nabla f_i(\boldsymbol{s}^*) = \mathbf{0}_n$ 成立.

注解 7.1 设 $\boldsymbol{x}_1^* = \boldsymbol{x}_2^* = \cdots = \boldsymbol{x}_N^* = \boldsymbol{s}^*$. 根据问题 (7.1) 与问题 (7.2) 的等价性, $\boldsymbol{x}^* = \mathbf{1}_N \otimes \boldsymbol{s}^*$ 是问题 (7.2) 的最优解.

下面将分别介绍非平衡有向通信图下的分布式优化算法、通信连边攻击下基于连续时间通信机制的分布式优化算法、通信连边攻击下基于事件触发通信机制的分布式优化算法.

7.2 非平衡有向通信图下的分布式优化算法

本节将针对非平衡有向通信图下的分布式优化问题, 从原问题出发, 将估计左特征向量的图平衡技术与梯度流算法相结合, 设计单个时间尺度的连续时间分布式优化算法, 通过理论分析证明算法的收敛性, 并给出仿真验证. 本节的相关结果主要基于文献 [195].

7.2.1　单时间尺度的连续时间优化算法

设问题 (7.1) 满足如下假设.

假设 7.1　对于 $i \in \mathcal{I}$, f_i 是强凸函数且强凸系数为 $m_i > 0$.

假设 7.2　对于 $i \in \mathcal{I}$, 梯度 ∇f_i 满足 Lipschitz 条件, 且 Lipschitz 常数为 $M_i > 0$.

假设 7.3　智能体之间的通信图是有向强连通的, 且其 Laplace 矩阵为 $\boldsymbol{L}$.

在假设 7.3 下针对平衡通信图, 对于每个智能体 $i \in \mathcal{I}$, 设计如下算法:

$$\begin{aligned}\dot{\boldsymbol{x}}_i(t) &= -a\nabla f_i(\boldsymbol{x}_i(t)) - b\sum_{j\in\mathcal{N}_i} a_{ij}(\boldsymbol{x}_i(t) - \boldsymbol{x}_j(t)) - c\boldsymbol{y}_i(t),\\ \dot{\boldsymbol{y}}_i(t) &= ab\sum_{j\in\mathcal{N}_i} a_{ij}(\boldsymbol{x}_i(t) - \boldsymbol{x}_j(t)).\end{aligned} \tag{7.3}$$

式中, $\boldsymbol{x}_i \in \mathbb{R}^n$ 负责搜索问题 (7.1) 的最优解; $\mathcal{N}_i$ 表示智能体 i 的邻居集合; $\boldsymbol{y}_i \in \mathbb{R}^n$ 是辅助变量; a, b, c 是正的调节参数.

注解 7.2　特别地, 当 $c = 1$ 时, 算法 (7.3) 与文献 [150] 中的算法一致. 本节提供另外一种不同于正交变量代换的方法, 即直接从算法 (7.3) 本身出发, 构造 Lyapunov 函数, 采用向量的直和分解以及矩阵克罗内克积的代数性质进行收敛性分析. 这种方法也为下文分析非平衡通信图下分布式优化算法的收敛性提供了必要的工具.

引入符号 $\boldsymbol{x}(t) = \mathrm{col}(\boldsymbol{x}_1(t), \cdots, \boldsymbol{x}_N(t))$, $\boldsymbol{y}(t) = \mathrm{col}(\boldsymbol{y}_1(t), \cdots, \boldsymbol{y}_N(t))$ 以及 $\nabla f(\boldsymbol{x}(t)) = \mathrm{col}\big(\nabla f_1(\boldsymbol{x}_1(t)), \cdots, \nabla f_N(\boldsymbol{x}_N(t))\big)$, 算法 (7.3) 等价于

$$\begin{aligned}\dot{\boldsymbol{x}}(t) &= -a\nabla f(\boldsymbol{x}(t)) - b(\boldsymbol{L}\otimes\boldsymbol{I}_n)\boldsymbol{x}(t) - c\boldsymbol{y}(t),\\ \dot{\boldsymbol{y}}(t) &= ab(\boldsymbol{L}\otimes\boldsymbol{I}_n)\boldsymbol{x}(t).\end{aligned} \tag{7.4}$$

引理 7.2　令假设 7.1～假设 7.3 成立, $\boldsymbol{1}_N^{\mathrm{T}}\boldsymbol{L} = \boldsymbol{0}_N^{\mathrm{T}}$ 且初始值 $\boldsymbol{y}(0)$ 满足 $\sum\limits_{i=1}^{N}\boldsymbol{y}_i(0) = \boldsymbol{0}_n$, 则算法 (7.4) 的平衡点 $\mathrm{col}(\boldsymbol{x}^*, \boldsymbol{y}^*)$ 满足 $\boldsymbol{x}^* = \boldsymbol{1}_N\otimes\boldsymbol{s}^*$, $\boldsymbol{y}^* = -\dfrac{a}{c}\nabla f(\boldsymbol{x}^*)$, 其中 $\boldsymbol{s}^*$ 是问题 (7.1) 的最优解.

证明: 平衡点的定义意味着

$$-a\nabla f(\boldsymbol{x}^*) - b(\boldsymbol{L}\otimes\boldsymbol{I}_n)\boldsymbol{x}^* - c\boldsymbol{y}^* = \boldsymbol{0}_{Nn} \tag{7.5}$$

$$ab(\boldsymbol{L}\otimes\boldsymbol{I}_n)\boldsymbol{x}^*=\boldsymbol{0}_{Nn} \tag{7.6}$$

从式 (7.6) 可以推出 $\boldsymbol{x}^*=\boldsymbol{1}_N\otimes\boldsymbol{s}^*$, 其中, $\boldsymbol{s}^*\in\mathbb{R}^n$. 在式 (7.4) 的两边同时左乘 $\boldsymbol{1}_N^{\mathrm{T}}\otimes\boldsymbol{I}_n$ 可得 $\sum\limits_{i=1}^{N}\dot{\boldsymbol{y}}_i(t)=\boldsymbol{0}_n$, 这表明

$$\sum_{i=1}^{N}\boldsymbol{y}_i(t)=\sum_{i=1}^{N}\boldsymbol{y}_i(0)=\boldsymbol{0}_n \tag{7.7}$$

在式 (7.5) 的两边同时左乘 $\boldsymbol{1}_N^{\mathrm{T}}\otimes\boldsymbol{I}_n$, 并结合式 (7.7) 可得

$$\sum_{i=1}^{N}\nabla f_i(\boldsymbol{s}^*)=\boldsymbol{0}_n \tag{7.8}$$

由引理 7.1 可知, 式 (7.8) 表明 $\boldsymbol{s}^*$ 是问题 (7.1) 的最优解. 而且易知, $\boldsymbol{y}^*=-\dfrac{a}{c}\nabla f(\boldsymbol{x}^*)$. ■

从引理 7.2 中可以看出, 通信图的平衡性是确保算法 (7.4) 能够解决问题 (7.1) 的一个前提条件. 为了处理非平衡的通信图, 每个智能体 $i\in\mathcal{I}$ 被赋予一个额外的变量 $\boldsymbol{\eta}_i(t)\in\mathbb{R}^N$ 且其满足 $\dot{\boldsymbol{\eta}}_i(t)=-\sum\limits_{j\in\mathcal{N}_i}a_{ij}(\boldsymbol{\eta}_i(t)-\boldsymbol{\eta}_j(t))$. 通过将动力学 $\dot{\boldsymbol{\eta}}_i(t)$ 与算法 (7.3) 相结合, 每个智能体 $i\in\mathcal{I}$ 运行如下算法:

$$\begin{aligned}
\dot{\boldsymbol{x}}_i(t)&=-a(\eta_i^i(t))^{-1}\nabla f_i(\boldsymbol{x}_i(t))-b\sum_{j\in\mathcal{N}_i}a_{ij}\big(\boldsymbol{x}_i(t)-\boldsymbol{x}_j(t)\big)-c\boldsymbol{y}_i(t),\\
\dot{\boldsymbol{y}}_i(t)&=ab\sum_{j\in\mathcal{N}_i}a_{ij}\big(\boldsymbol{x}_i(t)-\boldsymbol{x}_j(t)\big),\\
\dot{\boldsymbol{\eta}}_i(t)&=-\sum_{j\in\mathcal{N}_i}a_{ij}\big(\boldsymbol{\eta}_i(t)-\boldsymbol{\eta}_j(t)\big).
\end{aligned} \tag{7.9}$$

式中, 变量 $\eta_i^i(t)$ 是 $\boldsymbol{\eta}_i(t)$ 的第 i 个分量.

进一步定义变量 $\boldsymbol{\eta}=\mathrm{col}(\boldsymbol{\eta}_1(t),\cdots,\boldsymbol{\eta}_N(t))$ 及 $\boldsymbol{D}_N(t)=\mathrm{diag}(\eta_1^1(t),\cdots,\eta_N^N(t))$, 算法 (7.9) 等价于

$$\begin{aligned}
\dot{\boldsymbol{x}}(t)&=-a(\boldsymbol{D}_N^{-1}(t)\otimes\boldsymbol{I}_n)\nabla f(\boldsymbol{x}(t))-b(\boldsymbol{L}\otimes\boldsymbol{I}_n)\boldsymbol{x}(t)-c\boldsymbol{y}(t),\\
\dot{\boldsymbol{y}}(t)&=ab(\boldsymbol{L}\otimes\boldsymbol{I}_n)\boldsymbol{x}(t),\\
\dot{\boldsymbol{\eta}}(t)&=-(\boldsymbol{L}\otimes\boldsymbol{I}_N)\boldsymbol{\eta}(t).
\end{aligned} \tag{7.10}$$

由假设 7.3 和引理 2.7 可知, 存在一个向量 $\boldsymbol{\xi}=[\xi_1,\cdots,\xi_N]^{\mathrm{T}}>0$, 且 $\sum\limits_{i=1}^{N}\xi_i=1$, 使得 $\boldsymbol{\xi}^{\mathrm{T}}\boldsymbol{L}=\boldsymbol{0}^{\mathrm{T}}$, 其中 $\boldsymbol{L}\in\mathbb{R}^{N\times N}$ 是通信图的 Laplace 矩阵.

引理 7.3 令假设 7.1～假设 7.3 成立, 且初始值 $\boldsymbol{y}(0)$ 和 $\boldsymbol{\eta}(0)$ 分别满足 $\sum_{i=1}^{N}\xi_i\boldsymbol{y}_i(0)=\boldsymbol{0}_n$, $\eta_i^j(0)=0$, $i\neq j$ 以及 $\eta_i^i(0)=1$, 则算法 (7.10) 的平衡点 $\mathrm{col}(\boldsymbol{x}^*,\boldsymbol{y}^*,\boldsymbol{\eta}^*)$ 满足 $\boldsymbol{x}^*=\boldsymbol{1}_N\otimes\boldsymbol{s}^*$, $\boldsymbol{y}^*=-\dfrac{a}{c}(\boldsymbol{\Xi}^{-1}\otimes\boldsymbol{I}_n)\nabla f(\boldsymbol{x}^*)$, $\boldsymbol{\eta}^*=\boldsymbol{1}_N\otimes\boldsymbol{\xi}$, 其中, $\boldsymbol{s}^*$ 是问题 (7.1) 的最优解, $\boldsymbol{\xi}=[\xi_1,\cdots,\xi_N]^{\mathrm{T}}>0$, 满足 $\xi^{\mathrm{T}}L=0^{\mathrm{T}}$ 和 $\sum_{i=1}^{N}\xi_i=1$, $\boldsymbol{\Xi}=\mathrm{diag}(\xi_1,\cdots,\xi_N)$.

证明: 在假设 7.3 下, 根据引理 2.8, 对于任意的时间 $t>0$, 可知矩阵 $\exp(-\boldsymbol{L}t)$ 中的所有元素均为非负实数且对角元素为严格正数. 由给定的初始值 $\boldsymbol{\eta}(0)$ 可得 $\eta_i^i(t)>0$, 因此 $\boldsymbol{D}_N^{-1}(t)$ 存在. 再根据引理 2.8, $\lim_{t\to\infty}\exp(-\boldsymbol{L}t)=\boldsymbol{1}_N\boldsymbol{\xi}^{\mathrm{T}}$. 进而, $\lim_{t\to\infty}\boldsymbol{\eta}(t)=\lim_{t\to\infty}\exp(-(\boldsymbol{L}\otimes\boldsymbol{I}_N)t)\boldsymbol{\eta}(0)=(\boldsymbol{1}_N\boldsymbol{\xi}^{\mathrm{T}}\otimes\boldsymbol{I}_N)\boldsymbol{\eta}(0)=\boldsymbol{1}_N\otimes\boldsymbol{\xi}$. 因此, $\lim_{t\to\infty}\boldsymbol{D}_N^{-1}(t)=\boldsymbol{\Xi}^{-1}$, $\boldsymbol{\eta}^*=\boldsymbol{1}_N\otimes\boldsymbol{\xi}$. 结合 $\boldsymbol{x}^*$ 和 $\boldsymbol{y}^*$, 有

$$-a(\boldsymbol{\Xi}^{-1}\otimes\boldsymbol{I}_n)\nabla f(\boldsymbol{x}^*)-b(\boldsymbol{L}\otimes\boldsymbol{I}_n)\boldsymbol{x}^*-c\boldsymbol{y}^*=\boldsymbol{0}_{Nn} \tag{7.11}$$

$$ab(\boldsymbol{L}\otimes\boldsymbol{I}_n)\boldsymbol{x}^*=\boldsymbol{0}_{Nn} \tag{7.12}$$

类似于引理 7.2 的证明, 可得式 (7.8), 即引理 7.3 中的结论成立. ■

注解 7.3 从引理 7.3 的证明可知, 在给定的初始值 $\boldsymbol{\eta}(0)$ 下, $\eta_i^i(t)$ 负责估计左特征向量 $\boldsymbol{\xi}$ 的分量 ξ_i 以确保问题 (7.1) 的最优解条件 (7.8) 在平衡点 $\boldsymbol{x}^*$ 处达到.

正如上文收敛性分析所述, 在算法 (7.4) 和算法 (7.10) 中, 智能体的状态 $\boldsymbol{x}_i(t)$ 收敛到问题 (7.1) 的最优解需要初始值 $\boldsymbol{y}(0)$ 满足一定的条件. 为了能够任意选择初始值 $\boldsymbol{y}(0)$, 下文将进一步改进算法 (7.4) 和算法 (7.10). 对于平衡通信图的情况, 所有的智能体运行如下算法:

$$\begin{aligned}\dot{\boldsymbol{x}}(t)=&-a\nabla f(\boldsymbol{x}(t))-b(\boldsymbol{L}\otimes\boldsymbol{I}_n)\boldsymbol{x}(t)-c(\boldsymbol{L}\otimes\boldsymbol{I}_n)\boldsymbol{y}(t),\\ \dot{\boldsymbol{y}}(t)=&ab\boldsymbol{x}(t).\end{aligned} \tag{7.13}$$

注解 7.4 算法 (7.13) 的表达式可视为一个二阶多智能体系统动力学方程. 相比较算法 (7.4), 算法 (7.13) 不依赖于初始值 $\boldsymbol{y}(0)$ 的选择. 注意到, 通过引入变量 $\hat{\boldsymbol{y}}(t)=(\boldsymbol{L}\otimes\boldsymbol{I}_n)\boldsymbol{y}(t)$, 可以从算法 (7.13) 中推出

$$\begin{aligned}\dot{\boldsymbol{x}}(t)=&-a\nabla f(\boldsymbol{x}(t))-b(\boldsymbol{L}\otimes\boldsymbol{I}_n)\boldsymbol{x}(t)-c\hat{\boldsymbol{y}}(t),\\ \dot{\hat{\boldsymbol{y}}}(t)=&ab(\boldsymbol{L}\otimes\boldsymbol{I}_n)\boldsymbol{x}(t).\end{aligned} \tag{7.14}$$

不难发现, 系统 (7.14) 与算法 (7.4) 的表达式是一致的. 在平衡通信图下, $(\boldsymbol{1}_N^{\mathrm{T}}\otimes\boldsymbol{I}_n)\hat{\boldsymbol{y}}(t)=(\boldsymbol{1}_N^{\mathrm{T}}\boldsymbol{L}\otimes\boldsymbol{I}_n)\boldsymbol{y}(t)=\boldsymbol{0}_n$ 恒成立. 根据引理 7.2, 可知系统 (7.14) 的平衡

点 $(\boldsymbol{x}^*,\hat{\boldsymbol{y}}^*)$ 的唯一性且 $\boldsymbol{x}^*=\boldsymbol{1}_N\otimes\boldsymbol{s}^*$, 其中 $\boldsymbol{s}^*$ 是问题 (7.1) 的最优解. 这也表明只要初始值 $\boldsymbol{y}(0)$ 满足引理 7.2 的条件, 算法 (7.4) 的解轨迹将收敛到其平衡点. 那么, 由算法 (7.13) 产生的轨迹 $\mathrm{col}(\boldsymbol{x}(t),(\boldsymbol{L}\otimes\boldsymbol{I}_n)\boldsymbol{y}(t))$ 也必然收敛到相同的平衡点.

对于非平衡有向通信图的情况, 与算法 (7.10) 的设计理念一致, 将 $\dot{\boldsymbol{\eta}}(t)$ 的动力学嵌入算法 (7.13) 中, 使得所有的智能体运行如下算法:

$$\begin{aligned}\dot{\boldsymbol{x}}(t)&=-a(\boldsymbol{D}_N^{-1}(t)\otimes\boldsymbol{I}_n)\nabla f(\boldsymbol{x}(t))-b(\boldsymbol{L}\otimes\boldsymbol{I}_n)\boldsymbol{x}(t)-c(\boldsymbol{L}\otimes\boldsymbol{I}_n)\boldsymbol{y}(t),\\\dot{\boldsymbol{y}}(t)&=ab\boldsymbol{x}(t),\\\dot{\boldsymbol{\eta}}(t)&=-(\boldsymbol{L}\otimes\boldsymbol{I}_N)\boldsymbol{\eta}(t).\end{aligned}\tag{7.15}$$

注解 7.5 同样地, 引入变量 $\hat{\boldsymbol{y}}(t)=(\boldsymbol{L}\otimes\boldsymbol{I}_n)\boldsymbol{y}(t)$, 从算法 (7.15) 中可推导出

$$\begin{aligned}\dot{\boldsymbol{x}}(t)&=-a(\boldsymbol{D}_N^{-1}(t)\otimes\boldsymbol{I}_n)\nabla f(\boldsymbol{x}(t))-b(\boldsymbol{L}\otimes\boldsymbol{I}_n)\boldsymbol{x}(t)-c\hat{\boldsymbol{y}}(t),\\\dot{\hat{\boldsymbol{y}}}(t)&=ab(\boldsymbol{L}\otimes\boldsymbol{I}_n)\boldsymbol{x}(t),\\\dot{\boldsymbol{\eta}}(t)&=-(\boldsymbol{L}\otimes\boldsymbol{I}_N)\boldsymbol{\eta}(t).\end{aligned}\tag{7.16}$$

系统 (7.16) 与算法 (7.10) 是一致的, 且 $(\boldsymbol{\xi}^{\mathrm{T}}\otimes\boldsymbol{I}_n)\hat{\boldsymbol{y}}(t)=(\boldsymbol{\xi}_N^{\mathrm{T}}\boldsymbol{L}\otimes\boldsymbol{I}_n)\boldsymbol{y}(t)=\boldsymbol{0}_n$ 恒成立. 与注解 7.4 中的分析类似, 可以得到算法 (7.15) 在任意初始值下产生的轨迹 $\mathrm{col}(\boldsymbol{x}(t),(\boldsymbol{L}\otimes\boldsymbol{I}_n)\boldsymbol{y}(t))$ 的收敛点与算法 (7.10) 在初始值满足引理 7.3 时的解轨迹 $\mathrm{col}(\boldsymbol{x}(t),\boldsymbol{y}(t))$ 的收敛点一致.

7.2.2 收敛性分析

为便于收敛性分析, 引入相关符号表示, 其贯穿于本节中的整个后半部分, 即 $m=\min\{m_1,\cdots,m_N\}$, $M=\max\{M_1,\cdots,M_N\}$, $\xi_{\min}=\min\{\xi_1,\cdots,\xi_N\}$, $\xi_{\max}=\max\{\xi_1,\cdots,\xi_N\}$, $\lambda_2(\bar{\boldsymbol{L}})$ 和 $\lambda_2(\tilde{\boldsymbol{L}})$ 分别是矩阵 $\bar{\boldsymbol{L}}=\dfrac{1}{2}(\boldsymbol{\Xi}\boldsymbol{L}+\boldsymbol{L}^{\mathrm{T}}\boldsymbol{\Xi})$ 和矩阵 $\tilde{\boldsymbol{L}}=\dfrac{1}{2}(\boldsymbol{L}+\boldsymbol{L}^{\mathrm{T}})$ 的第二最小特征值.

定理 7.1 令假设 7.1～假设 7.3 成立, 有向通信图的 Laplace 矩阵满足 $\boldsymbol{1}_N^{\mathrm{T}}\boldsymbol{L}=\boldsymbol{0}_N$ 且初始值 $\boldsymbol{y}(0)$ 满足 $\sum\limits_{i=1}^{N}\boldsymbol{y}_i(0)=\boldsymbol{0}_n$. 如果参数 a, b 及 c 满足以下不等式:

$$\frac{aM^2}{2(a+1)m}<\delta<c\tag{7.17}$$

$$b>\frac{(a+1)^2c}{2\lambda_2(\tilde{\boldsymbol{L}})}\tag{7.18}$$

则算法 (7.4) 的解轨迹 $\mathrm{col}(\boldsymbol{x}(t),\boldsymbol{y}(t))$ 指数收敛到其平衡点 $\mathrm{col}\left(\boldsymbol{x}^*,-\dfrac{a}{c}\nabla f(\boldsymbol{x}^*)\right)$.

证明: 通过应用变量变换 $\boldsymbol{X}(t)=\boldsymbol{x}(t)-\boldsymbol{x}^*$ 和 $\boldsymbol{Y}(t)=\boldsymbol{y}(t)+\dfrac{a}{c}\nabla f(\boldsymbol{x}^*)$, 算法 (7.4) 等价于

$$\begin{aligned}&\dot{\boldsymbol{X}}(t)=-a\boldsymbol{g}(\boldsymbol{X}(t))-b(\boldsymbol{L}\otimes\boldsymbol{I}_n)\boldsymbol{X}(t)-c\boldsymbol{Y}(t),\\&\dot{\boldsymbol{Y}}(t)=ab(\boldsymbol{L}\otimes\boldsymbol{I}_n)\boldsymbol{X}(t).\end{aligned}\tag{7.19}$$

式中, $\boldsymbol{g}(\boldsymbol{X}(t))=\nabla f(\boldsymbol{X}(t)+\boldsymbol{x}^*)-\nabla f(\boldsymbol{x}^*)$.

考虑 Lyapunov 函数 $V(t)=\dfrac{1}{2}\|\boldsymbol{X}(t)\|^2+\dfrac{1}{2a}\|a\boldsymbol{X}(t)+\boldsymbol{Y}(t)\|^2$, 根据式 (7.19), $V(t)$ 关于时间 t 的导数为

$$\begin{aligned}\dot{V}(t)=&-(a+a^2)\boldsymbol{X}(t)^{\mathrm{T}}\boldsymbol{g}(\boldsymbol{X}(t))-b\boldsymbol{X}(t)^{\mathrm{T}}(\tilde{\boldsymbol{L}}\otimes\boldsymbol{I}_n)\boldsymbol{X}(t)-(a+1)c\boldsymbol{X}(t)^{\mathrm{T}}\boldsymbol{Y}(t)\\&-a\boldsymbol{Y}(t)^{\mathrm{T}}\boldsymbol{g}(\boldsymbol{X}(t))-c\|\boldsymbol{Y}(t)\|^2.\end{aligned}$$

在假设 7.1～假设 7.2 下, $\boldsymbol{X}(t)^{\mathrm{T}}\boldsymbol{g}(\boldsymbol{X}(t))\geqslant m\|\boldsymbol{X}(t)\|^2$ 和 $\|\boldsymbol{g}(\boldsymbol{X}(t))\|^2\leqslant M^2\|\boldsymbol{X}(t)\|^2$ 成立. 对于任意的参数 $\delta>0$, 不等式 $-a\boldsymbol{Y}(t)^{\mathrm{T}}\boldsymbol{g}(\boldsymbol{X}(t))\leqslant\dfrac{a^2}{2\delta}\|\boldsymbol{g}(\boldsymbol{X}(t))\|^2+\dfrac{\delta}{2}\|\boldsymbol{Y}(t)\|^2$ 总是成立. 因此,

$$\begin{aligned}\dot{V}(t)\leqslant&-\left((a+a^2)m-\frac{a^2M^2}{2\delta}\right)\|\boldsymbol{X}(t)\|^2-b\boldsymbol{X}(t)^{\mathrm{T}}(\tilde{\boldsymbol{L}}\otimes\boldsymbol{I}_n)\boldsymbol{X}(t)\\&-(a+1)c\boldsymbol{X}(t)^{\mathrm{T}}\boldsymbol{Y}(t)-\left(c-\frac{\delta}{2}\right)\|\boldsymbol{Y}(t)\|^2.\end{aligned}$$

由引理 2.8 可知, 矩阵 $\tilde{\boldsymbol{L}}$ 是半正定的, 且只有一个单重零特征根, 其余特征值均为正数. 因此, 可以将矩阵 $\tilde{\boldsymbol{L}}$ 的特征值 $\lambda_i(\tilde{\boldsymbol{L}})$ 按从小到大排序为: $0=\lambda_1(\tilde{\boldsymbol{L}})<\lambda_2(\tilde{\boldsymbol{L}})\leqslant\lambda_3(\tilde{\boldsymbol{L}})\leqslant\cdots\leqslant\lambda_N(\tilde{\boldsymbol{L}})$. 众所周知, 存在一组正交向量 $\mathbf{1}_N$, $\boldsymbol{e}_i$, $i=2,\cdots,N$, 使得 $\tilde{\boldsymbol{L}}\mathbf{1}_N=\mathbf{0}_N$ 和 $\tilde{\boldsymbol{L}}\boldsymbol{e}_i=\lambda_i(\tilde{\boldsymbol{L}})\boldsymbol{e}_i$. 设矩阵 $\boldsymbol{A}(t)=(\boldsymbol{X}_1(t),\cdots,\boldsymbol{X}_N(t))\in\mathbb{R}^{n\times N}$, 则存在向量 $\boldsymbol{c}_i(t)=[c_{i1}(t),\cdots,c_{in}(t)]^{\mathrm{T}}\in\mathbb{R}^n$ 使得 $\mathrm{col}_i(\boldsymbol{A}(t)^{\mathrm{T}})=c_{1i}(t)\mathbf{1}_N+c_{2i}(t)\boldsymbol{e}_2+\cdots+c_{Ni}(t)\boldsymbol{e}_N$. 显然, $\boldsymbol{A}(t)^{\mathrm{T}}=\boldsymbol{B}\boldsymbol{c}(t)^{\mathrm{T}}\Rightarrow\boldsymbol{A}(t)=\boldsymbol{c}(t)\boldsymbol{B}^{\mathrm{T}}$, 其中, $\boldsymbol{B}=(\mathbf{1}_N,\boldsymbol{e}_2,\cdots,\boldsymbol{e}_N)\in\mathbb{R}^{N\times N}$, $\boldsymbol{c}(t)=(\boldsymbol{c}_1(t),\cdots,\boldsymbol{c}_N(t))\in\mathbb{R}^{n\times N}$. 利用引理 2.4 和引理 2.5, 可计算 $\boldsymbol{X}(t)=\mathrm{vec}(\boldsymbol{A}(t))=\mathrm{vec}(\boldsymbol{c}(t)\boldsymbol{B}^{\mathrm{T}})=(\boldsymbol{I}_N\otimes\boldsymbol{c}(t))\mathrm{vec}(\boldsymbol{B}^{\mathrm{T}})$ 和

$$\begin{aligned}\boldsymbol{X}(t)^{\mathrm{T}}(\tilde{\boldsymbol{L}}\otimes\boldsymbol{I}_n)\boldsymbol{X}(t)&=(\mathrm{vec}(\boldsymbol{B}^{\mathrm{T}}))^{\mathrm{T}}\big(\tilde{\boldsymbol{L}}\otimes\boldsymbol{c}(t)^{\mathrm{T}}\boldsymbol{c}(t)\big)\mathrm{vec}(\boldsymbol{B}^{\mathrm{T}})\\&=(\mathrm{vec}(\boldsymbol{B}^{\mathrm{T}}))^{\mathrm{T}}\mathrm{vec}(\boldsymbol{c}(t)^{\mathrm{T}}\boldsymbol{c}(t)\boldsymbol{B}^{\mathrm{T}}\tilde{\boldsymbol{L}})\\&=\mathrm{tr}(\boldsymbol{B}\boldsymbol{c}(t)^{\mathrm{T}}\boldsymbol{c}(t)\boldsymbol{B}^{\mathrm{T}}\tilde{\boldsymbol{L}})\end{aligned}$$

$$
\begin{aligned}
&= \mathrm{tr}(\boldsymbol{c}(t)\boldsymbol{B}^{\mathrm{T}}\tilde{\boldsymbol{L}}\boldsymbol{B}\boldsymbol{c}(t)^{\mathrm{T}}) \\
&= \sum_{i=2}^{N} \boldsymbol{e}_i^{\mathrm{T}}\tilde{\boldsymbol{L}}\boldsymbol{e}_i\boldsymbol{c}_i(t)^{\mathrm{T}}\boldsymbol{c}_i(t) \\
&\geqslant \sum_{i=2}^{N} \lambda_2(\tilde{\boldsymbol{L}})\boldsymbol{e}_i^{\mathrm{T}}\boldsymbol{e}_i\boldsymbol{c}_i(t)^{\mathrm{T}}\boldsymbol{c}_i(t) \\
&= \lambda_2(\tilde{\boldsymbol{L}})\|\boldsymbol{c}_2(t)\otimes\boldsymbol{e}_2+\cdots+\boldsymbol{c}_N(t)\otimes\boldsymbol{e}_N\|^2
\end{aligned}
\tag{7.20}
$$

设矩阵 $\boldsymbol{C}(t)=[\boldsymbol{Y}_1(t),\cdots,\boldsymbol{Y}_N(t)]\in\mathbb{R}^{n\times N}$, 则 $\boldsymbol{Y}(t)=\mathrm{vec}(\boldsymbol{C}(t))$. 类似于式 (7.20) 的分析, 可化简 $\boldsymbol{X}(t)^{\mathrm{T}}\boldsymbol{Y}(t)$ 为

$$
\begin{aligned}
\boldsymbol{X}(t)^{\mathrm{T}}\boldsymbol{Y}(t) &= (\mathrm{vec}(\boldsymbol{B}^{\mathrm{T}}))^{\mathrm{T}}(\boldsymbol{I}_N\otimes\boldsymbol{c}(t)^{\mathrm{T}})\boldsymbol{Y}(t) = (\mathrm{vec}(\boldsymbol{B}^{\mathrm{T}}))^{\mathrm{T}}(\boldsymbol{I}_N\otimes\boldsymbol{c}(t)^{\mathrm{T}})\mathrm{vec}(\boldsymbol{C}(t)) \\
&= (\mathrm{vec}(\boldsymbol{B}^{\mathrm{T}}))^{\mathrm{T}}\mathrm{vec}(\boldsymbol{c}(t)^{\mathrm{T}}\boldsymbol{C}(t)) = \mathrm{tr}(\boldsymbol{B}\boldsymbol{c}(t)^{\mathrm{T}}\boldsymbol{C}(t)) = \mathrm{tr}(\boldsymbol{C}(t)\boldsymbol{B}\boldsymbol{c}(t)^{\mathrm{T}}) \\
&= \mathrm{tr}(\boldsymbol{C}(t)\boldsymbol{1}_N\boldsymbol{c}_1(t)^{\mathrm{T}}) + \mathrm{tr}\Big(\boldsymbol{C}(t)\sum_{i=2}^{N}\boldsymbol{e}_i\boldsymbol{c}_i(t)^{\mathrm{T}}\Big).
\end{aligned}
$$

注意到集合 $W_0=\{(\boldsymbol{X}(t),\boldsymbol{Y}(t))|\sum\limits_{i=1}^{N}\boldsymbol{Y}_i(t)=\boldsymbol{0}_n\}$ 关于系统 (7.19) 是不变集, 则对于任意的 $(\boldsymbol{X}(t),\boldsymbol{Y}(t))\in W_0$, 有 $\mathrm{tr}(\boldsymbol{C}(t)\boldsymbol{1}_N\boldsymbol{c}_1(t)^{\mathrm{T}})=0$. 因此,

$$
\begin{aligned}
\boldsymbol{X}(t)^{\mathrm{T}}\boldsymbol{Y}(t) &= \mathrm{tr}\left(\boldsymbol{C}(t)\sum_{i=2}^{N}\boldsymbol{e}_i\boldsymbol{c}_i(t)^{\mathrm{T}}\right) \\
&= \left[\mathrm{vec}\left(\sum_{i=2}^{N}\boldsymbol{c}_i(t)\boldsymbol{e}_i^{\mathrm{T}}\right)\right]^{\mathrm{T}}\mathrm{vec}(\boldsymbol{C}(t)) \\
&= \left[\mathrm{vec}\left(\sum_{i=2}^{N}\boldsymbol{c}_i(t)\boldsymbol{e}_i^{\mathrm{T}}\right)\right]^{\mathrm{T}}\boldsymbol{Y}(t).
\end{aligned}
$$

另外,

$$
\begin{aligned}
\left\|\mathrm{vec}\left(\sum_{i=2}^{N}\boldsymbol{c}_i(t)\boldsymbol{e}_i^{\mathrm{T}}\right)\right\|^2 &= \mathrm{tr}\left(\left(\sum_{i=2}^{N}\boldsymbol{e}_i\boldsymbol{c}_i(t)^{\mathrm{T}}\right)\left(\sum_{i=2}^{N}\boldsymbol{c}_i(t)\boldsymbol{e}_i^{\mathrm{T}}\right)\right) \\
&= \|\boldsymbol{c}_2(t)\otimes\boldsymbol{e}_2+\cdots+\boldsymbol{c}_N(t)\otimes\boldsymbol{e}_N\|^2.
\end{aligned}
$$

结合式 (7.20) 和 $(a+1)c\boldsymbol{X}(t)^{\mathrm{T}}\boldsymbol{Y}(t) = (a+1)c\left(\mathrm{vec}\left(\sum\limits_{i=2}^{N}\boldsymbol{c}_i(t)\boldsymbol{e}_i^{\mathrm{T}}\right)\right)^{\mathrm{T}}\boldsymbol{Y}(t) \leqslant$

$\dfrac{(a+1)^2c}{2}\times\left\|\mathrm{vec}\left(\sum_{i=2}^{N}\boldsymbol{c}_i(t)\boldsymbol{e}_i^{\mathrm{T}}\right)\right\|^2+\dfrac{c}{2}\|\boldsymbol{Y}(t)\|^2$, $\dot{V}(t)$ 化简为

$$\begin{aligned}\dot{V}(t)\leqslant&-\left((a+a^2)m-\frac{a^2M^2}{2\delta}\right)\|\boldsymbol{X}(t)\|^2-\frac{1}{2}(c-\delta)\|\boldsymbol{Y}(t)\|^2\\&-\left(b\lambda_2(\tilde{\boldsymbol{L}})-\frac{(a+1)^2c}{2}\right)\|\boldsymbol{c}_2(t)\otimes\boldsymbol{e}_2+\cdots+\boldsymbol{c}_N(t)\otimes\boldsymbol{e}_N\|^2.\end{aligned}$$

由不等式 (7.17) 和 (7.18)可知, $(a+a^2)m-\dfrac{a^2M^2}{2\delta}>0$, $b\lambda_2(\tilde{\boldsymbol{L}})-\dfrac{(a+1)^2c}{2}>0$ 及 $c>\delta$. 令 $\bar{\Delta}=\min\left\{(a+a^2)m-\dfrac{a^2M^2}{2\delta},\ \dfrac{1}{2}(c-\delta)\right\}>0$, 则

$$\dot{V}(t)\leqslant-\bar{\Delta}\left(\|\boldsymbol{X}(t)\|^2+\|\boldsymbol{Y}(t)\|^2\right)\tag{7.21}$$

易发现矩阵 $\boldsymbol{E}=\dfrac{1}{2}\begin{pmatrix}1+a&1\\1&1/a\end{pmatrix}\otimes\boldsymbol{I}_{Nn}$ 的正定性. 因此, $\lambda_{\min}(\boldsymbol{E})(\|\boldsymbol{X}(t)\|^2+\|\boldsymbol{Y}(t)\|^2)\leqslant V(t)\leqslant\lambda_{\max}(\boldsymbol{E})(\|\boldsymbol{X}(t)\|^2+\|\boldsymbol{Y}(t)\|^2)$, 其中, $\lambda_{\min}(\boldsymbol{E})$ 和 $\lambda_{\max}(\boldsymbol{E})$ 分别表示矩阵 $\boldsymbol{E}$ 的最小特征值和最大特征值. 不等式 (7.21) 意味着 $\mathrm{col}(\boldsymbol{X}(t),\boldsymbol{Y}(t))$ 指数收敛到原点, 进而可得系统 (7.4) 的平衡点 $\mathrm{col}\left(\boldsymbol{x}^*,-\dfrac{a}{c}\nabla f(\boldsymbol{x}^*)\right)$ 是指数稳定的. ■

定理 7.2 令假设 7.1~ 假设 7.3 成立且初始值 $\boldsymbol{y}(0)$ 和 $\boldsymbol{\eta}(0)$ 满足引理 7.3 的条件. 如果参数 a, b 及 c 满足以下不等式:

$$\frac{aM^2}{2(a+1)m}<\delta<c\xi_{\min}\tag{7.22}$$

$$b>\frac{(a+1)^2c}{2\lambda_2(\bar{\boldsymbol{L}})}\tag{7.23}$$

则算法 (7.10) 的轨迹 $\mathrm{col}(\boldsymbol{x}(t),\boldsymbol{y}(t))$ 指数收敛到点 $\mathrm{col}\left(\boldsymbol{x}^*,-\dfrac{a}{c}(\boldsymbol{\Xi}^{-1}\otimes\boldsymbol{I}_n)\nabla f(\boldsymbol{x}^*)\right)$.

证明: 从引理 7.3 中可知 $\boldsymbol{\eta}(t)$ 收敛到 $\boldsymbol{\eta}^*$. 接下来只需证明 $\mathrm{col}(\boldsymbol{x}(t),\boldsymbol{y}(t))$ 指数收敛到 $\mathrm{col}\left(\boldsymbol{x}^*,-\dfrac{a}{c}(\boldsymbol{\Xi}^{-1}\otimes\boldsymbol{I}_n)\nabla f(\boldsymbol{x}^*)\right)$. 为了便于分析, 将算法 (7.10) 中 $\boldsymbol{x}(t)$ 和 $\boldsymbol{y}(t)$ 表达为如下等价形式

$$\underbrace{\begin{pmatrix}\dot{\boldsymbol{x}}(t)\\\dot{\boldsymbol{y}}(t)\end{pmatrix}}_{\mathrm{col}(\dot{\boldsymbol{x}}(t),\dot{\boldsymbol{y}}(t))}=\boldsymbol{f}(\boldsymbol{x}(t),\boldsymbol{y}(t))+\mathbf{g}(t,\boldsymbol{x}(t),\boldsymbol{y}(t))+\boldsymbol{u}(t)\tag{7.24}$$

式中,

$$\boldsymbol{f}(\boldsymbol{x}(t),\boldsymbol{y}(t))=\begin{pmatrix}-a(\boldsymbol{\Xi}^{-1}\otimes\boldsymbol{I}_n)\nabla f(\boldsymbol{x}(t))-b(\boldsymbol{L}\otimes\boldsymbol{I}_n)\boldsymbol{x}(t)-c\boldsymbol{y}(t)\\ ab(\boldsymbol{L}\otimes\boldsymbol{I}_n)\boldsymbol{x}(t)\end{pmatrix};$$

$$\mathbf{g}(t,\boldsymbol{x}(t),\boldsymbol{y}(t))=\begin{pmatrix}(a(\boldsymbol{\Xi}^{-1}-\boldsymbol{D}_N^{-1}(t))\otimes\boldsymbol{I}_n)(\nabla f(\boldsymbol{x}(t))-\nabla f(\boldsymbol{x}^*))\\ \boldsymbol{0}_{Nn}\end{pmatrix};$$

$$\boldsymbol{u}(t)=\begin{pmatrix}(a(\boldsymbol{\Xi}^{-1}-\boldsymbol{D}_N^{-1}(t))\otimes\boldsymbol{I}_n)\nabla f(\boldsymbol{x}^*)\\ \boldsymbol{0}_{Nn}\end{pmatrix}.$$

首先, 分析如下系统在平衡点 $\mathrm{col}\left(\boldsymbol{x}^*,-\dfrac{a}{c}(\boldsymbol{\Xi}^{-1}\otimes\boldsymbol{I}_n)\nabla f(\boldsymbol{x}^*)\right)$ 的稳定性.

$$\mathrm{col}(\dot{\boldsymbol{x}}(t),\dot{\boldsymbol{y}}(t))=\boldsymbol{f}(\boldsymbol{x}(t),\boldsymbol{y}(t)) \tag{7.25}$$

应用变量代换 $\bar{\boldsymbol{X}}(t)=\boldsymbol{x}(t)-\boldsymbol{x}^*$ 和 $\bar{\boldsymbol{Y}}(t)=\boldsymbol{y}(t)+\dfrac{a}{c}(\boldsymbol{\Xi}^{-1}\otimes\boldsymbol{I}_n)\nabla f(\boldsymbol{x}^*)$, 则由式 (7.25) 可推导出

$$\begin{aligned}\dot{\bar{\boldsymbol{X}}}(t)&=-a(\boldsymbol{\Xi}^{-1}\otimes\boldsymbol{I}_n)\boldsymbol{g}(\bar{\boldsymbol{X}}(t))-b(\boldsymbol{L}\otimes\boldsymbol{I}_n)\bar{\boldsymbol{X}}(t)-c\bar{\boldsymbol{Y}}(t),\\ \dot{\bar{\boldsymbol{Y}}}(t)&=ab(\boldsymbol{L}\otimes\boldsymbol{I}_n)\bar{\boldsymbol{X}}(t).\end{aligned} \tag{7.26}$$

式中, $\boldsymbol{g}(\bar{\boldsymbol{X}}(t))=\nabla f(\bar{\boldsymbol{X}}(t)+\boldsymbol{x}^*)-\nabla f(\boldsymbol{x}^*)$.

定义如下 Lyapunov 函数:

$$\bar{V}(t)=\frac{1}{2}\bar{\boldsymbol{X}}(t)^{\mathrm{T}}(\boldsymbol{\Xi}\otimes\boldsymbol{I}_n)\bar{\boldsymbol{X}}(t)+\frac{1}{2a}\big(a\bar{\boldsymbol{X}}(t)+\bar{\boldsymbol{Y}}(t)\big)^{\mathrm{T}}(\boldsymbol{\Xi}\otimes\boldsymbol{I}_n)\big(a\bar{\boldsymbol{X}}(t)+\bar{\boldsymbol{Y}}(t)\big),$$

则 $\bar{V}(t)$ 沿着系统 (7.26) 关于时间 t 的导数为

$$\begin{aligned}\dot{\bar{V}}(t)=&-(a+a^2)\bar{\boldsymbol{X}}(t)^{\mathrm{T}}\boldsymbol{g}(\bar{\boldsymbol{X}}(t))-b\bar{\boldsymbol{X}}(t)^{\mathrm{T}}(\bar{\boldsymbol{L}}\otimes\boldsymbol{I}_n)\bar{\boldsymbol{X}}(t)\\&-(a+1)c\bar{\boldsymbol{X}}(t)^{\mathrm{T}}(\boldsymbol{\Xi}\otimes\boldsymbol{I}_n)\bar{\boldsymbol{Y}}(t)-a\bar{\boldsymbol{Y}}(t)^{\mathrm{T}}\boldsymbol{g}(\bar{\boldsymbol{X}}(t))\\&-c\bar{\boldsymbol{Y}}(t)^{\mathrm{T}}(\boldsymbol{\Xi}\otimes\boldsymbol{I}_n)\bar{\boldsymbol{Y}}(t).\end{aligned}$$

实际上, 向量 $\bar{\boldsymbol{X}}(t)$ 可以写成两个向量直和的形式, 即 $\bar{\boldsymbol{X}}(t)=\bar{\boldsymbol{X}}^{\perp}(t)+\bar{\boldsymbol{X}}^{\parallel}(t)$, 其中 $(\bar{\boldsymbol{X}}^{\perp}(t))^{\mathrm{T}}\bar{\boldsymbol{X}}^{\parallel}(t)=0$ 且 $\bar{\boldsymbol{X}}^{\parallel}(t)=\boldsymbol{1}_N\otimes\tilde{\boldsymbol{d}}$, $\tilde{\boldsymbol{d}}\in\mathbb{R}^n$. 类似于定理 7.1 证明中的放缩, 并结合引理 2.14 可化简 $\dot{\bar{V}}(t)$ 为

$$\dot{\bar{V}}(t)\leqslant-\left((a+a^2)m-\frac{a^2M^2}{2\delta}\right)\|\bar{\boldsymbol{X}}(t)\|^2-\left(b\lambda_2(\bar{\boldsymbol{L}})-\frac{(a+1)^2c}{2}\right)\|\bar{\boldsymbol{X}}^{\perp}(t)\|^2$$

$$-\frac{1}{2}(c\xi_{\min}-\delta)\|\bar{\boldsymbol{Y}}(t)\|^2.$$

结合不等式 (7.22) 和 (7.23), 可知 $\dot{V}(t)\leqslant-\tilde{\Delta}\big(\|\bar{\boldsymbol{X}}(t)\|^2+\|\bar{\boldsymbol{Y}}(t)\|^2\big)$, 其中 $\tilde{\Delta}=\min\left\{(a+a^2)m-\frac{a^2M^2}{2\delta},\frac{1}{2}(c\xi_{\min}-\delta)\right\}>0$. 因此, 系统 (7.25) 的平衡点 $\mathrm{col}\left(\boldsymbol{x}^*,-\frac{a}{c}(\boldsymbol{\Xi}^{-1}\otimes\boldsymbol{I}_n)\nabla f(\boldsymbol{x}^*)\right)$ 是指数稳定的.

注意到如下扰动系统

$$\mathrm{col}(\dot{\boldsymbol{x}}(t),\dot{\boldsymbol{y}}(t))=\boldsymbol{f}(\boldsymbol{x}(t),\boldsymbol{y}(t))+\mathbf{g}(t,\boldsymbol{x}(t),\boldsymbol{y}(t))\tag{7.27}$$

其形式可视为在系统 (7.25) 上增加一扰动项. 扰动项 $\mathbf{g}(t,\boldsymbol{x}(t),\boldsymbol{y}(t))$ 满足:

(1) $\mathbf{g}\left(t,\boldsymbol{x}^*,-\frac{a}{c}(\boldsymbol{\Xi}^{-1}\otimes\boldsymbol{I}_n)\nabla f(\boldsymbol{x}^*)\right)=\mathbf{0}$;

(2) $\|\mathbf{g}(t,\boldsymbol{x}(t),\boldsymbol{y}(t))\|\leqslant aM\phi(t)\left\|\mathrm{col}(\boldsymbol{x}(t),\boldsymbol{y}(t))-\mathrm{col}\left(\boldsymbol{x}^*,-\frac{a}{c}(\boldsymbol{\Xi}^{-1}\otimes\boldsymbol{I}_n)\nabla f(\boldsymbol{x}^*)\right)\right\|$.

式中, $\phi(t)=\max_{i\in\mathcal{I}}|\xi_i^{-1}-(\eta_i^i(t))^{-1}|\geqslant 0$ 且 $\lim_{t\to\infty}\phi(t)=0$. 根据扰动系统相关理论 [196], 可得系统 (7.27) 的平衡点 $\mathrm{col}\left(\boldsymbol{x}^*,-\frac{a}{c}(\boldsymbol{\Xi}^{-1}\otimes\boldsymbol{I}_n)\nabla f(\boldsymbol{x}^*)\right)$ 也是指数稳定的.

从引理 7.3 的分析可知, 在给定初始值 $\boldsymbol{\eta}(0)$ 下, $\lim_{t\to\infty}\boldsymbol{\eta}(t)=\mathbf{1}_N\otimes\boldsymbol{\xi}$. 因为系统 $\dot{\boldsymbol{\eta}}(t)$ 是线性的, 则存在两个正常数 α 和 $\beta\in\mathbb{R}^+$, 使得 $\|\boldsymbol{\eta}(t)-\mathbf{1}_N\otimes\boldsymbol{\xi}\|\leqslant\beta\mathrm{e}^{-\alpha t}$. 这意味着对于每个智能体 $i\in\mathcal{I}$, 有以下不等式成立:

$$\|\eta_i^i(t)-\xi_i\|\leqslant\beta\mathrm{e}^{-\alpha t}\tag{7.28}$$

记 $\varrho(t)=\max_{i\in\mathcal{I}}\|(\eta_i^i(t))^{-1}-\xi_i^{-1}\|$. 利用不等式 (7.28), 可得 $\varrho(t)\leqslant\frac{\beta}{\min_{i\in\mathcal{I}}\eta_i^i(t)\xi_i}\mathrm{e}^{-\alpha t}$. 由 $\eta_i^i(t)\to\xi_i$, 则存在时间 $t_1>0$ 使得对于所有的时间 $t>t_1$, $\eta_i^i(t)>\frac{\xi_i}{2}$ 成立. 另外, $\eta_i^i(t)$ 的连续性和严格的非负性也意味着在区间 $[t_0,t_1]$ 上存在一个正常数 $\varsigma_i>0$, 使得 $\eta_i^i(t)\geqslant\varsigma_i$. 因此, 可以得到 $\varrho(t)\leqslant v\mathrm{e}^{-\alpha t}$, 其中 $v=\frac{\beta}{\min_{i\in\mathcal{I}}\{\xi_i/2,\varsigma_i\}\cdot\min_{i\in\mathcal{I}}\xi_i}$. 根据 $\boldsymbol{u}(t)$ 的形式, 有 $\lim_{t\to\infty}\|\boldsymbol{u}(t)\|\leqslant av\mathrm{e}^{-\alpha t}\|\nabla f(\boldsymbol{x}^*)\|$. 这也意味着 $\boldsymbol{u}(t)$ 指数收敛到零. 相比较系统 (7.27), 系统 (7.24) 多了

一个输入项 $\boldsymbol{u}(t)$. 根据扰动系统理论 [196], 可得系统 (7.24) 的轨迹 $\operatorname{col}(\boldsymbol{x}(t),\boldsymbol{y}(t))$ 指数收敛到 $\operatorname{col}\left(\boldsymbol{x}^*,-\dfrac{a}{c}(\boldsymbol{\Xi}^{-1}\otimes\boldsymbol{I}_n)\nabla f(\boldsymbol{x}^*)\right)$. 综上所述, 结论成立. ■

根据注解 7.4 和注解 7.5, 分别从定理 7.1 和定理 7.2 中直接推出如下结论.

推论 7.1 令假设 7.1∼ 假设 7.3 成立, 若 Laplace 矩阵满足 $\mathbf{1}_N^{\mathrm{T}}\boldsymbol{L}=\mathbf{0}$ 且参数 a,b,c 满足不等式 (7.17) 和 (7.18), 则算法 (7.13) 产生的轨迹 $\operatorname{col}(\boldsymbol{x}(t),(\boldsymbol{L}\otimes\boldsymbol{I}_n)\boldsymbol{y}(t))$ 指数收敛到点 $\operatorname{col}\left(\boldsymbol{x}^*,-\dfrac{a}{c}\nabla f(\boldsymbol{x}^*)\right)$.

推论 7.2 令假设 7.1∼ 假设 7.3 成立, 若初始值 $\boldsymbol{\eta}(0)$ 满足 $\eta_i^j(0)=0,\ i\neq j$, $\eta_i^i(0)=1,\ i=1,\cdots,N$, 参数 a,b,c 满足不等式 (7.22) 和 (7.23), 则算法 (7.15) 产生的轨迹 $\operatorname{col}(\boldsymbol{x}(t),(\boldsymbol{L}\otimes\boldsymbol{I}_n)\boldsymbol{y}(t))$ 指数收敛到点 $\operatorname{col}\left(\boldsymbol{x}^*,-\dfrac{a}{c}\left(\boldsymbol{\Xi}^{-1}\otimes\boldsymbol{I}_n\right)\nabla f(\boldsymbol{x}^*)\right)$.

接下来, 考察算法 (7.4) 关于切换通信图的收敛性. 为了描述切换通信图, 采用 $\sigma(t):[0,\infty)\rightarrow\{1,2,\cdots,m\}$ 表示一个切换信号, 其中, $m\geqslant 1$ 为整数. 假设对于每个整数 $k\in\mathbb{Z}_+$, 在区间 $[t_k,t_{k+1})(t_1=0)$ 上, 通信图是固定的, 其中, $t\in[t_k,t_{k+1}),k\in\mathbb{Z}_+$ 是一个无限不重叠的时间区间序列且它的区间长度是一致正的, 即存在一个正的常数 d_0 使得 $t_{k+1}-t_k>d_0,\forall k\in\mathbb{Z}_+$. 记在时间 $t\geqslant 0$ 时的通信图为 $\mathcal{G}^{\sigma(t)}$ 且其相应的 Laplace 矩阵为 $\boldsymbol{L}^{\sigma(t)}$. 另外, 记 $\tilde{\boldsymbol{L}}^{\sigma(t)}=\dfrac{(\boldsymbol{L}^{\sigma(t)})^{\mathrm{T}}+\boldsymbol{L}^{\sigma(t)}}{2}$ 和 $\lambda_2^{\min}=\min\{\lambda_2(\tilde{\boldsymbol{L}}^1),\cdots,\lambda_2(\tilde{\boldsymbol{L}}^m)\}$.

假设 7.4 对于每个 $l\in\{1,2,\cdots,m\}$, $\mathcal{G}^l$ 是有向强连通的平衡通信图.

从定理 7.1 的证明中可知, Lyapunov 函数的构造不依赖于系统参数和切换通信图, 并且它的导数由一个二次的负定函数界定. 因此, 可将算法 (7.4) 的收敛性结果在切换通信图 $\mathcal{G}^{\sigma(t)}$ 上扩展.

定理7.3 令假设 7.1、假设 7.2 和假设 7.4 成立且初始值 $\boldsymbol{y}(0)$ 满足 $\sum\limits_{i=1}^{N}\boldsymbol{y}_i(0)=\mathbf{0}_n$. 假定参数 a,b,c 满足不等式 (7.17) 和 (7.18), 其中不等式 (7.18) 中的 $\lambda_2(\tilde{\boldsymbol{L}})$ 由 $\lambda_2^{\min}$ 所替代, 则算法 (7.4) 在通信图 $\mathcal{G}^{\sigma(t)}$ 下的解轨迹 $\operatorname{col}(\boldsymbol{x}(t),\boldsymbol{y}(t))$ 指数收敛到其平衡点 $\operatorname{col}\left(\boldsymbol{x}^*,-\dfrac{a}{c}\nabla f(\boldsymbol{x}^*)\right)$.

7.2.3 仿真分析

下面给出一些数值仿真, 验证本节提出的分布式优化算法的性能.

例 7.1 考虑由 $N=5$ 个智能体构成的分布式优化问题 (7.1). 在这个问题中, 每个智能体 i 的目标函数 $f_i:\mathbb{R}\rightarrow\mathbb{R}$ 具有如下形式:

$$f_1=(s-4)^2,\quad f_2=\ln(\mathrm{e}^{-0.1s}+\mathrm{e}^{0.3s})+s^2,$$

$$f_3 = \ln(1+s^2)+s^2,\quad f_4 = \frac{s^2}{\sqrt{(s^2+1)}}+s^2,\quad f_5=(s+2)^2.$$

不难计算, 局部目标函数的最小强凸系数与其梯度的最大 Lipschitz 常数分别为 $m=\dfrac{7}{4}$ 和 $M=4$. 另外, 表 7.1 给出与图 7.1(a)、图 7.1(b) 和图 7.1(c) 相关的固定参数.

表 7.1　图 7.1(a)、图 7.1(b) 和图 7.1(c) 的固定参数

图序	$\lambda_2(\tilde{\boldsymbol{L}})$	$\Vert\boldsymbol{L}\Vert^2$	$\lambda_2(\bar{\boldsymbol{L}})$	$\xi_{\min}$	$\xi_{\max}$
图 7.1(a)	0.691	3.618		不适用	
图 7.1(b)	0.5	7.7913		不适用	
图 7.1(c)	不适用	14.8181	0.1319	0.0625	0.3125

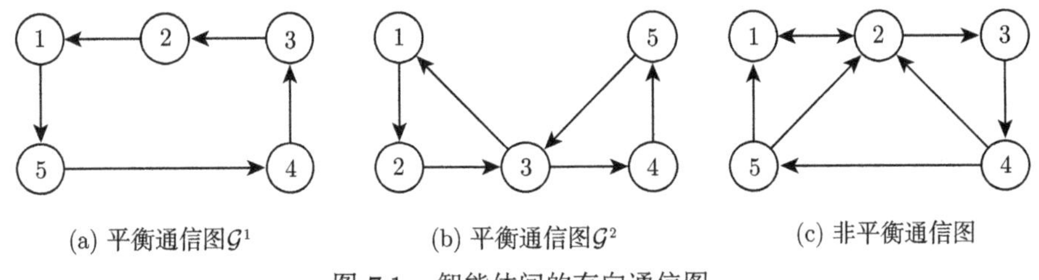

(a) 平衡通信图$\mathcal{G}^1$　　(b) 平衡通信图$\mathcal{G}^2$　　(c) 非平衡通信图

图 7.1　智能体间的有向通信图

为了验证定理 7.1 和推论 7.1, 给定平衡通信图 7.1(a) 和满足不等式 (7.17) 和 (7.18) 的参数 $a=1$, $b=10$, $c=3$. 通过分别运行算法 (7.4) 和算法 (7.13), 图 7.2 和图 7.3 分别给出算法 (7.4) 产生的解轨迹 $\mathrm{col}(\boldsymbol{x}(t),\boldsymbol{y}(t))$ 和算法 (7.13) 产生的轨迹 $\mathrm{col}(\boldsymbol{x}(t),\boldsymbol{L}\boldsymbol{y}(t))$. 从轨迹的趋势可知, 随着时间的推移, 轨迹均收敛到

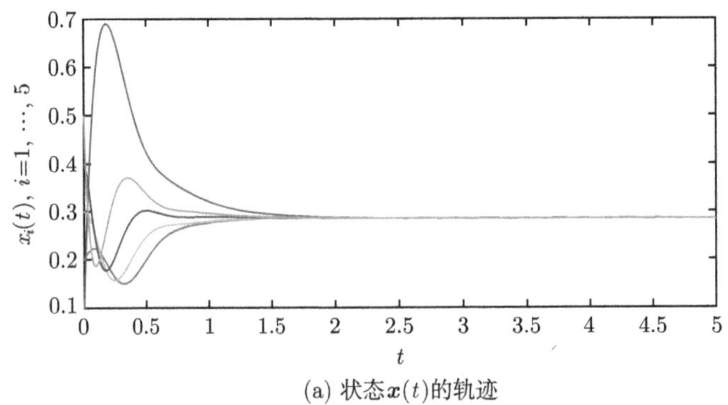

(a) 状态$\boldsymbol{x}(t)$的轨迹

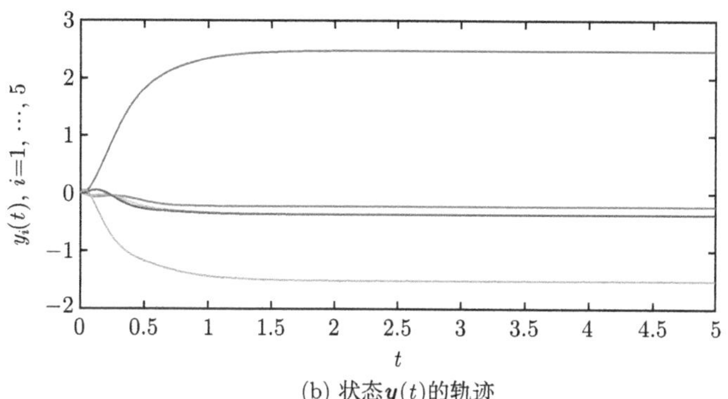

(b) 状态$\boldsymbol{y}(t)$的轨迹

图 7.2 算法 (7.4) 在平衡通信图 7.1(a) 下运行的结果

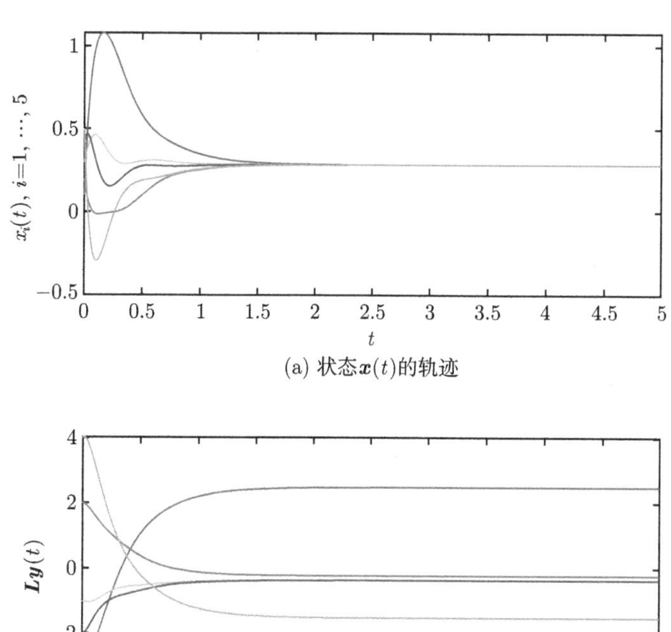

(a) 状态$\boldsymbol{x}(t)$的轨迹

(b) 状态$\boldsymbol{Ly}(t)$的轨迹

图 7.3 算法 (7.13) 在平衡通信图 7.1(a) 下运行的结果

点 $\mathrm{col}\left(\boldsymbol{x}^*, -\dfrac{a}{c}\nabla f(\boldsymbol{x}^*)\right)$. 另外, 图 7.4(a) 和图 7.4(b) 分别表明算法 (7.4) 和算法 (7.13) 各自是以指数收敛的速度趋向收敛点. 给定非平衡通信图 7.1(c) 和参数 $a = 0.1$, $b = 33$, $c = 7$, 图 7.5, 图 7.6 和图 7.7 给出分别在算法 (7.10) 和算

法 (7.15) 运行下的仿真结果, 与定理 7.2 和推论 7.2 的理论结果相吻合.

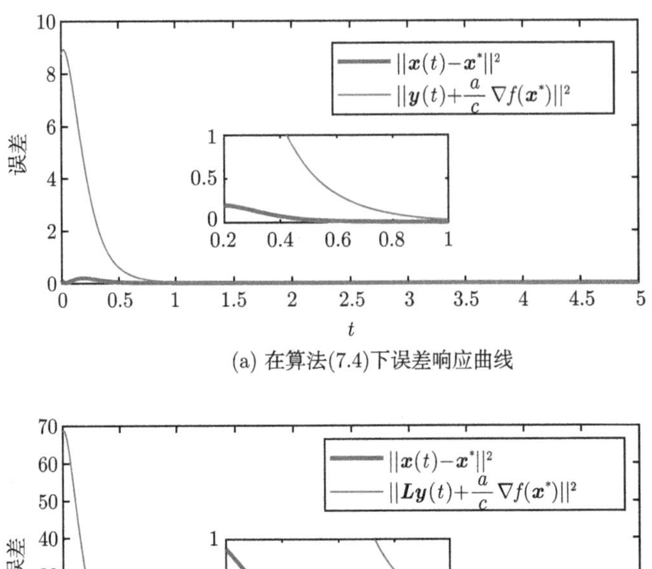

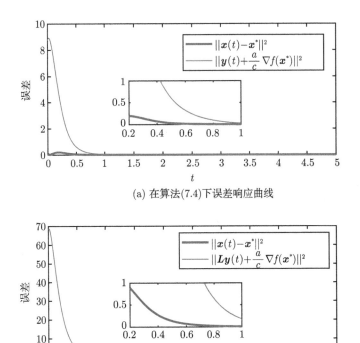

(a) 在算法(7.4)下误差响应曲线

(b) 在算法(7.13)下误差响应曲线

图 7.4　给定固定通信图 7.1(a), 在不同算法下, 误差 $\|\boldsymbol{x}(t)-\boldsymbol{x}^*\|^2$ 分别与 $\|\boldsymbol{y}(t)+\dfrac{a}{c}\nabla f(\boldsymbol{x}^*)\|^2, \|\boldsymbol{L}\boldsymbol{y}(t)+\dfrac{a}{c}\nabla f(\boldsymbol{x}^*)\|^2$ 的响应曲线

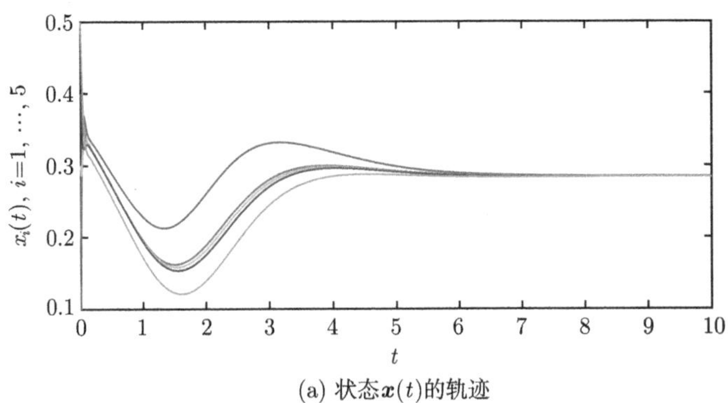

(a) 状态$\boldsymbol{x}(t)$的轨迹

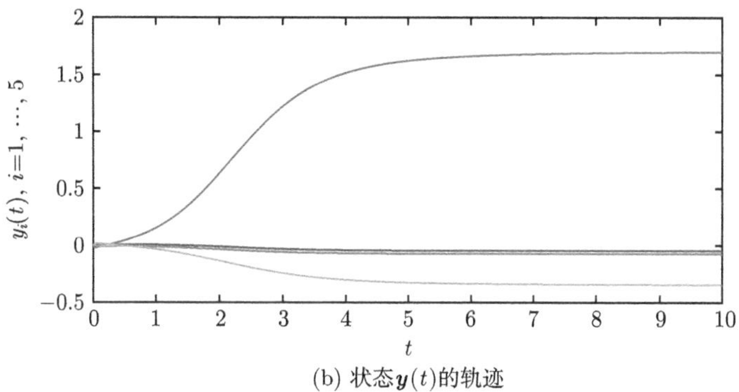

(b) 状态$\boldsymbol{y}(t)$的轨迹

图 7.5 算法 (7.10) 在非平衡通信图 7.1(c) 下运行的结果

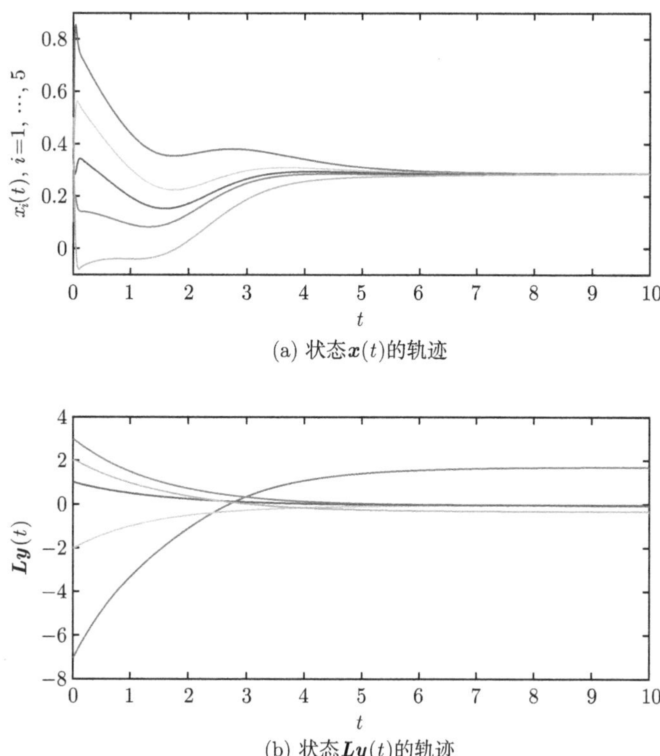

(a) 状态$\boldsymbol{x}(t)$的轨迹

(b) 状态$\boldsymbol{Ly}(t)$的轨迹

图 7.6 算法 (7.15) 在非平衡通信图 7.1(c) 下运行的结果

考虑算法 (7.4) 在平衡通信图 $\mathcal{G}^1$ 和平衡通信图 $\mathcal{G}^2$ 之间切换. 具体的切换过程为 $\sigma(t)=1, t\in[0,04)\cup[1.0,1.5)$, $\sigma(t)=2, t\in[0.4,1.0)\cup[1.5,+\infty)$. 注意到在平衡通信图 $\mathcal{G}^2$ 下的 $\lambda_2(\tilde{\boldsymbol{L}})$ 达到最小. 因此, 在切换通信图下的仿真中选择参

数 $a=1, b=13, c=3$. 图 7.8 中提供的仿真结果进一步验证了定理 7.3.

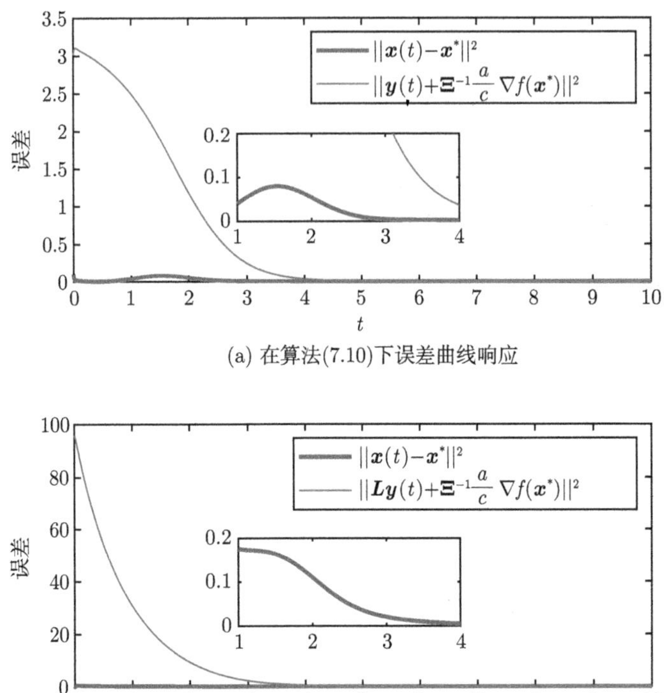

(a) 在算法(7.10)下误差曲线响应

(b) 在算法(7.15)下误差曲线响应

图 7.7　给定固定通信图 7.1(c), 在不同算法下, 误差 $\|\boldsymbol{x}(t)-\boldsymbol{x}^*\|^2$ 与 $\|\boldsymbol{y}(t)+\boldsymbol{\Xi}^{-1}\frac{a}{c}\nabla f(\boldsymbol{x}^*)\|^2$, $\|\boldsymbol{L}\boldsymbol{y}(t)+\boldsymbol{\Xi}^{-1}\frac{a}{c}\nabla f(\boldsymbol{x}^*)\|^2$ 的误差曲线响应

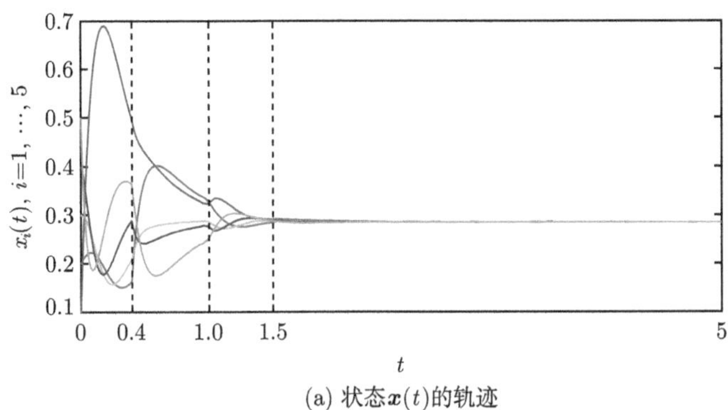

(a) 状态 $\boldsymbol{x}(t)$ 的轨迹

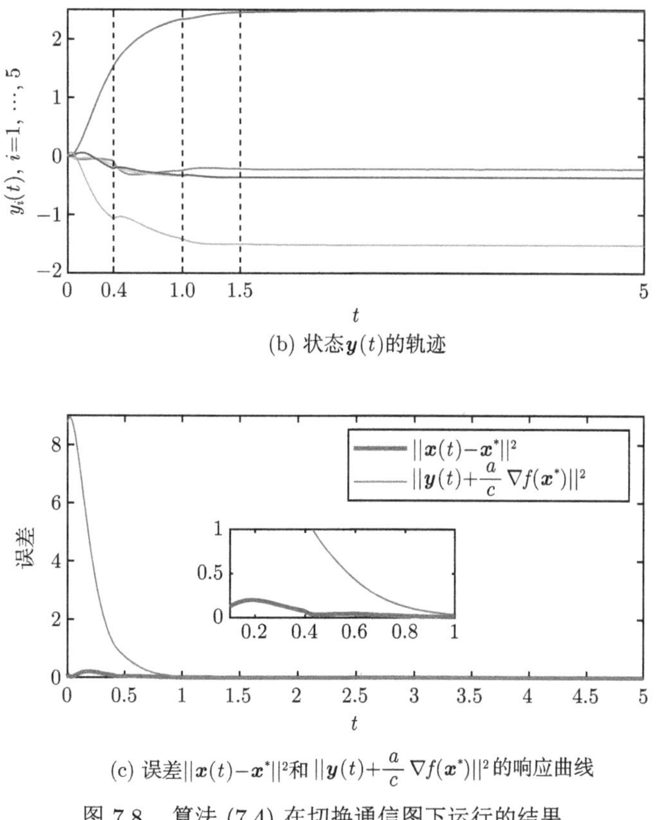

(b) 状态$\boldsymbol{y}(t)$的轨迹

(c) 误差$||\boldsymbol{x}(t)-\boldsymbol{x}^*||^2$和$||\boldsymbol{y}(t)+\frac{a}{c}\nabla f(\boldsymbol{x}^*)||^2$的响应曲线

图 7.8 算法 (7.4) 在切换通信图下运行的结果

7.3 通信连边攻击下的分布式优化算法: 基于连续时间通信机制

考虑到实际协同优化问题中智能体的通信连边可能遭受外部攻击, 本节介绍通信连边攻击下基于连续时间通信机制的分布式优化算法.

7.3.1 算法设计与收敛性分析

考虑由 N 个智能体组成的多智能体系统, 此系统旨在协作解决优化问题 (7.1), 其中局部目标函数满足如下假设.

假设 7.5 *f_i 是连续可微的强凸函数, 强凸系数为 $\mu_i > 0$, $\forall i \in \mathcal{I}$; f_i 的梯度是 Lipschitz 连续的, Lipschitz 常数为 $\iota_i > 0$, $\forall i \in \mathcal{I}$.*

这些智能体通过有向通信图 $\widehat{\mathcal{G}}$ 进行通信. 由于网络攻击类型不一, 导致不同的通信连边被攻击者破坏, 进而形成结构各异的通信图. 换而言之, 攻击的存在导致系统的通信图发生变化. 用集合 $\mathcal{P} \subset \mathbb{N}_+$ 表示系统中可能发生的攻击类型, $\{0\}$ 表示系统中不存在攻击, 并且智能体间的通信图满足如下假设.

假设 7.6　当系统中不存在攻击时, 有向通信图 $\widehat{\mathcal{G}}$ 是平衡且强连通的.

令 $\boldsymbol{z}_i \in \mathbb{R}^n$ 表示智能体 i 对于问题 (7.1) 的最优解 $\boldsymbol{s}^* = \mathrm{argmin} f(\boldsymbol{s})$ 的估计. 为了在攻击存在的情况下解决优化问题 (7.1), 设计如下切换通信图下的分布式优化算法:

$$
\begin{aligned}
\dot{\boldsymbol{z}}_i(t) &= -\kappa_1 \nabla f_i(\boldsymbol{z}_i(t)) - \kappa_2 \sum_{j=1}^{N} a_{ij}^{\sigma(t)}(\boldsymbol{z}_i(t) - \boldsymbol{z}_j(t)) - \boldsymbol{\nu}_i(t), \\
\dot{\boldsymbol{\nu}}_i(t) &= \kappa_1 \kappa_2 \sum_{j=1}^{N} a_{ij}^{\sigma(t)}(\boldsymbol{z}_i(t) - \boldsymbol{z}_j(t)).
\end{aligned}
\tag{7.29}
$$

式中, 参数 κ_1 和 κ_2 为正常数; 辅助变量 $\boldsymbol{\nu}_i \in \mathbb{R}^n$ 满足 $\sum\limits_{i=1}^{N} \boldsymbol{\nu}_i(0) = \boldsymbol{0}$; $\sigma(t) : [0, +\infty) \to \mathfrak{P}$ 是一个分段常值函数, $\mathfrak{P} = \{0\} \cup \mathcal{P}$; $a_{ij}^{\sigma(t)} \in \{0, 1\}, i, j = 1, \cdots, N$ 描述了不同类型攻击下系统的通信连边的受攻击情况. 为了保证算法 (7.29) 的可实施性, 引入如下假设.

假设 7.7　攻击只能破坏某些不会影响通信图结构平衡的主要通信连边.

注解 7.6　假设 7.7 限制了攻击的类型, 这就意味着只有系统中的某些边能够被攻击者破坏, 且攻击不会破坏通信图的平衡性. 需要注意的是, 当通信图 $\widehat{\mathcal{G}}$ 是无向的情况, 对于任意的连边攻击, 假设 7.7 都是满足的, 此时攻击的类型将不再受限.

在分析算法 (7.29) 的收敛性之前, 引入如下假设来限制攻击的持续时间和频率.

假设 7.8　对于任意时间区间 $[t_1, t_2)$, $t_2 > t_1 \geqslant 0$, 存在常数 $\gamma_1 \in [0, 1)$, $T_0 > 0$, $\gamma_2 > 0$, $N_0 \in \mathbb{N}_+$, 使得攻击总的活跃时间 $T(t_1, t_2)$ 满足: $T(t_1, t_2) \leqslant T_0 + \gamma_1(t_2 - t_1)$. $\sigma(t) = 0$（系统中没有攻击）和 $\sigma(t) \in \mathcal{P}$（系统中有攻击）之间的切换次数 $N(t_1, t_2)$ 满足如下平均驻留时间限制条件: $N(t_1, t_2) \leqslant N_0 + \gamma_2(t_2 - t_1)$.

因为当系统中不存在攻击时, 通信图 $\widehat{\mathcal{G}}$ 是平衡且强连通的, 可得如下引理.

引理 7.4　若假设 7.5~假设 7.7 成立, 辅助变量的初始条件满足 $\sum\limits_{i=1}^{N} \boldsymbol{\nu}_i(0) = \boldsymbol{0}$, 则当 $\sigma(t) = 0$ 时, 可得如下结论:

(1) $\sum\limits_{i=1}^{N} \boldsymbol{\nu}_i(t) = \boldsymbol{0}$, $\forall t \geqslant 0$;

(2) $\boldsymbol{z}^* = \boldsymbol{1} \otimes \boldsymbol{s}^*$, 其中, $\boldsymbol{s}^*$ 是优化问题 (7.1) 的最优解, $\boldsymbol{z}^* = [(\boldsymbol{z}_1^*)^{\mathrm{T}}, \cdots, (\boldsymbol{z}_N^*)^{\mathrm{T}}]^{\mathrm{T}}$, $\boldsymbol{\nu}^* = [(\boldsymbol{\nu}_1^*)^{\mathrm{T}}, \cdots, (\boldsymbol{\nu}_N^*)^{\mathrm{T}}]^{\mathrm{T}}$, $(\boldsymbol{z}_i^*, \boldsymbol{\nu}_i^*)$ 是式 (7.29) 的平衡点.

证明: (1) 根据式 (7.29) 的第二个公式, 易得 $\sum_{i=1}^{N}\dot{\boldsymbol{\nu}}_i(t)=\mathbf{0}$. 进而, 有 $\sum_{i=1}^{N}\boldsymbol{\nu}_i(t)=\sum_{i=1}^{N}\boldsymbol{\nu}_i(0)=\mathbf{0}$.

(2) 由于 $(\boldsymbol{z}_i^*, \boldsymbol{\nu}_i^*)$ 是式 (7.29) 的平衡点, 对于所有的智能体 $i\in\mathcal{I}$, 可得

$$\begin{aligned}
\mathbf{0}&=-\kappa_1\nabla f_i(\boldsymbol{z}_i^*)-\kappa_2\sum_{j=1}^{N}a_{ij}^0(\boldsymbol{z}_i^*-\boldsymbol{z}_j^*)-\boldsymbol{\nu}_i^*,\\
\mathbf{0}&=\kappa_1\kappa_2\sum_{j=1}^{N}a_{ij}^0(\boldsymbol{z}_i^*-\boldsymbol{z}_j^*).
\end{aligned}\tag{7.30}$$

式中, a_{ij}^0 为系统中无攻击时智能体的通信连边的权值. 上述公式的第二个等式就意味着 $\boldsymbol{z}_1^*=\cdots=\boldsymbol{z}_N^*$. 对于所有的智能体 $i\in\mathcal{I}$, 将式 (7.30) 中的第一个公式累加可得到 $\kappa_1\sum_{i=1}^{N}\nabla f_i(\boldsymbol{z}_i^*)=-\sum_{i=1}^{N}\boldsymbol{\nu}_i^*=\mathbf{0}$. 然后, 根据 $\sum_{i=1}^{N}\nabla f_i(\boldsymbol{z}_i^*)=\mathbf{0}$, 可得 $\boldsymbol{z}^*=\mathbf{1}\otimes\boldsymbol{s}^*$. ■

令 $\boldsymbol{z}(t)=[\boldsymbol{z}_1(t)^{\mathrm{T}},\cdots,\boldsymbol{z}_N(t)^{\mathrm{T}}]^{\mathrm{T}}$, $\nabla f(\boldsymbol{z}(t))=[\nabla f_1(\boldsymbol{z}_1(t))^{\mathrm{T}},\cdots,\nabla f_N(\boldsymbol{z}_N(t))^{\mathrm{T}}]^{\mathrm{T}}$, $\boldsymbol{\nu}(t)=[\boldsymbol{\nu}_1(t)^{\mathrm{T}},\cdots,\boldsymbol{\nu}_N(t)^{\mathrm{T}}]^{\mathrm{T}}$. 为了处理通信图的 Laplace 矩阵的奇异性对算法收敛性的影响, 根据引理 2.13, 定义如下变换:

$$\begin{aligned}
&\boldsymbol{Z}(t)=\boldsymbol{z}(t)-\boldsymbol{z}^*,\quad \boldsymbol{Z}(t)=([\hat{\boldsymbol{r}}\ \ \widehat{\boldsymbol{R}}]\otimes\boldsymbol{I})\boldsymbol{\theta}(t),\\
&\boldsymbol{V}(t)=\boldsymbol{\nu}(t)-\boldsymbol{\nu}^*,\quad \boldsymbol{V}(t)=([\hat{\boldsymbol{r}}\ \ \widehat{\boldsymbol{R}}]\otimes\boldsymbol{I})\boldsymbol{\xi}(t).
\end{aligned}\tag{7.31}$$

式中, $\hat{\boldsymbol{r}}=\frac{1}{\sqrt{N}}\mathbf{1}\in\mathbb{R}^N$; $\widehat{\boldsymbol{R}}\in\mathbb{R}^{N\times(N-1)}$ 满足 $\hat{\boldsymbol{r}}^{\mathrm{T}}\widehat{\boldsymbol{R}}=\mathbf{0}$; $\widehat{\boldsymbol{R}}\widehat{\boldsymbol{R}}^{\mathrm{T}}=\boldsymbol{I}-\frac{1}{N}\mathbf{1}\mathbf{1}^{\mathrm{T}}=\boldsymbol{\Gamma}_N$; $\widehat{\boldsymbol{R}}^{\mathrm{T}}\widehat{\boldsymbol{R}}=\boldsymbol{I}$; $\boldsymbol{\theta}(t)=[\boldsymbol{\theta}_1(t)^{\mathrm{T}}, \boldsymbol{\theta}_2(t)^{\mathrm{T}}]^{\mathrm{T}}$; $\boldsymbol{\xi}(t)=[\boldsymbol{\xi}_1(t)^{\mathrm{T}}, \boldsymbol{\xi}_2(t)^{\mathrm{T}}]^{\mathrm{T}}$; $\boldsymbol{\theta}_1(t)$, $\boldsymbol{\xi}_1(t)\in\mathbb{R}^n$; $\boldsymbol{\theta}_2(t)$, $\boldsymbol{\xi}_2(t)\in\mathbb{R}^{(N-1)n}$. 令 $\boldsymbol{\chi}(t)=[\boldsymbol{\theta}_1(t)^{\mathrm{T}}, \boldsymbol{\theta}_2(t)^{\mathrm{T}}, \boldsymbol{\xi}_2(t)^{\mathrm{T}}]^{\mathrm{T}}$, $\boldsymbol{\Delta f}(t)=\nabla f(\boldsymbol{z}(t))-\nabla f(\boldsymbol{z}^*)$. 然后, 由式 (7.29) 和式 (7.31) 可得:

当函数 $\sigma(t)=0$ 时,

$$\dot{\boldsymbol{\chi}}(t)=\overline{H}_0(\boldsymbol{\chi}(t))\tag{7.32}$$

式中,

$$\overline{H}_0(\boldsymbol{\chi}(t))=\begin{bmatrix}-\kappa_1(\hat{\boldsymbol{r}}^{\mathrm{T}}\otimes\boldsymbol{I})\boldsymbol{\Delta f}(t)\\ -\kappa_1(\widehat{\boldsymbol{R}}^{\mathrm{T}}\otimes\boldsymbol{I})\boldsymbol{\Delta f}(t)-\kappa_2\overline{\boldsymbol{R}}_0\boldsymbol{\theta}_2(t)-\boldsymbol{\xi}_2(t)\\ \kappa_1\kappa_2\overline{\boldsymbol{R}}_0\boldsymbol{\theta}_2(t)\end{bmatrix};$$

$\overline{\boldsymbol{R}}_0=\widehat{\boldsymbol{R}}^{\mathrm{T}}\widehat{\boldsymbol{L}}_0\widehat{\boldsymbol{R}}\otimes\boldsymbol{I}$; $\widehat{\boldsymbol{L}}_0$ 是系统中没有攻击时的通信拓扑结构的 Laplace 矩阵.

当函数 $\sigma(t)\in\mathcal{P}$ 时,

$$\dot{\boldsymbol{\chi}}(t)\in \operatorname{conv}\bigcup_{\delta\in\mathcal{P}}\overline{H}_\delta(\boldsymbol{\chi}(t)) \tag{7.33}$$

式中,

$$\overline{H}_\delta(\boldsymbol{\chi}(t))=\begin{bmatrix}-\kappa_1(\hat{\boldsymbol{r}}^{\mathrm{T}}\otimes\boldsymbol{I})\boldsymbol{\Delta f}(t)\\ -\kappa_1(\widehat{\boldsymbol{R}}^{\mathrm{T}}\otimes\boldsymbol{I})\boldsymbol{\Delta f}(t)-\kappa_2\overline{\boldsymbol{R}}_\delta\boldsymbol{\theta}_2(t)-\boldsymbol{\xi}_2(t)\\ \kappa_1\kappa_2\overline{\boldsymbol{R}}_\delta\boldsymbol{\theta}_2(t)\end{bmatrix};$$

$\overline{\boldsymbol{R}}_\delta=\widehat{\boldsymbol{R}}^{\mathrm{T}}\widehat{\boldsymbol{L}}_\delta\widehat{\boldsymbol{R}}\otimes\boldsymbol{I}$; $\widehat{\boldsymbol{L}}_\delta$ 是在攻击类型 $\sigma(t)=\delta\in\mathcal{P}$ 下的通信图的 Laplace 矩阵.

在给出关于算法 (7.29) 的主要定理之前, 首先引入如下两个引理.

引理 7.5 考虑系统中没有攻击 ($\delta=0$), 且满足假设 7.5~假设 7.7. 如果参数 $\kappa_1>0$, $\kappa_2>0$, $\varsigma>0$ 满足

$$(\varsigma+1)\mu-\iota^2>0 \tag{7.34}$$

且

$$\kappa_1^2((\varsigma+1)\mu-\iota^2-(\varsigma+1)^2)+3\varsigma\kappa_1\kappa_2\lambda_2>0 \tag{7.35}$$

式中, $\mu=\min\{\mu_1,\cdots,\mu_N\}$; $\iota=\max\{\iota_1,\cdots,\iota_N\}$; λ_2 是 $\frac{1}{2}(\widehat{\boldsymbol{L}}_0+\widehat{\boldsymbol{L}}_0^{\mathrm{T}})$ 的最小非零特征值, 则存在一个正定函数 $V_0(\boldsymbol{\chi}(t))$ 使得

$$\langle\nabla V_0(\boldsymbol{\chi}(t)),\overline{H}_0(\boldsymbol{\chi}(t))\rangle\leqslant-\varpi_1V_0(\boldsymbol{\chi}(t)),$$

其中, 参数 ϖ_1 是一个正常数.

证明: 令 $V_0(\boldsymbol{\chi}(t))=\boldsymbol{\chi}(t)^{\mathrm{T}}\boldsymbol{\mathcal{F}}_1\boldsymbol{\chi}(t)$, 其中,

$$\boldsymbol{\mathcal{F}}_1=\begin{bmatrix}\kappa_1(\varsigma+1)/6\boldsymbol{I}_n & \boldsymbol{0}_{n\times(N-1)n} & \boldsymbol{0}_{n\times(N-1)n}\\ \boldsymbol{0}_{(N-1)n\times n} & \kappa_1(\varsigma+1)/2\boldsymbol{I}_{(N-1)n} & 1/2\boldsymbol{I}_{(N-1)n}\\ \boldsymbol{0}_{(N-1)n\times n} & 1/2\boldsymbol{I}_{(N-1)n} & 1/(2\kappa_1)\boldsymbol{I}_{(N-1)n}\end{bmatrix}.$$

那么, 由式 (7.32) 可得

$$\begin{aligned}\langle\nabla V_0(\boldsymbol{\chi}(t)),\overline{H}_0(\boldsymbol{\chi}(t))\rangle=&-\frac{1}{3}\kappa_1^2(\varsigma+1)\boldsymbol{Z}(t)^{\mathrm{T}}\boldsymbol{\Delta f}(t)-\kappa_1\kappa_2\varsigma\boldsymbol{\theta}_2(t)^{\mathrm{T}}\overline{\boldsymbol{R}}_0\boldsymbol{\theta}_2(t)\\&-\frac{2}{3}\kappa_1^2(\varsigma+1)\boldsymbol{\theta}_2(t)^{\mathrm{T}}(\widehat{\boldsymbol{R}}^{\mathrm{T}}\otimes\boldsymbol{I})\boldsymbol{\Delta f}(t)-\boldsymbol{\xi}_2(t)^{\mathrm{T}}\boldsymbol{\xi}_2(t)\end{aligned}$$

$$
\begin{aligned}
&- \kappa_1 \boldsymbol{\xi}_2(t)^{\mathrm{T}} (\widehat{\boldsymbol{R}}^{\mathrm{T}} \otimes \boldsymbol{I}) \boldsymbol{\Delta f}(t) - \kappa_1 (\varsigma + 1) \boldsymbol{\theta}_2(t)^{\mathrm{T}} \boldsymbol{\xi}_2(t) \\
&= -\frac{1}{3}\kappa_1^2 (\varsigma+1) \boldsymbol{Z}(t)^{\mathrm{T}} \boldsymbol{\Delta f}(t) - \frac{1}{4}\boldsymbol{\xi}_2(t)^{\mathrm{T}}\boldsymbol{\xi}_2(t) - 3\left\| \frac{1}{2}\boldsymbol{\xi}_2(t) \right. \\
&\quad \left. + \frac{\kappa_1}{3}(\widehat{\boldsymbol{R}}^{\mathrm{T}} \otimes \boldsymbol{I})\boldsymbol{\Delta f}(t) + \frac{\kappa_1(\varsigma+1)}{3}\boldsymbol{\theta}_2(t) \right\|^2 \\
&\quad + \frac{\kappa_1^2}{3} \|(\widehat{\boldsymbol{R}}^{\mathrm{T}} \otimes \boldsymbol{I})\boldsymbol{\Delta f}(t)\|^2 - \kappa_1\kappa_2\varsigma \boldsymbol{\theta}_2(t)^{\mathrm{T}} \overline{\boldsymbol{R}}_0 \boldsymbol{\theta}_2(t) \\
&\quad + \frac{1}{3}\kappa_1^2(\varsigma+1)^2 \boldsymbol{\theta}_2(t)^{\mathrm{T}}\boldsymbol{\theta}_2(t)
\end{aligned} \tag{7.36}
$$

注意 $\|\widehat{\boldsymbol{R}}^{\mathrm{T}} \otimes \boldsymbol{I}\| = 1$, $\|\boldsymbol{Z}(t)\|^2 = \|\boldsymbol{\theta}(t)\|^2$. 由假设 7.5 易知:

$$
\begin{aligned}
\boldsymbol{Z}(t)^{\mathrm{T}} \boldsymbol{\Delta f}(t) &= [\boldsymbol{z}(t) - \boldsymbol{z}^*]^{\mathrm{T}} \big(\nabla f(\boldsymbol{z}(t)) - \nabla f(\boldsymbol{z}^*)\big) \geqslant \mu \|\boldsymbol{Z}(t)\|^2 = \mu\|\boldsymbol{\theta}(t)\|^2, \\
\|(\widehat{\boldsymbol{R}}^{\mathrm{T}} \otimes \boldsymbol{I})\boldsymbol{\Delta f}(t)\|^2 &\leqslant \|\boldsymbol{\Delta f}(t)\|^2 = \|\nabla f(\boldsymbol{z}(t)) - \nabla f(\boldsymbol{z}^*)\|^2 \leqslant \iota^2 \|\boldsymbol{\theta}(t)\|^2.
\end{aligned} \tag{7.37}
$$

然后, 由式 (7.34)~式 (7.37) 得

$$
\begin{aligned}
\langle \nabla V_0(\boldsymbol{\chi}(t)), \overline{H}_0(\boldsymbol{\chi}(t))\rangle &\leqslant -\frac{1}{3}\kappa_1^2(\varsigma+1)\mu\|\boldsymbol{\theta}(t)\|^2 + \frac{\kappa_1^2}{3}\iota^2\|\boldsymbol{\theta}(t)\|^2 + \frac{1}{3}\kappa_1^2(\varsigma+1)^2\|\boldsymbol{\theta}_2(t)\|^2 \\
&\quad - \frac{1}{4}\|\boldsymbol{\xi}_2(t)\|^2 - \varsigma\kappa_1\kappa_2\lambda_2\|\boldsymbol{\theta}_2(t)\|^2 \\
&\leqslant -\rho_1\|\boldsymbol{\chi}(t)\|^2 \leqslant -\varpi_1 V_0(\boldsymbol{\chi}(t))
\end{aligned} \tag{7.38}
$$

式中, 参数 $\rho_1 = \min\{\kappa_1^2((\varsigma+1)\mu - \iota^2)/3,\ \alpha_1/3,\ 1/4\}$; $\alpha_1 = \kappa_1^2((\varsigma+1)\mu - \iota^2 - (\varsigma+1)^2) + 3\varsigma\kappa_1\kappa_2\lambda_2 > 0$; $\varpi_1 = \rho_1/\lambda_{\max}(\boldsymbol{\mathcal{F}}_1)$. 通过应用不等式 $\lambda_{\min}(\boldsymbol{\mathcal{F}}_1)\|\boldsymbol{\chi}(t)\|^2 \leqslant V_0(\boldsymbol{\chi}(t)) \leqslant \lambda_{\max}(\boldsymbol{\mathcal{F}}_1)\|\boldsymbol{\chi}(t)\|^2$ 可得式 (7.38) 的最后一个不等式. ■

引理 7.6 考虑系统中存在攻击 ($\sigma(t) = \delta \in \mathcal{P}$), 若满足假设 7.5~假设 7.7, 则对于任意正常数 κ_1, κ_2 和 ς, 存在正定函数 $V_\delta(\boldsymbol{\chi}(t))$ 使得

$$
\langle \nabla V_\delta(\boldsymbol{\chi}(t)), \overline{H}_\delta(\boldsymbol{\chi}(t))\rangle \leqslant \varpi_2 V_\delta(\boldsymbol{\chi}(t)) \tag{7.39}
$$

式中, 参数 ϖ_2 是一个正常数.

证明: 令 $V_\delta(\boldsymbol{\chi}(t)) = \boldsymbol{\chi}(t)^{\mathrm{T}}\boldsymbol{\mathcal{F}}_2\boldsymbol{\chi}(t)$, 其中,

$$\mathcal{F}_2 = \begin{bmatrix} \kappa_1(\varsigma+1)/18\boldsymbol{I}_n & \boldsymbol{0}_{n\times(N-1)n} & \boldsymbol{0}_{n\times(N-1)n} \\ \boldsymbol{0}_{(N-1)n\times n} & \kappa_1(\varsigma+1)/2\boldsymbol{I}_{(N-1)n} & 1/2\boldsymbol{I}_{(N-1)n} \\ \boldsymbol{0}_{(N-1)n\times n} & 1/2\boldsymbol{I}_{(N-1)n} & 1/(2\kappa_1)\boldsymbol{I}_{(N-1)n} \end{bmatrix}.$$

由式 (7.33) 可得

$$\begin{aligned}\langle \nabla V_\delta(\boldsymbol{\chi}(t)), \overline{H}_\delta(\boldsymbol{\chi}(t))\rangle &= -\frac{1}{9}\kappa_1^2(\varsigma+1)\boldsymbol{Z}(t)^{\mathrm{T}}\boldsymbol{\Delta f}(t) - \kappa_1(\varsigma+1)\boldsymbol{\theta}_2(t)^{\mathrm{T}}\boldsymbol{\xi}_2(t) \\ &\quad - \frac{8}{9}\kappa_1^2(\varsigma+1)\boldsymbol{\theta}_2(t)^{\mathrm{T}}(\widehat{\boldsymbol{R}}^{\mathrm{T}}\otimes\boldsymbol{I})\boldsymbol{\Delta f}(t) - \boldsymbol{\xi}_2(t)^{\mathrm{T}}\boldsymbol{\xi}_2(t) \\ &\quad - \kappa_1\boldsymbol{\xi}_2(t)^{\mathrm{T}}(\widehat{\boldsymbol{R}}^{\mathrm{T}}\otimes\boldsymbol{I})\boldsymbol{\Delta f}(t) - \kappa_1\kappa_2\varsigma\boldsymbol{\theta}_2(t)^{\mathrm{T}}\overline{\boldsymbol{R}}_\delta\boldsymbol{\theta}_2(t) \\ &= -\frac{1}{9}\kappa_1^2(\varsigma+1)\boldsymbol{Z}(t)^{\mathrm{T}}\boldsymbol{\Delta f}(t) - \frac{7}{16}\boldsymbol{\xi}_2(t)^{\mathrm{T}}\boldsymbol{\xi}_2(t) - 4\left\|\frac{3}{8}\boldsymbol{\xi}_2(t)\right. \\ &\quad \left. + \frac{\kappa_1}{3}(\widehat{\boldsymbol{R}}^{\mathrm{T}}\otimes\boldsymbol{I})\boldsymbol{\Delta f}(t) + \frac{\kappa_1(\varsigma+1)}{3}\boldsymbol{\theta}_2(t)\right\|^2 \\ &\quad + \frac{4}{9}\kappa_1^2\|(\widehat{\boldsymbol{R}}^{\mathrm{T}}\otimes\boldsymbol{I})\boldsymbol{\Delta f}(t)\|^2 - \kappa_1\kappa_2\varsigma\boldsymbol{\theta}_2(t)^{\mathrm{T}}\overline{\boldsymbol{R}}_\delta\boldsymbol{\theta}_2(t) \\ &\quad + \frac{4}{9}\kappa_1^2(\varsigma+1)^2\boldsymbol{\theta}_2(t)^{\mathrm{T}}\boldsymbol{\theta}_2(t) \end{aligned} \tag{7.40}$$

结合式 (7.37), 易得

$$\begin{aligned}\langle \nabla V_\delta(\boldsymbol{\chi}(t)), \overline{H}_\delta(\boldsymbol{\chi}(t))\rangle &\leqslant -\frac{1}{9}\kappa_1^2(\varsigma+1)\mu\|\boldsymbol{\theta}(t)\|^2 + \frac{4}{9}\kappa_1^2\iota^2\|\boldsymbol{\theta}(t)\|^2 \\ &\quad + \frac{4}{9}\kappa_1^2(\varsigma+1)^2\|\boldsymbol{\theta}_2(t)\|^2 - \kappa_1\kappa_2\varsigma\boldsymbol{\theta}_2(t)^{\mathrm{T}}\overline{\boldsymbol{R}}_\delta\boldsymbol{\theta}_2(t) \\ &\quad - \frac{7}{16}\|\boldsymbol{\xi}_2(t)\|^2 \leqslant \rho_2\|\boldsymbol{\chi}(t)\|^2 \leqslant \varpi_2 V_\delta(\boldsymbol{\chi}(t)) \end{aligned} \tag{7.41}$$

式中, $\rho_2 = 4\kappa_1^2((\varsigma+1)^2+\iota^2)/9$; $\varpi_2 = \rho_2/\lambda_{\min}(\mathcal{F}_2)$. ■

接下来, 构造一个混杂系统推进算法的收敛性分析. 令 $\boldsymbol{\psi}(t) = [\boldsymbol{\chi}(t)^{\mathrm{T}}, \sigma(t), \epsilon_1(t), \epsilon_2(t)]^{\mathrm{T}}$, $\epsilon_1(t)$, $\epsilon_2(t)$ 满足如下方程:

$$\begin{aligned} &\dot{\epsilon}_1(t) \in [0, \gamma_2], \quad \epsilon_1 \in [0, N_0], \\ &\epsilon_1^+(t) = \epsilon_1(t) - 1, \quad \epsilon_1 \in [1, N_0]. \end{aligned} \tag{7.42}$$

式中, 参数 $\gamma_2 > 0$; $N_0 \in \mathbb{N}_+$;

$$\dot{\epsilon}_2(t) \in [0, \gamma_1] - \Psi_\sigma(\sigma(t)), \quad \epsilon_2 \in [0, T_0] \tag{7.43}$$

其中, 参数 $\gamma_1 \in [0, 1)$, $T_0 > 0$,

$$\Psi_\sigma(\sigma(t)) = \begin{cases} 1, & \sigma(t) \in \mathcal{P}, \\ 0, & \text{其他}. \end{cases}$$

结合式 (7.32) 和式 (7.33), 构造如下混杂系统:

$$\begin{aligned} &\dot{\boldsymbol{\psi}}(t) \in H_1(\boldsymbol{\psi}(t)), \quad \boldsymbol{\psi}(t) \in \Omega, \\ &\boldsymbol{\psi}^+(t) \in H_2(\boldsymbol{\psi}(t)), \quad \boldsymbol{\psi}(t) \in \widetilde{\Omega}. \end{aligned} \tag{7.44}$$

式中,

$$H_1(\boldsymbol{\psi}(t)) = \begin{cases} \begin{bmatrix} \overline{H}_0(\boldsymbol{\chi}(t)) \\ \{0\} \\ [0, \gamma_2] \\ [0, \gamma_1] \end{bmatrix}, & \boldsymbol{\psi}(t) \in \Omega_1, \\ \begin{bmatrix} \mathrm{conv} \bigcup_{\delta \in \mathcal{P}} \overline{H}_\delta(\boldsymbol{\chi}(t)) \\ \{0\} \\ [0, \gamma_2] \\ [0, \gamma_1] - 1 \end{bmatrix}, & \boldsymbol{\psi}(t) \in \Omega_2. \end{cases}; \quad H_2(\boldsymbol{\psi}(t)) = \begin{bmatrix} \boldsymbol{\chi}(t) \\ \mathfrak{P} \backslash \{\sigma(t)\} \\ \epsilon_1(t) - 1 \\ \epsilon_2(t) \end{bmatrix};$$

$\Omega = \Omega_1 \cup \Omega_2$, $\Omega_1 = \mathbb{R}^{(2N-1)n} \times \{0\} \times [0, N_0] \times [0, T_0]$, $\Omega_2 = \mathbb{R}^{(2N-1)n} \times \mathcal{P} \times [0, N_0] \times [0, T_0]$; $\widetilde{\Omega} = \mathbb{R}^{(2N-1)n} \times \mathfrak{P} \times [1, N_0] \times [0, T_0]$.

注解 7.7 为了限制攻击的频率和总激活时间, 引入变量 $\epsilon_1(t)$ 和 $\epsilon_2(t)$. 由文献 [197] 可知, 当且仅当 $\epsilon_1(t)$ 和 $\epsilon_2(t)$ 分别是式 (7.42) 和式 (7.43) 的解时, 假设 7.8 满足.

定理 7.4 若假设 7.5~假设 7.8 成立, 参数 $\kappa_1 > 0$, $\kappa_2 > 0$, $\varsigma > 0$ 满足式 (7.34) 和式 (7.35), 且 $\gamma_1 \in [0, 1)$ 和 $\gamma_2 > 0$ 使得 $(1-\gamma_1)\varpi_1 - \gamma_1\varpi_2 - \gamma_2 \ln(a_1) > 0$, 其中,

$$a_1 = \left\{ \max_{\boldsymbol{\chi}(t)^{\mathrm{T}}\boldsymbol{\chi}(t)=1} \frac{\boldsymbol{\chi}(t)^{\mathrm{T}}\boldsymbol{\mathcal{F}}_2\boldsymbol{\chi}(t)}{\boldsymbol{\chi}(t)^{\mathrm{T}}\boldsymbol{\mathcal{F}}_1\boldsymbol{\chi}(t)}, \max_{\boldsymbol{\chi}^{\mathrm{T}}(t)\boldsymbol{\chi}(t)=1} \frac{\boldsymbol{\chi}(t)^{\mathrm{T}}\boldsymbol{\mathcal{F}}_1\boldsymbol{\chi}(t)}{\boldsymbol{\chi}(t)^{\mathrm{T}}\boldsymbol{\mathcal{F}}_2\boldsymbol{\chi}(t)} \right\},$$

则算法 (7.29) 能够在存在持续攻击的情况下解决优化问题 (7.1). 特别地, $\|\boldsymbol{z}_i(t) - \boldsymbol{s}^*\|$, $\forall i \in \mathcal{I}$ 指数收敛到 0.

证明: 考虑如下 Lyapunov 函数

$$W(\boldsymbol{\psi}(t)) = V_{\sigma(t)}(\boldsymbol{\chi}(t))\exp(\ln(a_1)\epsilon_1(t) + (\varpi_1 + \varpi_2)\epsilon_2(t)) \tag{7.45}$$

式中, $V_{\sigma(t)}(\boldsymbol{\chi}(t))$, $\sigma(t) \in \mathfrak{P}$ 的定义已在引理 7.5 和引理 7.6 中给出. 然后, 由式 (7.34) 和式 (7.35) 可得下述结论.

当函数 $\sigma(t) = 0$ 时,

$$\begin{aligned}\frac{\partial W}{\partial \boldsymbol{\psi}(t)} H_1(\boldsymbol{\psi}(t)) &\leqslant \frac{\partial W}{\partial \boldsymbol{\chi}(t)} \overline{H}_0(\boldsymbol{\chi}(t)) + \frac{\partial W}{\partial \epsilon_1(t)}\gamma_2 + \frac{\partial W}{\partial \epsilon_2(t)}\gamma_1 \\ &\leqslant \big(- \varpi_1 + \gamma_2\ln(a_1) + \gamma_1(\varpi_1 + \varpi_2)\big)W(\boldsymbol{\psi}(t)) \\ &\leqslant -\varpi_3 W(\boldsymbol{\psi}(t))\end{aligned} \tag{7.46}$$

式中, $\varpi_3 = (1-\gamma_1)\varpi_1 - \gamma_1\varpi_2 - \gamma_2\ln(a_1) > 0$.

当函数 $\sigma(t) \in \mathcal{P}$ 时,

$$\begin{aligned}\frac{\partial W}{\partial \boldsymbol{\psi}(t)} H_1(\boldsymbol{\psi}(t)) &\leqslant \big(\varpi_2 + \gamma_2\ln(a_1) + (\gamma_1 - 1)(\varpi_1 + \varpi_2)\big)W(\boldsymbol{\psi}(t)) \\ &\leqslant -\varpi_3 W(\boldsymbol{\psi}(t))\end{aligned} \tag{7.47}$$

由参数 a_1 的定义, 可得

$$V_{\hat{b}_1}(\boldsymbol{\chi}(t)) \leqslant a_1 V_{\hat{b}_2}(\boldsymbol{\chi}(t)), \ \ \forall\, \hat{b}_1,\, \hat{b}_2 \in \mathfrak{P} \tag{7.48}$$

利用式 (7.44) 和式 (7.48) 得

$$\begin{aligned}W(\boldsymbol{\psi}(t^+)) &= V_{\sigma(t^+)}(\boldsymbol{\chi}(t^+))\exp\big(\ln(a_1)\epsilon_1(t^+) + (\varpi_1 + \varpi_2)\epsilon_2(t^+)\big) \\ &\leqslant a_1 V_{\sigma(t)}(\boldsymbol{\chi}(t))\exp\big(\ln(a_1)(\epsilon_1(t) - 1) + (\varpi_1 + \varpi_2)\epsilon_2(t)\big) \\ &= W(\boldsymbol{\psi}(t))\end{aligned} \tag{7.49}$$

结合式 (7.46)~式 (7.49), 易得

$$W(\boldsymbol{\psi}(t)) \leqslant \exp(-\boldsymbol{\varpi}_3 t)W(\boldsymbol{\psi}(0)) \tag{7.50}$$

令系统 (7.44) 的稳定集合 $\mathcal{S} = \{\mathbf{0}\} \times \mathfrak{P} \times [0,\, N_0] \times [0,\, T_0]$; $a_2 = \min\{\lambda_{\min}(\boldsymbol{\mathcal{F}}_1),$ $\lambda_{\min}(\boldsymbol{\mathcal{F}}_2)\}$; $a_3 = \max\{\lambda_{\max}(\boldsymbol{\mathcal{F}}_1),\, \lambda_{\max}(\boldsymbol{\mathcal{F}}_2)\}$; $\Theta = N_0\ln(a_1) + (\varpi_1 + \varpi_2)T_0$. 类

似文献 [197] 中主要定理的证明思路, 对于集合 $\Omega \cup \tilde{\Omega}$, 由 $V_{\sigma(t)}(\boldsymbol{\chi}(t))$ 的定义和式 (7.45) 可证

$$\|\boldsymbol{\chi}(t)\| \leqslant \sqrt{\frac{a_3 \exp(\Theta)\|\boldsymbol{\chi}(0)\|^2}{a_2}} \exp\left(-\frac{\varpi_3}{2}t\right)$$

这表明当 $t \to \infty$ 时, $\|\boldsymbol{z}_i(t) - \boldsymbol{s}^*\| \to 0$. ■

7.3.2 仿真分析

本小节将给出一个数值仿真来验证算法 (7.29) 的有效性.

例 7.2 考虑由 6 个智能体构成的多智能体系统, $s \in \mathbb{R}$ 是所有智能体的共同决策变量, 每个智能体的局部目标函数设为: $f_1(s) = (s-3)^2 + s^2$, $f_2(s) = \frac{1}{4}s^4 + \exp(2.1s)$, $f_3(s) = 2.5\exp(-0.5s) + \frac{1}{4}s^4$, $f_4(s) = 0.7\exp(3s) + s^2$, $f_5(s) = (s+0.22)^2$, $f_6(s) = \exp(-1.1s) + 3\exp(0.5s)$, 最优解为 $s^* = 0.0971$.

考虑 3 种类型的攻击, 对应的通信图的邻接矩阵分别为 $\boldsymbol{\mathcal{A}}_1$, $\boldsymbol{\mathcal{A}}_2$ 和 $\boldsymbol{\mathcal{A}}_3$, 其元素为 $a_{12}^1 = a_{26}^1 = a_{34}^1 = a_{45}^1 = a_{53}^1 = a_{61}^1 = a_{14}^2 = a_{45}^2 = a_{53}^2 = a_{26}^3 = a_{32}^3 = a_{53}^3 = a_{65}^3 = 1$, 其余元素为 0. $\boldsymbol{\mathcal{A}}_0$ 为系统没有攻击时的邻接矩阵, 其元素为 $a_{12}^0 = a_{23}^0 = a_{26}^0 = a_{32}^0 = a_{34}^0 = a_{45}^0 = a_{53}^0 = a_{56}^0 = a_{61}^0 = a_{65}^0 = 1$, 其余元素为 0. 不同通信图之间的切换如图 7.9 所示, 其中, $\delta = 0$ 表示系统中没有攻击, $\delta = 1$, $\delta = 2$ 和 $\delta = 3$ 表示 3 种不同类型的攻击, 其对应攻击下通信拓扑的邻接矩阵分别为 $\boldsymbol{\mathcal{A}}_1$, $\boldsymbol{\mathcal{A}}_2$ 和 $\boldsymbol{\mathcal{A}}_3$. 设智能体的初始条件为 $\boldsymbol{z}(0) = [2.4, 2.2, -3.4, 1.4, -3.6, -2.6]^{\mathrm{T}}$, $\boldsymbol{\nu}(0) = [1, -0.2, -0.4, -1, 0.2, 0.4]^{\mathrm{T}}$, 事实上 $\boldsymbol{z}(0)$ 可进行任意选择. 令参数 $\kappa_1 = 0.5$, $\kappa_2 = 7$, 仿真结果如图 7.10 所示, 从中可看出每个智能体的状态都收敛到最优解.

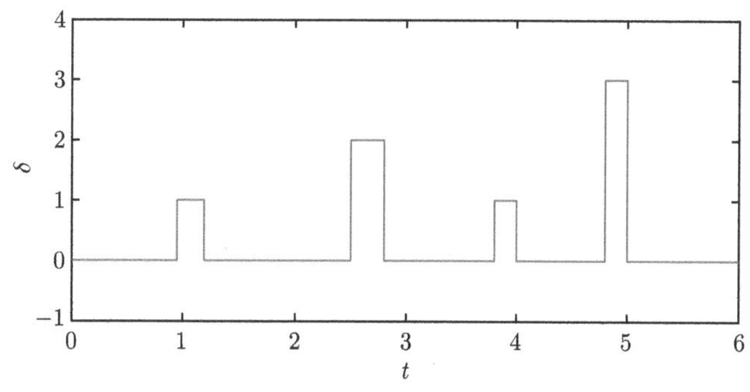

图 7.9 通信图之间的切换

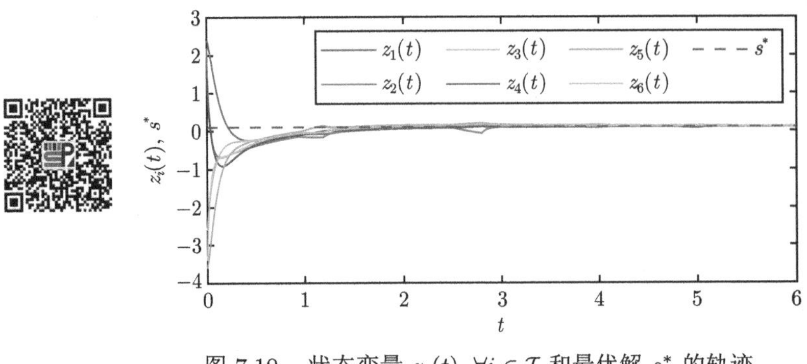

图 7.10　状态变量 $z_i(t), \forall i \in \mathcal{I}$ 和最优解 s^* 的轨迹

7.4　通信连边攻击下的分布式优化算法: 基于事件触发的通信机制

上节中考虑了通信连边攻击下基于连续时间通信机制的分布式优化算法, 为了减少通信资源, 本节将设计通信连边攻击下的基于事件触发的通信机制的分布式优化算法.

7.4.1　算法设计与收敛性分析

为了在攻击存在的情况下解决优化问题 (7.1) , 并减少通信资源和计算负担, 结合事件触发的通信机制, 在切换通信图下, 构建了如下基于事件触发的通信机制的分布式优化算法:

$$\begin{aligned}\dot{\boldsymbol{z}}_i(t) &= -\tilde{\kappa}_1 \nabla f_i(\boldsymbol{z}_i(t)) - \tilde{\kappa}_2 \sum_{j=1}^{N} a_{ij}^{\sigma(t)}\big(\boldsymbol{z}_i(t_k^i) - \boldsymbol{z}_j(t_{k'(t)}^j)\big) - \boldsymbol{\nu}_i(t),\\ \dot{\boldsymbol{\nu}}_i(t) &= \tilde{\kappa}_1\tilde{\kappa}_2 \sum_{j=1}^{N} a_{ij}^{\sigma(t)}\big(\boldsymbol{z}_i(t_k^i) - \boldsymbol{z}_j(t_{k'(t)}^j)\big),\ t \in [t_k^i,\ t_{k+1}^i).\end{aligned} \tag{7.51}$$

式中, 参数 $\tilde{\kappa}_1$ 和 $\tilde{\kappa}_2$ 为正常数; 辅助变量 $\boldsymbol{\nu}_i \in \mathbb{R}^n$, 满足 $\sum\limits_{i=1}^{N} \boldsymbol{\nu}_i(0) = \mathbf{0}$; $\boldsymbol{z}_i(t_k^i)$ 为智能体 i 在其触发时刻 t_k^i 处的信息; $k'(t) = \arg\min_{\bar{r}\in\mathbb{N};\, t \geqslant t_{\bar{r}}^j}\{t - t_{\bar{r}}^j\}$; $t_{k'(t)}^j$ 是智能体 j 在时间 t 前的最新的触发时刻. $\sigma(t)$: $[0, +\infty) \to \mathfrak{P}$, $\mathfrak{P} = \{0\} \cup \mathcal{P}$. 算法 (7.51) 在假设 7.7 满足的情况下具有较好的效果. 此外, 为了保证算法 (7.51) 的可实施性, 引入如下假设.

假设 7.9　智能体能够感知攻击何时发生以及攻击何时消失.

智能体 i 的触发序列 $\{t_k^i\}$ 通过如下条件迭代决定:

$$t_{k+1}^i = \inf\{t : t > t_k^i \text{ 且 } h_i(t) \geqslant 0\} \tag{7.52}$$

式中,

$$h_i(t) = \|\hat{\boldsymbol{e}}_i(t)\|^2 - \beta_2 \exp(-\gamma_3 t) - \beta_1 \sum_{j=1}^{N} a_{ij}^{\sigma(t)} \|\boldsymbol{z}_i(t_k^i) - \boldsymbol{z}_j(t_{k'(t)}^j)\|^2 \tag{7.53}$$

是智能体 i 的触发函数; $\beta_1 > 0$; $\beta_2 > 0$; $\gamma_3 > 0$; $\hat{\boldsymbol{e}}_i(t) = \boldsymbol{z}_i(t_k^i) - \boldsymbol{z}_i(t)$ 是智能体 i 的测量误差. 规定如果连边 (i, j) 在智能体 i 的触发时刻受到攻击, 当攻击消失时, 智能体 i 将发送其最新触发时刻的信息给智能体 j 用于其估计的更新, 注意该时刻并不作为智能体 i 的一次触发时刻.

下面分析算法 (7.51) 的收敛性.

令 $\tilde{\boldsymbol{z}}^* = [(\tilde{\boldsymbol{z}}_1^*)^{\mathrm{T}}, \cdots, (\tilde{\boldsymbol{z}}_N^*)^{\mathrm{T}}]^{\mathrm{T}}$, $\tilde{\boldsymbol{\nu}}^* = [(\tilde{\boldsymbol{\nu}}_1^*)^{\mathrm{T}}, \cdots, (\tilde{\boldsymbol{\nu}}_N^*)^{\mathrm{T}}]^{\mathrm{T}}$, 其中 $(\tilde{\boldsymbol{z}}_i^*, \tilde{\boldsymbol{\nu}}_i^*)$ 是式 (7.51) 的平衡点. 当函数 $\sigma(t) = 0$ 时, 可以得到 $\sum\limits_{i=1}^{N} \boldsymbol{\nu}_i(t) = \boldsymbol{0}$, $\forall t \geqslant 0$, $\tilde{\boldsymbol{z}}^* = \boldsymbol{1} \otimes \boldsymbol{s}^*$.

首先, 进行如下变换:

$$\begin{aligned} &\widetilde{\boldsymbol{Z}}(t) = \boldsymbol{z}(t) - \tilde{\boldsymbol{z}}^*, \quad \widetilde{\boldsymbol{Z}}(t) = ([\hat{\boldsymbol{r}} \;\; \widehat{\boldsymbol{R}}] \otimes \boldsymbol{I})\tilde{\boldsymbol{\theta}}(t), \\ &\widetilde{\boldsymbol{V}}(t) = \boldsymbol{\nu}(t) - \tilde{\boldsymbol{\nu}}^*, \quad \widetilde{\boldsymbol{V}}(t) = ([\hat{\boldsymbol{r}} \;\; \widehat{\boldsymbol{R}}] \otimes \boldsymbol{I})\tilde{\boldsymbol{\xi}}(t). \end{aligned} \tag{7.54}$$

式中, $\tilde{\boldsymbol{\theta}}(t) = [\tilde{\boldsymbol{\theta}}_1(t)^{\mathrm{T}}, \tilde{\boldsymbol{\theta}}_2(t)^{\mathrm{T}}]^{\mathrm{T}}$; $\tilde{\boldsymbol{\xi}}(t) = [\tilde{\boldsymbol{\xi}}_1(t)^{\mathrm{T}}, \tilde{\boldsymbol{\xi}}_2(t)^{\mathrm{T}}]^{\mathrm{T}}$; $\tilde{\boldsymbol{\theta}}_1(t)$, $\tilde{\boldsymbol{\xi}}_1(t) \in \mathbb{R}^n$; $\tilde{\boldsymbol{\theta}}_2(t)$, $\tilde{\boldsymbol{\xi}}_2(t) \in \mathbb{R}^{(N-1)n}$.

令 $\hat{\boldsymbol{e}}(t) = [\hat{\boldsymbol{e}}_1(t)^{\mathrm{T}}, \cdots, \hat{\boldsymbol{e}}_N(t)^{\mathrm{T}}]^{\mathrm{T}}$, $\widetilde{\boldsymbol{\chi}}(t) = [\tilde{\boldsymbol{\theta}}_1(t)^{\mathrm{T}}, \tilde{\boldsymbol{\theta}}_2(t)^{\mathrm{T}}, \tilde{\boldsymbol{\xi}}_2(t)^{\mathrm{T}}]^{\mathrm{T}}$, $\tilde{\boldsymbol{e}}_2(t) = (\widehat{\boldsymbol{R}}^{\mathrm{T}} \otimes \boldsymbol{I})(\hat{\boldsymbol{e}}(t) - \tilde{\boldsymbol{z}}^*) = (\widehat{\boldsymbol{R}}^{\mathrm{T}} \otimes \boldsymbol{I})\hat{\boldsymbol{e}}(t)$. 由式 (7.51) 和式 (7.54), 可得:

当函数 $\sigma(t) = 0$ 时,

$$\dot{\widetilde{\boldsymbol{\chi}}}(t) = \widetilde{H}_0(\widetilde{\boldsymbol{\chi}}(t)) \tag{7.55}$$

式中,

$$\widetilde{H}_0(\widetilde{\boldsymbol{\chi}}(t)) = \begin{bmatrix} -\tilde{\kappa}_1(\hat{\boldsymbol{r}}^{\mathrm{T}} \otimes \boldsymbol{I})\boldsymbol{\Delta f}(t) \\ -\tilde{\kappa}_1(\widehat{\boldsymbol{R}}^{\mathrm{T}} \otimes \boldsymbol{I})\boldsymbol{\Delta f}(t) - \tilde{\kappa}_2 \overline{\boldsymbol{R}}_0(\tilde{\boldsymbol{\theta}}_2(t) + \tilde{\boldsymbol{e}}_2(t)) - \tilde{\boldsymbol{\xi}}_2(t) \\ \tilde{\kappa}_1\tilde{\kappa}_2 \overline{\boldsymbol{R}}_0(\tilde{\boldsymbol{\theta}}_2(t) + \tilde{\boldsymbol{e}}_2(t)) \end{bmatrix};$$

$\boldsymbol{\Delta f}(t) = \nabla f(\boldsymbol{z}(t)) - \nabla f(\tilde{\boldsymbol{z}}^*)$; $\overline{\boldsymbol{R}}_0 = \widehat{\boldsymbol{R}}^{\mathrm{T}} \widehat{\boldsymbol{L}}_0 \widehat{\boldsymbol{R}} \otimes \boldsymbol{I}$.

当函数 $\sigma(t) = \delta \in \mathcal{P}$ 时,

$$\dot{\widetilde{\boldsymbol{\chi}}}(t) \in \operatorname{conv} \bigcup_{\delta \in \mathcal{P}} \widetilde{H}_\delta(\widetilde{\boldsymbol{\chi}}(t)) \tag{7.56}$$

式中,

$$\widetilde{H}_\delta(\widetilde{\boldsymbol{\chi}}(t)) = \begin{bmatrix} -\tilde{\kappa}_1(\hat{\boldsymbol{r}}^{\mathrm{T}} \otimes \boldsymbol{I})\boldsymbol{\Delta f}(t) \\ -\tilde{\kappa}_1(\widehat{\boldsymbol{R}}^{\mathrm{T}} \otimes \boldsymbol{I})\boldsymbol{\Delta f}(t) - \tilde{\kappa}_2\overline{\boldsymbol{R}}_\delta(\tilde{\boldsymbol{\theta}}_2(t) + \tilde{\boldsymbol{e}}_2(t)) - \tilde{\boldsymbol{\xi}}_2(t) \\ \tilde{\kappa}_1\tilde{\kappa}_2\overline{\boldsymbol{R}}_\delta(\tilde{\boldsymbol{\theta}}_2(t) + \tilde{\boldsymbol{e}}_2(t)) \end{bmatrix};$$

$\overline{\boldsymbol{R}}_\delta = \widehat{\boldsymbol{R}}^{\mathrm{T}}\widehat{\boldsymbol{L}}_\delta\widehat{\boldsymbol{R}} \otimes \boldsymbol{I}$.

首先给出两个引理以便于进一步分析算法 (7.51) 的收敛性.

引理 7.7　考虑系统中没有攻击 ($\sigma(t) = 0$), 且假设 7.5～假设 7.9 成立. 如果参数 $\tilde{\kappa}_1 > 0$, $\tilde{\kappa}_2 > 0$, $\tilde{\varsigma} > 0$, $0 < \beta_1 < 1/(4N(1+N))$, $\beta_2 > 0$, $\gamma_3 > 0$ 满足

$$(\tilde{\varsigma} + 1)\mu - \iota^2 > 0 \tag{7.57}$$

$$4\tilde{\kappa}_1^2((\tilde{\varsigma} + 1)\mu - \iota^2 - (\tilde{\varsigma} + 1)^2) + 3\tilde{\varsigma}\tilde{\kappa}_1\tilde{\kappa}_2\left(2\lambda_2 - \frac{\hat{\sigma}N^2c_1}{1 - c_1}\right) > 0 \tag{7.58}$$

和

$$c_2 + \frac{\tilde{\rho}_1}{\lambda_{\max}(\widetilde{\boldsymbol{\mathcal{F}}}_1)} \leqslant 0 \tag{7.59}$$

式中, 参数 $c_1 = 4\beta_1 N(1+N)$; $\hat{\sigma} \geqslant 4N/\lambda_2$; $c_2 = (\tilde{\kappa}_1\tilde{\kappa}_2\tilde{\varsigma}\hat{\sigma}\beta_2 N^3)/(4(1-c_1)) - \gamma_3$; $\tilde{\rho}_1 = \min\{\tilde{\kappa}_1^2((\tilde{\varsigma}+1)\mu - \iota^2)/3,\ \tilde{\alpha}_1/12,\ 1/4\}$; $\tilde{\alpha}_1 = 4\tilde{\kappa}_1^2((\tilde{\varsigma}+1)\mu - \iota^2 - (\tilde{\varsigma}+1)^2) + 3\tilde{\varsigma}\tilde{\kappa}_1\tilde{\kappa}_2(2\lambda_2 - (\hat{\sigma}N^2c_1)/(1-c_1)) > 0$;

$$\widetilde{\boldsymbol{\mathcal{F}}}_1 = \begin{bmatrix} \tilde{\kappa}_1(\tilde{\varsigma}+1)/6\boldsymbol{I}_n & \boldsymbol{0}_{n\times(N-1)n} & \boldsymbol{0}_{n\times(N-1)n} \\ \boldsymbol{0}_{(N-1)n\times n} & \tilde{\kappa}_1(\tilde{\varsigma}+1)/2\boldsymbol{I}_{(N-1)n} & 1/2\boldsymbol{I}_{(N-1)n} \\ \boldsymbol{0}_{(N-1)n\times n} & 1/2\boldsymbol{I}_{(N-1)n} & 1/(2\tilde{\kappa}_1)\boldsymbol{I}_{(N-1)n} \end{bmatrix}.$$

则存在一个正定函数 $\widetilde{V}_0(t)$ 使得

$$\Delta\widetilde{V}_0(t) = \frac{\partial\widetilde{V}_0}{\partial\widetilde{\boldsymbol{\chi}}(t)}\widetilde{H}_0(\widetilde{\boldsymbol{\chi}}(t)) - \gamma_3\exp(-\gamma_3 t) \leqslant -\tilde{\varpi}_1\widetilde{V}_0(t) \tag{7.60}$$

其中, 参数 $\tilde{\varpi}_1$ 是一个正常数.

证明: 令 $\widetilde{V}_0(t) = \widetilde{\boldsymbol{\chi}}(t)^{\mathrm{T}}\widetilde{\boldsymbol{\mathcal{F}}}_1\widetilde{\boldsymbol{\chi}}(t) + \exp(-\gamma_3 t)$. 由式 (7.55) 得

$$\begin{aligned}\Delta\widetilde{V}_0(t) = &-\frac{1}{3}\tilde{\kappa}_1^2(\tilde{\varsigma}+1)\widetilde{\boldsymbol{Z}}(t)^{\mathrm{T}}\boldsymbol{\Delta f}(t) - \frac{1}{4}\tilde{\boldsymbol{\xi}}_2(t)^{\mathrm{T}}\tilde{\boldsymbol{\xi}}_2(t) + \frac{\tilde{\kappa}_1^2}{3}\|(\widehat{\boldsymbol{R}}^{\mathrm{T}} \otimes \boldsymbol{I})\boldsymbol{\Delta f}(t)\|^2 \\ &- 3\left\|\frac{1}{2}\tilde{\boldsymbol{\xi}}_2(t) + \frac{\tilde{\kappa}_1}{3}(\widehat{\boldsymbol{R}}^{\mathrm{T}} \otimes \boldsymbol{I})\boldsymbol{\Delta f}(t) + \frac{\tilde{\kappa}_1(\tilde{\varsigma}+1)}{3}\tilde{\boldsymbol{\theta}}_2(t)\right\|^2\end{aligned}$$

$$
\begin{aligned}
& -\frac{\tilde{\kappa}_1\tilde{\kappa}_2\tilde{\varsigma}}{2}\tilde{\boldsymbol{\theta}}_2(t)^{\mathrm{T}}\overline{\boldsymbol{R}}_0\tilde{\boldsymbol{\theta}}_2(t)+\frac{1}{3}\tilde{\kappa}_1^2(\tilde{\varsigma}+1)^2\tilde{\boldsymbol{\theta}}_2(t)^{\mathrm{T}}\tilde{\boldsymbol{\theta}}_2(t) \\
& +\frac{\tilde{\kappa}_1\tilde{\kappa}_2\tilde{\varsigma}}{2}\Xi(t)-\gamma_3\exp(-\gamma_3 t)
\end{aligned} \tag{7.61}
$$

式中, $\boldsymbol{\Xi}(t)=-\tilde{\boldsymbol{\theta}}_2(t)^{\mathrm{T}}\overline{\boldsymbol{R}}_0\tilde{\boldsymbol{\theta}}_2(t)-2\tilde{\boldsymbol{\theta}}_2(t)^{\mathrm{T}}\overline{\boldsymbol{R}}_0\tilde{\boldsymbol{e}}_2(t)$.

根据假设 7.5 易得

$$
\widetilde{\boldsymbol{Z}}(t)^{\mathrm{T}}\boldsymbol{\Delta f}(t)\geqslant\mu\|\tilde{\boldsymbol{\theta}}(t)\|^2,\ \|(\widehat{\boldsymbol{R}}^{\mathrm{T}}\otimes\boldsymbol{I})\boldsymbol{\Delta f}(t)\|^2\leqslant\iota^2\|\tilde{\boldsymbol{\theta}}(t)\|^2 \tag{7.62}
$$

式中, $\mu=\min\{\mu_1,\cdots,\mu_N\}$; $\iota=\max\{\iota_1,\cdots,\iota_N\}$.

由于 $\widehat{\boldsymbol{R}}\widehat{\boldsymbol{R}}^{\mathrm{T}}=\boldsymbol{\Gamma}_N$, $\widehat{\boldsymbol{L}}_0\boldsymbol{\Gamma}_N=\widehat{\boldsymbol{L}}_0$, $\tilde{\boldsymbol{e}}_2(t)=(\widehat{\boldsymbol{R}}^{\mathrm{T}}\otimes\boldsymbol{I})\hat{\boldsymbol{e}}(t)$, 可得

$$
\begin{aligned}
\boldsymbol{\Xi}(t) &= -\tilde{\boldsymbol{\theta}}_2(t)^{\mathrm{T}}\overline{\boldsymbol{R}}_0\tilde{\boldsymbol{\theta}}_2(t)-2\tilde{\boldsymbol{\theta}}_2(t)^{\mathrm{T}}\overline{\boldsymbol{R}}_0\tilde{\boldsymbol{e}}_2(t) \\
&\leqslant -\lambda_2\|\tilde{\boldsymbol{\theta}}_2(t)\|^2+\frac{4N}{\hat{\sigma}}\|\tilde{\boldsymbol{\theta}}_2(t)\|^2+\frac{\hat{\sigma}N^2}{2}\|\hat{\boldsymbol{e}}(t)\|^2 \\
&= -\left(\lambda_2-\frac{4N}{\hat{\sigma}}\right)\|\tilde{\boldsymbol{\theta}}_2(t)\|^2+\frac{\hat{\sigma}N^2}{2}\|\hat{\boldsymbol{e}}(t)\|^2
\end{aligned} \tag{7.63}
$$

式中, 参数 $\hat{\sigma}>0$ 是正常数. 选择合适的参数 $\hat{\sigma}$ 使得 $\lambda_2-4N/\hat{\sigma}\geqslant 0$, 可得 $\boldsymbol{\Xi}(t)\leqslant\hat{\sigma}N^2\|\hat{\boldsymbol{e}}(t)\|^2/2$.

由触发条件 (7.52) 和触发函数的定义 (7.53) 得

$$
\|\hat{\boldsymbol{e}}(t)\|^2\leqslant\frac{c_1}{1-c_1}\|\tilde{\boldsymbol{\theta}}_2(t)\|^2+\frac{\beta_2 N}{1-c_1}\exp(-\gamma_3 t) \tag{7.64}
$$

式中, 参数 $c_1=4\beta_1 N(1+N)$. 由于参数 $\tilde{\kappa}_1>0$, $\tilde{\varsigma}>0$, $\tilde{\kappa}_2>0$, $\beta_1>0$, $\beta_2>0$ 和 $\gamma_3>0$ 满足条件 (7.57)~条件 (7.59). 由式 (7.61), 式 (7.62) 和式 (7.64) 可得

$$
\begin{aligned}
\Delta\widetilde{V}_0(t) \leqslant & -\frac{1}{3}\tilde{\kappa}_1^2(\tilde{\varsigma}+1)\mu\|\tilde{\boldsymbol{\theta}}(t)\|^2-\frac{1}{4}\|\tilde{\boldsymbol{\xi}}_2(t)\|^2+\frac{\tilde{\kappa}_1^2}{3}\iota^2\|\tilde{\boldsymbol{\theta}}(t)\|^2+\frac{1}{3}\tilde{\kappa}_1^2(\tilde{\varsigma}+1)^2\|\tilde{\boldsymbol{\theta}}_2(t)\|^2 \\
& +\frac{\tilde{\kappa}_1\tilde{\kappa}_2\tilde{\varsigma}\hat{\sigma}N^2c_1}{4(1-c_1)}\|\tilde{\boldsymbol{\theta}}_2(t)\|^2-\frac{\tilde{\kappa}_1\tilde{\kappa}_2\tilde{\varsigma}\lambda_2}{2}\|\tilde{\boldsymbol{\theta}}_2(t)\|^2+c_2\exp(-\gamma_3 t) \\
\leqslant & -\tilde{\rho}_1\|\widetilde{\boldsymbol{\chi}}(t)\|^2+c_2\exp(-\gamma_3 t)\leqslant-\tilde{\varpi}_1\widetilde{V}_0(t)
\end{aligned} \tag{7.65}
$$

式中, 参数 $c_2=(\tilde{\kappa}_1\tilde{\kappa}_2\tilde{\varsigma}\hat{\sigma}\beta_2N^3)/(4(1-c_1))-\gamma_3$; $\tilde{\rho}_1=\min\{\tilde{\kappa}_1^2((\tilde{\varsigma}+1)\mu-\iota^2)/3,\ \tilde{\alpha}_1/12,\ 1/4\}$; $\tilde{\alpha}_1=4\tilde{\kappa}_1^2((\tilde{\varsigma}+1)\mu-\iota^2-(\tilde{\varsigma}+1)^2)+3\tilde{\varsigma}\tilde{\kappa}_1\tilde{\kappa}_2(2\lambda_2-(\hat{\sigma}N^2c_1)/(1-c_1))>0$ 和 $\tilde{\varpi}_1=\tilde{\rho}_1/\lambda_{\max}(\widetilde{\boldsymbol{\mathcal{F}}}_1)$. ■

引理 7.8　考虑系统中存在攻击 ($\sigma(t)=\delta\in\mathcal{P}$), 且假设 7.5~假设 7.9 成立. 如果参数 $\tilde{\kappa}_1>0$, $\tilde{\kappa}_2>0$, $\tilde{\varsigma}>0$, $\hat{\sigma}>0$, $0<\beta_1<1/(4N(1+N))$, $\beta_2>0$ 和 $\gamma_3>0$ 满足

$$c_2-\frac{\tilde{\rho}_2}{\lambda_{\min}(\widetilde{\boldsymbol{\mathcal{F}}}_2)}\leqslant 0 \tag{7.66}$$

式中, $\tilde{\rho}_2=4\tilde{\kappa}_1^2\iota^2/9+4\tilde{\kappa}_1^2(\tilde{\varsigma}+1)^2/9+2\tilde{\kappa}_1\tilde{\kappa}_2\tilde{\varsigma}N/\hat{\sigma}+\tilde{\kappa}_1\tilde{\kappa}_2\tilde{\varsigma}\hat{\sigma}N^2c_1/(4(1-c_1))$;

$$\widetilde{\boldsymbol{\mathcal{F}}}_2=\begin{bmatrix}\tilde{\kappa}_1(\tilde{\varsigma}+1)/18\boldsymbol{I}_n & \boldsymbol{0}_{n\times(N-1)n} & \boldsymbol{0}_{n\times(N-1)n}\\ \boldsymbol{0}_{(N-1)n\times n} & \tilde{\kappa}_1(\tilde{\varsigma}+1)/2\boldsymbol{I}_{(N-1)n} & 1/2\boldsymbol{I}_{(N-1)n}\\ \boldsymbol{0}_{(N-1)n\times n} & 1/2\boldsymbol{I}_{(N-1)n} & 1/(2\tilde{\kappa}_1)\boldsymbol{I}_{(N-1)n}\end{bmatrix}.$$

则存在正定函数 $\widetilde{V}_\delta(t)$ 使得

$$\Delta\widetilde{V}_\delta(t)=\frac{\partial\widetilde{V}_\delta(t)}{\partial\widetilde{\boldsymbol{\chi}}(t)}\widetilde{H}_\delta(\widetilde{\boldsymbol{\chi}}(t))-\gamma_3\exp(-\gamma_3 t)\leqslant\tilde{\varpi}_2\widetilde{V}_\delta(t) \tag{7.67}$$

其中, $\tilde{\varpi}_2$ 是一个正常数.

证明: 令 $\widetilde{V}_\delta(t)=\widetilde{\boldsymbol{\chi}}(t)^{\mathrm{T}}\widetilde{\boldsymbol{\mathcal{F}}}_2\widetilde{\boldsymbol{\chi}}(t)+\exp(-\gamma_3 t)$. 由式 (7.56)、式 (7.62)~式 (7.64) 和式 (7.66) 得

$$\begin{aligned}\Delta\widetilde{V}_\delta(t)\leqslant&-\frac{1}{9}\tilde{\kappa}_1^2(\tilde{\varsigma}+1)\mu\|\tilde{\boldsymbol{\theta}}(t)\|^2-\frac{7}{16}\|\tilde{\boldsymbol{\xi}}_2(t)\|^2+\frac{4\tilde{\kappa}_1^2}{9}\iota^2\|\tilde{\boldsymbol{\theta}}(t)\|^2+\frac{4\tilde{\kappa}_1^2(\tilde{\varsigma}+1)^2}{9}\|\tilde{\boldsymbol{\theta}}_2(t)\|^2\\&+\frac{\tilde{\kappa}_1\tilde{\kappa}_2\tilde{\varsigma}N}{2\hat{\sigma}}\|\tilde{\boldsymbol{\theta}}_2(t)\|^2+\frac{\tilde{\kappa}_1\tilde{\kappa}_2\tilde{\varsigma}\hat{\sigma}N^2c_1}{4(1-c_1)}\|\tilde{\boldsymbol{\theta}}_2(t)\|^2+c_2\exp(-\gamma_3 t)\\\leqslant&\ \tilde{\rho}_2\|\widetilde{\boldsymbol{\chi}}(t)\|^2+c_2\exp(-\gamma_3 t)\leqslant\tilde{\varpi}_2\widetilde{V}_\delta(t)\end{aligned}$$

式中, $c_2=(\tilde{\kappa}_1\tilde{\kappa}_2\tilde{\varsigma}\hat{\sigma}\beta_2N^3)/(4(1-c_1))-\gamma_3$; $\tilde{\rho}_2=4\tilde{\kappa}_1^2\iota^2/9+4\tilde{\kappa}_1^2(\tilde{\varsigma}+1)^2/9+2\tilde{\kappa}_1\tilde{\kappa}_2\tilde{\varsigma}N/\hat{\sigma}+\tilde{\kappa}_1\tilde{\kappa}_2\tilde{\varsigma}\hat{\sigma}N^2c_1/(4(1-c_1))$; $\tilde{\varpi}_2=\tilde{\rho}_2/\lambda_{\min}(\widetilde{\boldsymbol{\mathcal{F}}}_2)$. ■

令 $\widetilde{\boldsymbol{\psi}}(t)=[\widetilde{\boldsymbol{\chi}}(t)^{\mathrm{T}},\zeta(t),\sigma(t),\epsilon_1(t),\epsilon_2(t)]^{\mathrm{T}}$, 其中 $\dot{\zeta}(t)=-\gamma_3/2\zeta(t)$, $\zeta(0)=1$. 辅助变量 $\zeta(t)$ 只用于构建混杂系统和正定函数以推导主要定理. $\epsilon_1(t)$, $\epsilon_2(t)$ 满足如下方程:

$$\begin{aligned}&\dot{\epsilon}_1(t)\in[0,\gamma_2],\quad \epsilon_1(t)\in[0,N_0],\\&\epsilon_1^+(t)=\epsilon_1(t)-1,\quad \epsilon_1(t)\in[1,N_0].\end{aligned}\tag{7.68}$$

其中, 参数 $\gamma_2>0$; $N_0\in\mathbb{N}_+$.

$$\dot{\epsilon}_2(t)\in[0,\gamma_1]-\Psi_\sigma(\sigma(t)),\quad \epsilon_2\in[0,T_0] \tag{7.69}$$

式中, 参数 $\gamma_1 \in [0, 1)$; $T_0 > 0$,

$$\varPsi_\sigma(\sigma(t)) = \begin{cases} 1, & \sigma(t) \in \mathcal{P}, \\ 0, & \text{其他}. \end{cases}$$

结合式 (7.55) 和式 (7.56), 构建如下混杂系统:

$$\begin{aligned} &\dot{\widetilde{\boldsymbol{\psi}}}(t) \in \widetilde{H}_1(\widetilde{\boldsymbol{\psi}}(t)), \quad \widetilde{\boldsymbol{\psi}}(t) \in \Omega, \\ &\widetilde{\boldsymbol{\psi}}^+(t) \in \widetilde{H}_2(\widetilde{\boldsymbol{\psi}}(t)), \quad \widetilde{\boldsymbol{\psi}}(t) \in \widetilde{\Omega}. \end{aligned} \tag{7.70}$$

式中,

$$\widetilde{H}_1(\widetilde{\boldsymbol{\psi}}(t)) = \begin{cases} \begin{bmatrix} \widetilde{H}_0(\widetilde{\boldsymbol{\chi}}(t)) \\ -\gamma_3/2\zeta(t) \\ \{0\} \\ [0, \gamma_2] \\ [0, \gamma_1] \end{bmatrix}, & \widetilde{\boldsymbol{\psi}}(t) \in \Omega_1, \\ \begin{bmatrix} \operatorname{conv}\bigcup_{\delta\in\mathcal{P}} \widetilde{H}_\delta(\widetilde{\boldsymbol{\chi}}(t)) \\ -\gamma_3/2\zeta(t) \\ \{0\} \\ [0, \gamma_2] \\ [0, \gamma_1] - 1 \end{bmatrix}, & \widetilde{\boldsymbol{\psi}}(t) \in \Omega_2. \end{cases}; \quad \widetilde{H}_2(\widetilde{\boldsymbol{\psi}}(t)) = \begin{bmatrix} \widetilde{\boldsymbol{\chi}}(t) \\ \zeta(t) \\ \mathfrak{P}\backslash\{\sigma(t)\} \\ \epsilon_1(t) - 1 \\ \epsilon_2(t) \end{bmatrix};$$

$\Omega = \Omega_1 \cup \Omega_2$, $\Omega_1 = \mathbb{R}^{(2N-1)n} \times \mathbb{R} \times \{0\} \times [0, N_0] \times [0, T_0]$, $\Omega_2 = \mathbb{R}^{(2N-1)n} \times \mathbb{R} \times \mathcal{P} \times [0, N_0] \times [0, T_0]$; $\widetilde{\Omega} = \mathbb{R}^{(2N-1)n} \times \mathbb{R} \times \mathfrak{P} \times [1, N_0] \times [0, T_0]$.

定理 7.5 若假设 7.5~假设 7.8 成立, 且参数 $\tilde{\kappa}_1 > 0$, $\tilde{\kappa}_2 > 0$, $\tilde{\varsigma} > 0$, $\hat{\sigma} \geqslant 4N/\lambda_2$, $0 < \beta_1 < 1/(4N(1+N))$, $\beta_2 > 0$, $\gamma_3 > 0$, $\gamma_1 \in [0, 1)$ 和 $\gamma_2 > 0$ 满足式 (7.57)~ 式 (7.59), 式 (7.66) 以及 $\tilde{\varpi}_3 = (1-\gamma_1)\tilde{\varpi}_1 - \gamma_1\tilde{\varpi}_2 - \gamma_2\ln(\tilde{a}_1) > 0$, 其中,

$$\tilde{a}_1 = \left\{ \max_{\widetilde{\boldsymbol{\chi}}(t)^{\mathrm{T}}\widetilde{\boldsymbol{\chi}}(t)=1} \frac{\widetilde{\boldsymbol{\chi}}(t)^{\mathrm{T}}\widetilde{\boldsymbol{\mathcal{F}}}_2\widetilde{\boldsymbol{\chi}}(t)}{\widetilde{\boldsymbol{\chi}}(t)^{\mathrm{T}}\widetilde{\boldsymbol{\mathcal{F}}}_1\widetilde{\boldsymbol{\chi}}(t)}, \max_{\widetilde{\boldsymbol{\chi}}(t)^{\mathrm{T}}\widetilde{\boldsymbol{\chi}}(t)=1} \frac{\widetilde{\boldsymbol{\chi}}(t)^{\mathrm{T}}\widetilde{\boldsymbol{\mathcal{F}}}_1\widetilde{\boldsymbol{\chi}}(t)}{\widetilde{\boldsymbol{\chi}}(t)^{\mathrm{T}}\widetilde{\boldsymbol{\mathcal{F}}}_2\widetilde{\boldsymbol{\chi}}(t)} \right\},$$

则算法 (7.51) 能在持续攻击的情况下解决优化问题 (7.1) . 特别地, $\|\boldsymbol{z}_i(t) - \boldsymbol{s}^*\|$, $\forall i \in \mathcal{I}$ 指数收敛到 0. 此外, 系统中不存在 Zeno 现象.

证明: 考虑如下 Lyapunov 函数:

$$W(\widetilde{\psi}(t))=\widetilde{V}_{\sigma(t)}(t)\exp(\ln(\tilde{a}_1)\epsilon_1(t)+(\tilde{\varpi}_1+\tilde{\varpi}_2)\epsilon_2(t)) \tag{7.71}$$

其中, $\sigma(t)\in\mathfrak{P}$, $\widetilde{V}_{\sigma(t)}(t)$ 的定义已在引理 7.7 和引理 7.8 中给出. 由式 (7.60) 和式 (7.67) 可得下述结论.

当函数 $\sigma(t)=0$ 时,

$$\begin{aligned}\frac{\partial W}{\partial\widetilde{\psi}(t)}\widetilde{H}_1(\widetilde{\psi}(t))&\leqslant\big(-\tilde{\varpi}_1+\gamma_2\ln(\tilde{a}_1)+\gamma_1(\tilde{\varpi}_1+\tilde{\varpi}_2)\big)W(\widetilde{\psi}(t))\\&\leqslant-\tilde{\varpi}_3W(\widetilde{\psi}(t))\end{aligned} \tag{7.72}$$

当函数 $\sigma(t)\in\mathcal{P}$ 时,

$$\begin{aligned}\frac{\partial W}{\partial\widetilde{\psi}(t)}\widetilde{H}_1(\widetilde{\psi}(t))&\leqslant\big(\tilde{\varpi}_2+\gamma_2\ln(\tilde{a}_1)+(\gamma_1-1)(\tilde{\varpi}_1+\tilde{\varpi}_2)\big)W(\widetilde{\psi}(t))\\&\leqslant-\tilde{\varpi}_3W(\widetilde{\psi}(t))\end{aligned} \tag{7.73}$$

由 $\tilde{a}_1$ 定义可得

$$\widetilde{V}_{\hat{b}_1}(t)\leqslant\tilde{a}_1\widetilde{V}_{\hat{b}_2}(t),\quad\forall\,\hat{b}_1,\,\hat{b}_2\in\mathfrak{P} \tag{7.74}$$

然后, 由式 (7.70) 和式 (7.74) 得

$$\begin{aligned}W(\widetilde{\psi}(t^+))&\leqslant\tilde{a}_1\widetilde{V}_{\delta}(t)\exp\big(\ln(\tilde{a}_1)(\epsilon_1(t)-1)+(\tilde{\varpi}_1+\tilde{\varpi}_2)\epsilon_2(t)\big)\\&=W(\widetilde{\psi}(t))\end{aligned} \tag{7.75}$$

结合式 (7.72)~ 式 (7.75), 易得

$$W(\widetilde{\psi}(t))\leqslant\exp(-\tilde{\varpi}_3t)W(\widetilde{\psi}(0)) \tag{7.76}$$

令系统 (7.70) 的稳定集合 $\mathcal{S}=\{\mathbf{0}\}\times\{0\}\times\mathfrak{P}\times[0,\,N_0]\times[0,\,T_0]$, $\tilde{a}_2=\min\{\lambda_{\min}(\widetilde{\mathcal{F}}_1),\lambda_{\min}(\widetilde{\mathcal{F}}_2),\,1\}$, $\tilde{a}_3=\max\{\lambda_{\max}(\widetilde{\mathcal{F}}_1),\,\lambda_{\max}(\widetilde{\mathcal{F}}_2),\,1\}$, $\Theta=N_0\ln(\tilde{a}_1)+(\tilde{\varpi}_1+\tilde{\varpi}_2)T_0$. 对于集合 $\Omega\cup\tilde{\Omega}$, 由 $\widetilde{V}_{\delta}(t)$ 的定义和式 (7.71) 可得, 当 $t\to\infty$ 时, $\|\boldsymbol{z}_i(t)-\boldsymbol{s}^*\|\to0$.

接下来, 将通过矛盾法来排除 Zeno 现象. 假设系统中存在 Zeno 现象, 则存在一个智能体 i 使得 $\lim_{k\to\infty}t_k^i=\mathcal{T}$, 其中 $\mathcal{T}$ 是一个正常数. 根据极限的性质, 对于任意的实数 $\varepsilon>0$, 存在一个正整数 $M(\varepsilon)$ 使得

$$t_k^i\in[\mathcal{T}-\varepsilon,\,\mathcal{T}],\quad\forall k\geqslant M(\varepsilon) \tag{7.77}$$

由上述收敛性结论可知, 对于任意时间 $t \geqslant 0$ 和任意 $i = 1, \cdots, N$, 存在常数 M_1, $M_2 > 0$ 使得 $\|\boldsymbol{z}_i(t)\| \leqslant M_1$, $\|\boldsymbol{\nu}_i(t)\| \leqslant M_2$. 由假设 7.5 可知, 存在一个常数 $M_3 > 0$ 使得 $\|\dot{\boldsymbol{z}}_i(t)\| \leqslant M_3$.

在区间 $[t_k^i, t_{k+1}^i)$ 上, 计算 $\|\hat{\boldsymbol{e}}_i(t)\|$ 的右上 Dini 导数可得 $\mathrm{D}^+\|\hat{\boldsymbol{e}}_i(t)\| \leqslant \|\dot{\boldsymbol{z}}_i(t)\| \leqslant M_3$. 然后, 易得 $\|\hat{\boldsymbol{e}}_i(t)\| \leqslant M_3(t - t_k^i)$. 继而, 结合触发条件 (7.52) 和触发函数 (7.53), 令参数 $\varepsilon = \dfrac{\sqrt{\beta_2}}{2M_3}\exp\left(-\dfrac{\gamma_3}{2}\mathcal{T}\right)$, 可得

$$t_{M(\varepsilon)+1}^i - t_{M(\varepsilon)}^i \geqslant \frac{\sqrt{\beta_2}}{M_3}\exp\left(-\frac{\gamma_3}{2}t_{M(\varepsilon)+1}^i\right) \geqslant \frac{\sqrt{\beta_2}}{M_3}\exp\left(-\frac{\gamma_3}{2}\mathcal{T}\right) = 2\varepsilon$$

上式和式 (7.77) 相矛盾. 因此, 闭环系统中不存在 Zeno 现象. ■

注解 7.8 本节所提出的条件都是充分不必要条件, 当参数选择不满足这些条件时, 本节给出的算法也可能解决优化问题 (7.1) .

7.4.2 仿真分析

本节将给出一个数值仿真来验证算法 (7.51) 的有效性.

例 7.3 考虑一个由 6 个智能体组成的多智能体系统, 每个智能体的局部目标函数、攻击类型及其切换和初始条件都与例 7.2 中的一样.

令参数 $\tilde{\kappa}_1 = 0.5$, $\tilde{\kappa}_2 = 7$, $\beta_1 = 0.00007$, $\beta_2 = 0.001$ 和 $\gamma_3 = 0.72$. 图 7.11 给出所有智能体的状态轨迹, 图 7.12 给出每个智能体的触发时刻序列. 从图 7.11 可看出每个智能体的状态都达到最优解, 图 7.12 表明系统不存在 Zeno 现象.

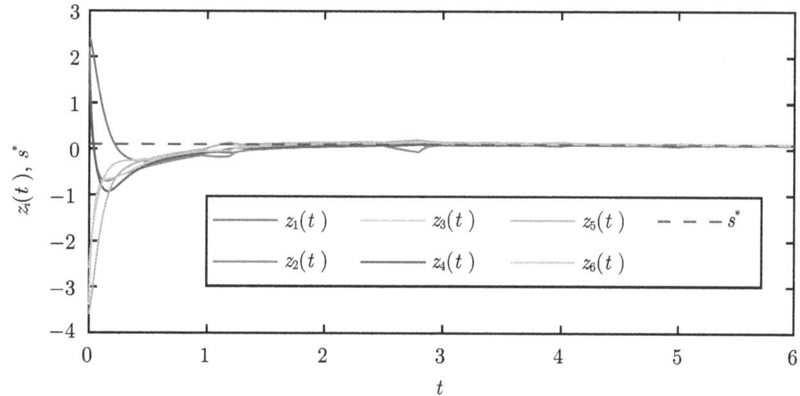

图 7.11 状态变量 $z_i(t)$, $\forall i \in \mathcal{I}$ 和最优解 s^* 轨迹

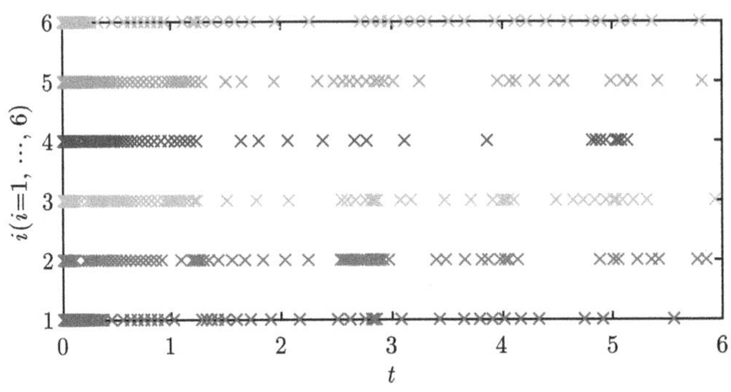

图 7.12 每个智能体的触发时刻序列

7.5 本章小结

本章针对无约束的分布式凸优化问题, 基于一致性理论, 分别考虑了非平衡有向通信图下的分布式优化问题以及通信连边攻击下的分布式优化问题. 针对非平衡有向通信图下的分布式优化, 采用通信图的 Laplace 矩阵的左特征向量估计的方法消除不平衡通信图带来的影响. 针对通信连边攻击下的分布式优化, 分别提出了基于连续时间通信机制和基于事件触发机制的分布式优化算法, 通过利用攻击的平均驻留时间和时间比来限制攻击的频率和相对激活时间, 证明了所提出的基于连续时间通信机制和基于事件触发通信机制的分布式优化算法能够保证智能体的状态指数收敛到最优解, 并且在基于事件触发通信机制的算法执行过程中排除了 Zeno 现象.

第八章　基于一致性理论的一般约束分布式优化

近年来, 针对不同类型约束的分布式优化问题, 离散时间和连续时间的分布式优化算法已经被广泛研究, 其中大部分工作考虑部分约束或者解决目标函数光滑的优化问题. 文献 [152] 研究了一般约束下的分布式凸优化问题, 并利用输出状态作为智能体之间的交换信息, 设计了具有比例积分器的连续时间优化算法, 在初始值满足一定条件时, 各智能体的输出状态在最优解达到一致. 特别地, 完全分布式实施该算法需要事先确定适当的初始值. 文献 [198] 提出了一个二阶多智能体系统优化算法用以解决分布式凸交问题. 文献 [199] 从原始对偶或鞍点的角度进一步研究了分布式凸交问题. 但是, 如何利用这些机制设计完全的分布式算法解决一般约束下的分布式凸优化问题以及如何证明算法的收敛性问题需要进一步探讨.

本章研究一般约束下的分布式凸优化问题. 在这个问题中, 每个智能体有自身的局部目标函数、局部闭凸集、局部等式和不等式约束, 它们不能被其他的智能体所知, 智能体通过与邻居之间的通信交换信息以便分布式找到问题的最优解. 为此, 本章首先利用类似于二阶多智能体的机制, 设计一类连续时间的完全分布式次梯度投影算法[200]. 其次, 从原始对偶的角度出发, 设计基于鞍点的微分投影动力学[201]. 最后, 针对所提出的算法, 给出相应的收敛性分析, 并采用数值仿真进一步验证算法的有效性和优缺点.

8.1　问 题 描 述

考虑具有 N 个智能体的优化问题, 每个智能体具有一个局部目标函数, 这些局部目标函数的和组成了全局目标函数. 此外, 该优化问题考虑等式约束、不等式约束和局部闭凸集约束, 即

$$\begin{aligned} &\min f(\boldsymbol{x}) = \sum_{i=1}^{N} f_i(\boldsymbol{x}) \\ &\text{s.t.} \quad \boldsymbol{A}_i\boldsymbol{x} = \boldsymbol{b}_i,\ \boldsymbol{g}_i(\boldsymbol{x}) \leqslant \boldsymbol{0}_{p_i},\ i \in \mathcal{I} \\ &\qquad \boldsymbol{x} \in \bigcap_{i=1}^{N} \Omega_i. \end{aligned} \tag{8.1}$$

在式 (8.1) 中, $f_i:\mathbb{R}^n\to\mathbb{R}$ 是智能体 i 的局部目标函数并且决策变量 $\boldsymbol{x}$ 受限于局部等式约束 $\boldsymbol{A}_i\boldsymbol{x}=\boldsymbol{b}_i$, 不等式约束 $\boldsymbol{g}_i(\boldsymbol{x})\leqslant\boldsymbol{0}_{p_i}$ 和局部闭凸集 $\Omega_i\subseteq\mathbb{R}^n$. 其中, $\boldsymbol{x}\in\mathbb{R}^n$, $\boldsymbol{A}_i\in\mathbb{R}^{m_i\times n}$, $\boldsymbol{b}_i\in\mathbb{R}^{m_i}$, $\boldsymbol{g}_i=[g_{i1},\cdots,g_{ip_i}]^{\mathrm{T}}:\mathbb{R}^n\to\mathbb{R}^{p_i}$. 对于所有的 $i\in\mathcal{I}$, $j=1,\cdots,p_i$, g_{ij} 和 f_i 是凸函数但未必可微. 在这个问题中, 智能体 i 只知道自身的局部信息. 在没有中心协调器的情况下, 智能体需要与邻居相互协作以找到问题 (8.1) 的全局最优解.

问题 (8.1) 满足如下假设.

假设 8.1　问题 (8.1) 满足 Slater (斯莱特) 条件. 即, 存在 $\bigcap_{i=1}^N\Omega_i$ 中的一个内点 $\tilde{\boldsymbol{x}}$ 使得对于所有的 $i\in\mathcal{I}$, $\boldsymbol{g}_i(\tilde{\boldsymbol{x}})<\boldsymbol{0}_{p_i}$ 和 $\boldsymbol{A}_i\tilde{\boldsymbol{x}}=\boldsymbol{b}_i$ 成立.

假设 8.2　问题 (8.1) 至少存在一个最优解.

假设 8.3　智能体之间的通信图是一个无向连通通信图且对应的 Laplace 矩阵为 $\boldsymbol{L}$.

在假设 8.3 条件下, 问题 (8.1) 等价于如下形式:

$$\begin{aligned}&\min f(\bar{\boldsymbol{x}})=\sum_{i=1}^N f_i(\boldsymbol{x}_i)\\&\text{s.t.}\quad \tilde{\boldsymbol{L}}\bar{\boldsymbol{x}}=\boldsymbol{0}_{Nn},\ \boldsymbol{A}\bar{\boldsymbol{x}}=\boldsymbol{b},\\&\qquad\quad \boldsymbol{g}(\bar{\boldsymbol{x}})\leqslant\boldsymbol{0}_p,\ \bar{\boldsymbol{x}}\in\Omega=\prod_{i=1}^N\Omega_i.\end{aligned}\tag{8.2}$$

式中, $\bar{\boldsymbol{x}}=\mathrm{col}(\boldsymbol{x}_1,\cdots,\boldsymbol{x}_N)\in\mathbb{R}^{Nn}$; $\tilde{\boldsymbol{L}}=(\boldsymbol{L}\otimes\boldsymbol{I}_n)\in\mathbb{R}^{Nn\times Nn}$; $\boldsymbol{A}=\mathrm{diag}(\boldsymbol{A}_1,\cdots,\boldsymbol{A}_N)\in\mathbb{R}^{m\times Nn}$ 是一个分块对角矩阵; $\boldsymbol{b}=\mathrm{col}(\boldsymbol{b}_1,\cdots,\boldsymbol{b}_N)\in\mathbb{R}^m$; $\boldsymbol{g}(\bar{\boldsymbol{x}})=\mathrm{col}\big(\boldsymbol{g}_1(\boldsymbol{x}_1),\cdots,\boldsymbol{g}_N(\boldsymbol{x}_N)\big)\in\mathbb{R}^p$; $\Omega=\prod_{i=1}^N\Omega_i$ 表示笛卡儿积; $m=\sum\limits_{i=1}^N m_i$; $p=\sum\limits_{i=1}^N p_i$.

注解 8.1　在假设 8.3 下, 由 Laplace 矩阵的定义和 $\tilde{\boldsymbol{L}}\bar{\boldsymbol{x}}=(\boldsymbol{L}\otimes\boldsymbol{I}_n)\bar{\boldsymbol{x}}=\boldsymbol{0}_{Nn}$ 可知, 所有的 $\boldsymbol{x}_i$, $i\in\mathcal{I}$ 达到一致, 显然问题 (8.2) 与问题 (8.1) 等价.

根据文献 [194] 中的定理 3.34, 可以得到问题 (8.2) 的最优解满足的充分必要条件, 即 KKT 条件.

引理 8.1　令假设 8.1 ~ 假设 8.3 成立. $\bar{\boldsymbol{x}}^*=\mathrm{col}(\boldsymbol{x}_1^*,\cdots,\boldsymbol{x}_N^*)$ 是问题 (8.2) 的一个最优解, 当且仅当存在 Lagrange 乘子 $\boldsymbol{\lambda}^*=\mathrm{col}\big(\boldsymbol{\lambda}_1^*,\cdots,\boldsymbol{\lambda}_N^*\big)\in\mathbb{R}^{Nn}$, $\boldsymbol{\mu}^*=\mathrm{col}(\boldsymbol{\mu}_1^*,\cdots,\boldsymbol{\mu}_N^*)\in\mathbb{R}^m$ 和 $\boldsymbol{\gamma}^*=\mathrm{col}\big(\gamma_1^*,\cdots,\gamma_N^*\big)\in\mathbb{R}_+^p$ 使得如下条件成立:

$$\boldsymbol{0}_{Nn}\in\partial f(\bar{\boldsymbol{x}}^*)+\tilde{\boldsymbol{L}}\boldsymbol{\lambda}^*-\boldsymbol{A}^{\mathrm{T}}\boldsymbol{\mu}^*+(\partial\boldsymbol{g}(\bar{\boldsymbol{x}}^*))^{\mathrm{T}}\boldsymbol{\gamma}^*+\mathcal{N}_\Omega(\bar{\boldsymbol{x}}^*)\tag{8.3}$$

$$\gamma_{ij}^*\geqslant0,\ g_{ij}(\boldsymbol{x}_i^*)\leqslant0,\ \gamma_{ij}^*g_{ij}(\boldsymbol{x}_i^*)=0,\ i\in\mathcal{I},\ j=1,\cdots,p_i\tag{8.4}$$

$$\boldsymbol{A}\bar{\boldsymbol{x}}^*=\boldsymbol{b},\ \tilde{\boldsymbol{L}}\bar{\boldsymbol{x}}^*=\boldsymbol{0}_{Nn}\tag{8.5}$$

式中, $\mathcal{N}_\Omega(\bar{\boldsymbol{x}}^*)$ 表示集合 Ω 在 $\bar{\boldsymbol{x}}^*$ 处的正则锥; $\partial f(\bar{\boldsymbol{x}}^*)=\text{col}\big(\partial f_1(\boldsymbol{x}_1^*),\cdots,\partial f_N(\boldsymbol{x}_N^*)\big)$; $(\partial \boldsymbol{g}(\bar{\boldsymbol{x}}^*))^{\text{T}} = \text{diag}\big((\partial \boldsymbol{g}_1(\boldsymbol{x}_1^*))^{\text{T}},\cdots,(\partial \boldsymbol{g}_N(\boldsymbol{x}_N^*))^{\text{T}}\big)$. 此外, 对于 $i\in\mathcal{I}$, 对角块 $\partial \boldsymbol{g}_i(\boldsymbol{x}_i^*)$ 表示 $\boldsymbol{g}_i(\boldsymbol{x}_i^*)$ 在 $\boldsymbol{x}_i^*$ 处的雅可比矩阵.

下面的引理从投影的角度给出问题 (8.2) 的最优解满足的条件.

引理 8.2 令假设 8.1 ~ 假设 8.3 成立. $\bar{\boldsymbol{x}}^*$ 是问题 (8.2) 的一个最优解, 当且仅当存在 Lagrange 乘子 $\boldsymbol{\lambda}^*\in\mathbb{R}^{Nn}$, $\boldsymbol{\mu}^*\in\mathbb{R}^m$ 和 $\boldsymbol{\gamma}^*\in\mathbb{R}_+^p$ 满足以下条件:

$$\mathbf{0}_{Nn}\in\bar{\boldsymbol{x}}^*-\mathcal{P}_\Omega(\bar{\boldsymbol{x}}^*-(\partial f(\bar{\boldsymbol{x}}^*)+\tilde{\boldsymbol{L}}\boldsymbol{\lambda}^*-\boldsymbol{A}^{\text{T}}\boldsymbol{\mu}^*+(\partial \boldsymbol{g}(\bar{\boldsymbol{x}}^*))^{\text{T}}\boldsymbol{\gamma}^*)) \tag{8.6}$$

$$\gamma_{ij}^*\geqslant 0,\ g_{ij}(\boldsymbol{x}_i^*)\leqslant 0,\ \gamma_{ij}^*g_{ij}(\boldsymbol{x}_i^*)=0,\ i\in\mathcal{I},\ j=1,\cdots,p_i \tag{8.7}$$

$$\boldsymbol{A}\bar{\boldsymbol{x}}^*=\boldsymbol{b},\ \tilde{\boldsymbol{L}}\bar{\boldsymbol{x}}^*=\mathbf{0}_{Nn} \tag{8.8}$$

式中, $\mathcal{P}_\Omega(\cdot)=\text{col}\big(\mathcal{P}_{\Omega_1}(\cdot),\cdots,\mathcal{P}_{\Omega_N}(\cdot)\big):\mathbb{R}^{Nn}\to\Omega$ 表示在约束集 Ω 上的投影算子.

证明: 与引理 8.1 对比可知, 只需证明式 (8.6) 与式 (8.3) 之间的等价性. 假设式 (8.6) 成立, 则存在 $\boldsymbol{\eta}^*\in\partial f(\bar{\boldsymbol{x}}^*)$ 和 $\boldsymbol{\zeta}^*\in(\partial \boldsymbol{g}(\bar{\boldsymbol{x}}^*))^{\text{T}}$ 使得 $\bar{\boldsymbol{x}}^*=\mathcal{P}_\Omega(\bar{\boldsymbol{x}}^*-(\boldsymbol{\eta}^*+\tilde{\boldsymbol{L}}\boldsymbol{\lambda}^*-\boldsymbol{A}^{\text{T}}\boldsymbol{\mu}^*+\boldsymbol{\zeta}^*\boldsymbol{\gamma}^*))$ 成立. 因此, 对于任意的 $\bar{\boldsymbol{x}}\in\Omega$, 根据投影性质 (2.8), 有 $(\bar{\boldsymbol{x}}-\bar{\boldsymbol{x}}^*)^{\text{T}}(\boldsymbol{\eta}^*+\tilde{\boldsymbol{L}}\boldsymbol{\lambda}^*-\boldsymbol{A}^{\text{T}}\boldsymbol{\mu}^*+\boldsymbol{\zeta}^*\boldsymbol{\gamma}^*)=(\bar{\boldsymbol{x}}-\mathcal{P}_\Omega(\bar{\boldsymbol{x}}^*-(\boldsymbol{\eta}^*+\tilde{\boldsymbol{L}}\boldsymbol{\lambda}^*-\boldsymbol{A}^{\text{T}}\boldsymbol{\mu}^*+\boldsymbol{\zeta}^*\boldsymbol{\gamma}^*)))^{\text{T}}(\boldsymbol{\eta}^*+\tilde{\boldsymbol{L}}\boldsymbol{\lambda}^*-\boldsymbol{A}^{\text{T}}\boldsymbol{\mu}^*+\boldsymbol{\zeta}^*\boldsymbol{\gamma}^*)=(\bar{\boldsymbol{x}}-\mathcal{P}_\Omega(\bar{\boldsymbol{x}}^*-(\boldsymbol{\eta}^*+\tilde{\boldsymbol{L}}\boldsymbol{\lambda}^*-\boldsymbol{A}^{\text{T}}\boldsymbol{\mu}^*+\boldsymbol{\zeta}^*\boldsymbol{\gamma}^*)))^{\text{T}}(\boldsymbol{\eta}^*+\tilde{\boldsymbol{L}}\boldsymbol{\lambda}^*-\boldsymbol{A}^{\text{T}}\boldsymbol{\mu}^*+\boldsymbol{\zeta}^*\boldsymbol{\gamma}^*-\bar{\boldsymbol{x}}^*+\mathcal{P}_\Omega(\bar{\boldsymbol{x}}^*-(\boldsymbol{\eta}^*+\tilde{\boldsymbol{L}}\boldsymbol{\lambda}^*-\boldsymbol{A}^{\text{T}}\boldsymbol{\mu}^*+\boldsymbol{\zeta}^*\boldsymbol{\gamma}^*)))\geqslant 0$, 即式 (8.3) 成立.

因为 $\bar{\boldsymbol{x}}^*$ 是问题 (8.2) 的一个最优解, 则 $\bar{\boldsymbol{x}}^*\in\Omega$. 根据式 (8.3) 和正则锥的定义, 则对于任意的 $\bar{\boldsymbol{x}}\in\Omega$, 不等式 $(\bar{\boldsymbol{x}}-\bar{\boldsymbol{x}}^*)^{\text{T}}(\boldsymbol{\eta}^*+\tilde{\boldsymbol{L}}\boldsymbol{\lambda}^*-\boldsymbol{A}^{\text{T}}\boldsymbol{\mu}^*+\boldsymbol{\zeta}^*\boldsymbol{\gamma}^*)\geqslant 0$ 成立. 由于 $\mathcal{P}_\Omega(\bar{\boldsymbol{x}}^*-(\boldsymbol{\eta}^*+\tilde{\boldsymbol{L}}\boldsymbol{\lambda}^*-\boldsymbol{A}^{\text{T}}\boldsymbol{\mu}^*+\boldsymbol{\zeta}^*\boldsymbol{\gamma}^*))\in\Omega$, 则 $(\bar{\boldsymbol{x}}^*-\mathcal{P}_\Omega(\bar{\boldsymbol{x}}^*-(\boldsymbol{\eta}^*+\tilde{\boldsymbol{L}}\boldsymbol{\lambda}^*-\boldsymbol{A}^{\text{T}}\boldsymbol{\mu}^*+\boldsymbol{\zeta}^*\boldsymbol{\gamma}^*)))^{\text{T}}(\boldsymbol{\eta}^*+\tilde{\boldsymbol{L}}\boldsymbol{\lambda}^*-\boldsymbol{A}^{\text{T}}\boldsymbol{\mu}^*+\boldsymbol{\zeta}^*\boldsymbol{\gamma}^*)\leqslant 0$. 再次利用投影性质 (2.8), 可知 $(\bar{\boldsymbol{x}}-\mathcal{P}_\Omega(\bar{\boldsymbol{x}}^*-(\boldsymbol{\eta}^*+\tilde{\boldsymbol{L}}\boldsymbol{\lambda}^*-\boldsymbol{A}^{\text{T}}\boldsymbol{\mu}^*+\boldsymbol{\zeta}^*\boldsymbol{\gamma}^*)))^{\text{T}}(\bar{\boldsymbol{x}}^*-(\boldsymbol{\eta}^*+\tilde{\boldsymbol{L}}\boldsymbol{\lambda}^*-\boldsymbol{A}^{\text{T}}\boldsymbol{\mu}^*+\boldsymbol{\zeta}^*\boldsymbol{\gamma}^*)-\mathcal{P}_\Omega(\bar{\boldsymbol{x}}^*-(\boldsymbol{\eta}^*+\tilde{\boldsymbol{L}}\boldsymbol{\lambda}^*-\boldsymbol{A}^{\text{T}}\boldsymbol{\mu}^*+\boldsymbol{\zeta}^*\boldsymbol{\gamma}^*)))\leqslant 0$. 用 $\bar{\boldsymbol{x}}^*$ 替换上述不等式中的 $\bar{\boldsymbol{x}}$, 不等式 $\|\bar{\boldsymbol{x}}^*-\mathcal{P}_\Omega(\bar{\boldsymbol{x}}^*-(\boldsymbol{\eta}^*+\tilde{\boldsymbol{L}}\boldsymbol{\lambda}^*-\boldsymbol{A}^{\text{T}}\boldsymbol{\mu}^*+\boldsymbol{\zeta}^*\boldsymbol{\gamma}^*))\|^2\leqslant(\bar{\boldsymbol{x}}^*-\mathcal{P}_\Omega(\bar{\boldsymbol{x}}^*-(\boldsymbol{\eta}^*+\tilde{\boldsymbol{L}}\boldsymbol{\lambda}^*-\boldsymbol{A}^{\text{T}}\boldsymbol{\mu}^*+\boldsymbol{\zeta}^*\boldsymbol{\gamma}^*)))^{\text{T}}(\boldsymbol{\eta}^*+\tilde{\boldsymbol{L}}\boldsymbol{\lambda}^*-\boldsymbol{A}^{\text{T}}\boldsymbol{\mu}^*+\boldsymbol{\zeta}^*\boldsymbol{\gamma}^*)\leqslant 0$ 成立. 由范数的非负性, 可得 $\bar{\boldsymbol{x}}^*=\mathcal{P}_\Omega(\bar{\boldsymbol{x}}^*-(\boldsymbol{\eta}^*+\tilde{\boldsymbol{L}}\boldsymbol{\lambda}^*-\boldsymbol{A}^{\text{T}}\boldsymbol{\mu}^*+\boldsymbol{\zeta}^*\boldsymbol{\gamma}^*))$, 进而式 (8.6) 成立. ■

注解 8.2 事实上, 式(8.7) 等价于非负向量 $(\boldsymbol{\gamma}_i+\boldsymbol{g}_i)^+=\text{col}\big(\max\{\gamma_{i1}+g_{i1},0\},\cdots,\max\{\gamma_{ip_i}+g_{ip_i},0\}\big)$, 详细分析可参见文献 [202].

8.2　基于一致性的分布式次梯度投影算法

本小节结合一致性理论提出一个连续时间分布式次梯度投影算法来解决问题 (8.2). 针对每个智能体 $i \in \mathcal{I}$, 算法设计如下:

$$\begin{aligned}
\dot{\boldsymbol{x}}_i(t) \in\, & 2\Big[-\boldsymbol{x}_i(t) + \mathcal{P}_{\Omega_i}\big(\boldsymbol{x}_i(t) - \partial f_i(\boldsymbol{x}_i(t))\\
& - \sum_{j=1}^{N} a_{ij}(\boldsymbol{x}_i(t) - \boldsymbol{x}_j(t)) - \sum_{j=1}^{N} a_{ij}(\boldsymbol{\lambda}_i(t) - \boldsymbol{\lambda}_j(t))\\
& + \boldsymbol{A}_i^{\mathrm{T}}\boldsymbol{\mu}_i(t) - \boldsymbol{A}_i^{\mathrm{T}}(\boldsymbol{A}_i\boldsymbol{x}_i(t) - \boldsymbol{b}_i) - (\partial \boldsymbol{g}_i(\boldsymbol{x}_i(t)))^{\mathrm{T}}(\gamma_i(t) + \boldsymbol{g}_i(\boldsymbol{x}_i(t)))^{+}\big)\Big],\\
\dot{\boldsymbol{\lambda}}_i(t) =\, & \boldsymbol{x}_i(t),\\
\dot{\boldsymbol{\mu}}_i(t) =\, & -\boldsymbol{A}_i\boldsymbol{x}_i(t) + \boldsymbol{b}_i,\\
\dot{\gamma}_i(t) =\, & -\gamma_i(t) + (\gamma_i(t) + \boldsymbol{g}_i(\boldsymbol{x}_i(t)))^{+}.
\end{aligned} \tag{8.9}$$

注解 8.3　注意到在算法 (8.9) 中, 每个智能体只使用局部信息, 即自身信息以及与邻居进行交互获得的信息. 因此, 算法 (8.9) 是完全分布式的.

注解 8.4　对于所有的 $i \in \mathcal{I}$ 和 $j = 1, 2, \cdots, p_i$, 已知 f_i 和 g_{ij} 是凸函数. 因此, 由引理 2.11, 可以得到集合值映射 ∂f_i 和 $\partial \boldsymbol{g}_i$ 上半连续, 局部有界且取非空紧的凸值. 根据文献 [203] 中的定理 6.1, 可知算法 (8.9) 存在一个绝对连续的解.

为了便于分析, 我们进一步将算法 (8.9) 写成如下形式:

$$\begin{aligned}
\dot{\bar{\boldsymbol{x}}}(t) \in\, & 2\big(-\bar{\boldsymbol{x}}(t) + \mathcal{P}_{\Omega}(\bar{\boldsymbol{x}}(t) - \partial f(\bar{\boldsymbol{x}}(t)) - \tilde{\boldsymbol{L}}\bar{\boldsymbol{x}}(t) - \tilde{\boldsymbol{L}}\boldsymbol{\lambda}(t) + \boldsymbol{A}^{\mathrm{T}}\boldsymbol{\mu}(t)\\
& - \boldsymbol{A}^{\mathrm{T}}(\boldsymbol{A}\bar{\boldsymbol{x}}(t) - \boldsymbol{b}) - (\partial \boldsymbol{g}(\bar{\boldsymbol{x}}(t)))^{\mathrm{T}}(\gamma(t) + \boldsymbol{g}(\bar{\boldsymbol{x}}(t)))^{+})\big),\\
\dot{\boldsymbol{\lambda}}(t) =\, & \bar{\boldsymbol{x}}(t),\\
\dot{\boldsymbol{\mu}}(t) =\, & -\boldsymbol{A}\bar{\boldsymbol{x}}(t) + \boldsymbol{b},\\
\dot{\gamma}(t) =\, & -\gamma(t) + (\gamma(t) + \boldsymbol{g}(\bar{\boldsymbol{x}}(t)))^{+}.
\end{aligned} \tag{8.10}$$

式中, $(\gamma(t) + \boldsymbol{g}(\bar{\boldsymbol{x}}(t)))^{+} = \mathrm{col}\big((\gamma_1(t) + \boldsymbol{g}_1(\boldsymbol{x}_1(t)))^{+}, \cdots, (\gamma_N(t) + \boldsymbol{g}_N(\boldsymbol{x}_N(t)))^{+}\big)$.

8.2.1　算法收敛性分析

本节证明由算法 (8.10) 产生的轨迹 $\bar{\boldsymbol{x}}(t)$ 收敛到问题 (8.2) 的一个最优解.

定理 8.1　令假设 8.1 ∼ 假设 8.3 成立且 $\mathrm{col}(\bar{\boldsymbol{x}}^*, \boldsymbol{\lambda}^*, \boldsymbol{\mu}^*, \gamma^*)$ 满足引理 8.2 的条件, 则对于任意的初始值 $\mathrm{col}(\bar{\boldsymbol{x}}(0), \boldsymbol{\lambda}(0), \boldsymbol{\mu}(0), \gamma(0)) \in \Omega \times \mathbb{R}^{Nn} \times \mathbb{R}^{m} \times \mathbb{R}_{+}^{p}$, 轨迹 $\bar{\boldsymbol{x}}(t)$ 渐近收敛到问题 (8.2) 的一个最优解.

证明: 考虑如下函数:

$$
\begin{aligned}
&V(\bar{\boldsymbol{x}}(t),\boldsymbol{\lambda}(t),\boldsymbol{\mu}(t),\gamma(t))\\
&=f(\bar{\boldsymbol{x}}(t))-f(\bar{\boldsymbol{x}}^*)-(\bar{\boldsymbol{x}}(t)-\bar{\boldsymbol{x}}^*)^{\mathrm{T}}\boldsymbol{\eta}^*+\frac{1}{2}(\bar{\boldsymbol{x}}(t)-\bar{\boldsymbol{x}}^*+\boldsymbol{\lambda}(t)-\boldsymbol{\lambda}^*)^{\mathrm{T}}\tilde{\boldsymbol{L}}(\bar{\boldsymbol{x}}(t)-\bar{\boldsymbol{x}}^*\\
&\quad+\boldsymbol{\lambda}(t)-\boldsymbol{\lambda}^*)+\frac{1}{2}\|\boldsymbol{\mu}(t)-\boldsymbol{\mu}^*-(\boldsymbol{A}\bar{\boldsymbol{x}}(t)-\boldsymbol{b})\|^2+\frac{1}{2}\|(\gamma(t)+\boldsymbol{g}(\bar{\boldsymbol{x}}(t)))^+\|^2\\
&\quad-\frac{1}{2}\|\gamma^*\|^2-(\gamma(t)-\gamma^*)^{\mathrm{T}}\gamma^*-(\bar{\boldsymbol{x}}(t)-\bar{\boldsymbol{x}}^*)^{\mathrm{T}}\boldsymbol{\zeta}^*\gamma^*+\frac{1}{2}\|\bar{\boldsymbol{x}}(t)-\bar{\boldsymbol{x}}^*\|^2\\
&\quad+\frac{1}{2}\|\boldsymbol{\mu}(t)-\boldsymbol{\mu}^*\|^2+\frac{1}{2}\|\gamma(t)-\gamma^*\|^2+\frac{1}{2}(\boldsymbol{\lambda}(t)-\boldsymbol{\lambda}^*)^{\mathrm{T}}\tilde{\boldsymbol{L}}(\boldsymbol{\lambda}(t)-\boldsymbol{\lambda}^*),
\end{aligned}
$$

其中, $\boldsymbol{\eta}^*\in\partial f(\bar{\boldsymbol{x}}^*)$ 和 $\boldsymbol{\zeta}^*\in(\partial\boldsymbol{g}(\bar{\boldsymbol{x}}^*))^{\mathrm{T}}$. 由 $f(\bar{\boldsymbol{x}}(t))$ 和 $\|(\gamma(t)+\boldsymbol{g}(\bar{\boldsymbol{x}}(t)))^+\|^2$ 的凸性可得

$$
f(\bar{\boldsymbol{x}}(t))-f(\bar{\boldsymbol{x}}^*)-(\bar{\boldsymbol{x}}(t)-\bar{\boldsymbol{x}}^*)^{\mathrm{T}}\boldsymbol{\eta}^*\geqslant 0,
$$

$$
\frac{1}{2}\|(\gamma(t)+\boldsymbol{g}(\bar{\boldsymbol{x}}(t)))^+\|^2-\frac{1}{2}\|\gamma^*\|^2-(\gamma(t)-\gamma^*)^{\mathrm{T}}\gamma^*-(\bar{\boldsymbol{x}}(t)-\bar{\boldsymbol{x}}^*)^{\mathrm{T}}\boldsymbol{\zeta}^*\gamma^*\geqslant 0.
$$

将上述不等式与 $\tilde{\boldsymbol{L}}$ 的半正定性相结合, 可推出

$$
\begin{aligned}
&V(\bar{\boldsymbol{x}}(t),\boldsymbol{\lambda}(t),\boldsymbol{\mu}(t),\gamma(t))\\
\geqslant&\frac{1}{2}\|\bar{\boldsymbol{x}}(t)-\bar{\boldsymbol{x}}^*\|^2+\frac{1}{2}\|\boldsymbol{\mu}(t)-\boldsymbol{\mu}^*\|^2+\frac{1}{2}\|\gamma(t)-\gamma^*\|^2\\
&+\frac{1}{2}(\boldsymbol{\lambda}(t)-\boldsymbol{\lambda}^*)^{\mathrm{T}}\tilde{\boldsymbol{L}}(\boldsymbol{\lambda}(t)-\boldsymbol{\lambda}^*)\\
\geqslant&0.
\end{aligned}\tag{8.11}
$$

下面证明 $\bar{\boldsymbol{x}}(t)$, $\tilde{\boldsymbol{L}}\boldsymbol{\lambda}(t)$, $\boldsymbol{\mu}(t)$ 和 $\gamma(t)$ 的有界性. 由引理 2.12, 可依次计算出

$$
\begin{aligned}
\partial_{\bar{\boldsymbol{x}}}V&=\partial f(\bar{\boldsymbol{x}}(t))+\tilde{\boldsymbol{L}}(\bar{\boldsymbol{x}}(t)+\boldsymbol{\lambda}(t))-\boldsymbol{A}^{\mathrm{T}}\boldsymbol{\mu}(t)+\boldsymbol{A}^{\mathrm{T}}(\boldsymbol{A}\bar{\boldsymbol{x}}(t)-\boldsymbol{b})+(\partial\boldsymbol{g}(\bar{\boldsymbol{x}}(t)))^{\mathrm{T}}\times\\
&\qquad(\gamma(t)+\boldsymbol{g}(\bar{\boldsymbol{x}}(t)))^+-(\boldsymbol{\eta}^*+\tilde{\boldsymbol{L}}(\bar{\boldsymbol{x}}^*+\boldsymbol{\lambda}^*)-\boldsymbol{A}^{\mathrm{T}}\boldsymbol{\mu}^*+\boldsymbol{\zeta}^*\gamma^*)+\bar{\boldsymbol{x}}(t)-\bar{\boldsymbol{x}}^*,\\
\nabla_{\boldsymbol{\lambda}}V&=\tilde{\boldsymbol{L}}(\bar{\boldsymbol{x}}(t)-\bar{\boldsymbol{x}}^*)+2\tilde{\boldsymbol{L}}(\boldsymbol{\lambda}(t)-\boldsymbol{\lambda}^*),\\
\nabla_{\boldsymbol{\mu}}V&=2(\boldsymbol{\mu}(t)-\boldsymbol{\mu}^*)-(\boldsymbol{A}\bar{\boldsymbol{x}}(t)-\boldsymbol{b}),\\
\nabla_{\gamma}V&=(\gamma(t)+\boldsymbol{g}(\bar{\boldsymbol{x}}(t)))^++\gamma(t)-2\gamma^*.
\end{aligned}
$$

记微分包含系统 (8.10) 的右边为 $F(\bar{\boldsymbol{x}}(t),\boldsymbol{\lambda}(t),\boldsymbol{\mu}(t),\gamma(t))$ 和 $V(\bar{\boldsymbol{x}}(t),\boldsymbol{\lambda}(t),\boldsymbol{\mu}(t),\boldsymbol{\gamma}(t))$ 关于系统 (8.10) 的集合值 Lie 导数为 $\mathcal{L}_F V(t)$, 则对于任意的 $v(t)\in\mathcal{L}_F V(t)$, 存在 $\boldsymbol{\eta}(t)\in\partial f(\bar{\boldsymbol{x}}(t))$ 和 $\boldsymbol{\zeta}(t)\in(\partial \boldsymbol{g}(\bar{\boldsymbol{x}}(t)))^{\mathrm{T}}$ 使得 $v(t)=V_{\bar{\boldsymbol{x}}}(t)+V_{\boldsymbol{\lambda}}(t)+V_{\boldsymbol{\mu}}(t)+V_{\boldsymbol{\gamma}}(t)$, 其中

$$
\begin{aligned}
&V_{\bar{\boldsymbol{x}}}(t)=2(\boldsymbol{\Delta}(t)-\boldsymbol{\Delta}_*+\bar{\boldsymbol{x}}(t)-\bar{\boldsymbol{x}}^*)^{\mathrm{T}}(\mathcal{P}_\Omega(\bar{\boldsymbol{x}}(t)-\boldsymbol{\Delta}(t))-\bar{\boldsymbol{x}}(t)),\\
&V_{\boldsymbol{\lambda}}(t)=(\nabla_{\boldsymbol{\lambda}}V(t))^{\mathrm{T}}\dot{\boldsymbol{\lambda}}(t),\\
&V_{\boldsymbol{\mu}}(t)=(\nabla_{\boldsymbol{\mu}}V(t))^{\mathrm{T}}\dot{\boldsymbol{\mu}}(t),\\
&V_{\boldsymbol{\gamma}}(t)=(\nabla_{\boldsymbol{\gamma}}V(t))\dot{\boldsymbol{\gamma}}(t),\\
&\boldsymbol{\Delta}(t)=\boldsymbol{\eta}(t)+\tilde{\boldsymbol{L}}(\bar{\boldsymbol{x}}(t)+\boldsymbol{\lambda}(t))-\boldsymbol{A}^{\mathrm{T}}\boldsymbol{\mu}(t)\\
&\qquad\quad+\boldsymbol{A}^{\mathrm{T}}(\boldsymbol{A}\bar{\boldsymbol{x}}(t)-\boldsymbol{b})+\boldsymbol{\zeta}(t)(\boldsymbol{\gamma}(t)+\boldsymbol{g}(\bar{\boldsymbol{x}}(t)))^{+},
\end{aligned}
$$

且 $\boldsymbol{\Delta}_*=\boldsymbol{\eta}^*+\tilde{\boldsymbol{L}}(\bar{\boldsymbol{x}}^*+\boldsymbol{\lambda}^*)-\boldsymbol{A}^{\mathrm{T}}\boldsymbol{\mu}^*+\boldsymbol{\zeta}^*\boldsymbol{\gamma}^*$. 注意到

$$
\begin{aligned}
V_{\bar{\boldsymbol{x}}}(t)&=2(\boldsymbol{\Delta}(t)-\boldsymbol{\Delta}_*+\bar{\boldsymbol{x}}(t)-\bar{\boldsymbol{x}}^*)^{\mathrm{T}}(\mathcal{P}_\Omega(\bar{\boldsymbol{x}}(t)-\boldsymbol{\Delta}(t))-\bar{\boldsymbol{x}}^*+\bar{\boldsymbol{x}}^*-\bar{\boldsymbol{x}}(t))\\
&=2(\boldsymbol{\Delta}(t)-\boldsymbol{\Delta}_*+\bar{\boldsymbol{x}}(t)-\bar{\boldsymbol{x}}^*)^{\mathrm{T}}(\mathcal{P}_\Omega(\bar{\boldsymbol{x}}(t)-\boldsymbol{\Delta}(t))-\bar{\boldsymbol{x}}^*)\\
&\quad+2(\boldsymbol{\Delta}(t)-\boldsymbol{\Delta}_*+\bar{\boldsymbol{x}}(t)-\bar{\boldsymbol{x}}^*)^{\mathrm{T}}(\bar{\boldsymbol{x}}^*-\bar{\boldsymbol{x}}(t)).
\end{aligned}
$$

记 $D_1(t)=2(\boldsymbol{\Delta}(t)-\boldsymbol{\Delta}_*+\bar{\boldsymbol{x}}(t)-\bar{\boldsymbol{x}}^*)^{\mathrm{T}}(\mathcal{P}_\Omega(\bar{\boldsymbol{x}}(t)-\boldsymbol{\Delta}(t))-\bar{\boldsymbol{x}}^*)$, $D_2(t)=2(\boldsymbol{\Delta}(t)-\boldsymbol{\Delta}_*+\bar{\boldsymbol{x}}(t)-\bar{\boldsymbol{x}}^*)^{\mathrm{T}}(\bar{\boldsymbol{x}}^*-\bar{\boldsymbol{x}}(t))$. 利用投影性质 (2.8) 以及 $\partial f(\bar{\boldsymbol{x}}(t))$ 的单调性, 可得如下不等式

$$
\begin{gathered}
(\mathcal{P}_\Omega(\bar{\boldsymbol{x}}(t)-\boldsymbol{\Delta}(t))-(\bar{\boldsymbol{x}}(t)-\boldsymbol{\Delta}(t)))^{\mathrm{T}}(\mathcal{P}_\Omega(\bar{\boldsymbol{x}}(t)-\boldsymbol{\Delta}(t))-\bar{\boldsymbol{x}}^*)\leqslant 0,\\
(\boldsymbol{\Delta}_*)^{\mathrm{T}}(\mathcal{P}_\Omega(\bar{\boldsymbol{x}}(t)-\boldsymbol{\Delta}(t))-\bar{\boldsymbol{x}}^*)\geqslant 0,\\
(\boldsymbol{\eta}(t)-\boldsymbol{\eta}^*)^{\mathrm{T}}(\bar{\boldsymbol{x}}(t)-\bar{\boldsymbol{x}}^*)\geqslant 0.
\end{gathered}
$$

进而, 有

$$
\begin{aligned}
D_1(t)&\leqslant 2(\bar{\boldsymbol{x}}(t)-\mathcal{P}_\Omega(\bar{\boldsymbol{x}}(t)-\boldsymbol{\Delta}(t))+\bar{\boldsymbol{x}}(t)-\bar{\boldsymbol{x}}^*)^{\mathrm{T}}(\mathcal{P}_\Omega(\bar{\boldsymbol{x}}(t)-\boldsymbol{\Delta}(t))-\bar{\boldsymbol{x}}^*)\\
&=2(\bar{\boldsymbol{x}}(t)-\mathcal{P}_\Omega(\bar{\boldsymbol{x}}(t)-\boldsymbol{\Delta}(t))+\bar{\boldsymbol{x}}(t)-\bar{\boldsymbol{x}}^*)^{\mathrm{T}}\times\\
&\quad\ (\mathcal{P}_\Omega(\bar{\boldsymbol{x}}(t)-\boldsymbol{\Delta}(t))-\bar{\boldsymbol{x}}(t)+\bar{\boldsymbol{x}}(t)-\bar{\boldsymbol{x}}^*)\\
&=-2\|\bar{\boldsymbol{x}}(t)-\mathcal{P}_\Omega(\bar{\boldsymbol{x}}(t)-\boldsymbol{\Delta}(t))\|^2+2\|\bar{\boldsymbol{x}}(t)-\bar{\boldsymbol{x}}^*\|^2,
\end{aligned}
$$

和

$$
\begin{aligned}
D_2(t) &= 2(\boldsymbol{\Delta}(t)-\boldsymbol{\Delta}_*)^{\mathrm{T}}(\bar{\boldsymbol{x}}^*-\bar{\boldsymbol{x}}(t))-2\|\bar{\boldsymbol{x}}(t)-\bar{\boldsymbol{x}}^*\|^2\\
&\leqslant -2(\bar{\boldsymbol{x}}(t)-\bar{\boldsymbol{x}}^*)^{\mathrm{T}}\tilde{\boldsymbol{L}}(\bar{\boldsymbol{x}}(t)-\bar{\boldsymbol{x}}^*)-2(\boldsymbol{\lambda}(t)-\boldsymbol{\lambda}^*)^{\mathrm{T}}\tilde{\boldsymbol{L}}(\bar{\boldsymbol{x}}(t)-\bar{\boldsymbol{x}}^*)-2\|\boldsymbol{A}\bar{\boldsymbol{x}}(t)-\boldsymbol{b}\|^2\\
&\quad +2(\boldsymbol{\mu}(t)-\boldsymbol{\mu}^*)^{\mathrm{T}}(\boldsymbol{A}\bar{\boldsymbol{x}}(t)-\boldsymbol{b})-2(\bar{\boldsymbol{x}}(t)-\bar{\boldsymbol{x}}^*)^{\mathrm{T}}\boldsymbol{\zeta}(t)(\boldsymbol{\gamma}(t)+g(\bar{\boldsymbol{x}}(t)))^+\\
&\quad +2(\bar{\boldsymbol{x}}(t)-\bar{\boldsymbol{x}}^*)^{\mathrm{T}}\boldsymbol{\zeta}^*\boldsymbol{\gamma}^*-2\|\bar{\boldsymbol{x}}(t)-\bar{\boldsymbol{x}}^*\|^2.
\end{aligned}
$$

结合 $D_1(t)$ 和 $D_2(t)$, 可得 $V_{\bar{\boldsymbol{x}}}(t)$ 满足

$$
\begin{aligned}
V_{\bar{\boldsymbol{x}}}(t) \leqslant & -2\|\bar{\boldsymbol{x}}(t)-\mathcal{P}_\Omega(\bar{\boldsymbol{x}}(t)-\boldsymbol{\Delta}(t))\|^2-2(\bar{\boldsymbol{x}}(t)-\bar{\boldsymbol{x}}^*)^{\mathrm{T}}\tilde{\boldsymbol{L}}(\bar{\boldsymbol{x}}(t)-\bar{\boldsymbol{x}}^*)\\
& -2(\boldsymbol{\lambda}(t)-\boldsymbol{\lambda}^*)^{\mathrm{T}}\tilde{\boldsymbol{L}}(\bar{\boldsymbol{x}}(t)-\bar{\boldsymbol{x}}^*)-2\|\boldsymbol{A}\bar{\boldsymbol{x}}(t)-\boldsymbol{b}\|^2\\
& +2(\boldsymbol{\mu}(t)-\boldsymbol{\mu}^*)^{\mathrm{T}}(\boldsymbol{A}\bar{\boldsymbol{x}}(t)-\boldsymbol{b})\\
& -2(\bar{\boldsymbol{x}}(t)-\bar{\boldsymbol{x}}^*)^{\mathrm{T}}\boldsymbol{\zeta}(t)(\boldsymbol{\gamma}(t)+\boldsymbol{g}(\bar{\boldsymbol{x}}(t)))^+ +2(\bar{\boldsymbol{x}}(t)-\bar{\boldsymbol{x}}^*)^{\mathrm{T}}\boldsymbol{\zeta}^*\boldsymbol{\gamma}^*.
\end{aligned}
$$

另外, 可依次化简 $V_{\boldsymbol{\lambda}}(t)$, $V_{\boldsymbol{\mu}}(t)$ 和 $V_{\boldsymbol{\gamma}}(t)$ 为

$$
\begin{aligned}
V_{\boldsymbol{\lambda}}(t) &= (\bar{\boldsymbol{x}}(t)-\bar{\boldsymbol{x}}^*)^{\mathrm{T}}\tilde{\boldsymbol{L}}(\bar{\boldsymbol{x}}(t)-\bar{\boldsymbol{x}}^*)+2(\boldsymbol{\lambda}(t)-\boldsymbol{\lambda}^*)^{\mathrm{T}}\tilde{\boldsymbol{L}}(\bar{\boldsymbol{x}}(t)-\bar{\boldsymbol{x}}^*),\\
V_{\boldsymbol{\mu}}(t) &= -2(\boldsymbol{\mu}(t)-\boldsymbol{\mu}^*)^{\mathrm{T}}(\boldsymbol{A}\bar{\boldsymbol{x}}(t)-\boldsymbol{b})+\|\boldsymbol{A}\bar{\boldsymbol{x}}(t)-\boldsymbol{b}\|^2,\\
V_{\boldsymbol{\gamma}}(t) &= \left((\boldsymbol{\gamma}(t)+\boldsymbol{g}(\bar{\boldsymbol{x}}(t)))^+ +\boldsymbol{\gamma}(t)-2\boldsymbol{\gamma}^*\right)^{\mathrm{T}}\left(-\boldsymbol{\gamma}(t)+(\boldsymbol{\gamma}(t)+\boldsymbol{g}(\bar{\boldsymbol{x}}(t)))^+\right)\\
&= \left(2(\boldsymbol{\gamma}(t)+\boldsymbol{g}(\bar{\boldsymbol{x}}(t)))^+ -2\boldsymbol{\gamma}^*+\boldsymbol{\gamma}(t)-(\boldsymbol{\gamma}(t)+\boldsymbol{g}(\bar{\boldsymbol{x}}(t)))^+\right)^{\mathrm{T}}\times\\
&\quad\ \left(-\boldsymbol{\gamma}(t)+(\boldsymbol{\gamma}(t)+\boldsymbol{g}(\bar{\boldsymbol{x}}(t)))^+\right)\\
&= -\|\boldsymbol{\gamma}(t)-(\boldsymbol{\gamma}(t)+\boldsymbol{g}(\bar{\boldsymbol{x}}(t)))^+\|^2+2((\boldsymbol{\gamma}(t)+\boldsymbol{g}(\bar{\boldsymbol{x}}(t)))^+)^{\mathrm{T}}\times\\
&\quad\ \left((\boldsymbol{\gamma}(t)+\boldsymbol{g}(\bar{\boldsymbol{x}}(t)))^+ -\boldsymbol{\gamma}(t)\right)-2(\boldsymbol{\gamma}^*)^{\mathrm{T}}\left((\boldsymbol{\gamma}(t)+\boldsymbol{g}(\bar{\boldsymbol{x}}(t)))^+ -\boldsymbol{\gamma}(t)\right).
\end{aligned}
$$

因此,

$$
\begin{aligned}
v(t) \leqslant & -2\|\bar{\boldsymbol{x}}(t)-\mathcal{P}_\Omega(\bar{\boldsymbol{x}}(t)-\boldsymbol{\Delta}(t))\|^2-(\bar{\boldsymbol{x}}(t)-\bar{\boldsymbol{x}}^*)^{\mathrm{T}}\tilde{\boldsymbol{L}}(\bar{\boldsymbol{x}}(t)-\bar{\boldsymbol{x}}^*)\\
& -\|\boldsymbol{A}\bar{\boldsymbol{x}}(t)-\boldsymbol{b}\|^2-\|\boldsymbol{\gamma}(t)-(\boldsymbol{\gamma}(t)+\boldsymbol{g}(\bar{\boldsymbol{x}}(t)))^+\|^2+2((\boldsymbol{\gamma}(t)+\boldsymbol{g}(\bar{\boldsymbol{x}}(t)))^+)^{\mathrm{T}}\times\\
& \left((\boldsymbol{\gamma}(t)+\boldsymbol{g}(\bar{\boldsymbol{x}}(t)))^+ -\boldsymbol{\gamma}(t)-(\boldsymbol{\zeta}(t))^{\mathrm{T}}(\bar{\boldsymbol{x}}(t)-\bar{\boldsymbol{x}}^*)\right)-2(\boldsymbol{\gamma}^*)^{\mathrm{T}}\times\\
& \left((\boldsymbol{\gamma}(t)+\boldsymbol{g}(\bar{\boldsymbol{x}}(t)))^+ -\boldsymbol{\gamma}(t)-(\boldsymbol{\zeta}^*)^{\mathrm{T}}(\bar{\boldsymbol{x}}(t)-\bar{\boldsymbol{x}}^*)\right).
\end{aligned}
$$

记 $D_3(t)=((\boldsymbol{\gamma}(t)+\boldsymbol{g}(\bar{\boldsymbol{x}}(t)))^+)^{\mathrm{T}}\big((\boldsymbol{\gamma}(t)+\boldsymbol{g}(\bar{\boldsymbol{x}}(t)))^+-\boldsymbol{\gamma}(t)-(\boldsymbol{\zeta}(t))^{\mathrm{T}}(\bar{\boldsymbol{x}}(t)-\bar{\boldsymbol{x}}^*)\big)$, $D_4(t)=(\boldsymbol{\gamma}^*)^{\mathrm{T}}\big((\boldsymbol{\gamma}(t)+\boldsymbol{g}(\bar{\boldsymbol{x}}(t)))^+-\boldsymbol{\gamma}(t)-(\boldsymbol{\zeta}^*)^{\mathrm{T}}(\bar{\boldsymbol{x}}(t)-\bar{\boldsymbol{x}}^*)\big)$. 令 $(\boldsymbol{\gamma}(t)+\boldsymbol{g}(\bar{\boldsymbol{x}}(t)))_k^+$ 表示 $(\boldsymbol{\gamma}(t)+\boldsymbol{g}(\bar{\boldsymbol{x}}(t)))^+$ 的第 k 个分量, 并且定义

$$K_0=\{k|(\boldsymbol{\gamma}(t)+\boldsymbol{g}(\bar{\boldsymbol{x}}(t)))_k\leqslant 0,k=1,\cdots,p\},$$

$$K_1=\{k|(\boldsymbol{\gamma}(t)+\boldsymbol{g}(\bar{\boldsymbol{x}}(t)))_k> 0,k=1,\cdots,p\}.$$

若 $k\in K_0$, 则 $(\boldsymbol{\gamma}(t)+\boldsymbol{g}(\bar{\boldsymbol{x}}(t)))_k^+=0$; 若 $k\in K_1$, 则 $(\boldsymbol{\gamma}(t)+\boldsymbol{g}(\bar{\boldsymbol{x}}(t)))_k^+-\gamma_k(t)=\boldsymbol{g}_k(\boldsymbol{x}_k(t))$. 根据 $\boldsymbol{g}_k(\boldsymbol{x}_k(t))$ 的凸性, 可得 $\boldsymbol{g}_k(\boldsymbol{x}_k^*)-\boldsymbol{g}_k(\boldsymbol{x}_k(t))\geqslant(\boldsymbol{x}_k^*-\boldsymbol{x}_k(t))^{\mathrm{T}}\boldsymbol{\zeta}_k(t)$, 其中 $\boldsymbol{\zeta}_k(t)\in\partial\boldsymbol{g}_k(\boldsymbol{x}_k(t))$. 因此, $\boldsymbol{g}_k(\boldsymbol{x}_k(t))-(\boldsymbol{x}_k(t)-\boldsymbol{x}_k^*)^{\mathrm{T}}\boldsymbol{\zeta}_k(t)\leqslant\boldsymbol{g}_k(\boldsymbol{x}_k^*)$. 进而,

$$\begin{aligned}D_3(t)=&\sum_{k\in K_0}(\boldsymbol{\gamma}(t)+\boldsymbol{g}(\bar{\boldsymbol{x}}(t)))_k^+(-\gamma_k(t)-(\boldsymbol{x}_k(t)-\boldsymbol{x}_k^*)^{\mathrm{T}}\boldsymbol{\zeta}_k(t))\\&+\sum_{k\in K_1}(\boldsymbol{\gamma}(t)+\boldsymbol{g}(\bar{\boldsymbol{x}}(t)))_k^+(\boldsymbol{g}_k(\boldsymbol{x}_k(t))-(\boldsymbol{x}_k(t)-\boldsymbol{x}_k^*)^{\mathrm{T}}\boldsymbol{\zeta}_k(t))\\=&\sum_{k\in K_1}(\boldsymbol{\gamma}(t)+\boldsymbol{g}(\bar{\boldsymbol{x}}(t)))_k^+(\boldsymbol{g}_k(\boldsymbol{x}_k(t))-(\boldsymbol{x}_k(t)-\boldsymbol{x}_k^*)^{\mathrm{T}}\boldsymbol{\zeta}_k(t))\\\leqslant&\sum_{k\in K_1}(\boldsymbol{\gamma}(t)+\boldsymbol{g}(\bar{\boldsymbol{x}}(t)))_k^+(\boldsymbol{g}_k(\boldsymbol{x}_k^*))\leqslant 0.\end{aligned}$$

同理可得 $D_4(t)\geqslant 0$. 进而,

$$\begin{aligned}v(t)\leqslant&-2\|\bar{\boldsymbol{x}}(t)-\mathcal{P}_\Omega(\bar{\boldsymbol{x}}(t)-\boldsymbol{\Delta}(t))\|^2-(\bar{\boldsymbol{x}}(t)-\bar{\boldsymbol{x}}^*)^{\mathrm{T}}\tilde{\boldsymbol{L}}(\bar{\boldsymbol{x}}(t)-\bar{\boldsymbol{x}}^*)\\&-\|\boldsymbol{A}\bar{\boldsymbol{x}}(t)-\boldsymbol{b}\|^2-\|\boldsymbol{\gamma}(t)-(\boldsymbol{\gamma}(t)+\boldsymbol{g}(\bar{\boldsymbol{x}}(t)))^+\|^2.\end{aligned}$$

因此,

$$\begin{aligned}\mathcal{L}_FV(t)\leqslant&-2\|\bar{\boldsymbol{x}}(t)-\mathcal{P}_\Omega(\bar{\boldsymbol{x}}(t)-\boldsymbol{\Delta}(t))\|^2-(\bar{\boldsymbol{x}}(t)-\bar{\boldsymbol{x}}^*)^{\mathrm{T}}\tilde{\boldsymbol{L}}(\bar{\boldsymbol{x}}(t)-\bar{\boldsymbol{x}}^*)-\|\boldsymbol{A}\bar{\boldsymbol{x}}(t)-\boldsymbol{b}\|^2\\&-\|\boldsymbol{\gamma}(t)-(\boldsymbol{\gamma}(t)+\boldsymbol{g}(\bar{\boldsymbol{x}}(t)))^+\|^2\\\leqslant&\,0.\end{aligned}\tag{8.12}$$

根据引理 2.17, $V(\bar{\boldsymbol{x}}(t),\boldsymbol{\lambda}(t),\boldsymbol{\mu}(t),\boldsymbol{\gamma}(t))$ 是微分包含系统 (8.10) 的一个 Lyapunov 函数. 不等式 (8.11) 意味着 Lyapunov 函数 $V(\bar{\boldsymbol{x}}(t),\boldsymbol{\lambda}(t),\boldsymbol{\mu}(t),\boldsymbol{\gamma}(t))$ 关于 $\bar{\boldsymbol{x}}(t)$, $\tilde{\boldsymbol{L}}\boldsymbol{\lambda}(t)$, $\boldsymbol{\mu}(t)$ 和 $\boldsymbol{\gamma}(t)$ 是径向无界的. 结合不等式 (8.12) 和引理 2.18, 可知由系统 (8.10) 产生的轨迹 $\mathrm{col}(\bar{\boldsymbol{x}}(t),\tilde{\boldsymbol{L}}\boldsymbol{\lambda}(t),\boldsymbol{\mu}(t),\boldsymbol{\gamma}(t))$ 是有界的且收敛到最大弱不变集 $\mathcal{M}$, 其中, $\mathcal{M}\subseteq\mathcal{S}=\overline{\{\mathrm{col}(\bar{\boldsymbol{x}}(t),\tilde{\boldsymbol{L}}\boldsymbol{\lambda}(t),\boldsymbol{\mu}(t),\boldsymbol{\gamma}(t))|0\in\mathcal{L}_FV(t)\}}$, 则对于任意的点 $\mathrm{col}(\hat{\boldsymbol{x}},\tilde{\boldsymbol{L}}\hat{\boldsymbol{\lambda}},\hat{\boldsymbol{\mu}},\hat{\gamma})\in\mathcal{M}$, 一定满足

$$\hat{\hat{\boldsymbol{x}}} = \mathcal{P}_{\Omega}(\hat{\hat{\boldsymbol{x}}} - \boldsymbol{\eta} - \tilde{\boldsymbol{L}}\hat{\hat{\boldsymbol{x}}} - \tilde{\boldsymbol{L}}\hat{\boldsymbol{\lambda}} + \boldsymbol{A}^{\mathrm{T}}\hat{\boldsymbol{\mu}} - \boldsymbol{A}^{\mathrm{T}}(\boldsymbol{A}\hat{\hat{\boldsymbol{x}}} - \boldsymbol{b}) - \boldsymbol{\zeta}(\hat{\gamma} + \boldsymbol{g}(\hat{\hat{\boldsymbol{x}}}))^{+}),$$

$$\tilde{\boldsymbol{L}}\hat{\hat{\boldsymbol{x}}} = \boldsymbol{0}, \quad \boldsymbol{A}\hat{\hat{\boldsymbol{x}}} = \boldsymbol{b}, \quad \hat{\gamma} = (\hat{\gamma} + \boldsymbol{g}(\hat{\hat{\boldsymbol{x}}}))^{+}.$$

结合引理 8.2 和注解 8.2, 可知 $\mathcal{M}$ 中的点满足引理 8.2 中的条件且 $\hat{\hat{\boldsymbol{x}}}$ 是问题 (8.2) 的一个最优解.

根据 $\mathrm{col}(\bar{\boldsymbol{x}}(t), \tilde{\boldsymbol{L}}\boldsymbol{\lambda}(t), \boldsymbol{\mu}(t), \gamma(t))$ 的有界性, 可知存在一个子列 $\mathrm{col}(\bar{\boldsymbol{x}}(t_k), \tilde{\boldsymbol{L}}\boldsymbol{\lambda}(t_k), \boldsymbol{\mu}(t_k), \gamma(t_k))$ 使得 $\lim_{k\to\infty}\mathrm{col}(\bar{\boldsymbol{x}}(t_k), \tilde{\boldsymbol{L}}\boldsymbol{\lambda}(t_k), \boldsymbol{\mu}(t_k), \gamma(t_k)) = \mathrm{col}(\bar{\boldsymbol{x}}', \tilde{\boldsymbol{L}}\boldsymbol{\lambda}', \boldsymbol{\mu}', \gamma')$, 则 $\mathrm{col}(\bar{\boldsymbol{x}}', \boldsymbol{\lambda}', \boldsymbol{\mu}', \gamma') \in \mathcal{M}$. 用 $\mathrm{col}(\bar{\boldsymbol{x}}', \boldsymbol{\lambda}', \boldsymbol{\mu}', \gamma')$ 替换函数 $V(\bar{\boldsymbol{x}}(t), \boldsymbol{\lambda}(t), \boldsymbol{\mu}(t), \gamma(t))$ 中的 $\mathrm{col}(\bar{\boldsymbol{x}}^*, \boldsymbol{\lambda}^*, \boldsymbol{\mu}^*, \gamma^*)$ 得到一个新的 Lyapunov 函数 $\bar{V}(t) = \bar{f}(\bar{\boldsymbol{x}}(t)) - f(\bar{\boldsymbol{x}}') - (\bar{\boldsymbol{x}}(t) - \bar{\boldsymbol{x}}')^{\mathrm{T}}\boldsymbol{\eta}' + \frac{1}{2}(\bar{\boldsymbol{x}}(t) - \bar{\boldsymbol{x}}' + \boldsymbol{\lambda}(t) - \boldsymbol{\lambda}')^{\mathrm{T}}\tilde{\boldsymbol{L}}(\bar{\boldsymbol{x}}(t) - \bar{\boldsymbol{x}}' + \boldsymbol{\lambda}(t) - \boldsymbol{\lambda}') + \frac{1}{2}\|\boldsymbol{\mu}(t) - \boldsymbol{\mu}' - (\boldsymbol{A}\bar{\boldsymbol{x}}(t) - \boldsymbol{b})\|^2 + \frac{1}{2}\|(\gamma(t) + \boldsymbol{g}(\bar{\boldsymbol{x}}(t)))^{+}\|^2 - \frac{1}{2}\|\gamma'\|^2 - (\gamma(t) - \gamma')^{\mathrm{T}}\gamma' - (\bar{\boldsymbol{x}} - \bar{\boldsymbol{x}}')^{\mathrm{T}}\boldsymbol{\zeta}'\gamma' + \frac{1}{2}\|\bar{\boldsymbol{x}}(t) - \bar{\boldsymbol{x}}'\|^2 + \frac{1}{2}\|\boldsymbol{\mu}(t) - \boldsymbol{\mu}'\|^2 + \frac{1}{2}\|\gamma(t) - \gamma'\|^2 + \frac{1}{2}(\boldsymbol{\lambda}(t) - \boldsymbol{\lambda}')^{\mathrm{T}}\tilde{\boldsymbol{L}}(\boldsymbol{\lambda}(t) - \boldsymbol{\lambda}')$, 其中 $\boldsymbol{\eta}' \in \partial f(\bar{\boldsymbol{x}}')$, $\boldsymbol{\zeta}' \in (\partial \boldsymbol{g}(\bar{\boldsymbol{x}}'))^{\mathrm{T}}$. 类似地, 可得 $\mathcal{L}_F\bar{V}(t) \leqslant 0$. 因此, $\bar{V}(t)$ 关于时间 t 是单调不增的. 结合 $\bar{V}(t) \geqslant 0$, 存在一个常数 V_0 使得 $\lim_{t\to\infty}\bar{V}(t) = V_0$. 注意到 $\lim_{t_k\to\infty}\bar{V}(t_k) = 0$. 因此, $V_0 = 0$. 进而, $\lim_{t\to\infty}\mathrm{col}(\bar{\boldsymbol{x}}(t), \tilde{\boldsymbol{L}}\boldsymbol{\lambda}(t), \boldsymbol{\mu}(t), \gamma(t)) = \mathrm{col}(\bar{\boldsymbol{x}}', \tilde{\boldsymbol{L}}\boldsymbol{\lambda}', \boldsymbol{\mu}', \gamma')$. 综上所述, $\bar{\boldsymbol{x}}'$ 是问题 (8.2) 的一个最优解. 即定理 8.1 中的结论成立. ■

8.2.2 仿真分析

例 8.1 考虑一个多智能体系统协作解决下面的一般约束分布式凸优化问题:

$$\begin{aligned} &\min f(\boldsymbol{x}) = \sum_{i=1}^{5} f_i(\boldsymbol{x}) \\ &\text{s.t.} \quad x_1 + x_2 = 4,\ 2x_1 + x_2 \leqslant 10, \\ &x_1^2 + |x_2| \leqslant 10,\ x_1 + x_2^2 \leqslant 10, \\ &x \in \Omega = \{-4 \leqslant x_i \leqslant 4,\ i = 1, 2\}. \end{aligned} \tag{8.13}$$

式中, $\boldsymbol{x} = [x_1, x_2]^{\mathrm{T}} \in \mathbb{R}^2$. 表 8.1 给出每个智能体的局部目标函数和局部约束的具体表达式.

表 8.1 每个智能体的局部信息

智能体	局部目标函数	局部约束
1	$f_1(\boldsymbol{x})=x_1^2+(x_2-1)^2$	$x_1+x_2=4$, $x_1^2+\|x_2\|\leqslant 10, \boldsymbol{x}\in\Omega$
2	$f_2(\boldsymbol{x})=\|x_1-1\|+\|x_2\|$	$2x_1+x_2\leqslant 10, \boldsymbol{x}\in\Omega$
3	$f_3(\boldsymbol{x})=(x_1-1)^4+2x_2^2$	$x_1+x_2^2\leqslant 10, \boldsymbol{x}\in\Omega$
4	$f_4(\boldsymbol{x})=(x_1-2)^2+\|x_2\|+x_2^2$	$\boldsymbol{x}\in\Omega$
5	$f_5(\boldsymbol{x})=x_1^2+\|x_1-2\|+x_2^2$	$\boldsymbol{x}\in\Omega$

智能体的通信图如图 8.1 所示. 图 8.2 和图 8.3 给出运行算法 (8.10) 的仿真结果. 从图 8.2 中可以看出, 所有智能体的状态变量 $\boldsymbol{x}_i=[x_{i1},x_{i2}]^{\mathrm{T}}, i=1,\cdots,5$ 在问题 (8.13) 的最优解 $\boldsymbol{x}^*=[2.197,1.803]^{\mathrm{T}}$ 处达到一致. 在算法 (8.10) 下, 状态变量 $\boldsymbol{\lambda}$ 的有界性不能保证, 如图 8.3(a) 所示.

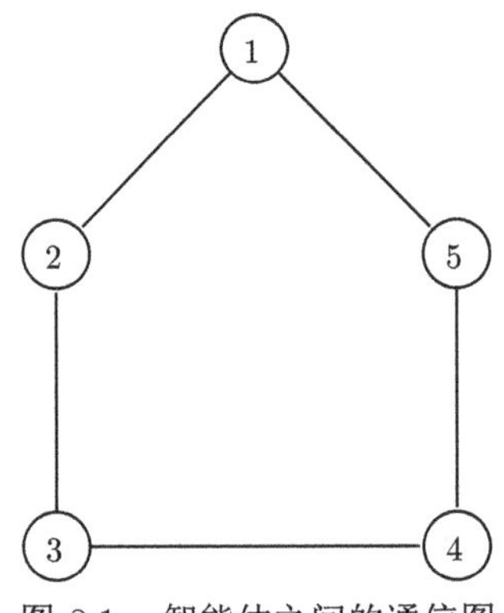

图 8.1 智能体之间的通信图

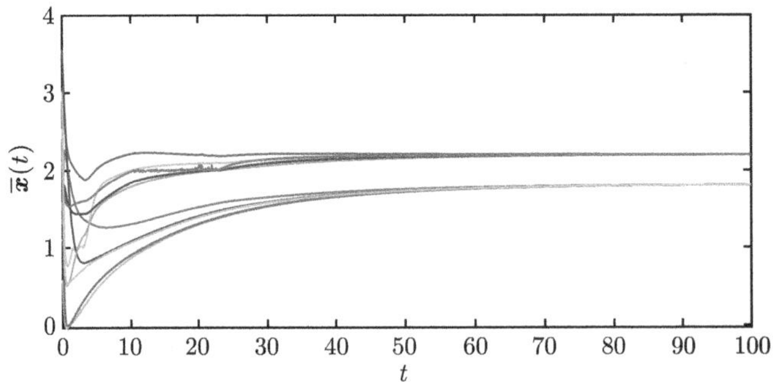

图 8.2 算法 (8.10) 在通信图 8.1 下运行的结果: 问题 (8.13) 的最优解

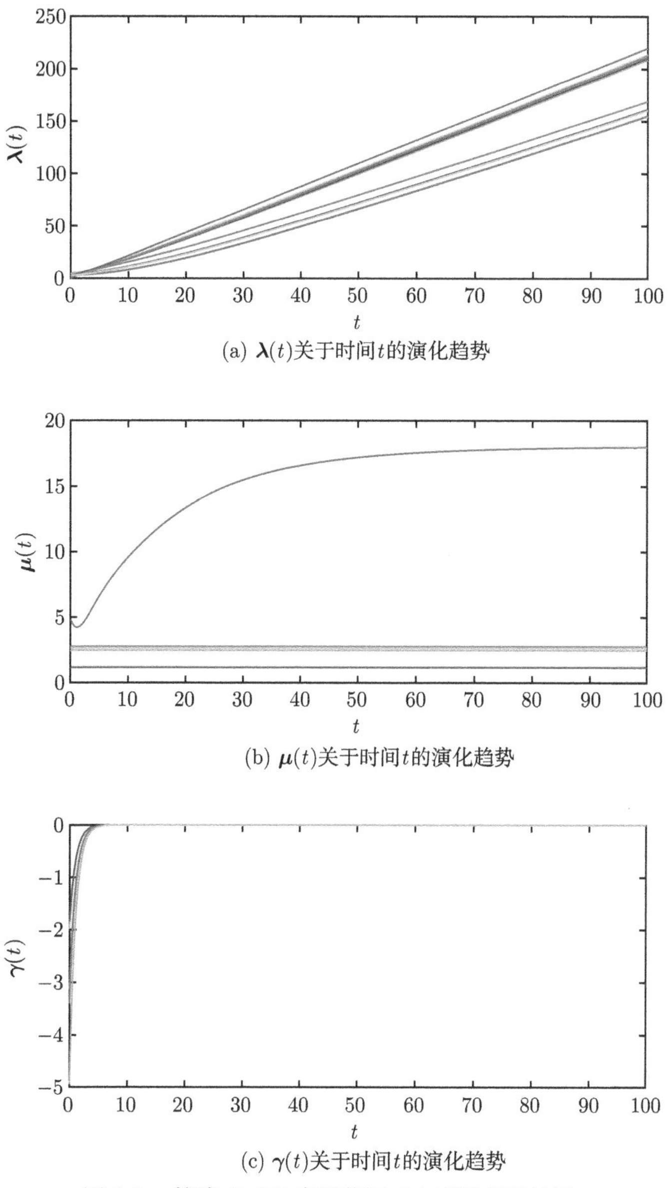

(a) $\boldsymbol{\lambda}(t)$关于时间t的演化趋势

(b) $\boldsymbol{\mu}(t)$关于时间t的演化趋势

(c) $\gamma(t)$关于时间t的演化趋势

图 8.3 算法 (8.10) 在通信图 8.1 下运行的结果

8.3 基于一致性的微分投影动力学

事实上, 算法 (8.10) 中的状态变量 $\boldsymbol{\lambda}$ 并不是有界的, 这可能导致它在实际应用中很难实施. 为了改进这一缺点, 本节从微分投影, 即正切锥投影的角度出发,设计一类基于鞍点的微分投影动力学来分布式解决问题(8.2).

基于上述目的, 每个智能体 $i \in \mathcal{I}$ 执行以下算法:

$$\begin{aligned}
\dot{\boldsymbol{x}}_i(t) \in & \mathcal{P}_{\mathcal{T}_{\Omega_i}(\boldsymbol{x}_i(t))}\Big(-\partial f_i(\boldsymbol{x}_i(t)) - \sum_{i=1}^{N} a_{ij}(\boldsymbol{x}_i(t) - \boldsymbol{x}_j(t)) - \sum_{i=1}^{N} a_{ij}(\boldsymbol{\lambda}_i(t) - \boldsymbol{\lambda}_j(t)) \\
& + \boldsymbol{A}_i^{\mathrm{T}} \boldsymbol{\mu}_i(t) - \boldsymbol{A}_i^{\mathrm{T}}(\boldsymbol{A}_i \boldsymbol{x}_i(t) - \boldsymbol{b}_i) - (\partial \boldsymbol{g}_i(\boldsymbol{x}_i(t)))^{\mathrm{T}}(\boldsymbol{\gamma}_i(t) + \boldsymbol{g}_i(\boldsymbol{x}_i(t)))^{+}\Big), \\
\dot{\boldsymbol{\lambda}}_i(t) = & \sum_{i=1}^{N} a_{ij}(\boldsymbol{x}_i(t) - \boldsymbol{x}_j(t)), \\
\dot{\boldsymbol{\mu}}_i(t) = & -\boldsymbol{A}_i \boldsymbol{x}_i(t) + \boldsymbol{b}_i, \\
\dot{\boldsymbol{\gamma}}_i(t) = & -\boldsymbol{\gamma}_i(t) + (\boldsymbol{\gamma}_i(t) + \boldsymbol{g}_i(\boldsymbol{x}_i(t)))^{+}.
\end{aligned} \tag{8.14}$$

式中, $\mathcal{T}_{\Omega_i}(\boldsymbol{x}_i(t))$ 表示 Ω_i 在 $\boldsymbol{x}_i(t)$ 处的正切锥; $\mathcal{P}_{\mathcal{T}_{\Omega_i}(\boldsymbol{x}_i(t))}(\cdot)$ 表示在正切锥 $\mathcal{T}_{\Omega_i}(\boldsymbol{x}_i(t))$ 上的投影算子.

注解 8.5 文献 [199] 采用微分投影动力学解决了具有凸交约束的分布式凸优化问题. 当前的算法 (8.14) 进一步扩展了文献 [199] 中的工作, 处理了具有一般约束的分布式凸优化问题 (8.1).

定义符号 $\bar{\boldsymbol{x}}(t) = \mathrm{col}(\boldsymbol{x}_1(t), \cdots, \boldsymbol{x}_N(t))$, $\boldsymbol{\lambda}(t) = \mathrm{col}(\boldsymbol{\lambda}_1(t), \cdots, \boldsymbol{\lambda}_N(t))$, $\boldsymbol{\mu}(t) = \mathrm{col}(\boldsymbol{\mu}_1(t), \cdots, \boldsymbol{\mu}_N(t))$, $\boldsymbol{\gamma}(t) = \mathrm{col}(\boldsymbol{\gamma}_1(t), \cdots, \boldsymbol{\gamma}_N(t))$ 以及 $\mathcal{P}_{\mathcal{T}_{\Omega}(\bar{\boldsymbol{x}})}(\cdot) = \mathrm{col}\big(\mathcal{P}_{\mathcal{T}_{\Omega_1}(\boldsymbol{x}_1(t))}(\cdot), \cdots, \mathcal{P}_{\mathcal{T}_{\Omega_N}(\boldsymbol{x}_N(t))}(\cdot)\big)$, 算法 (8.14) 等价于

$$\begin{aligned}
\dot{\bar{\boldsymbol{x}}}(t) \in & \mathcal{P}_{\mathcal{T}_{\Omega}(\bar{\boldsymbol{x}}(t))}\big(-\partial f(\bar{\boldsymbol{x}}(t)) - \tilde{\boldsymbol{L}}\bar{\boldsymbol{x}}(t) - \tilde{\boldsymbol{L}}\boldsymbol{\lambda}(t) + \boldsymbol{A}^{\mathrm{T}}\boldsymbol{\mu}(t) - \boldsymbol{A}^{\mathrm{T}}(\boldsymbol{A}\bar{\boldsymbol{x}}(t) - \boldsymbol{b}) \\
& -(\partial \boldsymbol{g}(\bar{\boldsymbol{x}}(t)))^{\mathrm{T}}(\boldsymbol{\gamma}(t) + \boldsymbol{g}(\bar{\boldsymbol{x}}(t)))^{+}\big), \\
\dot{\boldsymbol{\lambda}}(t) = & \tilde{\boldsymbol{L}}\bar{\boldsymbol{x}}(t), \\
\dot{\boldsymbol{\mu}}(t) = & -\boldsymbol{A}\bar{\boldsymbol{x}}(t) + \boldsymbol{b}, \\
\dot{\boldsymbol{\gamma}}(t) = & -\boldsymbol{\gamma}(t) + (\boldsymbol{\gamma}(t) + \boldsymbol{g}(\bar{\boldsymbol{x}}(t)))^{+}.
\end{aligned} \tag{8.15}$$

注解 8.6 为了方便, $\dot{\bar{\boldsymbol{x}}}(t)$ 的右边记为 $\mathcal{P}_{\mathcal{T}_{\Omega}(\bar{\boldsymbol{x}}(t))}(\mathcal{H}(t))$, 其中 $\bar{\boldsymbol{x}}(0) \in \Omega$. 由引理 2.11 可知, $\mathcal{H}(t)$ 是一个上半连续的集合值映射且具有非空紧的凸值. 这与文献 [148] 266 页的命题 2 和 267 页的定理 1 的结合, 确保了 $\dot{\bar{\boldsymbol{x}}}(t) \in \mathcal{P}_{\mathcal{T}_{\Omega'}(\bar{\boldsymbol{x}}(t))}(\mathcal{H}(t))$ 解的存在性.

注解 8.7 设 $\mathrm{col}(\bar{\boldsymbol{x}}^*, \boldsymbol{\lambda}^*, \boldsymbol{\mu}^*, \boldsymbol{\gamma}^*)$ 是算法 (8.15) 的一个平衡点, 则

$$\mathbf{0}_{Nn} \in \mathcal{P}_{\mathcal{T}_{\Omega}(\bar{\boldsymbol{x}}^*)}(-\partial f(\bar{\boldsymbol{x}}^*) - \tilde{\boldsymbol{L}}\boldsymbol{\lambda}^* + \boldsymbol{A}^{\mathrm{T}}\boldsymbol{\mu}^* - (\partial \boldsymbol{g}(\bar{\boldsymbol{x}}^*))^{\mathrm{T}}\boldsymbol{\gamma}^*) \tag{8.16}$$

$$(\gamma^*+\boldsymbol{g}(\bar{\boldsymbol{x}}^*))^+=\gamma^*,\ \boldsymbol{A}\bar{\boldsymbol{x}}^*=\boldsymbol{b},\ \tilde{\boldsymbol{L}}\bar{\boldsymbol{x}}^*=\mathbf{0}_{Nn} \tag{8.17}$$

由式 (8.15) 可知, 存在 $\boldsymbol{\eta}^*\in\partial f(\bar{\boldsymbol{x}}^*)$ 和 $\boldsymbol{\zeta}^*\in(\partial\boldsymbol{g}(\bar{\boldsymbol{x}}^*))^{\mathrm{T}}$ 使得 $\mathbf{0}=\mathcal{P}_{\mathcal{T}_{\Omega(\bar{\boldsymbol{x}}^*)}}(-\boldsymbol{\eta}^*-\tilde{\boldsymbol{L}}\boldsymbol{\lambda}^*+\boldsymbol{A}^{\mathrm{T}}\boldsymbol{\mu}^*-\boldsymbol{\zeta}^*\gamma^*)$. 由引理 2.15, 可得 $-\boldsymbol{\eta}^*-\tilde{\boldsymbol{L}}\boldsymbol{\lambda}^*+\boldsymbol{A}^{\mathrm{T}}\boldsymbol{\mu}^*-\boldsymbol{\zeta}^*\gamma^*\in\mathcal{N}_\Omega(\bar{\boldsymbol{x}}^*)$. 即, 式(8.3) 成立. 结合 (8.17) 和引理 8.1 可知, $\mathrm{col}(\bar{\boldsymbol{x}}^*,\boldsymbol{\lambda}^*,\boldsymbol{\mu}^*,\gamma^*)$ 满足问题 (8.2)的 KKT 条件.

定义问题 (8.2) 的一个 Lagrange 函数如下:

$$L(\bar{\boldsymbol{x}}(t),\boldsymbol{\lambda}(t),\boldsymbol{\mu}(t),\gamma(t))=f(\bar{\boldsymbol{x}}(t))+\boldsymbol{\lambda}(t)^{\mathrm{T}}\tilde{\boldsymbol{L}}\bar{\boldsymbol{x}}(t)+\boldsymbol{\mu}^{\mathrm{T}}(\boldsymbol{b}-\boldsymbol{A}\bar{\boldsymbol{x}}(t))+\gamma(t)^{\mathrm{T}}\boldsymbol{g}(\bar{\boldsymbol{x}}(t))$$

称点 $\mathrm{col}(\bar{\boldsymbol{x}}^*,\boldsymbol{\lambda}^*,\boldsymbol{\mu}^*,\gamma^*)\in\Omega\times\mathbb{R}^{Nn}\times\mathbb{R}^m\times\mathbb{R}^p_+$ 是 Lagrange 函数 $L(\bar{\boldsymbol{x}}(t),\boldsymbol{\lambda}(t),\boldsymbol{\mu}(t),\gamma(t))$ 的一个鞍点是指对于任意的 $\bar{\boldsymbol{x}}(t)\in\Omega$ 和 $\mathrm{col}(\boldsymbol{\lambda}(t),\boldsymbol{\mu}(t),\gamma(t))\in\mathbb{R}^{Nn}\times\mathbb{R}^m\times\mathbb{R}^p_+$, 如下不等式成立:

$$L(\bar{\boldsymbol{x}}^*,\boldsymbol{\lambda}(t),\boldsymbol{\mu}(t),\gamma(t))\leqslant L(\bar{\boldsymbol{x}}^*,\boldsymbol{\lambda}^*,\boldsymbol{\mu}^*,\gamma^*)\leqslant L(\bar{\boldsymbol{x}}(t),\boldsymbol{\lambda}^*,\boldsymbol{\mu}^*,\gamma^*)$$

下面的引理建立了 Lagrange 函数的鞍点和问题 (8.2) 的 KKT 条件之间的关系.

引理 8.3 令假设 8.1 ~ 假设 8.3 成立. 若 $\bar{\boldsymbol{x}}^*$ 和 $\mathrm{col}(\boldsymbol{\lambda}^*,\boldsymbol{\mu}^*,\gamma^*)$ 满足引理 8.1 中的条件, 则 $\mathrm{col}(\bar{\boldsymbol{x}}^*,\boldsymbol{\lambda}^*,\boldsymbol{\mu}^*,\gamma^*)$ 是 Lagrange 函数 $L(\bar{\boldsymbol{x}}(t),\boldsymbol{\lambda}(t),\boldsymbol{\mu}(t),\gamma(t))$ 的一个鞍点, 反之亦然.

注解 8.8 根据文献 [204] 的定理 6.2.5 和定理 6.2.6, 显然得到引理 8.3 中的结论.

8.3.1 算法收敛性分析

定理 8.2 令假设 8.1 ~ 假设 8.3 成立. 对于任意的初始值 $\mathrm{col}\big(\bar{\boldsymbol{x}}(0),\boldsymbol{\lambda}(0),\boldsymbol{\mu}(0),\gamma(0)\big)\in\Omega\times\mathbb{R}^{Nn}\times\mathbb{R}^m\times\mathbb{R}^p_+$, 算法 (8.15) 的解轨迹 $\mathrm{col}\big(\bar{\boldsymbol{x}}(t),\boldsymbol{\lambda}(t),\boldsymbol{\mu}(t),\gamma(t)\big)$ 收敛到算法 (8.15) 的一个平衡点 $\mathrm{col}(\tilde{x},\tilde{\boldsymbol{\lambda}},\tilde{\mu},\tilde{\gamma})$, 其中, $\tilde{x}$ 是问题 (8.2) 的一个最优解.

证明: 考虑如下 Lyapunov 函数:

$$V_1(t)=\frac{1}{2}\|\bar{\boldsymbol{x}}(t)-\bar{\boldsymbol{x}}^*\|^2+\frac{1}{2}\|\boldsymbol{\mu}(t)-\boldsymbol{\mu}^*\|^2+\frac{1}{2}\|\gamma(t)-\gamma^*\|^2+\frac{1}{2}\|\boldsymbol{\lambda}(t)-\boldsymbol{\lambda}^*\|^2$$

其中, $\mathrm{col}(\bar{\boldsymbol{x}}^*,\boldsymbol{\lambda}^*,\boldsymbol{\mu}^*,\gamma^*)$ 是算法 (8.15) 的一个平衡点. 结合注解 8.7 和引理 8.3, 可知 $\mathrm{col}(\bar{\boldsymbol{x}}^*,\boldsymbol{\lambda}^*,\boldsymbol{\mu}^*,\gamma^*)$ 是 Lagrange 函数 $L(\bar{\boldsymbol{x}}(t),\boldsymbol{\lambda}(t),\boldsymbol{\mu}(t),\gamma(t))$ 的一个鞍点.

为了便于分析, 记算法 (8.15) 的右边为 $\mathcal{Q}$, 则对于任意的 $u(t)\in\mathcal{L}_{\mathcal{Q}}V_1(t)$, 存在 $\boldsymbol{\eta}(t)\in\partial f(\bar{\boldsymbol{x}}(t))$ 和 $\boldsymbol{\zeta}(t)\in(\partial\boldsymbol{g}(\bar{\boldsymbol{x}}(t)))^{\mathrm{T}}$ 使得

$$u(t)=(\bar{\boldsymbol{x}}(t)-\bar{\boldsymbol{x}}^*)^{\mathrm{T}}\mathcal{P}_{\mathcal{T}_{\Omega(\bar{\boldsymbol{x}}(t))}}\big(-\boldsymbol{\eta}(t)-\tilde{\boldsymbol{L}}(\bar{\boldsymbol{x}}(t)+\boldsymbol{\lambda}(t))+\boldsymbol{A}^{\mathrm{T}}\boldsymbol{\mu}(t)-\boldsymbol{A}^{\mathrm{T}}(\boldsymbol{A}\bar{\boldsymbol{x}}(t)-\boldsymbol{b})$$

$$- \boldsymbol{\zeta}(t)(\gamma(t)+\boldsymbol{g}(\bar{\boldsymbol{x}}(t)))^+\big) + (\boldsymbol{\lambda}(t)-\boldsymbol{\lambda}^*)^{\mathrm{T}}\tilde{\boldsymbol{L}}\bar{\boldsymbol{x}}(t) + (\boldsymbol{\mu}(t)-\boldsymbol{\mu}^*)^{\mathrm{T}}(\boldsymbol{b}-\boldsymbol{A}\bar{\boldsymbol{x}}(t))$$
$$+ (\gamma(t)-\gamma^*)^{\mathrm{T}}(-\gamma(t)+(\gamma(t)+\boldsymbol{g}(\bar{\boldsymbol{x}}(t)))^+).$$

由引理 2.15, 可知 $\dot{\boldsymbol{x}}(t) = \mathcal{P}_{\mathcal{T}_\Omega(\bar{\boldsymbol{x}}(t))}\big(-\boldsymbol{\eta}(t)-\tilde{\boldsymbol{L}}(\bar{\boldsymbol{x}}(t)+\boldsymbol{\lambda}(t))+\boldsymbol{A}^{\mathrm{T}}\mu(t)-\boldsymbol{A}^{\mathrm{T}}(\boldsymbol{A}\bar{\boldsymbol{x}}(t)-\boldsymbol{b})-\boldsymbol{\zeta}(t)(\gamma(t)+\boldsymbol{g}(\bar{\boldsymbol{x}}(t)))^+\big)$, 这意味着 $-\boldsymbol{\eta}(t)-\tilde{\boldsymbol{L}}(\bar{\boldsymbol{x}}(t)+\boldsymbol{\lambda}(t))+\boldsymbol{A}^{\mathrm{T}}\boldsymbol{\mu}(t)-\boldsymbol{A}^{\mathrm{T}}(\boldsymbol{A}\bar{\boldsymbol{x}}(t)-\boldsymbol{b}) - \boldsymbol{\zeta}(t)(\gamma(t)+\boldsymbol{g}(\bar{\boldsymbol{x}}(t)))^+ - \dot{\boldsymbol{x}}(t) \in \mathcal{N}_\Omega(\bar{\boldsymbol{x}}(t))$. 根据正则锥的定义, 则对于所有的 $\boldsymbol{y}\in\Omega$, 不等式 $(\boldsymbol{y}-\bar{\boldsymbol{x}}(t))^{\mathrm{T}}\big(-\boldsymbol{\eta}(t)-\tilde{\boldsymbol{L}}(\bar{\boldsymbol{x}}(t)+\boldsymbol{\lambda}(t))+\boldsymbol{A}^{\mathrm{T}}\boldsymbol{\mu}(t)-\boldsymbol{A}^{\mathrm{T}}(\boldsymbol{A}\bar{\boldsymbol{x}}(t)-\boldsymbol{b})-\boldsymbol{\zeta}(t)(\gamma(t)+\boldsymbol{g}(\bar{\boldsymbol{x}}(t)))^+-\dot{\boldsymbol{x}}(t)\big)\leqslant 0$ 成立. 令 $\boldsymbol{y}=\bar{\boldsymbol{x}}^*$, 则 $(\bar{\boldsymbol{x}}^*-\bar{\boldsymbol{x}}(t))^{\mathrm{T}}\big(-\boldsymbol{\eta}(t)-\tilde{\boldsymbol{L}}(\bar{\boldsymbol{x}}(t)+\boldsymbol{\lambda}(t))+\boldsymbol{A}^{\mathrm{T}}\boldsymbol{\mu}(t)-\boldsymbol{A}^{\mathrm{T}}(\boldsymbol{A}\bar{\boldsymbol{x}}(t)-\boldsymbol{b})-\boldsymbol{\zeta}(t)(\gamma(t)+\boldsymbol{g}(\bar{\boldsymbol{x}}(t)))^+-\dot{\boldsymbol{x}}(t)\big)\leqslant 0$. 故 $(\bar{\boldsymbol{x}}(t)-\bar{\boldsymbol{x}}^*)^{\mathrm{T}}\mathcal{P}_{\mathcal{T}_\Omega(\bar{\boldsymbol{x}}(t))}\big(-\boldsymbol{\eta}(t)-\tilde{\boldsymbol{L}}(\bar{\boldsymbol{x}}(t)+\boldsymbol{\lambda}(t))+\boldsymbol{A}^{\mathrm{T}}\boldsymbol{\mu}(t)-\boldsymbol{A}^{\mathrm{T}}(\boldsymbol{A}\bar{\boldsymbol{x}}(t)-\boldsymbol{b})-\boldsymbol{\zeta}(t)(\gamma(t)+\boldsymbol{g}(\bar{\boldsymbol{x}}(t)))^+\big)\leqslant -(\bar{\boldsymbol{x}}(t)-\bar{\boldsymbol{x}}^*)^{\mathrm{T}}\big(\boldsymbol{\eta}(t)+\tilde{\boldsymbol{L}}(\bar{\boldsymbol{x}}(t)+\boldsymbol{\lambda}(t))-\boldsymbol{A}^{\mathrm{T}}\boldsymbol{\mu}(t)+\boldsymbol{A}^{\mathrm{T}}(\boldsymbol{A}\bar{\boldsymbol{x}}(t)-\boldsymbol{b})+\boldsymbol{\zeta}(t)(\gamma(t)+\boldsymbol{g}(\bar{\boldsymbol{x}}(t)))^+\big)$. 另外, 存在 $\boldsymbol{\eta}^*\in\partial f(\bar{\boldsymbol{x}}^*)$ 和 $\boldsymbol{\zeta}^*\in(\partial\boldsymbol{g}(\bar{\boldsymbol{x}}^*))^{\mathrm{T}}$ 使得 $(\bar{\boldsymbol{x}}(t)-\bar{\boldsymbol{x}}^*)^{\mathrm{T}}\big(\boldsymbol{\eta}^*+\tilde{\boldsymbol{L}}\boldsymbol{\lambda}^*-\boldsymbol{A}^{\mathrm{T}}\boldsymbol{\mu}^*+\boldsymbol{\zeta}^*\gamma^*\big)\geqslant 0$. 将上述的不等式应用到 $u(t)$, 可得

$$\begin{aligned}
&u(t)\\
\leqslant\,& -(\bar{\boldsymbol{x}}(t)-\bar{\boldsymbol{x}}^*)^{\mathrm{T}}\big(\boldsymbol{\eta}(t)+\tilde{\boldsymbol{L}}(\bar{\boldsymbol{x}}(t)+\boldsymbol{\lambda}(t))-\boldsymbol{A}^{\mathrm{T}}\boldsymbol{\mu}(t)+\boldsymbol{A}^{\mathrm{T}}(\boldsymbol{A}\bar{\boldsymbol{x}}(t)-\boldsymbol{b})\\
&+\boldsymbol{\zeta}(t)(\gamma(t)+\boldsymbol{g}(\bar{\boldsymbol{x}}(t)))^+-\boldsymbol{\eta}^*-\tilde{\boldsymbol{L}}\boldsymbol{\lambda}^*+\boldsymbol{A}^{\mathrm{T}}\boldsymbol{\mu}^*-\boldsymbol{\zeta}^*\gamma^*\big)\\
&-(\bar{\boldsymbol{x}}(t)-\bar{\boldsymbol{x}}^*)^{\mathrm{T}}\big(\boldsymbol{\eta}^*+\tilde{\boldsymbol{L}}\boldsymbol{\lambda}^*-\boldsymbol{A}^{\mathrm{T}}\boldsymbol{\mu}^*+\boldsymbol{\zeta}^*\gamma^*\big)+(\boldsymbol{\lambda}(t)-\boldsymbol{\lambda}^*)^{\mathrm{T}}\tilde{\boldsymbol{L}}\bar{\boldsymbol{x}}(t)\\
&+(\boldsymbol{\mu}(t)-\boldsymbol{\mu}^*)^{\mathrm{T}}(\boldsymbol{b}-\boldsymbol{A}\bar{\boldsymbol{x}}(t))+(\gamma(t)-\gamma^*)^{\mathrm{T}}(-\gamma(t)+(\gamma(t)+\boldsymbol{g}(\bar{\boldsymbol{x}}(t)))^+)\\
\leqslant\,&(\bar{\boldsymbol{x}}(t)-\bar{\boldsymbol{x}}^*)^{\mathrm{T}}(\boldsymbol{\eta}^*-\boldsymbol{\eta}(t))-(\bar{\boldsymbol{x}}(t)-\bar{\boldsymbol{x}}^*)^{\mathrm{T}}\tilde{\boldsymbol{L}}(\bar{\boldsymbol{x}}(t)-\bar{\boldsymbol{x}}^*)-\|\boldsymbol{A}\bar{\boldsymbol{x}}(t)-\boldsymbol{b}\|^2\\
&+\big((\gamma(t)+\boldsymbol{g}(\bar{\boldsymbol{x}}(t)))^+\big)^{\mathrm{T}}\big((\gamma(t)+\boldsymbol{g}(\bar{\boldsymbol{x}}(t)))^+-\gamma(t)-\boldsymbol{\zeta}(t)^{\mathrm{T}}(\bar{\boldsymbol{x}}(t)-\bar{\boldsymbol{x}}^*)\big)\\
&-\|\gamma(t)-(\gamma(t)+\boldsymbol{g}(\bar{\boldsymbol{x}}(t)))^+\|^2-(\gamma^*)^{\mathrm{T}}((\gamma(t)+\boldsymbol{g}(\bar{\boldsymbol{x}}(t)))^+-\gamma(t)-(\boldsymbol{\zeta}^*)^{\mathrm{T}}(\bar{\boldsymbol{x}}(t)-\bar{\boldsymbol{x}}^*)).
\end{aligned}$$

类似于定理 8.1 的分析, 可得

$$((\gamma(t)+\boldsymbol{g}(\bar{\boldsymbol{x}}(t)))^+)^{\mathrm{T}}((\gamma(t)+\boldsymbol{g}(\bar{\boldsymbol{x}}(t)))^+-\gamma(t)-\boldsymbol{\zeta}(t)^{\mathrm{T}}(\bar{\boldsymbol{x}}(t)-\bar{\boldsymbol{x}}^*))\leqslant 0,$$

和 $-(\gamma^*)^{\mathrm{T}}((\gamma(t)+\boldsymbol{g}(\bar{\boldsymbol{x}}(t)))^+-\gamma(t)-(\boldsymbol{\zeta}^*)^{\mathrm{T}}(\bar{\boldsymbol{x}}(t)-\bar{\boldsymbol{x}}^*))\leqslant 0$. $\partial f(\bar{\boldsymbol{x}}(t))$ 的单调性意味着 $(\bar{\boldsymbol{x}}(t)-\bar{\boldsymbol{x}}^*)^{\mathrm{T}}(\boldsymbol{\eta}^*-\boldsymbol{\eta}(t))\leqslant 0$. 进一步, 可化简 $u(t)$ 为

$$\begin{aligned}
u(t)\leqslant\,&(\bar{\boldsymbol{x}}(t)-\bar{\boldsymbol{x}}^*)^{\mathrm{T}}(\boldsymbol{\eta}^*-\boldsymbol{\eta}(t))-(\bar{\boldsymbol{x}}(t)-\bar{\boldsymbol{x}}^*)^{\mathrm{T}}\tilde{\boldsymbol{L}}(\bar{\boldsymbol{x}}(t)-\bar{\boldsymbol{x}}^*)-\|\boldsymbol{A}\bar{\boldsymbol{x}}(t)-\boldsymbol{b}\|^2\\
&-\|\gamma(t)-(\gamma(t)+\boldsymbol{g}(\bar{\boldsymbol{x}}(t)))^+\|^2\\
\leqslant\,&-(\bar{\boldsymbol{x}}(t)-\bar{\boldsymbol{x}}^*)^{\mathrm{T}}\tilde{\boldsymbol{L}}(\bar{\boldsymbol{x}}(t)-\bar{\boldsymbol{x}}^*)-\|\boldsymbol{A}\bar{\boldsymbol{x}}(t)-\boldsymbol{b}\|^2-\|\gamma(t)-(\gamma(t)+\boldsymbol{g}(\bar{\boldsymbol{x}}(t)))^+\|^2.
\end{aligned}$$

由 $u(t)$ 任意性, 可知

$$\max \mathcal{L}_{\mathcal{Q}} V_1(t) \leqslant -(\bar{\boldsymbol{x}}(t)-\bar{\boldsymbol{x}}^*)^{\mathrm{T}} \tilde{\boldsymbol{L}}(\bar{\boldsymbol{x}}(t)-\bar{\boldsymbol{x}}^*)-\|\boldsymbol{A}\bar{\boldsymbol{x}}(t)-\boldsymbol{b}\|^2 \\ -\|\boldsymbol{\gamma}(t)-(\boldsymbol{\gamma}(t)+\boldsymbol{g}(\bar{\boldsymbol{x}}(t)))^+\|^2 \tag{8.18}$$

结合不等式 (8.18) 和引理 2.18, 可得算法 (8.15) 的解轨迹 $\mathrm{col}\big(\bar{\boldsymbol{x}}(t),\boldsymbol{\lambda}(t),\boldsymbol{\mu}(t),\boldsymbol{\gamma}(t)\big)$ 收敛到最大弱不变集 $\mathcal{W} \subseteq \overline{\{\mathrm{col}(\bar{\boldsymbol{x}}(t),\boldsymbol{\lambda}(t),\boldsymbol{\mu}(t),\boldsymbol{\gamma}(t))|0 \in \mathcal{L}_{\mathcal{Q}}V_1(t)\}}$. 显然, 任意的点 $\mathrm{col}(\hat{\boldsymbol{x}},\hat{\boldsymbol{\lambda}},\hat{\boldsymbol{\mu}},\hat{\boldsymbol{\gamma}}) \in \mathcal{W}$ 满足

$$\tilde{\boldsymbol{L}}\hat{\boldsymbol{x}} = \boldsymbol{0}_{Nn}, \quad \boldsymbol{A}\hat{\boldsymbol{x}} = \boldsymbol{b}, \quad \hat{\boldsymbol{\gamma}} = (\hat{\boldsymbol{\gamma}}+\boldsymbol{g}(\hat{\boldsymbol{x}}))^+ \tag{8.19}$$

为了表明 $\mathcal{W}$ 中的点还满足 (8.16), 考虑如下增广 Lagrange 函数

$$L_1(\bar{\boldsymbol{x}}(t),\boldsymbol{\lambda}(t),\boldsymbol{\mu}(t),\boldsymbol{\gamma}(t)) = f(\bar{\boldsymbol{x}}(t)) + \frac{1}{2}\bar{\boldsymbol{x}}(t)^{\mathrm{T}}\tilde{\boldsymbol{L}}\bar{\boldsymbol{x}}(t) + \frac{1}{2}\|\boldsymbol{A}\bar{\boldsymbol{x}}(t)-\boldsymbol{b}\|^2 - \frac{1}{2}\|\boldsymbol{\gamma}(t)\|^2 \\ + \frac{1}{2}\|(\boldsymbol{\gamma}(t)+\boldsymbol{g}(\bar{\boldsymbol{x}}(t)))^+\|^2 + \boldsymbol{\lambda}(t)^{\mathrm{T}}\tilde{\boldsymbol{L}}\bar{\boldsymbol{x}}(t) + \boldsymbol{\mu}(t)^{\mathrm{T}}(\boldsymbol{b}-\boldsymbol{A}\bar{\boldsymbol{x}}(t)).$$

对于给定的 $\boldsymbol{\lambda}(t)$, $\boldsymbol{\mu}(t)$ 及 $\boldsymbol{\gamma}(t)$, 可知 $L_1(\bar{\boldsymbol{x}}(t),\boldsymbol{\lambda}(t),\boldsymbol{\mu}(t),\boldsymbol{\gamma}(t))$ 关于 $\bar{\boldsymbol{x}}(t)$ 为凸函数. 则

$$L_1(\bar{\boldsymbol{x}}^*,\boldsymbol{\lambda}(t),\boldsymbol{\mu}(t),\boldsymbol{\gamma}(t)) \geqslant L_1(\bar{\boldsymbol{x}}(t),\boldsymbol{\lambda}(t),\boldsymbol{\mu}(t),\boldsymbol{\gamma}(t)) - (\bar{\boldsymbol{x}}(t)-\bar{\boldsymbol{x}}^*)^{\mathrm{T}} \times \\ \big(\boldsymbol{\eta}(t)+\tilde{\boldsymbol{L}}(\bar{\boldsymbol{x}}(t)+\boldsymbol{\lambda}(t))-\boldsymbol{A}^{\mathrm{T}}\boldsymbol{\mu}(t)+\boldsymbol{A}^{\mathrm{T}}(\boldsymbol{A}\bar{\boldsymbol{x}}(t)-\boldsymbol{b})+\boldsymbol{\zeta}(t)(\boldsymbol{\gamma}(t)+\boldsymbol{g}(\bar{\boldsymbol{x}}(t)))^+\big) \tag{8.20}$$

记 $\Delta_1(t) = (\boldsymbol{\lambda}(t)-\boldsymbol{\lambda}^*)^{\mathrm{T}}\tilde{\boldsymbol{L}}\bar{\boldsymbol{x}}(t)+(\boldsymbol{\mu}(t)-\boldsymbol{\mu}^*)^{\mathrm{T}}(\boldsymbol{b}-\boldsymbol{A}\bar{\boldsymbol{x}}(t))+(\boldsymbol{\gamma}(t)-\boldsymbol{\gamma}^*)^{\mathrm{T}}(-\boldsymbol{\gamma}(t)+(\boldsymbol{\gamma}(t)+\boldsymbol{g}(\bar{\boldsymbol{x}}(t)))^+)$ 和 $\Delta_2(t) = \frac{1}{2}\|(\boldsymbol{\gamma}(t)+\boldsymbol{g}(\bar{\boldsymbol{x}}(t)))^+\|^2 - \frac{1}{2}\|\boldsymbol{\gamma}(t)\|^2 - \frac{1}{2}\|(\boldsymbol{\gamma}^*+\boldsymbol{g}(\bar{\boldsymbol{x}}(t)))^+\|^2 + \frac{1}{2}\|\boldsymbol{\gamma}^*\|^2$. 不难发现 $\Delta_1(t)$ 和 $\Delta_2(t)$ 之间满足如下关系

$$\Delta_1(t) = L_1(\bar{\boldsymbol{x}}(t),\boldsymbol{\lambda}(t),\boldsymbol{\mu}(t),\boldsymbol{\gamma}(t)) - L_1(\bar{\boldsymbol{x}}(t),\boldsymbol{\lambda}^*,\boldsymbol{\mu}^*,\boldsymbol{\gamma}^*) - \Delta_2(t) \\ + (\boldsymbol{\gamma}(t)-\boldsymbol{\gamma}^*)^{\mathrm{T}}(-\boldsymbol{\gamma}(t)+(\boldsymbol{\gamma}(t)+\boldsymbol{g}(\bar{\boldsymbol{x}}(t)))^+) \tag{8.21}$$

将不等式 (8.20) 和等式 (8.21) 代入 $u(t)$ 中, 可得

$$u(t) \leqslant L_1(\bar{\boldsymbol{x}}^*,\boldsymbol{\lambda}(t),\boldsymbol{\mu}(t),\boldsymbol{\gamma}(t)) - L_1(\bar{\boldsymbol{x}}(t),\boldsymbol{\lambda}^*,\boldsymbol{\mu}^*,\boldsymbol{\gamma}^*) - \Delta_2(t) \\ + (\boldsymbol{\gamma}(t)-\boldsymbol{\gamma}^*)^{\mathrm{T}}(-\boldsymbol{\gamma}(t)+(\boldsymbol{\gamma}(t)+\boldsymbol{g}(\bar{\boldsymbol{x}}(t)))^+)$$

标记 $(\boldsymbol{\gamma}^*+\boldsymbol{g}(\bar{\boldsymbol{x}}(t)))^+$ 和 $(\boldsymbol{\gamma}^*+\boldsymbol{g}(\bar{\boldsymbol{x}}(t)))$ 的第 k 个分量分别为 $(\boldsymbol{\gamma}^*+\boldsymbol{g}(\bar{\boldsymbol{x}}(t)))_k^+$ 和 $(\boldsymbol{\gamma}^*+\boldsymbol{g}(\bar{\boldsymbol{x}}(t)))_k$. 定义以下指标集

$$J_0 \quad = \quad \{k|(\boldsymbol{\gamma}^*+\boldsymbol{g}(\bar{\boldsymbol{x}}(t)))_k \leqslant 0,\ k=1,\cdots,p\},$$

$$J_1 \;=\; \{k|(\gamma^* + \boldsymbol{g}(\bar{\boldsymbol{x}}(t)))_k > 0,\ k = 1, \cdots, p\}.$$

对于每个 $k \in \{1, \cdots, p\}$, 设 $s_k(t) = -\frac{1}{2}((\gamma(t) + \boldsymbol{g}(\bar{\boldsymbol{x}}(t)))_k^+)^2 + \frac{1}{2}\gamma_k(t)^2 + \frac{1}{2}((\gamma^* + \boldsymbol{g}(\bar{\boldsymbol{x}}(t)))_k^+)^2 - \frac{1}{2}(\gamma_k^*)^2 + (\gamma_k(t) - \gamma_k^*)(-\gamma_k(t) + (\gamma(t) + \boldsymbol{g}(\bar{\boldsymbol{x}}(t)))_k^+)$. 结合定理 8.1 中指标集 K_0 和 K_1 的定义, 可计算出如下结果:

$$s_k(t) = \begin{cases} 0, & k \in K_1 \cap J_1, \\ -1/2(\gamma_k^* + \boldsymbol{g}_k(\boldsymbol{x}_k(t)))^2, & k \in K_1 \cap J_0, \\ -1/2\gamma_k(t)^2 + 1/2\boldsymbol{g}_k(\boldsymbol{x}_k(t))^2 + \gamma_k^* \boldsymbol{g}_k(\boldsymbol{x}_k(t)) + \gamma_k^* \gamma_k(t), & k \in K_0 \cap J_1, \\ -1/2(\gamma_k(t) - \gamma_k^*)^2, & k \in K_0 \cap J_0. \end{cases}$$

对于所有的 $k \in \{1, \cdots, p\}$, 不难得到 $s_k(t) \leqslant 0$. 注意到 $-\Delta_2(t) + (\gamma(t) - \gamma^*)^{\mathrm{T}}(-\gamma(t) + (\gamma(t) + \boldsymbol{g}(\bar{\boldsymbol{x}}(t)))^+) = \sum_k s_k(t) = \sum_{k \in K_1 \cap J_1} s_k(t) + \sum_{k \in K_1 \cap J_0} s_k(t) + \sum_{k \in K_0 \cap J_1} s_k(t) + \sum_{k \in K_0 \cap J_0} s_k(t) \leqslant 0$. 接下来验证 $\mathrm{col}(\bar{\boldsymbol{x}}^*, \boldsymbol{\lambda}^*, \boldsymbol{\mu}^*, \gamma^*)$ 也是增广 Lagrange 函数 $L_1(\bar{\boldsymbol{x}}(t), \boldsymbol{\lambda}(t), \boldsymbol{\mu}(t), \gamma(t))$ 的鞍点. 对于任意的 $\bar{\boldsymbol{x}}(t) \in \Omega$, 利用 $\frac{1}{2}\|(\gamma^* + \boldsymbol{g}(\bar{\boldsymbol{x}}(t)))^+\|^2 - \frac{1}{2}\|\gamma^*\|^2 - (\gamma^*)^{\mathrm{T}}\boldsymbol{g}(\bar{\boldsymbol{x}}(t)) = \sum_{k \in J_0}\left(-\frac{1}{2}\|\gamma_k^*\|^2 - \gamma_k^* \boldsymbol{g}_k(\boldsymbol{x}_k(t))\right) + \sum_{k \in J_1} \boldsymbol{g}_k(\boldsymbol{x}_k(t))^2 \geqslant \sum_{k \in J_0} \frac{1}{2}\|\gamma_k^*\|^2 + \sum_{k \in J_1} \boldsymbol{g}_k(\boldsymbol{x}_k(t))^2 \geqslant 0$, 可得

$$\begin{aligned} L_1(\bar{\boldsymbol{x}}(t), \boldsymbol{\lambda}^*, \boldsymbol{\mu}^*, \gamma^*) &= L(\bar{\boldsymbol{x}}(t), \boldsymbol{\lambda}^*, \boldsymbol{\mu}^*, \gamma^*) + \frac{1}{2}\|\boldsymbol{A}\bar{\boldsymbol{x}}(t) - \boldsymbol{b}\|^2 + \frac{1}{2}\bar{\boldsymbol{x}}(t)^{\mathrm{T}}\tilde{\boldsymbol{L}}\bar{\boldsymbol{x}}(t) \\ &\quad + \frac{1}{2}\|(\gamma^* + \boldsymbol{g}(\bar{\boldsymbol{x}}(t)))^+\|^2 - \frac{1}{2}\|\gamma^*\|^2 - (\gamma^*)^{\mathrm{T}}\boldsymbol{g}(\bar{\boldsymbol{x}}(t)) \\ &\geqslant L(\bar{\boldsymbol{x}}(t), \boldsymbol{\lambda}^*, \boldsymbol{\mu}^*, \gamma^*) + \frac{1}{2}\|(\gamma^* + \boldsymbol{g}(\bar{\boldsymbol{x}}(t)))^+\|^2 \\ &\quad - \frac{1}{2}\|\gamma^*\|^2 - (\gamma^*)^{\mathrm{T}}\boldsymbol{g}(\bar{\boldsymbol{x}}(t)) \geqslant L(\bar{\boldsymbol{x}}(t), \boldsymbol{\lambda}^*, \boldsymbol{\mu}^*, \gamma^*) \\ &\geqslant L(\bar{\boldsymbol{x}}^*, \boldsymbol{\lambda}^*, \boldsymbol{\mu}^*, \gamma^*) = L_1(\bar{\boldsymbol{x}}^*, \boldsymbol{\lambda}^*, \boldsymbol{\mu}^*, \gamma^*) \end{aligned}$$

另外, 对于任意的 $\mathrm{col}(\boldsymbol{\lambda}(t), \boldsymbol{\mu}(t), \gamma(t)) \in \mathbb{R}^{Nn} \times \mathbb{R}^m \times \mathbb{R}_+^p$, 不等式 $\|(\gamma(t) + \boldsymbol{g}(\bar{\boldsymbol{x}}^*))^+\|^2 - \frac{1}{2}\|\gamma(t)\|^2 \leqslant 0$ 成立. 因此, $L_1(\bar{\boldsymbol{x}}^*, \boldsymbol{\lambda}(t), \boldsymbol{\mu}(t), \gamma(t)) = f(\bar{\boldsymbol{x}}^*) + \frac{1}{2}\|(\gamma(t) + \boldsymbol{g}(\bar{\boldsymbol{x}}^*))^+\|^2$

$-\frac{1}{2}\|\gamma(t)\|^2 \leqslant f(\bar{\boldsymbol{x}}^*) = L_1(\bar{\boldsymbol{x}}^*, \boldsymbol{\lambda}^*, \boldsymbol{\mu}^*, \boldsymbol{\gamma}^*)$. 进而,

$$
\begin{aligned}
\max \mathcal{L}_Q V_1(t) \leqslant\ & L_1(\bar{\boldsymbol{x}}^*, \boldsymbol{\lambda}(t), \boldsymbol{\mu}(t), \boldsymbol{\gamma}(t)) - L_1(\bar{\boldsymbol{x}}^*, \boldsymbol{\lambda}^*, \boldsymbol{\mu}^*, \boldsymbol{\gamma}^*) + L_1(\bar{\boldsymbol{x}}^*, \boldsymbol{\lambda}^*, \boldsymbol{\mu}^*, \boldsymbol{\gamma}^*) \\
& - L_1(\bar{\boldsymbol{x}}(t), \boldsymbol{\lambda}^*, \boldsymbol{\mu}^*, \boldsymbol{\gamma}^*) + \sum_k s_k(t) \\
\leqslant\ & 0
\end{aligned}
$$

对于任意的点 $\mathrm{col}(\hat{\boldsymbol{x}}, \hat{\boldsymbol{\lambda}}, \hat{\boldsymbol{\mu}}, \hat{\boldsymbol{\gamma}}) \in \mathcal{W}$, 由上述不等式, 可得

$$
L_1(\bar{\boldsymbol{x}}^*, \boldsymbol{\lambda}^*, \boldsymbol{\mu}^*, \boldsymbol{\gamma}^*) = L_1(\bar{\boldsymbol{x}}^*, \hat{\boldsymbol{\lambda}}, \hat{\boldsymbol{\mu}}, \hat{\boldsymbol{\gamma}}) \tag{8.22}
$$

$$
L_1(\bar{\boldsymbol{x}}^*, \boldsymbol{\lambda}^*, \boldsymbol{\mu}^*, \boldsymbol{\gamma}^*) = L_1(\hat{\boldsymbol{x}}, \boldsymbol{\lambda}^*, \boldsymbol{\mu}^*, \boldsymbol{\gamma}^*) \tag{8.23}
$$

$$
s_k = 0 \tag{8.24}
$$

根据 $s_k = 0$ 和 $\hat{\boldsymbol{\gamma}} = (\hat{\boldsymbol{\gamma}} + \boldsymbol{g}(\hat{\boldsymbol{x}}))^+$, 可得 $(\boldsymbol{\gamma}^* + \boldsymbol{g}(\hat{\boldsymbol{x}}))^+ = \boldsymbol{\gamma}^*$. 因此, $L_1(\hat{\boldsymbol{x}}, \boldsymbol{\lambda}^*, \boldsymbol{\mu}^*, \boldsymbol{\gamma}^*) = f(\hat{\boldsymbol{x}}) + \frac{1}{2}\|(\boldsymbol{\gamma}^* + \boldsymbol{g}(\hat{\boldsymbol{x}}))^+\|^2 - \frac{1}{2}\|\boldsymbol{\gamma}^*\|^2 = f(\hat{\boldsymbol{x}})$. 由式 (8.23), 可得

$$
f(\hat{\boldsymbol{x}}) = L_1(\bar{\boldsymbol{x}}^*, \boldsymbol{\lambda}^*, \boldsymbol{\mu}^*, \boldsymbol{\gamma}^*) = f(\bar{\boldsymbol{x}}^*)
$$

即对于任意的点 $\mathrm{col}(\hat{\boldsymbol{x}}, \hat{\boldsymbol{\lambda}}, \hat{\boldsymbol{\mu}}, \hat{\boldsymbol{\gamma}}) \in \mathcal{W}$, 所有的可行性约束满足并且 $\hat{\boldsymbol{x}}$ 是问题(8.2)的最优解.

$\mathcal{W}$ 的弱正不变性表明, 以 $\mathcal{W}$ 中的点为初始解, 至少存在一个解轨迹 $\mathrm{col}(\hat{\boldsymbol{x}}(t), \hat{\boldsymbol{\lambda}}(t), \hat{\boldsymbol{\mu}}(t), \hat{\boldsymbol{\gamma}}(t))$ 包含在 $\mathcal{W}$ 中. 根据前面的分析, 可知 $0 \in (\partial_{\hat{\boldsymbol{x}}} L_1)^{\mathrm{T}} \dot{\hat{\boldsymbol{x}}}(t) + (\partial_{\hat{\boldsymbol{\lambda}}} L_1)^{\mathrm{T}} \dot{\hat{\boldsymbol{\lambda}}}(t) + (\partial_{\hat{\boldsymbol{\mu}}} L_1)^{\mathrm{T}} \dot{\hat{\boldsymbol{\mu}}}(t) + (\partial_{\hat{\boldsymbol{\gamma}}} L_1)^{\mathrm{T}} \dot{\hat{\boldsymbol{\gamma}}}(t)$. 由式 (8.19)可得, $\mathbf{0} = \partial_{\hat{\boldsymbol{\lambda}}} L_1$, $\mathbf{0} = \partial_{\hat{\boldsymbol{\mu}}} L_1$ 和 $\mathbf{0} = \partial_{\hat{\boldsymbol{\gamma}}} L_1$. 因此, 有 $\mathbf{0} \in (\partial_{\hat{\boldsymbol{x}}} L_1)^{\mathrm{T}} \dot{\hat{\boldsymbol{x}}}(t)$, 则存在 $\hat{\boldsymbol{\eta}}(t) \in \partial f(\hat{\boldsymbol{x}}(t))$ 和 $\hat{\boldsymbol{\zeta}}(t) \in (\partial \boldsymbol{g}(\hat{\boldsymbol{x}}(t)))^{\mathrm{T}}$ 使得 $\hat{\boldsymbol{\Delta}}(t)^{\mathrm{T}} \mathcal{P}_{\mathcal{T}_\Omega(\hat{\boldsymbol{x}}(t))}(-\hat{\boldsymbol{\Delta}}(t)) = 0$, 其中, $\hat{\boldsymbol{\Delta}}(t) = \hat{\boldsymbol{\eta}}(t) + \tilde{\boldsymbol{L}}(\hat{\boldsymbol{x}}(t) + \hat{\boldsymbol{\lambda}}(t)) - \boldsymbol{A}^{\mathrm{T}} \hat{\boldsymbol{\mu}}(t) + \boldsymbol{A}^{\mathrm{T}}(\boldsymbol{A}\hat{\boldsymbol{x}}(t) - \boldsymbol{b}) + \hat{\boldsymbol{\zeta}}(t)(\hat{\boldsymbol{\gamma}}(t) + \boldsymbol{g}(\hat{\boldsymbol{x}}(t)))^+$. 由投影性质 (2.8) 可得

$$
\big(-\hat{\boldsymbol{\Delta}}(t) - \mathcal{P}_{\mathcal{T}_\Omega(\hat{\boldsymbol{x}}(t))}(-\hat{\boldsymbol{\Delta}}(t))\big)^{\mathrm{T}} (-\mathcal{P}_{\mathcal{T}_\Omega(\hat{\boldsymbol{x}}(t))}(-\hat{\boldsymbol{\Delta}}(t))) \leqslant 0.
$$

由此可得 $\|\mathcal{P}_{\mathcal{T}_\Omega(\hat{\boldsymbol{x}}(t))}(-\hat{\boldsymbol{\Delta}}(t))\|^2 \leqslant 0$. 进而, 可知 $\mathcal{P}_{\mathcal{T}_\Omega(\hat{\boldsymbol{x}}(t))}(-\hat{\boldsymbol{\Delta}}(t)) = \mathbf{0}$. 根据前面的分析, 可得 $\mathcal{W}$ 中的任意点满足式 (8.16) 和式 (8.17), 同时也是算法 (8.15) 的一个平衡点.

下面证明算法 (8.15) 的解轨迹 $\mathrm{col}\big(\bar{\boldsymbol{x}}(t), \boldsymbol{\lambda}(t), \boldsymbol{\mu}(t), \boldsymbol{\gamma}(t)\big)$ 收敛到它的一个平衡点. 不等式 (8.18) 和 $V_1(t)$ 关于 $\mathrm{col}\big(\bar{\boldsymbol{x}}(t), \boldsymbol{\lambda}(t), \boldsymbol{\mu}(t), \boldsymbol{\gamma}(t)\big)$ 的径向无界性表明 $\mathrm{col}\big(\bar{\boldsymbol{x}}(t), \boldsymbol{\lambda}(t), \boldsymbol{\mu}(t), \boldsymbol{\gamma}(t)\big)$ 的有界性. 因此, 存在子列 $\mathrm{col}\big(\bar{\boldsymbol{x}}(t_k), \boldsymbol{\lambda}(t_k), \boldsymbol{\mu}(t_k), \boldsymbol{\gamma}(t_k)\big)$ 使得

$$\lim_{t_k\to\infty}\operatorname{col}\big(\bar{\boldsymbol{x}}(t_k),\boldsymbol{\lambda}(t_k),\boldsymbol{\mu}(t_k),\boldsymbol{\gamma}(t_k)\big)=\operatorname{col}\big(\tilde{\boldsymbol{x}},\tilde{\boldsymbol{\lambda}},\tilde{\boldsymbol{\mu}},\tilde{\boldsymbol{\gamma}}\big) \tag{8.25}$$

易知, $\operatorname{col}\big(\tilde{\boldsymbol{x}},\tilde{\boldsymbol{\lambda}},\tilde{\boldsymbol{\mu}},\tilde{\boldsymbol{\gamma}}\big)\in\mathcal{W}$. 用 $\operatorname{col}\big(\tilde{\boldsymbol{x}},\tilde{\boldsymbol{\lambda}},\tilde{\boldsymbol{\mu}},\tilde{\boldsymbol{\gamma}}\big)$ 替换 $V_1(t)$ 中的 $\operatorname{col}\big(\bar{\boldsymbol{x}}^*,\boldsymbol{\lambda}^*,\boldsymbol{\mu}^*,\boldsymbol{\gamma}^*\big)$ 得到一个新的 Lyapunov 函数 $\tilde{V}(t)=\frac{1}{2}\|\bar{\boldsymbol{x}}(t)-\tilde{\boldsymbol{x}}\|^2+\frac{1}{2}\|\boldsymbol{\mu}(t)-\tilde{\boldsymbol{\mu}}\|^2+\frac{1}{2}\|\boldsymbol{\gamma}(t)-\tilde{\boldsymbol{\gamma}}\|^2+\frac{1}{2}\|\boldsymbol{\lambda}(t)-\tilde{\boldsymbol{\lambda}}\|^2$. 重复上面的推导过程, 可以证明 $\tilde{V}(t)$ 关于时间 $t\in[0,\infty)$ 是单调不增的函数. 又因为 $\tilde{V}(t)\geqslant 0$ 可知, $\tilde{V}(t)$ 的极限存在. 结合式 (8.25), 可得 $\lim_{t\to\infty}\tilde{V}(t)=0$. 进一步, 有 $\lim_{t\to\infty}\operatorname{col}\big(\bar{\boldsymbol{x}}(t),\boldsymbol{\lambda}(t),\boldsymbol{\mu}(t),\boldsymbol{\gamma}(t)\big)=\operatorname{col}\big(\tilde{\boldsymbol{x}},\tilde{\boldsymbol{\lambda}},\tilde{\boldsymbol{\mu}},\tilde{\boldsymbol{\gamma}}\big)$, 其中 $\tilde{\boldsymbol{x}}$ 是问题 (8.2) 的一个最优解. ■

注解 8.9 从几何的角度来看, 正切锥 $\mathcal{T}_\Omega(\bar{\boldsymbol{x}}(t))$ 与 $\bar{\boldsymbol{x}}(t)\in\Omega$ 处可行方向构成的锥紧密相关, 因此在微分投影原始对偶动力学算法 (8.15) 的更新过程中, 每个下降方向是一个可行方向, 直至达到最优解, 不再下降. 但是, 这种算法涉及正切锥的计算, 增加了额外的计算负担. 特别地, 算法 (8.15) 不是一个上半连续的微分包含系统. 在数值仿真中, 不易处理 $\bar{\boldsymbol{x}}(t)$ 在 Ω 的边界处的情况.

8.3.2 仿真分析

例 8.2 考虑问题 (8.13), 智能体的通信图如图 8.1 所示. 图 8.4 和图 8.5 给出算法 (8.15) 运行的仿真结果. 从图 8.4 中可以发现, 所有智能体的决策变量 $\boldsymbol{x}_i$ 都收敛到问题 (8.13) 的最优解, 这与算法 (8.10) 运行的结果一致. 从图 8.5 中可知, 相比较算法 (8.10), 算法 (8.15) 确保了所有对偶变量的收敛性.

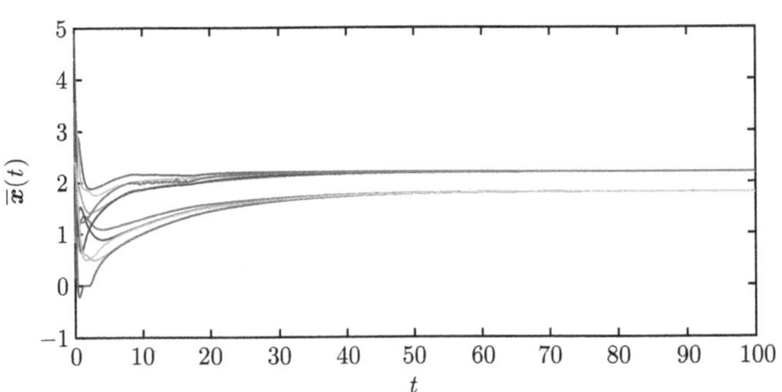

图 8.4　算法 (8.15) 在通信图 8.1 下运行的结果: 问题 (8.13) 的最优解.

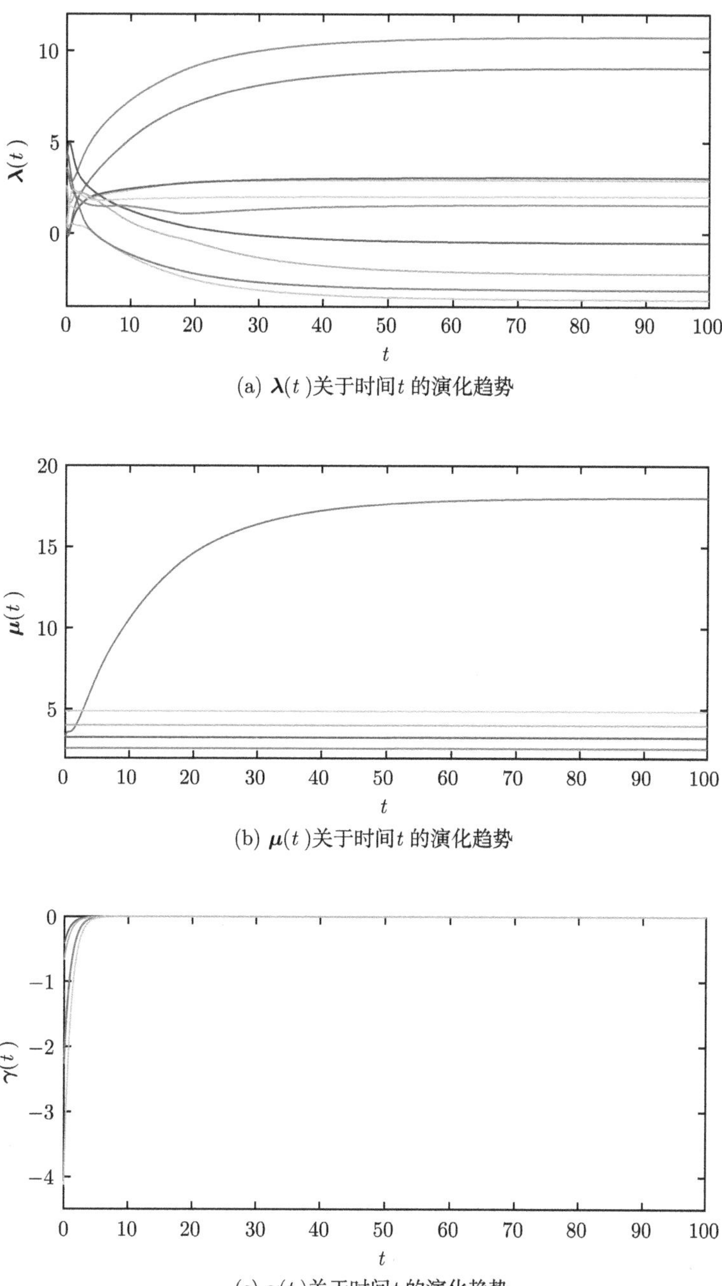

(a) $\boldsymbol{\lambda}(t)$关于时间t的演化趋势

(b) $\boldsymbol{\mu}(t)$关于时间t的演化趋势

(c) $\boldsymbol{\gamma}(t)$关于时间t的演化趋势

图 8.5 算法 (8.15) 在通信图 8.1 下运行的结果

8.4 本章小结

本章研究了一类具有一般约束分布式凸优化问题. 针对智能体之间的通信图为无向连通图的情况, 依次提出了分布式次梯度投影算法和基于鞍点的微分投影动力学. 借助非光滑分析理论, 分别讨论两种算法的收敛性情况. 最后, 利用数值仿真验证了算法的有效性并比较算法的优缺点.

第九章 基于一致性理论的分布式非合作博弈

在涉及多个相互连接的智能体的复杂环境中, 每个智能体的决策可能会受到其他智能体决策的影响, 它们的集体行为依赖于全体智能体的决策, 此时多个智能体的决策过程可以用博弈进行描述, 决策的主体称为博弈的参与者. 当每个参与者都追求自身利益最大化, 且其利益与其他参与者的利益产生一定的冲突, 那么, 此时的博弈称为非合作博弈[107, 205, 206]. 非合作博弈中每个参与者只追求自身利益最大化, 不考虑其他参与者的利益, 其研究重点在于参与者如何在利益相互影响的条件下选择自身的策略使得自身利益最大化. 在非合作博弈框架下, 参与者之间可能存在一种特殊的均衡状态, 在这种均衡状态下, 每个参与者都不想再单独地改变自己的策略. 由于纳什均衡 (Nash equilibrium) 在制衡各个参与者的收益中起到的特殊作用, 关于其求解问题一直是非合作博弈理论的重点研究内容.

在集中式方法中, 每个参与者和控制中心需要知道完整的博弈信息, 包括收益 (代价) 函数、局部可行集和耦合约束. 然而, 对于大规模网络的决策问题, 集中式方法显然不适用. 集中式方法要求所有网络结点与中心单元进行信息交互, 对中心单元的结点故障不具备鲁棒性, 而且参与者的数据传输到中心单元的过程中也面临隐私泄露的风险. 此外, 大规模网络的庞大计算量也是中心单元难以承受的. 随着网络化群体智能技术的发展, 网络化的非合作博弈问题受到研究者们越来越多的关注. 在网络化的非合作博弈中, 参与者之间允许局部信息交互. 具体来讲, 由于通信网络的拓扑限制, 每个参与者只能与其相邻参与者进行信息交换. 在网络化博弈框架下, 数据是分布在整个网络结点中的, 不需要控制中心, 网络中的参与者可以利用其本地数据和与邻居的共享信息来制定自己的决策. 因此, 以分布式的方式寻找网络化非合作博弈的纳什均衡逐渐成为主流.

良好的通信环境是保证分布式算法有效性的前提. 尽管网络化博弈允许参与者进行局部信息交互, 但也面临着通信链路故障、网络攻击以及通信不确定性的风险. 通信链路故障和潜在的网络攻击可能使参与者的通信图呈现切换特性. 此外, 通信不确定性也给分布式纳什均衡搜索带来挑战. 因此本章将主要介绍具有切换通信图和通信不确定性的网络化非合作博弈的分布式纳什均衡搜索算法.

9.1 问题描述

非合作博弈包含 3 个重要组成部分: 参与者、参与者的策略以及代价函数(收益函数), 其中参与者是博弈的主体, 每个参与者通过选择自己的策略试图最小化自己的代价 (最大化自己的收益). 特别地, 每个参与者的代价函数 (收益函数) 不仅依赖于自身的策略, 还依赖于其他参与者的策略 [206]. 为了书写方便, 本章统一称 $f_i(\boldsymbol{x})$ 为代价函数. 以严格的数学定义, 非合作博弈可以写成 $G\{\mathcal{I}, \Omega_i, \{f_i(\boldsymbol{x})\}_{i=1}^N\}$, 其中 $\mathcal{I} = \{1,2,\cdots,N\}$ 是 N 个参与者的集合; $\boldsymbol{x}_i \in \Omega_i$ 表示参与者 i 的策略, $\Omega_i \subseteq \mathbb{R}^n$ 是参与者 i 的策略约束集; $f_i(\boldsymbol{x})$ 是参与者 i 的代价函数, 其中 $\boldsymbol{x} = [\boldsymbol{x}_1^{\mathrm{T}},\cdots,\boldsymbol{x}_N^{\mathrm{T}}]^{\mathrm{T}} \in \Omega$, $\Omega=\Omega_1 \times \cdots \times \Omega_N$. 为了强调参与者 i 的策略 $\boldsymbol{x}_i$, 策略组合 $\boldsymbol{x}$ 有时也写成 $(\boldsymbol{x}_i,\boldsymbol{x}_{-i})$, 其中 $\boldsymbol{x}_{-i}=[\boldsymbol{x}_1^{\mathrm{T}},\cdots,\boldsymbol{x}_{i-1}^{\mathrm{T}},\boldsymbol{x}_{i+1}^{\mathrm{T}},\cdots,\boldsymbol{x}_N^{\mathrm{T}}]^{\mathrm{T}}$. 非合作博弈中每个参与者旨在最小化自己的代价, 即每个参与者的目标为

$$\min_{\boldsymbol{x}_i\in\Omega_i} f_i(\boldsymbol{x}) = f_i(\boldsymbol{x}_i, \boldsymbol{x}_{-i}), \ \forall i \in \mathcal{I} \tag{9.1}$$

$f_i(\boldsymbol{x}_i,\boldsymbol{x}_{-i})$ 是 $f_i(\boldsymbol{x})$ 的一种等价表达方式, 可以看出, 非合作博弈中每个参与者的代价函数不仅依赖于自己的策略, 还依赖于其他参与者的策略.

注解 9.1 非合作博弈与协同优化问题的主要不同之处在非合作博弈中参与者只关注自己的代价, 而在协同优化问题中, 智能体 (参与者) 的目标是协同极小化由所有智能体的局部目标函数的和构成的一个全局目标函数[207, 208], 即

$$\min_{\boldsymbol{x}\in\Omega} \sum_{i=1}^{N} f_i(\boldsymbol{x}) \tag{9.2}$$

上述协同优化问题的目标是找到最优解 $\boldsymbol{x}^* \in \Omega$ 使得全局目标函数 $f(\boldsymbol{x}) = \sum\limits_{i=1}^{N} f_i(\boldsymbol{x})$ 在 $\boldsymbol{x}^*$ 处取得最小值.

由于非合作博弈中每个参与者只想最小化自己的代价, 而不在乎集体或其他参与者的代价, 因此本章的目标在于找到非合作博弈的纳什均衡来平衡所有参与者的代价及策略. 纳什均衡的定义如下:

定义 9.1 (纳什均衡) $\boldsymbol{x}^* = [\boldsymbol{x}_1^{*\mathrm{T}},\cdots,\boldsymbol{x}_N^{*\mathrm{T}}]^{\mathrm{T}} \in \Omega$ 是一种所有参与者策略的特殊组合, 满足

$$f_i(\boldsymbol{x}_i^*,\boldsymbol{x}_{-i}^*) \leqslant f_i(\boldsymbol{x}_i,\boldsymbol{x}_{-i}^*), \quad \forall i \in \mathcal{I}, \forall \boldsymbol{x}_i \in \Omega_i, \forall \boldsymbol{x}_{-i} \in \Omega_{-i} \tag{9.3}$$

式中, $\Omega_{-i} = \Omega_1 \times \cdots \times \Omega_{i-1} \times \Omega_{i+1} \times \cdots \times \Omega_N$.

从纳什均衡的定义可以看出, 在纳什均衡处每个参与者都不可能通过单方面改变自身策略来减小其代价. 更确切地说, 在纳什均衡处, 当其他参与者保持策略不变, 参与者 i 改变自己的策略并不会减小自己的代价, 反而有可能使自身代价增大. 因此, 在纳什均衡处, 所有参与者都不会轻易改变自身的策略, 从而达成一种相互制衡的均衡状态.

为了保证纳什均衡的存在性和唯一性, 本章给出如下假设.

假设 9.1 $f_i(\boldsymbol{x})$ 是关于 $\boldsymbol{x}$ 的二次连续可微函数, 且对任意的 $i \in \mathcal{I}$, 对于固定的 $\boldsymbol{x}_{-i}$, $f_i(\boldsymbol{x})$ 是关于 $\boldsymbol{x}_i$ 的凸函数.

假设 9.2 存在一个正常数 μ 使得对于任意的 $\boldsymbol{x}, \boldsymbol{y} \in \Omega$, 下式成立

$$(\boldsymbol{x}-\boldsymbol{y})^{\mathrm{T}}(\boldsymbol{\Gamma}(\boldsymbol{x})-\boldsymbol{\Gamma}(\boldsymbol{y})) \geqslant \mu\|\boldsymbol{x}-\boldsymbol{y}\|^2 \tag{9.4}$$

式中, $\boldsymbol{\Gamma}(\boldsymbol{x})=\left[\dfrac{\partial f_1}{\partial \boldsymbol{x}_1}(\boldsymbol{x})^{\mathrm{T}}, \dfrac{\partial f_2}{\partial \boldsymbol{x}_2}(\boldsymbol{x})^{\mathrm{T}}, \cdots, \dfrac{\partial f_N}{\partial \boldsymbol{x}_N}(\boldsymbol{x})^{\mathrm{T}}\right]^{\mathrm{T}}$.

假设 9.1 中关于 $f_i(\boldsymbol{x})$ 的连续可微性和关于 $\boldsymbol{x}_i$ 的凸性是为了保证纳什均衡的存在性, $f_i(\boldsymbol{x})$ 的二次连续可微性是为了保证 $\dfrac{\partial f_i(\boldsymbol{x})}{\partial \boldsymbol{x}_i}$ 的 Lipschitz 连续性, 假设 9.2 实际上定义了映射 $\boldsymbol{\Gamma}(\boldsymbol{x})$ 的强单调性, 因此保证了纳什均衡的唯一性[126, 209].

由于对于给定的 $\boldsymbol{x}_{-i}^*$, $\boldsymbol{x}_i^* \in \Omega_i$ 使得 $f_i(\boldsymbol{x}_i, \boldsymbol{x}_{-i}^*)$ 在 Ω_i 中取得最小值, 因此在 $(\boldsymbol{x}_i^*, \boldsymbol{x}_{-i}^*)$ 处, 有下面的关系成立:

$$(\boldsymbol{x}_i-\boldsymbol{x}_i^*)^{\mathrm{T}} \frac{\partial f_i}{\partial \boldsymbol{x}_i}(\boldsymbol{x}_i^*, \boldsymbol{x}_{-i}^*) \geqslant 0, \forall i \in \mathcal{I}, \forall \boldsymbol{x}_i \in \Omega_i \tag{9.5}$$

那么, $(\boldsymbol{x}-\boldsymbol{x}^*)^{\mathrm{T}} \boldsymbol{\Gamma}(\boldsymbol{x}^*) \geqslant 0, \forall \boldsymbol{x} \in \Omega$ 显然成立. 因此纳什均衡也是变分不等式 $\mathbf{VI}(\Omega, \boldsymbol{\Gamma}(\boldsymbol{x}))$ 的一个解[209]. 进而可得纳什均衡 $\boldsymbol{x}^*$ 如下性质:

$$\boldsymbol{x}^*=\mathcal{P}_{\Omega}(\boldsymbol{x}^*-\alpha \boldsymbol{\Gamma}(\boldsymbol{x}^*)), \forall \alpha>0 \tag{9.6}$$

特别地, 如果 $\Omega_i=\mathbb{R}^n, \forall i \in \mathcal{I}$, 则有 $\boldsymbol{\Gamma}(\boldsymbol{x}^*)=\mathbf{0}_{Nn}$ 成立, 即 $\dfrac{\partial f_i}{\partial \boldsymbol{x}_i}(\boldsymbol{x}^*)=\mathbf{0}_n, \forall i \in \mathcal{I}$ 成立.

为了简化求解问题, 假设所有参与者的策略均为标量, 即 $\boldsymbol{x} \in \Omega \subseteq \mathbb{R}^N$. 一般来说, $\boldsymbol{x}$ 是很难获得的, 因为 $\boldsymbol{x}$ 表示所有参与者的策略组合, 是一个全局信息, 但是, 在网络化非合作博弈中, 参与者可以对全局信息 $\boldsymbol{x}$ 进行局部估计并与邻居交换估计信息. 在网络化非合作博弈中, 参与者之间的通信图 $\mathcal{G}=\{\mathcal{I}, \mathcal{E}\}$ 表示, 其中图 $\mathcal{G}$ 中的每个结点代表一个参与者, $\mathcal{E} \subseteq \mathcal{I} \times \mathcal{I}$ 代表边集, 用来描述参与者之间的信息交互. $(i, j) \in \mathcal{E}$ 表示参与者 j 可以接收到来自参与者 i 的信息, 并称参与

者 i 是参与者 j 的一个邻居. 基于局部信息交互的分布式纳什均衡搜索一直是网络化非合作博弈的研究重点, 本章将基于一致性理论研究非合作博弈问题的分布式纳什均衡搜索.

9.2 切换通信图中的分布式纳什均衡搜索

考虑到实际中潜在的通信链路内部故障和可能遭受的外界攻击, 参与者的通信图可能是不连通的并且通信链路呈现随机切换的特性. 因此, 本节研究马尔可夫 (Markov) 切换通信图中的分布式纳什均衡搜索问题.

9.2.1 无约束分布式纳什均衡搜索

首先考虑无约束的非合作博弈问题, 即 $\Omega = \mathbb{R}^N$ 的情况. 假设参与者的通信图在一组无向的候选图 $\mathcal{G}^1 = \{\mathcal{I},\ \mathcal{E}^1\}, \cdots, \mathcal{G}^m = \{\mathcal{I},\ \mathcal{E}^m\}$ 之间进行随机切换. 注意, 候选通信图可能是不连通的. 候选通信图的并图用 $\mathcal{G}^u = \{\mathcal{I},\ \mathcal{E}^u\}$ 表示, 其中, $\mathcal{E}^u = \bigcup_{i=1}^m \mathcal{E}^i$. 下面给出关于通信图的两个基本假设.

假设 9.3 非合作博弈中参与者的通信图是马尔可夫切换的, 并且转移概率矩阵满足 $\boldsymbol{\Pi} = \mathbf{1}_m \boldsymbol{\pi}^{\mathrm{T}}$, 其中 $\boldsymbol{\pi} = [\pi_1, \cdots, \pi_m]^{\mathrm{T}} \in \mathbb{R}^m$, $\sum\limits_{i=1}^{m} \pi_i = 1$. 而且, 马尔可夫链是遍历性的.

假设 9.4 参与者候选通信图的并图 $\mathcal{G}^u = \bigcup\limits_{i=1}^{m} \mathcal{G}_i$ 是无向连通的.

在非合作博弈框架下, 每个参与者都想极小化自己的代价, 因此一个直观的想法是使每个参与者沿着负梯度方向更新策略以减小其代价[127], 即

$$x_i(k+1) = x_i(k) - \alpha \frac{\partial f_i(\boldsymbol{x})}{\partial x_i} \tag{9.7}$$

式中, $x_i(k) \in \mathbb{R}$ 是参与者 i 在第 k 次迭代时的策略; 步长 α 是正常数.

另一方面, 考虑到参与者的代价函数不仅依赖于自身的策略, 还依赖于其他参与者的策略, 而参与者无法直接获取 $\boldsymbol{x}(k) = [x_1(k), \cdots, x_N(k)]^{\mathrm{T}}$ 的全部信息, 因此, 为每个参与者设计一个局部估计变量用以估计所有参与者的策略组合 $\boldsymbol{x}(k)$, 即用 $\boldsymbol{y}_i(k) = [y_{i1}(k), \cdots, y_{iN}(k)]^{\mathrm{T}}$ 代表参与者 i 在 $t = kT$ 时刻对所有参与者策略的估计, 其中 k 是非负整数, T 是通信周期, $y_{ij}(k)$ 表示参与者 i 在 kT 时刻对参与者 j 的策略 $x_j(k)$ 的估计. 基于参与者的局部估计, 设计如下分布式纳什均衡搜索算法:

$$x_i(k+1) = x_i(k) - \delta\alpha_i \frac{\partial f_i}{\partial x_i}(\boldsymbol{y}_i(k)),\ i \in \mathcal{I} \tag{9.8}$$

式中, $\dfrac{\partial f_i}{\partial x_i}(\boldsymbol{y}_i(k)) = \dfrac{\partial f_i}{\partial x_i}(\boldsymbol{x})|_{\boldsymbol{x}=\boldsymbol{y}_i(k)}$; $\delta > 0$ 是一个待设计的标量参数; $\alpha_i, i = 1,\cdots,N$ 是正常数. 为了使参与者的估计信息 $\boldsymbol{y}_i(k)$ 能够准确估计全局策略信息 $\boldsymbol{x}(k)$, 参与者与邻居参与者进行信息交换以获取更准确的估计. 令 $\mathcal{G}^{\theta(k)}$ 代表第 k 次迭代时参与者的通信图, 其中 $\theta(k)$ 表示自然数集到集合 $\{1,\cdots,m\}$ 的映射, $\mathcal{G}^{\theta(k)} = \mathcal{G}^i$ 当且仅当 $\theta(k) = i$, $i \in \{1,2,\cdots,m\}$. 考虑到参与者的通信图 $\mathcal{G}^{\theta(k)}$ 是马尔可夫切换的, 因此参与者的估计 $y_{ij}(k)$, $\forall i, j \in \mathcal{I}$ 的更新律设计如下:

$$\begin{aligned} y_{ij}(k+1) = y_{ij}(k) + &\frac{T}{a_{ij}^{\theta(k)} + \sum\limits_{l=1}^{N} a_{il}^{\theta(k)}} \times \\ &\sum_{l=1}^{N} a_{il}^{\theta(k)} \left[\frac{y_{lj}(k) - y_{lj}(k-1)}{T} - \gamma\left(y_{ij}(k) - y_{lj}(k)\right)\right] \\ &+ \frac{T a_{ij}^{\theta(k)}}{a_{ij}^{\theta(k)} + \sum\limits_{l=1}^{N} a_{il}^{\theta(k)}} \left[\frac{x_j(k) - x_j(k-1)}{T} - \gamma\left(y_{ij}(k) - x_j(k)\right)\right] \end{aligned} \tag{9.9}$$

式中, $a_{ij}^{\theta(k)}$ 是对应于通信图 $\mathcal{G}^{\theta(k)}$ 的邻接矩阵 $\boldsymbol{\mathcal{A}}^{\theta(k)}$ 的第 (i, j) 项元素; γ 是一个正的待设计参数.

注解 9.2 需要说明的是, 为了保证所设计算法的有效性, 要求每个参与者在每次通信时至少存在一个通信邻居, 即要求 $a_{ij}^{\theta(k)} + \sum\limits_{l=1}^{N} a_{il}^{\theta(k)} \neq 0$. 关于 $y_{ij}(k)$ 的更新律设计的想法来源于文献 [210], 该工作研究了马尔可夫切换通信图下具有时变领导者的一致性跟踪问题. 本节关于纳什均衡搜索问题的研究中, 所有的参与者 i 都需要估计策略 $x_j(k)$ 的信息, 因此策略 $x_j(k)$ 可以看成是一个时变的参考信号, 其余参与者的估计 $y_{ij}(k)$ 需要一致性跟踪参考信号 $x_j(k)$. 注意, 每一个参与者的策略相对于其余参与者都是一个时变的参考信号. 而且, 考虑到通信图的切换特性, 参与者 i 在 kT 时刻的邻居 j 不一定是在 $(k-1)T$ 时刻的邻居, 为了使估计尽可能准确, 在算法设计中每个参与者都记忆上一时刻的估计信息, 并在下一时刻传递给邻居参与者.

令 $\boldsymbol{y}(k) = [\boldsymbol{y}_1(k)^{\mathrm{T}},\cdots,\boldsymbol{y}_N(k)^{\mathrm{T}}]^{\mathrm{T}}$ 表示所有参与者的策略估计向量, 定义 $\boldsymbol{\Gamma}(\cdot)$ 的扩展映射 $\overline{\boldsymbol{\Gamma}}(\cdot)$, 使得

$$\overline{\boldsymbol{\Gamma}}(\boldsymbol{y}(k)) = \left[\frac{\partial f_1}{\partial x_1}(\boldsymbol{y}_1(k)), \frac{\partial f_2}{\partial x_2}(\boldsymbol{y}_2(k)), \cdots, \frac{\partial f_N}{\partial x_N}(\boldsymbol{y}_N(k))\right]^{\mathrm{T}},$$

则式 (9.8) 可整体写成

$$\boldsymbol{x}(k+1)=\boldsymbol{x}(k)-\delta\boldsymbol{\alpha}\overline{\boldsymbol{\Gamma}}(\boldsymbol{y}(k)) \tag{9.10}$$

式中, $\boldsymbol{\alpha}=\operatorname{diag}(\alpha_1,\cdots,\alpha_{\mathrm{N}})\in\mathbb{R}^{\mathrm{N}\times\mathrm{N}}$ 是一个以 α_i 为对角元素的对角矩阵.

接下来, 分析参与者的策略组合与纳什均衡的误差以及参与者的估计误差. 令 $\bar{x}_i(k)=x_i(k)-x_i^*$ 表示在 kT 时刻参与者 i 的策略与其在纳什均衡处的策略的误差, $\bar{\boldsymbol{x}}(k)=[\bar{x}_1(k),\cdots,\bar{x}_N(k)]^{\mathrm{T}}$ 是全局策略误差变量. 定义一个新的策略误差变量 $\boldsymbol{\eta}(k)=[\bar{\boldsymbol{x}}(k)^{\mathrm{T}},\bar{\boldsymbol{x}}(k-1)^{\mathrm{T}}]^{\mathrm{T}}$, 则

$$\boldsymbol{\eta}(k+1)=\boldsymbol{\eta}(k)-\delta\bar{\boldsymbol{\alpha}}\widetilde{\boldsymbol{\Gamma}}(k) \tag{9.11}$$

式中,

$$\bar{\boldsymbol{\alpha}}=\begin{bmatrix}\boldsymbol{\alpha} & \mathbf{0}_{N\times N}\\ \mathbf{0}_{N\times N} & \boldsymbol{\alpha}\end{bmatrix};\quad \widetilde{\boldsymbol{\Gamma}}(k)=\begin{bmatrix}\overline{\boldsymbol{\Gamma}}(\boldsymbol{y}(k))\\ \overline{\boldsymbol{\Gamma}}(\boldsymbol{y}(k-1))\end{bmatrix}.$$

定义估计误差 $\bar{y}_{ij}(k)=y_{ij}(k)-x_j(k)$, 则根据关系式 $y_{ij}(k)=\bar{y}_{ij}(k)+x_j(k)$ 和式 (9.9), 可得

$$\begin{aligned}\bar{y}_{ij}(k+1)=&-x_j(k+1)+x_j(k)+x_j(k)-x_j(k-1)+(1-T\gamma)\bar{y}_{ij}(k)\\&+\frac{T}{a_{ij}^{\theta(k)}+\sum\limits_{l=1}^{N}a_{il}^{\theta(k)}}\sum_{l=1}^{N}a_{il}^{\theta(k)}\left[\frac{\bar{y}_{lj}(k)-\bar{y}_{lj}(k-1)}{T}+\gamma\bar{y}_{lj}(k)\right]\end{aligned} \tag{9.12}$$

令 $\bar{\boldsymbol{y}}(k)$ 代表 $\bar{y}_{ij}(k),i,j=1,\cdots,N$ 的紧凑形式, 可知 $\bar{\boldsymbol{y}}(k)=\boldsymbol{y}(k)-\mathbf{1}_N\otimes\boldsymbol{x}(k)$. 根据式 (9.12), 估计误差变量 $\bar{\boldsymbol{y}}(k)$ 的迭代式可写为

$$\begin{aligned}\bar{\boldsymbol{y}}(k+1)=&\left[(1-T\gamma)\boldsymbol{I}_{N^2}+(1+T\gamma)\boldsymbol{D}^{\theta(k)}\left(\boldsymbol{\mathcal{A}}^{\theta(k)}\otimes\boldsymbol{I}_N\right)\right]\bar{\boldsymbol{y}}(k)\\&-\boldsymbol{D}^{\theta(k)}\left(\boldsymbol{\mathcal{A}}^{\theta(k)}\otimes\boldsymbol{I}_N\right)\bar{\boldsymbol{y}}(k-1)+\mathbf{1}_N\otimes\\&(\boldsymbol{x}(k)-\boldsymbol{x}(k+1)+\boldsymbol{x}(k)-\boldsymbol{x}(k-1))\end{aligned} \tag{9.13}$$

式中, $\boldsymbol{D}^{\theta(k)}$ 是一个 $N^2\times N^2$ 的对角矩阵, 其对角元素为 $\dfrac{1}{a_{ij}^{\theta(k)}+\sum\limits_{l=1}^{N}a_{il}^{\theta(k)}},i,j=1,\cdots,N$; $\boldsymbol{\mathcal{A}}^{\theta(k)}$ 是对应于通信图 $\mathcal{G}^{\theta(k)}$ 的邻接矩阵.

定义 $\boldsymbol{\xi}(k)=[\bar{\boldsymbol{y}}(k)^{\mathrm{T}},\bar{\boldsymbol{y}}(k-1)^{\mathrm{T}}]^{\mathrm{T}}$, 则 $\boldsymbol{\xi}(k)$ 的迭代式为

$$\boldsymbol{\xi}(k+1)=\boldsymbol{C}^{\theta(k)}\boldsymbol{\xi}(k)+\boldsymbol{W}\boldsymbol{X}(k) \tag{9.14}$$

式中,

$$\boldsymbol{C}^{\theta(k)}=\left[\begin{array}{cc}(1-T\gamma)\boldsymbol{I}_{N^2}+(1+T\gamma)\boldsymbol{D}^{\theta(k)}\boldsymbol{\Delta}^{\theta(k)} & -\boldsymbol{D}^{\theta(k)}\boldsymbol{\Delta}^{\theta(k)}\\ \boldsymbol{I}_{N^2} & \boldsymbol{0}_{N^2\times N^2}\end{array}\right];$$

$$\boldsymbol{W}=\left[\begin{array}{c}\boldsymbol{I}_{N^2}\\ \boldsymbol{0}_{N^2\times N^2}\end{array}\right]; \tag{9.15}$$

$$\boldsymbol{X}(k)=\boldsymbol{1}_N\otimes(\boldsymbol{x}(k)-\boldsymbol{x}(k+1)+\boldsymbol{x}(k)-\boldsymbol{x}(k-1));\quad \boldsymbol{\Delta}^{\theta(k)}=\boldsymbol{\mathcal{A}}^{\theta(k)}\otimes\boldsymbol{I}_N. \tag{9.16}$$

根据参与者的通信图的马尔可夫切换性, 可知联合过程 $\{\boldsymbol{\xi}(k),\theta(k)\}$ 是一个马尔可夫过程.

令 $\boldsymbol{S}=(\boldsymbol{\Pi}\otimes\boldsymbol{I}_{4N^4})\mathrm{diag}(\boldsymbol{C}^1\otimes\boldsymbol{C}^1,\cdots,\boldsymbol{C}^m\otimes\boldsymbol{C}^m)$, 其中, $\boldsymbol{\Pi}$ 是参与者通信图的转移概率矩阵并且满足假设 9.3. 下面将给出 2 个辅助引理, 用以证明所设计的分布式纳什均衡搜索算法的收敛性.

引理 9.1[210] 如果参与者的候选通信图的并图 $\mathcal{G}^u$ 是无向连通的, 那么对于充分小的 $T\gamma$, 矩阵 $\boldsymbol{S}$ 的谱半径 $\rho(\boldsymbol{S})<1$.

引理 9.2[211] 如果假设 9.3 满足, 那么下面两个命题是等价的:

(1) $\rho(\boldsymbol{S})<1$;

(2) 对于任意给定的对称正定矩阵 $\boldsymbol{Q}\in\mathbb{R}^{2N^2\times 2N^2}$, 存在唯一的对称正定矩阵 $\boldsymbol{P}\in\mathbb{R}^{2N^2\times 2N^2}$ 使得 $\boldsymbol{P}-\sum\limits_{i=1}^{m}\pi_i\boldsymbol{C}^{i\mathrm{T}}\boldsymbol{P}\boldsymbol{C}^i=\boldsymbol{Q}$ 成立.

基于上面两个辅助引理, 接下来给出关于分布式离散时间纳什均衡搜索算法 (9.8)~(9.9) 的收敛性分析.

定理9.1 在假设 9.1 ~ 假设 9.4 成立的条件下, 选择 $T\gamma$ 充分小, 使得 $\rho(\boldsymbol{S})<1$, 则对于算法 (9.8)~(9.9), 存在 $\delta^*>0$ 使得对于任意的 $\delta\in(0,\delta^*)$, 所有参与者的策略都将在均方意义下收敛到纳什均衡 $\boldsymbol{x}^*$, 而且估计误差在均方意义下收敛到零, 即当 $k\to\infty$ 时, $\|E(\boldsymbol{\eta}(k)\boldsymbol{\eta}(k)^{\mathrm{T}})\|\to 0$ 和 $\|E(\boldsymbol{\xi}(k)\boldsymbol{\xi}(k)^{\mathrm{T}})\|\to 0$ 成立.

证明: 由假设 9.4 可知, 在非合作博弈中参与者的所有候选通信图的并 $\mathcal{G}^u$ 是一个无向连通图. 因此, 根据引理 9.1 和引理 9.2, 对于使得矩阵 $\boldsymbol{S}$ 的谱半径 $\rho(\boldsymbol{S})$ 小于 1 的参数 $T\gamma$, 存在两个相应的对称正定矩阵 $\boldsymbol{P}$ 和 $\boldsymbol{Q}$ 满足 $\boldsymbol{P}-\sum\limits_{i=1}^{m}\pi_i\boldsymbol{C}^{i\mathrm{T}}\boldsymbol{P}\boldsymbol{C}^i=\boldsymbol{Q}$.

为了分析纳什均衡的稳定性, 定义如下 Lyapunov 候选函数:

$$V(k)=S_1(k)+S_2(k),$$

$$
\begin{aligned}
S_1(k) &= \frac{c}{2}\boldsymbol{\eta}(k)^{\mathrm{T}}\bar{\boldsymbol{\alpha}}^{-1}\boldsymbol{\eta}(k), \\
S_2(k) &= (1-c)\boldsymbol{\xi}(k)^{\mathrm{T}}\boldsymbol{P}\boldsymbol{\xi}(k).
\end{aligned} \tag{9.17}
$$

其中, 参数 c 是一个小于 1 的正常数; $\bar{\boldsymbol{\alpha}}$ 的定义见式 (9.11), 由 $\alpha_i > 0, \forall i \in \mathcal{I}$, 可知 $\bar{\boldsymbol{\alpha}}$ 是可逆的.

令 $\boldsymbol{\chi}(k) = [\boldsymbol{\eta}(k)^{\mathrm{T}}, \boldsymbol{\xi}(k)^{\mathrm{T}}]^{\mathrm{T}}$, 定义分块对角矩阵 $\boldsymbol{H} = \begin{bmatrix} \frac{c}{2}\bar{\boldsymbol{\alpha}}^{-1} & \mathbf{0}_{N^2\times N^2} \\ \mathbf{0}_{N^2\times N^2} & (1-c)\boldsymbol{P} \end{bmatrix}$, 显然 $\boldsymbol{H}$ 是一个对称正定矩阵. 因此, 上述定义的 Lyapunov 函数 $V(k)$ 可以写成 $V(k) = \boldsymbol{\chi}(k)^{\mathrm{T}}\boldsymbol{H}\boldsymbol{\chi}(k)$. 进一步, 由矩阵 $\boldsymbol{H}$ 的正定性可得下面的关系式:

$$
\lambda_{\min}(\boldsymbol{H})\|\boldsymbol{\chi}(k)\|^2 \leqslant V(k) \leqslant \lambda_{\max}(\boldsymbol{H})\|\boldsymbol{\chi}(k)\|^2 \tag{9.18}
$$

式中, $\lambda_{\min}(\boldsymbol{H})$ 和 $\lambda_{\max}(\boldsymbol{H})$ 是正实数, 分别代表矩阵 $\boldsymbol{H}$ 的最小特征值和最大特征值.

令 M_k 代表事件: $\boldsymbol{x}(k)$, $\boldsymbol{x}(k-1)$, $\boldsymbol{y}(k)$ 和 $\boldsymbol{y}(k-1)$ 的值为确定值. 定义

$$
\Delta V(k) = E\{V(k+1)|M_k\} - V(k) \tag{9.19}
$$

式中, $E\{V(k+1)|M_k\}$ 是 $V(k+1)$ 在 $\boldsymbol{x}(k)$, $\boldsymbol{x}(k-1)$, $\boldsymbol{y}(k)$, $\boldsymbol{y}(k-1)$ 为确定值的条件下的数学期望. 类似地, 定义 $\Delta S_1(k) = E\{S_1(k+1)|M_k\} - S_1(k)$, $\Delta S_2(k) = E\{S_2(k+1)|M_k\} - S_2(k)$ 则由条件期望的性质可知 $\Delta V(k) = \Delta S_1(k) + \Delta S_2(k)$.

接下来利用假设 9.1 和假设 9.2 的条件分别对 $\Delta S_1(k)$ 和 $\Delta S_2(k)$ 进行分析. 首先考虑 $\Delta S_1(k)$, 由定义可知

$$
\begin{aligned}
\Delta S_1(k) &= E\{S_1(k+1)|M_k\} - S_1(k) \\
&= E\left\{\frac{c}{2}\boldsymbol{\eta}(k+1)^{\mathrm{T}}\bar{\boldsymbol{\alpha}}^{-1}\boldsymbol{\eta}(k+1)|M_k\right\} - \frac{c}{2}\boldsymbol{\eta}(k)^{\mathrm{T}}\bar{\boldsymbol{\alpha}}^{-1}\boldsymbol{\eta}(k) \\
&= \frac{c}{2}\left[\boldsymbol{\eta}(k) - \delta\bar{\boldsymbol{\alpha}}\widetilde{\boldsymbol{\Gamma}}(k)\right]^{\mathrm{T}}\bar{\boldsymbol{\alpha}}^{-1}\left[\boldsymbol{\eta}(k) - \delta\bar{\boldsymbol{\alpha}}\widetilde{\boldsymbol{\Gamma}}(k)\right] - \frac{c}{2}\boldsymbol{\eta}(k)^{\mathrm{T}}\bar{\boldsymbol{\alpha}}^{-1}\boldsymbol{\eta}(k) \\
&= -c\delta\boldsymbol{\eta}(k)^{\mathrm{T}}\widetilde{\boldsymbol{\Gamma}}(k) + \frac{c\delta^2}{2}\widetilde{\boldsymbol{\Gamma}}(k)^{\mathrm{T}}\bar{\boldsymbol{\alpha}}\widetilde{\boldsymbol{\Gamma}}(k) \\
&= -c\delta[\bar{\boldsymbol{x}}(k)^{\mathrm{T}}\overline{\boldsymbol{\Gamma}}(\boldsymbol{y}(k)) + \bar{\boldsymbol{x}}(k-1)^{\mathrm{T}}\overline{\boldsymbol{\Gamma}}(\boldsymbol{y}(k-1))] + \frac{c\delta^2}{2}\overline{\boldsymbol{\Gamma}}(\boldsymbol{y}(k))^{\mathrm{T}}\boldsymbol{\alpha}\overline{\boldsymbol{\Gamma}}(\boldsymbol{y}(k)) \\
&\quad + \frac{c\delta^2}{2}\overline{\boldsymbol{\Gamma}}(\boldsymbol{y}(k-1))^{\mathrm{T}}\boldsymbol{\alpha}\overline{\boldsymbol{\Gamma}}(\boldsymbol{y}(k-1))
\end{aligned} \tag{9.20}
$$

注意到对于无约束非合作博弈问题, 其纳什均衡 $\boldsymbol{x}^*$ 满足 $\boldsymbol{\Gamma}(\boldsymbol{x}^*) = \mathbf{0}_N$. 而且, $\overline{\boldsymbol{\Gamma}}(\mathbf{1}_N \otimes \boldsymbol{x}) = \boldsymbol{\Gamma}(\boldsymbol{x}), \forall \boldsymbol{x} \in \mathbb{R}^N$. 因此, $\overline{\boldsymbol{\Gamma}}(\boldsymbol{y}(k))$ 可以重新写成 $\overline{\boldsymbol{\Gamma}}(\boldsymbol{y}(k)) = \overline{\boldsymbol{\Gamma}}(\boldsymbol{y}(k)) -$

$\overline{\boldsymbol{\Gamma}}(\mathbf{1}_N \otimes \boldsymbol{x}(k)) + \boldsymbol{\Gamma}(\boldsymbol{x}(k)) - \boldsymbol{\Gamma}(\boldsymbol{x}^*)$. 进一步根据假设 9.2 可知 $(\boldsymbol{x}(k) - \boldsymbol{x}^*)^{\mathrm{T}} (\boldsymbol{\Gamma}(\boldsymbol{x}(k)) - \boldsymbol{\Gamma}(\boldsymbol{x}^*)) \geqslant \mu \|\boldsymbol{x}(k) - \boldsymbol{x}^*\|^2$, 因此

$$\begin{aligned}\bar{\boldsymbol{x}}(k)^{\mathrm{T}} \boldsymbol{\Gamma}(\boldsymbol{y}(k)) &= (\boldsymbol{x}(k) - \boldsymbol{x}^*)^{\mathrm{T}} \left(\overline{\boldsymbol{\Gamma}}(\boldsymbol{y}(k)) - \overline{\boldsymbol{\Gamma}}(\mathbf{1}_N \otimes \boldsymbol{x}(k)) + \boldsymbol{\Gamma}(\boldsymbol{x}(k)) - \boldsymbol{\Gamma}(\boldsymbol{x}^*)\right) \\ &\geqslant \mu \|\bar{\boldsymbol{x}}(k)\|^2 + \bar{\boldsymbol{x}}(k)^{\mathrm{T}} \left(\overline{\boldsymbol{\Gamma}}(\boldsymbol{y}(k)) - \overline{\boldsymbol{\Gamma}}(\mathbf{1}_N \otimes \boldsymbol{x}(k))\right)\end{aligned} \tag{9.21}$$

另一方面, 由假设 9.1 中 $f_i(\boldsymbol{x})$ 是关于 $\boldsymbol{x}$ 的二次连续可微函数的条件, 可知 $\dfrac{\partial f_i(\boldsymbol{x})}{\partial x_i}$ 也是关于 $\boldsymbol{x}$ 的连续可微函数, 因此 $\dfrac{\partial f_i(\boldsymbol{x})}{\partial x_i}$ 是局部 Lipschitz 连续的. 所以

$$\begin{aligned}\bar{\boldsymbol{x}}(k)^{\mathrm{T}} \left(\overline{\boldsymbol{\Gamma}}(\boldsymbol{y}(k)) - \overline{\boldsymbol{\Gamma}}(\mathbf{1}_N \otimes \boldsymbol{x}(k))\right) &\leqslant \|\bar{\boldsymbol{x}}(k)\| \|\overline{\boldsymbol{\Gamma}}(\boldsymbol{y}(k)) - \overline{\boldsymbol{\Gamma}}(\mathbf{1}_N \otimes \boldsymbol{x}(k))\| \\ &\leqslant l_1 \|\bar{\boldsymbol{x}}(k)\| \|\bar{\boldsymbol{y}}(k)\|\end{aligned} \tag{9.22}$$

式中, l_1 是正常数. 结合式 (9.20) ~ 式 (9.22) 最终推导出

$$\begin{aligned}\Delta S_1(k) \leqslant & -c\delta\mu \|\bar{\boldsymbol{x}}(k)\|^2 - c\delta\mu \|\bar{\boldsymbol{x}}(k-1)\|^2 \\ & + c\delta \left(l_1 \|\bar{\boldsymbol{x}}(k)\| \|\bar{\boldsymbol{y}}(k)\| + l_1^* \|\bar{\boldsymbol{x}}(k-1)\| \|\bar{\boldsymbol{y}}(k-1)\|\right) \\ & + \frac{c\delta^2}{2} \max_{i \in \mathcal{I}} \{\alpha_i\} (l_2 \|\bar{\boldsymbol{x}}(k)\| + l_1 \|\bar{\boldsymbol{y}}(k)\|)^2 \\ & + \frac{c\delta^2}{2} \max_{i \in \mathcal{I}} \{\alpha_i\} (l_2^* \|\bar{\boldsymbol{x}}(k-1)\| + l_1^* \|\bar{\boldsymbol{y}}(k-1)\|)^2 \\ \leqslant & -c\delta\mu \|\boldsymbol{\eta}(k)\|^2 + 2c\delta \bar{l}_1 \|\boldsymbol{\eta}(k)\| \|\boldsymbol{\xi}(k)\| \\ & + c\delta^2 \max_{i \in \mathcal{I}} \{\alpha_i\} \left(\bar{l}_2 \|\boldsymbol{\eta}(k)\| + \bar{l}_1 \|\boldsymbol{\xi}(k)\|\right)^2\end{aligned} \tag{9.23}$$

式中, $\max_{i \in \mathcal{I}} \{\alpha_i\}$ 是 α_i, $i = 1, \cdots, N$ 的最大值; l_1, l_2, l_1^*, $l_2^* > 0$ 是 Lipschitz 常数, $\bar{l}_1 = \max\{l_1, l_1^*\}$, $\bar{l}_2 = \max\{l_2, l_2^*\}$. 注意上式推导用到条件 $\|\overline{\boldsymbol{\Gamma}}(\boldsymbol{y}(k))\| = \|\overline{\boldsymbol{\Gamma}}(\boldsymbol{y}(k)) - \overline{\boldsymbol{\Gamma}}(\mathbf{1}_N \otimes \boldsymbol{x}(k)) + \boldsymbol{\Gamma}(\boldsymbol{x}(k)) - \boldsymbol{\Gamma}(\boldsymbol{x}^*)\| \leqslant l_1 \|\bar{\boldsymbol{y}}(k)\| + l_2 \|\bar{\boldsymbol{x}}(k)\|$.

下面对 ΔS_2 进行分析, 由定义知

$$\begin{aligned}\Delta S_2(k) &= E\{S_2(k+1) | M_k\} - S_2(k) \\ &= (1-c) E\{\boldsymbol{\xi}(k+1)^{\mathrm{T}} \boldsymbol{P} \boldsymbol{\xi}(k+1) | M_k\} - (1-c) \boldsymbol{\xi}(k)^{\mathrm{T}} \boldsymbol{P} \boldsymbol{\xi}(k) \\ &= (1-c) E\{[\boldsymbol{C}^{\theta(k)} \boldsymbol{\xi}(k) + \boldsymbol{W} \boldsymbol{X}(k)]^{\mathrm{T}} \boldsymbol{P} [\boldsymbol{C}^{\theta(k)} \boldsymbol{\xi}(k) + \boldsymbol{W} \boldsymbol{X}(k)] | M_k\} \\ &\quad - (1-c) \boldsymbol{\xi}(k)^{\mathrm{T}} \boldsymbol{P} \boldsymbol{\xi}(k) \\ &= (1-c) E\{\boldsymbol{\xi}(k)^{\mathrm{T}} (\boldsymbol{C}^{\theta(k)^{\mathrm{T}}} \boldsymbol{P} \boldsymbol{C}^{\theta(k)} - \boldsymbol{P}) \boldsymbol{\xi}(k) + 2(\boldsymbol{C}^{\theta(k)} \boldsymbol{\xi}(k))^{\mathrm{T}} \boldsymbol{P} (\boldsymbol{W} \boldsymbol{X}(k))\end{aligned}$$

$$+(\boldsymbol{W}\boldsymbol{X}(k))^{\mathrm{T}}\boldsymbol{P}(\boldsymbol{W}\boldsymbol{X}(k))|M_k\} \tag{9.24}$$

考虑到矩阵 $\boldsymbol{C}^{\theta(k)}$ 与参与者的通信图 $\mathcal{G}^{\theta(k)}$ 一一对应, 而参与者的通信图的概率转移矩阵满足假设 9.3, 因此上式可写成

$$\begin{aligned}\Delta S_2(k)=&(1-c)\boldsymbol{\xi}(k)^{\mathrm{T}}\left(\sum_{i=1}^{m}\pi_i\boldsymbol{C}^{i^{\mathrm{T}}}\boldsymbol{P}\boldsymbol{C}^i-\boldsymbol{P}\right)\boldsymbol{\xi}(k)+2(1-c)\boldsymbol{\xi}(k)^{\mathrm{T}}\times\\&\left(\sum_{i=1}^{m}\pi_i\boldsymbol{C}^i\right)^{\mathrm{T}}\boldsymbol{P}\boldsymbol{W}\boldsymbol{X}(k)+(1-c)(\boldsymbol{W}\boldsymbol{X}(k))^{\mathrm{T}}\boldsymbol{P}(\boldsymbol{W}\boldsymbol{X}(k))\\&\leqslant-(1-c)\lambda_{\min}(\boldsymbol{Q})\|\boldsymbol{\xi}(k)\|^2+2(1-c)l_3\|\boldsymbol{\xi}(k)\|\|\boldsymbol{X}(k)\|+(1-c)l_4\|\boldsymbol{X}(k)\|^2\end{aligned} \tag{9.25}$$

式中, 最后一个不等式的推导用到条件 $\sum\limits_{i=1}^{m}\pi_i\boldsymbol{C}^{i^{\mathrm{T}}}\boldsymbol{P}\boldsymbol{C}^i-\boldsymbol{P}=-\boldsymbol{Q}$; l_3 和 l_4 的定义分别为 $l_3=\left\|\left(\sum\limits_{i=1}^{m}\pi_i\boldsymbol{C}^i\right)^{\mathrm{T}}\boldsymbol{P}\boldsymbol{W}\right\|$ 和 $l_4=\|\boldsymbol{W}^{\mathrm{T}}\boldsymbol{P}\boldsymbol{W}\|$. 另一方面, 注意到

$$\begin{aligned}\|\boldsymbol{X}(k)\|&=\|\mathbf{1}_N\otimes(\boldsymbol{x}(k)-\boldsymbol{x}(k+1)+\boldsymbol{x}(k)-\boldsymbol{x}(k-1))\|\\&=\|\mathbf{1}_N\otimes(\delta\boldsymbol{\alpha}\overline{\boldsymbol{\Gamma}}(\boldsymbol{y}(k))-\delta\boldsymbol{\alpha}\overline{\boldsymbol{\Gamma}}(\boldsymbol{y}(k-1)))\|\\&\leqslant\delta\max_{i\in\mathcal{I}}\{\alpha_i\}l_5(\|\overline{\boldsymbol{\Gamma}}(\boldsymbol{y}(k))\|+\|\overline{\boldsymbol{\Gamma}}(\boldsymbol{y}(k-1))\|)\\&\leqslant\delta\max_{i\in\mathcal{I}}\{\alpha_i\}l_5(l_2\|\bar{\boldsymbol{x}}(k)\|+l_2^*\|\bar{\boldsymbol{x}}(k-1)\|+l_1\|\bar{\boldsymbol{y}}(k)\|+l_1^*\|\bar{\boldsymbol{y}}(k-1)\|)\\&\leqslant2\delta\max_{i\in\mathcal{I}}\{\alpha_i\}l_5(\bar{l}_2\|\boldsymbol{\eta}(k)\|+\bar{l}_1\|\boldsymbol{\xi}(k)\|)\end{aligned} \tag{9.26}$$

式中, l_5 是正常数; l_1, l_2, l_1^*, l_2^* 是 Lipschitz 常数; $\bar{l}_1=\max\{l_1,l_1^*\}$; $\bar{l}_2=\max\{l_2,l_2^*\}$.

结合式 (9.25) 和式 (9.26) 可得

$$\begin{aligned}\Delta S_2(k)\leqslant&-(1-c)\lambda_{\min}(\boldsymbol{Q})\|\boldsymbol{\xi}(k)\|^2\\&+4\delta(1-c)\max_{i\in\mathcal{I}}\{\alpha_i\}l_3l_5(\bar{l}_2\|\boldsymbol{\eta}(k)\|\|\boldsymbol{\xi}(k)\|+\bar{l}_1\|\boldsymbol{\xi}(k)\|^2)\\&+4\delta^2(1-c)\max_{i\in\mathcal{I}}\{\alpha_i\}^2l_4l_5^2(\bar{l}_2\|\boldsymbol{\eta}(k)\|+\bar{l}_1\|\boldsymbol{\xi}(k)\|)^2\end{aligned} \tag{9.27}$$

最后, 根据式 (9.23) 和式 (9.27) 可得

$$\Delta V(k)=\Delta S_1(k)+\Delta S_2(k)$$

$$\begin{aligned}&\leqslant -c\delta\mu\|\boldsymbol{\eta}(k)\|^2+2c\delta\bar{l}_1\|\boldsymbol{\eta}(k)\|\|\boldsymbol{\xi}(k)\|+c\delta^2\max_{i\in\mathcal{I}}\{\alpha_i\}\times\\&\quad(\bar{l}_2\|\boldsymbol{\eta}(k)\|+\bar{l}_1\|\boldsymbol{\xi}(k)\|)^2-(1-c)\lambda_{\min}(\boldsymbol{Q})\|\boldsymbol{\xi}(k)\|^2\\&\quad+4\delta(1-c)\max_{i\in\mathcal{I}}\{\alpha_i\}l_3l_5(\bar{l}_2\|\boldsymbol{\eta}(k)\|\|\boldsymbol{\xi}(k)\|+\bar{l}_1\|\boldsymbol{\xi}(k)\|^2)\\&\quad+4\delta^2(1-c)\max_{i\in\mathcal{I}}\{\alpha_i\}^2l_4l_5^2(\bar{l}_2\|\boldsymbol{\eta}(k)\|+\bar{l}_1\|\boldsymbol{\xi}(k)\|)^2\\&\leqslant\{-c\delta\mu+c\delta^2\max_{i\in\mathcal{I}}\{\alpha_i\}\bar{l}_2^2+4\delta^2(1-c)\max_{i\in\mathcal{I}}\{\alpha_i\}^2l_4l_5^2\bar{l}_2^2\}\|\boldsymbol{\eta}(k)\|^2\\&\quad+\{-(1-c)\lambda_{\min}(\boldsymbol{Q})+c\delta^2\max_{i\in\mathcal{I}}\{\alpha_i\}\bar{l}_1^2+4\delta(1-c)\max_{i\in\mathcal{I}}\{\alpha_i\}l_3l_5\bar{l}_1\\&\quad+4\delta^2(1-c)\max_{i\in\mathcal{I}}\{\alpha_i\}^2l_4l_5^2\bar{l}_1^2\}\|\boldsymbol{\xi}(k)\|^2+\{2c\delta\bar{l}_1+2c\delta^2\max_{i\in\mathcal{I}}\{\alpha_i\}\bar{l}_1\bar{l}_2\\&\quad+4\delta(1-c)\max_{i\in\mathcal{I}}\{\alpha_i\}l_3l_5\bar{l}_2+8\delta^2(1-c)\max_{i\in\mathcal{I}}\{\alpha_i\}^2l_4l_5^2\bar{l}_1\bar{l}_2\}\|\boldsymbol{\eta}(k)\|\|\boldsymbol{\xi}(k)\|\end{aligned}\tag{9.28}$$

由 Young 不等式可知, 对于任意的 $\varepsilon>0$, 成立

$$\|\boldsymbol{\eta}(k)\|\|\boldsymbol{\xi}(k)\|\leqslant\frac{1}{2}\left(\varepsilon\|\boldsymbol{\eta}(k)\|^2+\frac{\|\boldsymbol{\xi}(k)\|^2}{\varepsilon}\right)$$

所以, $\Delta V(k)$ 可以重新写成

$$\Delta V(k)\leqslant\kappa_1\|\boldsymbol{\eta}(k)\|^2+\kappa_2\|\boldsymbol{\xi}(k)\|^2\tag{9.29}$$

其中, 参数 κ_1 和 κ_2 定义如下:

$$\begin{aligned}\kappa_1&=\delta\left\{-c\mu+\varepsilon(c\bar{l}_1+2(1-c)\max_{i\in\mathcal{I}}\{\alpha_i\}l_3l_5\bar{l}_2)\right\}+c\delta^2\max_{i\in\mathcal{I}}\{\alpha_i\}\bar{l}_2^2+4\delta^2(1-c)\times\\&\quad\max_{i\in\mathcal{I}}\{\alpha_i\}^2l_4l_5^2\bar{l}_2^2+\varepsilon\left(c\delta^2\max_{i\in\mathcal{I}}\{\alpha_i\}\bar{l}_1\bar{l}_2+4\delta^2(1-c)\max_{i\in\mathcal{I}}\{\alpha_i\}^2l_4l_5^2\bar{l}_1\bar{l}_2\right);\\\kappa_2&=-(1-c)\lambda_{\min}(\boldsymbol{Q})+c\delta^2\max_{i\in\mathcal{I}}\{\alpha_i\}\bar{l}_1^2+4\delta(1-c)\max_{i\in\mathcal{I}}\{\alpha_i\}l_3l_5\bar{l}_1+4\delta^2(1-c)\times\\&\quad\max_{i\in\mathcal{I}}\{\alpha_i\}^2l_4l_5^2\bar{l}_1^2+\frac{1}{\varepsilon}\left(c\delta\bar{l}_1+c\delta^2\max_{i\in\mathcal{I}}\{\alpha_i\}\bar{l}_1\bar{l}_2+2\delta(1-c)\max_{i\in\mathcal{I}}\{\alpha_i\}l_3l_5\bar{l}_2\right.\\&\quad\left.+4\delta^2(1-c)\max_{i\in\mathcal{I}}\{\alpha_i\}^2l_4l_5^2\bar{l}_1\bar{l}_2\right).\end{aligned}$$

为了保证 $\Delta V(k)$ 是负定的, 就需要保证参数 $\kappa_1<0$ 和 $\kappa_2<0$, 因此选择

$$0<\varepsilon<\frac{c\mu}{c\bar{l}_1+2(1-c)\max_{i\in\mathcal{I}}\{\alpha_i\}l_3l_5\bar{l}_2}$$

使得 $-c\mu+\varepsilon(c\bar{l}_1+2(1-c)\max_{i\in\mathcal{I}}\{\alpha_i\}l_3l_5\bar{l}_2)<0$. 而且, 由矩阵 $\boldsymbol{Q}$ 的正定性可知 $-(1-c)\lambda_{\min}(\boldsymbol{Q})<0$. 因为 κ_1 和 κ_2 是关于参数 δ 的二次函数, 根据 κ_1 和 κ_2 的形式以及二次函数的性质可知, 存在一个 $\delta^*>0$ 使得对于任意的 $\delta\in(0,\delta^*)$, $\kappa_1<0$ 和 $\kappa_2<0$ 同时成立. 令 $\kappa=\min\{-\kappa_1,-\kappa_2\}$, 结合式 (9.18) 可得

$$\Delta V(k)\leqslant-\kappa\|\boldsymbol{\chi}(k)\|^2\leqslant-\frac{\kappa}{\lambda_{\max}(\boldsymbol{H})}V(k) \tag{9.30}$$

这意味着对于任意的正整数 k, 都有下式成立:

$$E\{V(k+1)|M_k\}\leqslant\left(1-\frac{\kappa}{\lambda_{\max}(\boldsymbol{H})}\right)V(k) \tag{9.31}$$

根据矩阵 $\boldsymbol{H}$ 的定义, 可知 $\boldsymbol{H}$ 的特征值由 $\dfrac{c}{2\alpha_i}, i=1,\cdots,N$ 和矩阵 $(1-c)\boldsymbol{P}$ 的特征值组成. 选择 α_i 的最小值充分小使得矩阵 $\boldsymbol{H}$ 的最大特征值充分大, 以满足 $0<\dfrac{\kappa}{\lambda_{\max}(\boldsymbol{H})}<1$. 由条件期望的性质可知 $E\{V(k+1)\}\leqslant\left(1-\dfrac{\kappa}{\lambda_{\max}(\boldsymbol{H})}\right)\times E\{V(k)\}$. 考虑到 $0<1-\dfrac{\kappa}{\lambda_{\max}(\boldsymbol{H})}<1$, 最终可得 $E\{V(k+1)\}\leqslant\left(1-\dfrac{\kappa}{\lambda_{\max}(\boldsymbol{H})}\right)^{k+1}\times V(0)\to 0$, 当 $k\to\infty$. 因此, $(\boldsymbol{x}^*, \mathbf{1}_N\otimes\boldsymbol{x}^*)$ 是均方稳定的. ■

注解 9.3 从定理 9.1 的证明中可以看到, δ^* 的值涉及所有参与者代价函数的 Lipschitz 常数, 通常由于隐私保护等因素, 每个参与者可能无法获取其余参与者的代价函数的信息, 因此在选择 δ 值时, 参与者需要进行多次尝试与调整以学习非合作博弈的纳什均衡.

9.2.2 带有局部约束的分布式纳什均衡搜索

在实际中, 参与者的策略通常会受到约束的限制, 因此本节考虑切换通信图下带有局部约束的分布式纳什均衡搜索.

考虑到参与者无法直接获得非邻居参与者的策略信息, 因此仍然使每个参与者维持一个估计向量 $\boldsymbol{y}_i(k)=[y_{i1}(k),\cdots,y_{iN}(k)]^{\mathrm{T}}$ 用来对全体参与者的策略组合 $\boldsymbol{x}(k)=[x_1(k),\cdots,x_N(k)]^{\mathrm{T}}$ 进行估计. 因为每个参与者都想极小化自己的代价, 并且其策略受到局部约束集 Ω_i 的限制, 因此借助投影算子设计参与者的策略更新算法:

$$x_i(k+1)=\mathcal{P}_{\Omega_i}\left[x_i(k)-\delta\frac{\partial f_i}{\partial x_i}(\boldsymbol{y}_i(k))\right],\quad \forall i\in\mathcal{I} \tag{9.32}$$

式中, $\dfrac{\partial f_i}{\partial x_i}(\boldsymbol{y}_i(k)) = \dfrac{\partial f_i}{\partial x_i}(\boldsymbol{x})|_{\boldsymbol{x}=\boldsymbol{y}_i(k)}$; $\delta > 0$ 是待设计的小的参数. 式 (9.32) 保证参与者一直在各自的约束集内更新自己的策略. 同时, 参与者仍按照协议 (9.9) 更新自己的估计 $y_{ij}(k)$.

定义参与者的策略组合与纳什均衡的误差向量 $\bar{\boldsymbol{x}}(k) = [\bar{x}_1(k), \cdots, \bar{x}_N(k)]^{\mathrm{T}}$, 其中 $\bar{x}_i(k) = x_i(k) - x_i^*$, 则该策略误差向量 $\bar{\boldsymbol{x}}(k)$ 的迭代式为

$$\bar{\boldsymbol{x}}(k+1) = \mathcal{P}_\Omega\left[\boldsymbol{x}(k) - \delta\overline{\boldsymbol{\Gamma}}(\boldsymbol{y}(k))\right] - \boldsymbol{x}^* \tag{9.33}$$

式中, $\overline{\boldsymbol{\Gamma}}(\boldsymbol{y}(k)) = \left[\dfrac{\partial f_1}{\partial x_1}(\boldsymbol{y}_1(k)), \dfrac{\partial f_2}{\partial x_2}(\boldsymbol{y}_2(k)), \cdots, \dfrac{\partial f_N}{\partial x_N}(\boldsymbol{y}_N(k))\right]^{\mathrm{T}}$. 注意, 在局部约束存在的情况下, 纳什均衡 $\boldsymbol{x}^*$ 满足 $\boldsymbol{x}^* = \mathcal{P}_\Omega\left[\boldsymbol{x}^* - \delta\boldsymbol{\Gamma}(\boldsymbol{x}^*)\right]$, $\forall\delta > 0$.

下面基于引理 9.1 和引理 9.2 给出关于服从局部约束的非合作博弈问题的纳什均衡搜索算法的收敛性分析.

定理 9.2 设 Ω 是紧凸集, 且假设 9.1 ~ 假设 9.4 成立. 选择合适的 $T\gamma$ 使得 $\rho(\boldsymbol{S}) < 1$, 则存在 $\delta^* > 0$ 使得对于任意的 $\delta \in (0, \delta^*)$, 利用所设计的分布式纳什均衡搜索算法 (9.32) 和算法 (9.9) 保证所有参与者的策略在均方意义下收敛到纳什均衡 $\boldsymbol{x}^*$ 的邻域内, 而且通过在区间 $(0, \delta^*)$ 内调节 δ 的值使得该邻域任意小.

证明: 假设 9.3 成立, 说明参与者的所有候选通信图的并图 $\mathcal{G}^u$ 是无向连通的. 根据引理 9.1 和引理 9.2 可知, 当 $T\gamma$ 充分小时, 满足 $\rho(\boldsymbol{S}) < 1$. 这表明存在两个对称正定矩阵 $\boldsymbol{P}$ 和 $\boldsymbol{Q}$ 满足

$$\boldsymbol{P} - \sum_{i=1}^{m}\pi_i {\boldsymbol{C}^i}^{\mathrm{T}}\boldsymbol{P}\boldsymbol{C}^i = \boldsymbol{Q}$$

构造如下 Lyapunov 函数:

$$\begin{aligned}
&\tilde{V}(k) = \tilde{S}_1(k) + \tilde{S}_2(k), \\
&\tilde{S}_1(k) = \frac{c}{2}\|\boldsymbol{\eta}(k)\|^2, \\
&\tilde{S}_2(k) = (1-c)\,\boldsymbol{\xi}(k)^{\mathrm{T}}\boldsymbol{P}\boldsymbol{\xi}(k).
\end{aligned} \tag{9.34}$$

式中, $0 < c < 1$ 是一个常数; $\boldsymbol{\eta}(k) = [\bar{\boldsymbol{x}}(k)^{\mathrm{T}}, \bar{\boldsymbol{x}}(k-1)^{\mathrm{T}}]^{\mathrm{T}}$; $\boldsymbol{\xi}(k) = [\bar{\boldsymbol{y}}(k)^{\mathrm{T}}, \bar{\boldsymbol{y}}(k-1)^{\mathrm{T}}]^{\mathrm{T}}$.

令 M_k 代表事件: $\boldsymbol{x}(k)$, $\boldsymbol{x}(k-1)$, $\boldsymbol{y}(k)$, $\boldsymbol{y}(k-1)$ 是已确定的, 即 $\boldsymbol{\eta}(k)$ 和 $\boldsymbol{\xi}(k)$ 是确定的. 对于已确定的策略误差变量 $\boldsymbol{\eta}(k)$ 和 $\boldsymbol{\xi}(k)$, 定义

$$\Delta\tilde{V}(k) = E\{\tilde{V}(k+1)|M_k\} - \tilde{V}(k) \tag{9.35}$$

其中, $E\{\tilde{V}(k+1)|M_k\}$ 是 $\tilde{V}(k+1)$ 在条件 M_k 下的数学期望.

类似地, 定义

$$\Delta\tilde{S}_1(k)=E\left\{\tilde{S}_1(k+1)|M_k\right\}-\tilde{S}_1(k)$$

和

$$\Delta\tilde{S}_2(k)=E\left\{\tilde{S}_2(k+1)|M_k\right\}-\tilde{S}_2(k)$$

那么根据条件期望的性质可知 $\Delta\tilde{V}(k)=\Delta\tilde{S}_1(k)+\Delta\tilde{S}_2(k)$.

接下来, 分别分析 $\Delta\tilde{S}_1(k)$ 和 $\Delta\tilde{S}_2(k)$. 注意到对于服从局部约束集的非合作博弈问题, 其纳什均衡 $\boldsymbol{x}^*$ 满足 $\boldsymbol{x}^*=\mathcal{P}_\Omega[\boldsymbol{x}^*-\delta\boldsymbol{\Gamma}(\boldsymbol{x}^*)]$. 因此根据投影算子的非扩张性质, 即对任意的 $\boldsymbol{x}, \boldsymbol{x}'\in\mathbb{R}^N$, $\|\mathcal{P}_\Omega[\boldsymbol{x}]-\mathcal{P}_\Omega[\boldsymbol{x}']\|\leqslant\|\boldsymbol{x}-\boldsymbol{x}'\|$ 成立, 可以推导出

$$\begin{aligned}
\|\bar{\boldsymbol{x}}(k+1)\|^2&=\|\boldsymbol{x}(k+1)-\boldsymbol{x}^*\|^2\\
&=\left\|\mathcal{P}_\Omega\left[\boldsymbol{x}(k)-\delta\overline{\boldsymbol{\Gamma}}\left(\boldsymbol{y}(k)\right)\right]-\mathcal{P}_\Omega\left[\boldsymbol{x}^*-\delta\boldsymbol{\Gamma}\left(\boldsymbol{x}^*\right)\right]\right\|^2\\
&\leqslant\left\|\boldsymbol{x}(k)-\boldsymbol{x}^*-\delta\left(\overline{\boldsymbol{\Gamma}}\left(\boldsymbol{y}(k)\right)-\boldsymbol{\Gamma}\left(\boldsymbol{x}^*\right)\right)\right\|^2\\
&=\|\boldsymbol{x}(k)-\boldsymbol{x}^*\|^2+\delta^2\left\|\overline{\boldsymbol{\Gamma}}\left(\boldsymbol{y}(k)\right)-\boldsymbol{\Gamma}\left(\boldsymbol{x}^*\right)\right\|^2-2\delta\left(\boldsymbol{x}(k)-\boldsymbol{x}^*\right)^{\mathrm{T}}\\
&\quad\times\left(\overline{\boldsymbol{\Gamma}}\left(\boldsymbol{y}(k)\right)-\boldsymbol{\Gamma}\left(\boldsymbol{x}^*\right)\right)\\
&=\|\bar{\boldsymbol{x}}(k)\|^2+\delta^2\left\|\overline{\boldsymbol{\Gamma}}\left(\boldsymbol{y}(k)\right)-\boldsymbol{\Gamma}\left(\boldsymbol{x}^*\right)\right\|^2-2\delta\left(\boldsymbol{x}(k)-\boldsymbol{x}^*\right)^{\mathrm{T}}\\
&\quad\times\left(\overline{\boldsymbol{\Gamma}}\left(\boldsymbol{y}(k)\right)-\boldsymbol{\Gamma}\left(\boldsymbol{x}(k)\right)\right)-2\delta\left(\boldsymbol{x}(k)-\boldsymbol{x}^*\right)^{\mathrm{T}}\left(\boldsymbol{\Gamma}\left(\boldsymbol{x}(k)\right)-\boldsymbol{\Gamma}\left(\boldsymbol{x}^*\right)\right)
\end{aligned}\tag{9.36}$$

根据假设 9.1 中的条件可知 $\dfrac{\partial f_i}{\partial x_i}(\boldsymbol{x})$, $i\in\mathcal{I}$ 是局部 Lipschitz 连续的, 并且 $\|\overline{\boldsymbol{\Gamma}}(\boldsymbol{y}(k))-\boldsymbol{\Gamma}(\boldsymbol{x}^*)\|=\|\overline{\boldsymbol{\Gamma}}(\boldsymbol{y}(k))-\boldsymbol{\Gamma}(\boldsymbol{x}(k))+\boldsymbol{\Gamma}(\boldsymbol{x}(k))-\boldsymbol{\Gamma}(\boldsymbol{x}^*)\|$, $\|\overline{\boldsymbol{\Gamma}}(\boldsymbol{y}(k))-\boldsymbol{\Gamma}(\boldsymbol{x}(k))\|=\|\overline{\boldsymbol{\Gamma}}(\boldsymbol{y}(k))-\overline{\boldsymbol{\Gamma}}(\mathbf{1}_N\otimes\boldsymbol{x}(k))\|$, 再结合假设 9.2 的条件可以进一步得到

$$\begin{aligned}
\|\bar{\boldsymbol{x}}(k+1)\|^2\leqslant&\ \|\bar{\boldsymbol{x}}(k)\|^2+\delta^2\left(\check{l}_1\|\bar{\boldsymbol{y}}(k)\|+\check{l}_2\|\bar{\boldsymbol{x}}(k)\|\right)^2\\
&+2\delta\check{l}_1\|\bar{\boldsymbol{x}}(k)\|\|\bar{\boldsymbol{y}}(k)\|-2\delta\mu\|\bar{\boldsymbol{x}}(k)\|^2\\
\leqslant&\ \|\bar{\boldsymbol{x}}(k)\|^2+\delta^2\check{l}_1^2\|\bar{\boldsymbol{y}}(k)\|^2+\delta^2\check{l}_2^2\|\bar{\boldsymbol{x}}(k)\|^2\\
&+2\delta\left(\delta\check{l}_1\check{l}_2+\check{l}_1\right)\|\bar{\boldsymbol{x}}(k)\|\|\bar{\boldsymbol{y}}(k)\|-2\delta\mu\|\bar{\boldsymbol{x}}(k)\|^2
\end{aligned}\tag{9.37}$$

其中, $\check{l}_1$ 和 $\check{l}_2$ 是 Lipschitz 常数. 类似地, 可得

$$
\begin{aligned}
\|\bar{\boldsymbol{x}}(k)\|^2 \leqslant & \|\bar{\boldsymbol{x}}(k-1)\|^2+\delta^2 \hat{l}_1^2\|\bar{\boldsymbol{y}}(k-1)\|^2+\delta^2 \hat{l}_2^2\|\bar{\boldsymbol{x}}(k-1)\|^2 \\
& +2 \delta\left(\delta \hat{l}_1 \hat{l}_2+\hat{l}_1\right)\|\bar{\boldsymbol{x}}(k-1)\|\|\bar{\boldsymbol{y}}(k-1)\|-2 \delta \mu\|\bar{\boldsymbol{x}}(k-1)\|^2
\end{aligned} \tag{9.38}
$$

其中, $\hat{l}_1$ 和 $\hat{l}_2$ 是 Lipschitz 常数.

最终, 根据策略误差变量 $\boldsymbol{\eta}(k+1)$ 的定义可得

$$
\begin{aligned}
\|\boldsymbol{\eta}(k+1)\|^2= & \|\bar{\boldsymbol{x}}(k+1)\|^2+\|\bar{\boldsymbol{x}}(k)\|^2 \\
\leqslant & \|\boldsymbol{\eta}(k)\|^2+\delta^2 \tilde{l}_1^2\|\boldsymbol{\xi}(k)\|^2+\delta^2 \tilde{l}_2^2\|\boldsymbol{\eta}(k)\|^2 \\
& +4 \delta\left(\delta \tilde{l}_1 \tilde{l}_2+\tilde{l}_1\right)\|\boldsymbol{\eta}(k)\|\|\boldsymbol{\xi}(k)\|-2 \delta \mu\|\boldsymbol{\eta}(k)\|^2
\end{aligned} \tag{9.39}
$$

其中, $\tilde{l}_1=\max\{\check{l}_1, \hat{l}_1\}$, $\tilde{l}_2=\max\{\check{l}_2, \hat{l}_2\}$. 因此

$$
\begin{aligned}
\Delta \tilde{S}_1(k)= & E\left\{\tilde{S}_1(k+1) \mid M_k\right\}-\tilde{S}_1(k) \\
= & E\{\frac{c}{2}\|\boldsymbol{\eta}(k+1)\|^2 \mid M_k\}-\frac{c}{2}\|\boldsymbol{\eta}(k)\|^2 \\
\leqslant & -c \delta \mu\|\boldsymbol{\eta}(k)\|^2+\frac{c \delta^2}{2} \tilde{l}_1^2\|\boldsymbol{\xi}(k)\|^2+\frac{c \delta^2}{2} \tilde{l}_2^2\|\boldsymbol{\eta}(k)\|^2 \\
& +2 c \delta\left(\delta \tilde{l}_1 \tilde{l}_2+\tilde{l}_1\right)\|\boldsymbol{\eta}(k)\|\|\boldsymbol{\xi}(k)\|
\end{aligned} \tag{9.40}
$$

另一方面,

$$
\begin{aligned}
\Delta \tilde{S}_2(k)= & E\{\tilde{S}_2(k+1) \mid M_k\}-\tilde{S}_2(k) \\
= & (1-c) E\{\boldsymbol{\xi}(k+1)^{\mathrm{T}} \boldsymbol{P} \boldsymbol{\xi}(k+1) \mid M_k\}-(1-c) \boldsymbol{\xi}(k)^{\mathrm{T}} \boldsymbol{P} \boldsymbol{\xi}(k) \\
= & (1-c) E\{[\boldsymbol{C}^{\theta(k)} \boldsymbol{\xi}(k)+\boldsymbol{W} \boldsymbol{X}(k)]^{\mathrm{T}} \boldsymbol{P}[\boldsymbol{C}^{\theta(k)} \boldsymbol{\xi}(k)+\boldsymbol{W} \boldsymbol{X}(k)] \mid M_k\} \\
& -(1-c) \boldsymbol{\xi}(k)^{\mathrm{T}} \boldsymbol{P} \boldsymbol{\xi}(k) \\
= & (1-c) E\{\boldsymbol{\xi}(k)^{\mathrm{T}}(\boldsymbol{C}^{\theta(k)^{\mathrm{T}}} \boldsymbol{P} \boldsymbol{C}^{\theta(k)}-\boldsymbol{P}) \boldsymbol{\xi}(k)+2(\boldsymbol{C}^{\theta(k)} \boldsymbol{\xi}(k))^{\mathrm{T}} \boldsymbol{P}(\boldsymbol{W} \boldsymbol{X}(k)) \\
& +(\boldsymbol{W} \boldsymbol{X}(k))^{\mathrm{T}} \boldsymbol{P}(\boldsymbol{W} \boldsymbol{X}(k)) \mid M_k\} \\
= & (1-c) \boldsymbol{\xi}(k)^{\mathrm{T}}\left(\sum_{i=1}^m \pi_i \boldsymbol{C}^{i^{\mathrm{T}}} \boldsymbol{P} \boldsymbol{C}^i-\boldsymbol{P}\right) \boldsymbol{\xi}(k)+2(1-c) \boldsymbol{\xi}(k)^{\mathrm{T}}\left(\sum_{i=1}^m \pi_i \boldsymbol{C}^i\right)^{\mathrm{T}} \\
& \times \boldsymbol{P} \boldsymbol{W} \boldsymbol{X}(k)+(1-c) \boldsymbol{X}(k)^{\mathrm{T}} \boldsymbol{W}^{\mathrm{T}} \boldsymbol{P} \boldsymbol{W} \boldsymbol{X}(k)
\end{aligned} \tag{9.41}
$$

因为对称正定矩阵 $\boldsymbol{P}$ 和 $\boldsymbol{Q}$ 满足 $\boldsymbol{P}-\sum\limits_{i=1}^{m}\pi_i\boldsymbol{C}^{i\mathrm{T}}\boldsymbol{P}\boldsymbol{C}^i=\boldsymbol{Q}$, 所以

$$\Delta\tilde{S}_2(k)\leqslant-(1-c)\lambda_{\min}(\boldsymbol{Q})\|\boldsymbol{\xi}(k)\|^2+2(1-c)l_3\|\boldsymbol{\xi}(k)\|\|\boldsymbol{X}(k)\|+(1-c)l_4\|\boldsymbol{X}(k)\|^2 \tag{9.42}$$

其中, l_3 和 l_4 是正常数, 其定义分别为 $l_3=\left\|\left(\sum\limits_{i=1}^{m}\pi_i\boldsymbol{C}^i\right)^{\mathrm{T}}\boldsymbol{P}\boldsymbol{W}\right\|$ 和 $l_4=\|\boldsymbol{W}^{\mathrm{T}}\boldsymbol{P}\boldsymbol{W}\|$. 根据 Young 不等式可知, 对于任意的标量 $d>0$ 成立

$$\|\boldsymbol{\xi}(k)\|\|\boldsymbol{X}(k)\|\leqslant\frac{1}{2}\left(d\|\boldsymbol{\xi}(k)\|^2+\frac{1}{d}\|\boldsymbol{X}(k)\|^2\right) \tag{9.43}$$

进一步, 根据定义 $\boldsymbol{X}(k)=\mathbf{1}_N\otimes(\boldsymbol{x}(k)-\boldsymbol{x}(k+1)+\boldsymbol{x}(k)-\boldsymbol{x}(k-1))$, 可推导出

$$\begin{aligned}\|\boldsymbol{X}(k)\|^2&=N\|\boldsymbol{x}(k)-\boldsymbol{x}(k+1)+\boldsymbol{x}(k)-\boldsymbol{x}(k-1)\|^2\\&\leqslant2N\left(\|\boldsymbol{x}(k)-\boldsymbol{x}(k+1)\|^2+\|\boldsymbol{x}(k)-\boldsymbol{x}(k-1)\|^2\right)\\&\leqslant2\delta^2N\left(\|\overline{\boldsymbol{\Gamma}}(\boldsymbol{y}(k))\|^2+\|\overline{\boldsymbol{\Gamma}}(\boldsymbol{y}(k-1))\|^2\right)\\&\leqslant4\delta^2N(\|\overline{\boldsymbol{\Gamma}}(\boldsymbol{y}(k))-\boldsymbol{\Gamma}(\boldsymbol{x}^*)\|^2+\|\boldsymbol{\Gamma}(\boldsymbol{x}^*)\|^2\\&\quad+\|\overline{\boldsymbol{\Gamma}}(\boldsymbol{y}(k-1))-\boldsymbol{\Gamma}(\boldsymbol{x}^*)\|^2+\|\boldsymbol{\Gamma}(\boldsymbol{x}^*)\|^2)\end{aligned} \tag{9.44}$$

其中, 式 (9.44) 的第二个不等式用到投影算子的非扩张性, 即

$$\|\boldsymbol{x}(k)-\boldsymbol{x}(k+1)\|=\|\boldsymbol{x}(k)-P_\Omega[\boldsymbol{x}(k)+\delta\overline{\boldsymbol{\Gamma}}(\boldsymbol{y}(k))]\|\leqslant\delta\|\overline{\boldsymbol{\Gamma}}\left(\boldsymbol{y}(k)\right)\|.$$

结合 $\overline{\boldsymbol{\Gamma}}(\cdot)$ 的局部 Lipschitz 连续性可以得到

$$\|\boldsymbol{X}(k)\|^2\leqslant4\delta^2N\left(\tilde{l}_1^2\|\boldsymbol{\xi}(k)\|^2+\tilde{l}_2^2\|\boldsymbol{\eta}(k)\|^2+4\tilde{l}_1\tilde{l}_2\|\boldsymbol{\xi}(k)\|\|\boldsymbol{\eta}(k)\|+2\|\boldsymbol{\Gamma}(\boldsymbol{x}^*)\|^2\right) \tag{9.45}$$

整理式 (9.42)、式 (9.43) 和式 (9.45), 最终得到

$$\begin{aligned}\Delta\tilde{S}_2(k)\leqslant&-(1-c)\lambda_{\min}(\boldsymbol{Q})\|\boldsymbol{\xi}(k)\|^2+(1-c)dl_3\|\boldsymbol{\xi}(k)\|^2\\&+4\delta^2N(1-c)\left(\frac{l_3}{d}+l_4\right)\left(\tilde{l}_1^2\|\boldsymbol{\xi}(k)\|^2+\tilde{l}_2^2\|\boldsymbol{\eta}(k)\|^2+4\tilde{l}_1\tilde{l}_2\|\boldsymbol{\xi}(k)\|\|\boldsymbol{\eta}(k)\|\right.\\&\left.+2\|\boldsymbol{\Gamma}(\boldsymbol{x}^*)\|^2\right).\end{aligned} \tag{9.46}$$

因为 $f_i(\boldsymbol{x})$ 是二次连续可微的, Ω 是紧凸集, 所以存在一个常数 $C>0$ 使得 $\|\boldsymbol{\Gamma}(\boldsymbol{x})\|^2 \leqslant C, \forall \in \Omega$. 考虑到 $\boldsymbol{x}^* = \mathcal{P}_\Omega[\boldsymbol{x}^* + \delta\boldsymbol{\Gamma}(\boldsymbol{x}^*)]$, 所以 $\|\boldsymbol{\Gamma}(\boldsymbol{x}^*)\|^2 \leqslant C$. 因此,

$$\begin{aligned}
\Delta\tilde{V}(k) &= \Delta\tilde{S}_1(k) + \Delta\tilde{S}_2(k) \\
&\leqslant -\left[c\delta\mu - \frac{c\delta^2}{2}\tilde{l}_2^2 - 4\delta^2 N(1-c)\left(\frac{l_3}{d}+l_4\right)\tilde{l}_2^2\right]\|\boldsymbol{\eta}(k)\|^2 \\
&\quad -\left[(1-c)\lambda_{\min}(\boldsymbol{Q}) - (1-c)dl_3 - \frac{c\delta^2}{2}\tilde{l}_1^2 - 4\delta^2 N(1-c)\left(\frac{l_3}{d}+l_4\right)\tilde{l}_1^2\right]\times \\
&\quad \|\boldsymbol{\xi}(k)\|^2 + \left[2c\delta\left(\delta\tilde{l}_1\tilde{l}_2+\tilde{l}_1\right) + 16\delta^2 N(1-c)\left(\frac{l_3}{d}+l_4\right)\tilde{l}_1\tilde{l}_2\right]\times \\
&\quad \|\boldsymbol{\eta}(k)\|\,\|\boldsymbol{\xi}(k)\| + 8\delta^2 N(1-c)\left(\frac{l_3}{d}+l_4\right)C
\end{aligned} \tag{9.47}$$

针对 $\|\boldsymbol{\eta}(k)\|\,\|\boldsymbol{\xi}(k)\|$, 根据 Young 不等式可知, 对于任意给定的 $\varepsilon>0$,

$$\|\boldsymbol{\eta}(k)\|\,\|\boldsymbol{\xi}(k)\| \leqslant \frac{1}{2}\left(\varepsilon\|\boldsymbol{\eta}(k)\|^2 + \frac{\|\boldsymbol{\xi}(k)\|^2}{\varepsilon}\right) \tag{9.48}$$

成立. 将式 (9.48) 代入式 (9.47) 得到

$$\begin{aligned}
\Delta\tilde{V}(k) &= \Delta\tilde{S}_1(k) + \Delta\tilde{S}_2(k) \\
&\leqslant \Bigg\{-c\delta\mu + \frac{c\delta^2}{2}\tilde{l}_2^2 + 4\delta^2 N(1-c)\left(\frac{l_3}{d}+l_4\right)\tilde{l}_2^2 + \varepsilon[c\delta(\delta\tilde{l}_1\tilde{l}_2+\tilde{l}_1) \\
&\quad + 8\delta^2 N(1-c)\left(\frac{l_3}{d}+l_4\right)\tilde{l}_1\tilde{l}_2]\Bigg\}\|\boldsymbol{\eta}(k)\|^2 \\
&\quad + \Bigg\{-(1-c)\lambda_{\min}(\boldsymbol{Q}) + (1-c)dl_3 + \frac{c\delta^2}{2}\tilde{l}_1^2 + 4\delta^2 N(1-c)\times \\
&\quad \left(\frac{l_3}{d}+l_4\right)\tilde{l}_1^2 + \frac{1}{\varepsilon}\left[c\delta(\delta\tilde{l}_1\tilde{l}_2+\tilde{l}_1) + 8\delta^2 N(1-c)\left(\frac{l_3}{d}+l_4\right)\tilde{l}_1\tilde{l}_2\right]\Bigg\}\times \\
&\quad \|\boldsymbol{\xi}(k)\|^2 + 8\delta^2 N(1-c)\left(\frac{l_3}{d}+l_4\right)C
\end{aligned} \tag{9.49}$$

令 φ_1 和 φ_2 分别代表上式中 $\|\boldsymbol{\eta}(k)\|^2$ 和 $\|\boldsymbol{\xi}(k)\|^2$ 的系数, 那么

$$\Delta\tilde{V}(k) \leqslant \varphi_1\|\boldsymbol{\eta}(k)\|^2 + \varphi_2\|\boldsymbol{\xi}(k)\|^2 + 8\delta^2 N(1-c)\left(\frac{l_3}{d}+l_4\right)C$$

特别地, 系数 φ_1 可以写成如下形式:

$$\varphi_1 = a_1\delta^2 - b_1\delta$$

式中,

$$a_1 = \frac{c}{2}\tilde{l}_2^2 + 4N(1-c)\left(\frac{l_3}{d}+l_4\right)\tilde{l}_2^2 + \varepsilon\left(c\tilde{l}_1\tilde{l}_2 + 8N(1-c)\left(\frac{l_3}{d}+l_4\right)\tilde{l}_1\tilde{l}_2\right);$$

$$b_1 = c\mu - \varepsilon c\tilde{l}_1.$$

而且, 系数 φ_2 可以表达成

$$\varphi_2 = a_2\delta^2 + b_2\delta - c_2$$

式中,

$$a_2 = \frac{c}{2}\tilde{l}_1^2 + 4N(1-c)\left(\frac{l_3}{d}+l_4\right)\tilde{l}_1^2 + \frac{1}{\varepsilon}\left(c\tilde{l}_1\tilde{l}_2 + 8N(1-c)\left(\frac{l_3}{d}+l_4\right)\tilde{l}_1\tilde{l}_2\right);$$

$$b_2 = \frac{c\tilde{l}_1}{\varepsilon};$$

$$c_2 = (1-c)\lambda_{\min}(\boldsymbol{Q}) - (1-c)dl_3.$$

选择 $0<\varepsilon<\dfrac{\mu}{\tilde{l}_1}$ 使得 $b_1>0$, 同时选择 $0<d<\dfrac{\lambda_{\min}(\boldsymbol{Q})}{l_3}$ 使得 $c_2>0$. 显然, $a_1, a_2, b_2>0$, φ_1 和 φ_2 是关于 δ 的二次函数.

定义 $\delta^* = \min\left\{\dfrac{b_1}{a_1}, \dfrac{-b_2+\sqrt{b_2^2+4a_2c_2}}{2a_2}\right\}$, 根据二次函数的性质可知, 对于任意的 $\delta\in(0,\delta^*)$, $\varphi_1<0$ 和 $\varphi_2<0$ 同时成立. 定义 $\varphi=\min\{-\varphi_1, -\varphi_2\}$, $\boldsymbol{\chi}(k)=[\boldsymbol{\eta}(k)^{\mathrm{T}}, \boldsymbol{\xi}(k)^{\mathrm{T}}]^{\mathrm{T}}$, 则

$$\Delta\tilde{V}(k) \leqslant -\varphi\|\boldsymbol{\chi}(k)\|^2 + 8\delta^2 N(1-c)\left(\frac{l_3}{d}+l_4\right)C \tag{9.50}$$

由条件期望的性质可以得到

$$\begin{aligned} E\{\Delta\tilde{V}(k)\} &= E\{\tilde{V}(k+1)\} - E\{\tilde{V}(k)\} \\ &\leqslant -\varphi E(\|\boldsymbol{\chi}(k)\|^2) + 8\delta^2 N(1-c)\left(\frac{l_3}{d}+l_4\right)C \end{aligned} \tag{9.51}$$

进而有 $E(\|\boldsymbol{\chi}(k)\|^2) \leqslant \dfrac{8\delta^2 N(1-c)\left(\dfrac{l_3}{d}+l_4\right)C}{\varphi}$, 当 $k \to \infty$. 因为 $\varphi = \min\{-\varphi_1, -\varphi_2\}$, φ_1 和 φ_2 是关于 δ 的二次函数, 由 $b_1, b_2 \neq 0$ 和极限的性质可知

$$\lim_{\delta\to 0^+} \frac{8\delta^2 N(1-c)\left(\dfrac{l_3}{d}+l_4\right)C}{\varphi} = 0.$$

因此, 通过在区间 $(0, \delta^*)$ 中调节 δ 的大小可以使得参与者的策略在均方意义下收敛到纳什均衡的任意小的邻域内. ■

注解 9.4　值得说明的是, 如果纳什均衡位于参与者策略约束集的内部, 即对于任意的 $i \in \mathcal{I}$, x_i^* 是局部约束集 Ω_i 的内点, 那么 $\dfrac{\partial f_i(\boldsymbol{x}^*)}{\partial x_i} = 0$. 从定理 9.2 的证明过程中可以看出, 如果纳什均衡是约束集 Ω 的内点, 则参与者的策略在算法 (9.32) 和 (9.9) 下可以精确收敛到非合作博弈的纳什均衡.

9.2.3　仿真分析

针对无约束和带有局部约束的非合作博弈问题, 本小节将给出数值仿真以验证所提出的分布式纳什均衡搜索算法的有效性.

例 9.1　考虑具有 7 个参与者的非合作博弈问题, 参与者的代价函数分别是

$$\begin{aligned}
f_1(\boldsymbol{x}) &= 2x_1^2 + x_1(x_2+x_3+x_4) + 5x_1 + 3,\\
f_2(\boldsymbol{x}) &= x_2^2 + x_2x_4 - 2,\\
f_3(\boldsymbol{x}) &= x_1x_3 + 2x_3^2 + x_3x_6 + x_3x_7,\\
f_4(\boldsymbol{x}) &= x_2x_4 + \tfrac{3}{2}x_4^2 + x_4x_6 + 4x_4 + 5,\\
f_5(\boldsymbol{x}) &= x_1x_5 + x_2x_5 + x_3x_5 + \tfrac{5}{2}x_5^2 + x_5x_7 + 5x_5,\\
f_6(\boldsymbol{x}) &= (x_3+x_4+x_5-1)x_6 + 2x_6^2 + 7,\\
f_7(\boldsymbol{x}) &= (x_1+x_2+x_3+x_4+x_5+3)x_7 + 3x_7^2.
\end{aligned}$$

其中, $x_i \in \mathbb{R}$ 是第 i 个参与者的策略, 每个参与者都想最小化自己的代价函数. 令 $\dfrac{\partial f_i}{\partial x_i}(\boldsymbol{x})=0$, $\forall i = 1,\cdots,7$, 通过计算可知纳什均衡 $\boldsymbol{x}^* = [-1,1,0,-2,-1,1,0]^{\mathrm{T}}$. 参与者的候选通信图如图 9.1 所示, 参与者的通信图在无向图 $\{\mathcal{G}^1, \mathcal{G}^2, \mathcal{G}^3\}$ 之间进行随机切换, 且其转移概率矩阵为:

$$\boldsymbol{\Pi} = \begin{bmatrix} 0.3 & 0.3 & 0.4\\ 0.3 & 0.3 & 0.4\\ 0.3 & 0.3 & 0.4 \end{bmatrix}.$$

从图 9.1 可以看出每个候选通信图都是不连通的, 但是它们的并图是无向连通的. 参与者策略的初始值 $\boldsymbol{x}(0), \boldsymbol{x}(1)$ 设置为具有合适维数的全 1 列向量, 估计向量的初始值 $\boldsymbol{y}(0), \boldsymbol{y}(1)$ 为随机生成的具有合适维数的向量. 设参与者的步长 $\alpha_i = 1, i = 1, \cdots, 7$, 选择参数 $\delta = 0.05$, $T\gamma = 0.02$. 下面给出分布式纳什均衡搜索算法 (9.8) $\sim$ 算法 (9.9) 下每个参与者的策略演化图, 并以参与者 1 为例给出其估计变量的演化图. 图 9.2 显示 7 个参与者的策略演化, 从图中可以看出, 随着迭代次数的增加, 参与者的策略收敛到纳什均衡. 图 9.3 显示参与者 1 对所有参与者的策略估计演化, 从图中可以看出参与者 1 的估计信息也是收敛到纳什均衡的, 因此分布式算法 (9.8) 和算法 (9.9) 的有效性得以验证.

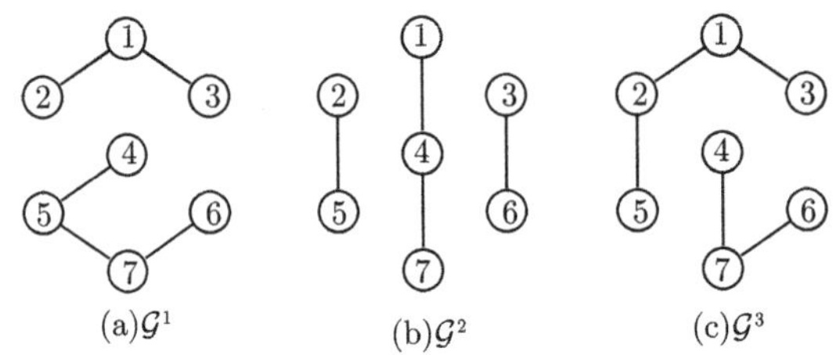

(a)$\mathcal{G}^1$ (b)$\mathcal{G}^2$ (c)$\mathcal{G}^3$

图 9.1 参与者的候选通信图

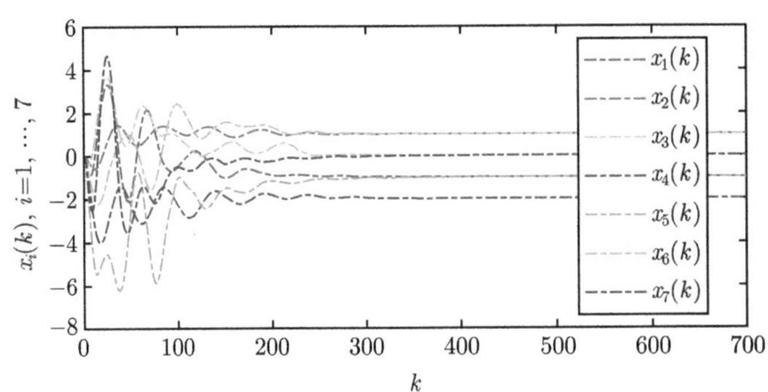

图 9.2 算法 (9.8) 和算法 (9.9) 下 7 个参与者的策略 $x_i(k), i = 1, \cdots, 7$ 的演化

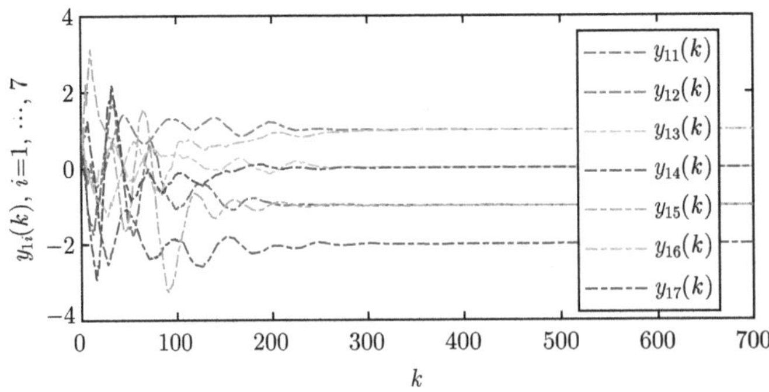

图 9.3 算法 (9.8) 和算法 (9.9) 下参与者 1 的估计 $y_{1i}(k), i = 1, \cdots, 7$ 的演化

例 9.2 考虑带有局部约束的非合作博弈问题. 将上例非合作博弈问题中每个参与者的策略 x_i 限制在约束集 $[-1, 1]$ 中. 显然, 在局部约束集下 $\boldsymbol{x} = [-1, 1, 0, -2, -1, 1, 0]^{\mathrm{T}}$ 不再是带有局部约束的非合作博弈问题的纳什均衡. 在局部约束集存在的情况下, 采用分布式算法 (9.32) 和算法 (9.9) 来求解非合作博弈问题的纳什均衡. 参与者的初始化策略向量设置为 $\boldsymbol{x}(0) = \boldsymbol{x}(1) = [1, 1, 1, 1, 1, 1, 1]^{\mathrm{T}}$, 参与者的估计变量 $\boldsymbol{y}(0)$ 和 $\boldsymbol{y}(1)$ 是随机生成的. 选择 $\delta = 0.05$, 设置 $T\gamma = 0.02$. 由算法 (9.32) 生成的参与者的策略如图 9.4 所示, 以参与者 1 为例, 由算法 (9.9) 生成的参与者 1 对所有参与者策略的估计如图 9.5 所示. 通过仿真计算得到参与者的策略和估计都收敛到 $[-1, 0.5, 0.105, -1, -0.8974, 0.6981, -0.1179]^{\mathrm{T}}$. 因此, 针对上述参与者的策略 x_i 受约束集 $[-1, 1]$ 限制的非合作博弈问题, 其纳什均衡可以近似为 $\boldsymbol{x}^* = [-1, 0.5, 0.105, -1, -0.8974, 0.6981, -0.1179]^{\mathrm{T}}$.

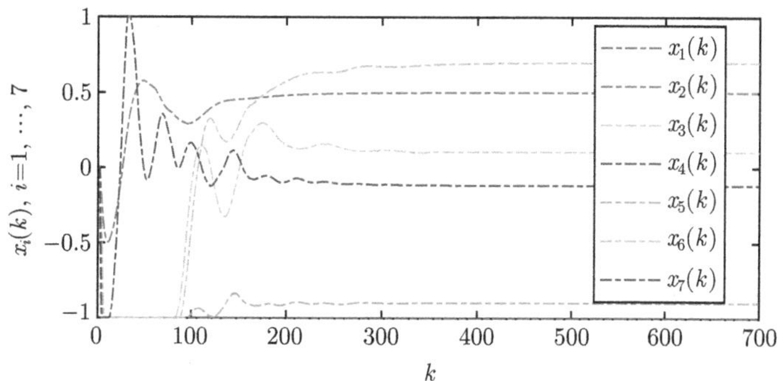

图 9.4 算法 (9.32) 和算法 (9.9) 下, 7 个参与者的策略 $x_i(k)$, $i = 1, \cdots, 7$ 的演化

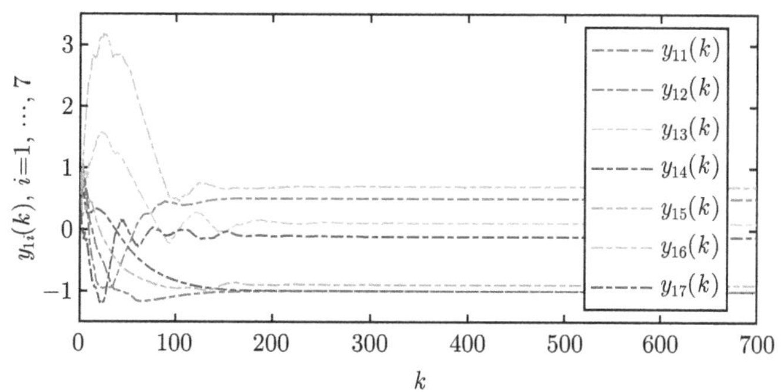

图 9.5 算法 (9.32) 和算法 (9.9) 下, 参与者 1 的估计 $y_{1i}(k)$, $i = 1, \cdots, 7$ 的演化

9.3 具有通信不确定性的自适应分布式纳什均衡搜索

上一节介绍了切换通信图下基于一致性的离散时间分布式纳什均衡搜索算法. 除了通信故障造成的通信链路的切换, 通信过程中还可能存在各种不确定性, 如通信信道中的干扰信号、丢包等. 本节考虑通信链路的耦合权重受不确定信号扰动的情况. 为了克服通信不确定性的影响, 本节将设计自适应耦合权重来抵抗不确定信号的扰动. 此外, 自适应耦合权重的引入还可以放宽对算法参数的要求, 使得算法参数的设计与 Lipschitz 常数、梯度映射的强单调系数和图的代数连通度无关. 下面介绍两种基于一致性理论的连续时间自适应分布式纳什均衡搜索算法.

9.3.1 基于一致性跟踪的自适应分布式纳什均衡搜索

考虑通信图 $\mathcal{G}$ 上的无约束非合作博弈问题 $G(\mathcal{I}, \mathbb{R}, \{f_i(\boldsymbol{x})\}_{i=1}^N)$, 令 $\mathcal{N}_i$ 表示参与者 i 的邻居集合, 其中, 参与者通信连边上的耦合权重 $a_{ij}, i\in\mathcal{I}, j\in\mathcal{N}_i$ 受不确定参数 $\zeta_{ij}(t)$ 的扰动. 在不确定参数的影响下, 耦合权重变为 $a_{ij}+\zeta_{ij}(t), i\in\mathcal{I}, j\in\mathcal{N}_i$. 由于参数 $\zeta_{ij}(t)$ 的不确定性, 扰动耦合权重 $a_{ij}+\zeta_{ij}(t)$ 可能是正的, 也可能是负的. 显然, 对于负的扰动耦合权重 $a_{ij}+\zeta_{ij}(t)$, 参与者的估计是无法达成一致的, 从而导致参与者的策略无法收敛到纳什均衡. 因此本节将设计基于一致性跟踪的自适应纳什均衡搜索算法以克服通信不确定性的影响.

在介绍自适应算法之前, 首先给出本节的基本假设.

假设 9.5 映射 $\boldsymbol{\Gamma}(\cdot)$ 是 ϱ_1-Lipschitz 连续的, 扩展映射 $\overline{\boldsymbol{\Gamma}}(\cdot)$ 是 ϱ_2-Lipschitz 连续的, 即存在常数 $\varrho_1>0$, $\varrho_2>0$, 使得 $\|\boldsymbol{\Gamma}(\boldsymbol{x})-\boldsymbol{\Gamma}(\boldsymbol{x}')\|\leqslant\varrho_1\|\boldsymbol{x}-\boldsymbol{x}'\|, \forall\boldsymbol{x}, \boldsymbol{x}'\in\mathbb{R}^N$, $\|\overline{\boldsymbol{\Gamma}}(\boldsymbol{y})-\overline{\boldsymbol{\Gamma}}(\boldsymbol{y}')\|\leqslant\varrho_2\|\boldsymbol{y}-\boldsymbol{y}'\|, \forall\boldsymbol{y}, \boldsymbol{y}'\in\mathbb{R}^{N^2}$.

假设 9.6 通信图 $\mathcal{G}$ 是无向连通的, 不确定参数 $\zeta_{ij}(t), i\in\mathcal{I}, j\in\mathcal{N}_i$ 满足 $\zeta_{ij}(t)=\zeta_{ji}(t), \forall t\geqslant 0$. 而且, 不确定性是一致有界的, 即存在正常数 b_{ij} 使得 $|\zeta_{ij}(t)|\leqslant b_{ij}, \forall t\geqslant 0$.

在文献 [127] 和文献 [212] 的启发下, 设计如下基于一致性跟踪的自适应分布式纳什均衡搜索算法:

$$\begin{aligned}
\dot{x}_i(t) &= -\alpha_i\frac{\partial f_i}{\partial x_i}\left(\boldsymbol{y}_i(t)\right),\\
\dot{y}_{ij}(t) &= -\delta\sum_{k\in\mathcal{N}_i}\left[a_{ik}(t)+\zeta_{ik}(t)\right]\left[y_{ij}(t)-y_{kj}(t)\right]\\
&\quad -\delta\left(\left[a_{ij}(t)+\zeta_{ij}(t)\right]\left[y_{ij}(t)-x_j(t)\right]\right.
\end{aligned}\tag{9.52}$$

式中, $\boldsymbol{y}_i(t)=[y_{i1}(t),\cdots,y_{iN}(t)]^{\mathrm{T}}$ 表示参与者 i 对全局策略组合 $\boldsymbol{x}(t)=[x_1(t),\cdots,x_N(t)]^{\mathrm{T}}$ 的估计; $\alpha_i>0$ 是步长; δ 是任意的正常数. 针对耦合权重 a_{ik}, $k\in\mathcal{N}_i$ 设

计如下自适应律:

$$\dot{a}_{ik}(t) = c_{ik}\left(\|\boldsymbol{y}_i(t) - \boldsymbol{y}_k(t)\|^2 + (y_{ik}(t) - x_k(t))^2 + (y_{ki}(t) - x_i(t))^2\right) \tag{9.53}$$

式中, $c_{ik} = c_{ki}$ 是正常数. 显然, $a_{ij}(t)$ 是非减的, 并且若初始时刻 $a_{ij}(0) = a_{ji}(0) > 0$, 则有 $a_{ij}(t) = a_{ji}(t), \forall t > 0$. 为了使参与者的策略估计能够接近真实的策略组合, 式 (9.52) 采用一致性跟踪协议使 $y_{ij}(t), i, j \in \mathcal{I}$ 跟踪时变参考 $x_j(t)$, 使得 $y_{ij}(t), \forall i \in \mathcal{I}$ 最终与 $x_j(t)$ 取得一致.

定义时变 Laplace 矩阵 $\boldsymbol{L}(t) = [l_{ij}(t)]$, 其中 $l_{ii}(t) = \sum\limits_{j=1}^{N} a_{ij}(t), i \in \mathcal{I}, l_{ij}(t) = -a_{ij}(t), \forall i \neq j$. 类似地, 定义矩阵 $\boldsymbol{\Theta}(t) = [\theta_{ij}(t)]$, 其中, $\theta_{ii}(t) = \sum\limits_{j=1}^{N} \zeta_{ij}(t), i \in \mathcal{I}$, $\theta_{ij}(t) = -\zeta_{ij}(t), \forall i \neq j$. 令 $\boldsymbol{\alpha} = \mathrm{diag}(\alpha_1, \cdots, \alpha_N)$, $\boldsymbol{y}(t) = [\boldsymbol{y}_1(t)^{\mathrm{T}}, \cdots, \boldsymbol{y}_N(t)^{\mathrm{T}}]^{\mathrm{T}}$, 则算法 (9.52) 可写成如下紧凑形式:

$$\begin{aligned} \dot{\boldsymbol{x}}(t) &= -\boldsymbol{\alpha}\overline{\boldsymbol{\Gamma}}(\boldsymbol{y}(t)), \\ \dot{\boldsymbol{y}}(t) &= -\delta\left[(\boldsymbol{L}(t) + \boldsymbol{\Theta}(t)) \otimes \boldsymbol{I}_N + \boldsymbol{A}_0(t) + \boldsymbol{\Lambda}_0(t)\right]\bar{\boldsymbol{y}}(t). \end{aligned} \tag{9.54}$$

式中, $\bar{\boldsymbol{y}}(t) = \boldsymbol{y}(t) - \mathbf{1}_N \otimes \boldsymbol{x}(t)$ 是估计误差;

$$\boldsymbol{A}_0(t) = \mathrm{diag}(a_{11}(t), a_{12}(t), \cdots, a_{1N}(t), a_{21}(t), a_{22}(t), \cdots, a_{NN}(t));$$

且

$$\boldsymbol{\Lambda}_0(t) = \mathrm{diag}(\zeta_{11}(t), \cdots, \zeta_{1N}(t), \zeta_{21}(t), \cdots, \zeta_{NN}(t)),$$

其中, $\zeta_{ii}(t) = 0, \forall i \in \mathcal{I}$.

下面给出自适应算法 (9.52) ~ 算法 (9.53) 的收敛性结论.

定理 9.3 *若假设 9.1、假设 9.2、假设 9.5 和假设 9.6 成立, 则在分布式算法 (9.52) 及自适应律 (9.53) 下, 参与者的策略组合 $\boldsymbol{x}(t)$ 渐近地收敛到纳什均衡 $\boldsymbol{x}^*$.*

证明: 考虑 Lyapunov 函数

$$V(t) = \frac{1}{2}(\boldsymbol{x}(t) - \boldsymbol{x}^*)^{\mathrm{T}}\boldsymbol{\alpha}^{-1}(\boldsymbol{x}(t) - \boldsymbol{x}^*) + \frac{1}{2}\|\bar{\boldsymbol{y}}(t)\|^2 + \sum_{i=1}^{N}\sum_{j\in\mathcal{N}_i}\frac{\delta}{4c_{ij}}[\kappa_{ij} - a_{ij}(t)]^2 \tag{9.55}$$

式中, $\bar{\boldsymbol{y}}(t) = \boldsymbol{y}(t) - \mathbf{1}_N \otimes \boldsymbol{x}(t)$; $\kappa_{ij} = \kappa_{ji} \geqslant (\kappa_0 + b_{ij})$; κ_0 是正常数; b_{ij} 满足假设 9.6. $V(t)$ 关于时间 t 的导数为

$$\dot{V}(t) = V_1(t) + V_2(t) + V_3(t) + V_4(t) \tag{9.56}$$

式中,

$$V_1(t) = -(\boldsymbol{x}(t) - \boldsymbol{x}^*)^{\mathrm{T}}\overline{\boldsymbol{\Gamma}}(\boldsymbol{y}(t));$$

$$V_2(t) = \bar{\boldsymbol{y}}(t)^{\mathrm{T}}\left(\mathbf{1}_N \otimes \left(\boldsymbol{\alpha}\overline{\boldsymbol{\Gamma}}(\boldsymbol{y}(t))\right)\right);$$

$$V_3(t) = -\delta\bar{\boldsymbol{y}}(t)^{\mathrm{T}}\left[(\boldsymbol{L}(t) + \boldsymbol{\Theta}(t)) \otimes \boldsymbol{I}_N + \boldsymbol{A}_0(t) + \boldsymbol{\Lambda}_0(t)\right]\bar{\boldsymbol{y}}(t);$$

$$V_4(t) = -\frac{\delta}{2}\sum_{i=1}^{N}\sum_{j\in\mathcal{N}_i}[\kappa_{ij} - a_{ij}(t)]\left(\|\bar{\boldsymbol{y}}_i(t) - \bar{\boldsymbol{y}}_j(t)\|^2 + |\bar{y}_{ij}(t)|^2 + |\bar{y}_{ji}(t)|^2\right).$$

上式中, $\bar{\boldsymbol{y}}_i(t) = \boldsymbol{y}_i(t) - \boldsymbol{x}(t)$; $\bar{y}_{ij}(t) = y_{ij}(t) - x_j(t)$. 注意到 $\overline{\boldsymbol{\Gamma}}(\mathbf{1}_N \otimes \boldsymbol{x}(t)) = \boldsymbol{\Gamma}(\boldsymbol{x}(t))$, 并且纳什均衡 $\boldsymbol{x}^*$ 满足 $\boldsymbol{\Gamma}(\boldsymbol{x}^*) = \mathbf{0}_N$, 所以 $V_1(t)$ 可以写成

$$\begin{aligned} V_1(t) &= -(\boldsymbol{x}(t) - \boldsymbol{x}^*)^{\mathrm{T}}\left(\overline{\boldsymbol{\Gamma}}(\boldsymbol{y}(t)) - \overline{\boldsymbol{\Gamma}}(\mathbf{1}_N \otimes \boldsymbol{x}(t)) + \boldsymbol{\Gamma}(\boldsymbol{x}(t)) - \boldsymbol{\Gamma}(\boldsymbol{x}^*)\right) \\ &\leqslant \varrho\|\boldsymbol{x}(t) - \boldsymbol{x}^*\|\|\bar{\boldsymbol{y}}(t)\| - \mu\|\boldsymbol{x}(t) - \boldsymbol{x}^*\|^2 \end{aligned} \tag{9.57}$$

式中, $\varrho = \max\{\varrho_1, \varrho_2\}$; μ 是映射 $\boldsymbol{\Gamma}(\cdot)$ 的强单调系数. 类似地, $V_2(t)$ 可以写成

$$\begin{aligned} V_2(t) &= -\bar{\boldsymbol{y}}(t)^{\mathrm{T}}\left[\mathbf{1}_N \otimes \left(\boldsymbol{\alpha}(\overline{\boldsymbol{\Gamma}}(\boldsymbol{y}(t)) - \overline{\boldsymbol{\Gamma}}(\mathbf{1}_N \otimes \boldsymbol{x}(t)) + \boldsymbol{\Gamma}(\boldsymbol{x}(t)) - \boldsymbol{\Gamma}(\boldsymbol{x}^*))\right)\right] \\ &\leqslant \sqrt{N}\max_{i\in\mathcal{I}}\{\alpha_i\}\varrho\|\bar{\boldsymbol{y}}(t)\|^2 + \sqrt{N}\max_{i\in\mathcal{I}}\{\alpha_i\}\varrho\|\bar{\boldsymbol{y}}(t)\|\|\boldsymbol{x}(t) - \boldsymbol{x}^*\| \end{aligned} \tag{9.58}$$

此外, 注意到

$$\bar{\boldsymbol{y}}(t)^{\mathrm{T}}[\boldsymbol{L}(t) + \boldsymbol{\Theta}(t)]\bar{\boldsymbol{y}}(t) = \frac{1}{2}\sum_{i=1}^{N}\sum_{j\in\mathcal{N}_i}[a_{ij}(t) + \zeta_{ij}(t)]\|\bar{\boldsymbol{y}}_i(t) - \bar{\boldsymbol{y}}_j(t)\|^2 \tag{9.59}$$

以及

$$\bar{\boldsymbol{y}}(t)^{\mathrm{T}}[\boldsymbol{A}_0(t) + \boldsymbol{\Lambda}_0(t)]\bar{\boldsymbol{y}}(t) = \frac{1}{2}\sum_{i=1}^{N}\sum_{j\in N_i}[a_{ij}(t) + \zeta_{ij}(t)](|\bar{y}_{ij}(t)|^2 + |\bar{y}_{ji}(t)|^2) \tag{9.60}$$

结合式 (9.59), 式 (9.60) 和性质 $\kappa_{ij} + \zeta_{ij}(t) \geqslant \kappa_0, \forall i, j \in \mathcal{I}$, 可以得到

$$\begin{aligned} V_3(t) + V_4(t) = &-\frac{\delta}{2}\sum_{i=1}^{N}\sum_{j\in\mathcal{N}_i}[\kappa_{ij} + \zeta_{ij}(t)]\|\bar{\boldsymbol{y}}_i(t) - \bar{\boldsymbol{y}}_j(t)\|^2 \\ &-\frac{\delta}{2}\sum_{i=1}^{N}\sum_{j\in\mathcal{N}_i}[\kappa_{ij} + \zeta_{ij}(t)](|\bar{y}_{ij}(t)|^2 + |\bar{y}_{ji}(t)|^2) \end{aligned}$$

$$\leqslant -\delta\kappa_0\bar{\boldsymbol{y}}(t)^{\mathrm{T}}\left[\widehat{\boldsymbol{L}}\otimes\boldsymbol{I}_N+\widehat{\boldsymbol{A}}_0\right]\bar{\boldsymbol{y}}(t)$$

其中, $\widehat{\boldsymbol{L}}$ 是对应于某个无向连通图 $\widehat{\mathcal{G}}$ 的 Laplace 矩阵, 相应的邻接矩阵为 $\widehat{\boldsymbol{\mathcal{A}}}=[\widehat{a}_{ij}]$, 并且满足若 $a_{ij}(0)>0$, 则 $\widehat{a}_{ij}=1$, 否则 $\widehat{a}_{ij}=0$, 而且 $\widehat{\boldsymbol{A}}_0=\mathrm{diag}(\widehat{a}_{11},\cdots,\widehat{a}_{1N},\cdots,\widehat{a}_{N1},\cdots,\widehat{a}_{NN})$. 进一步, 根据图 $\widehat{\mathcal{G}}$ 的无向连通性和 Gerschgorin 圆盘定理[3], 可知 $\widehat{\boldsymbol{L}}\otimes\boldsymbol{I}_N+\widehat{\boldsymbol{A}}_0$ 是一个对称正定矩阵. 因此, 可以进一步得到

$$V_3(t)+V_4(t)\leqslant-\delta\kappa_0\lambda_1\|\bar{\boldsymbol{y}}(t)\|^2 \tag{9.61}$$

式中, $\lambda_1>0$ 是矩阵 $\widehat{\boldsymbol{L}}\otimes\boldsymbol{I}_N+\widehat{\boldsymbol{A}}_0$ 的最小特征值.

结合式 (9.57), 式 (9.58) 和式 (9.61) 可以得到

$$\begin{aligned}\dot{V}(t)\leqslant&-\mu\|\boldsymbol{x}(t)-\boldsymbol{x}^*\|^2+\varrho(1+\sqrt{N}\max_{i\in\mathcal{I}}\{\alpha_i\})\|\boldsymbol{x}(t)-\boldsymbol{x}^*\|\|\bar{\boldsymbol{y}}(t)\|\\&-(\delta\kappa_0\lambda_1-\sqrt{N}\max_{i\in\mathcal{I}}\{\alpha_i\}\varrho)\|\bar{\boldsymbol{y}}(t)\|^2\\\leqslant&-\boldsymbol{\chi}(t)^{\mathrm{T}}\boldsymbol{Q}\boldsymbol{\chi}(t)\end{aligned} \tag{9.62}$$

式中, $\boldsymbol{\chi}(t)=[\|\boldsymbol{x}(t)-\boldsymbol{x}^*\|,\|\bar{\boldsymbol{y}}(t)\|]^{\mathrm{T}}$; 矩阵 $\boldsymbol{Q}$ 的定义如下:

$$\boldsymbol{Q}=\begin{bmatrix}\mu & -\dfrac{\varrho(1+\sqrt{N}\max\limits_{i\in\mathcal{I}}\{\alpha_i\})}{2}\\-\dfrac{\varrho(1+\sqrt{N}\max\limits_{i\in\mathcal{I}}\{\alpha_i\})}{2} & \delta\kappa_0\lambda_1-\sqrt{N}\max\limits_{i\in\mathcal{I}}\{\alpha_i\}\varrho\end{bmatrix}.$$

选择 κ_0 充分大使得矩阵 $\boldsymbol{Q}$ 正定, 并令 $\lambda_{\min}(\boldsymbol{Q})>0$ 代表 $\boldsymbol{Q}$ 的最小特征值, 则

$$\dot{V}(t)\leqslant-\lambda_{\min}(\boldsymbol{Q})\|\boldsymbol{\chi}(t)\|^2 \tag{9.63}$$

这意味着 $\boldsymbol{x}(t)-\boldsymbol{x}^*$, $\bar{\boldsymbol{y}}(t)$ 以及 $a_{ij}(t)$ 都是有界的. 根据通信不确定性参数的有界性以及 $\boldsymbol{\Gamma}(\cdot)$ 的连续可微性可以进一步得到 $\dot{\boldsymbol{x}}(t)$ 和 $\dot{\boldsymbol{y}}(t)$ 也是有界的. 因此, $\boldsymbol{\chi}(t)^{\mathrm{T}}\dot{\boldsymbol{\chi}}(t)$ 也是有界的, 这保证了 $\lambda_{\min}(\boldsymbol{Q})\|\boldsymbol{\chi}(t)\|^2$ 的一致连续性. 注意到 $V(t)$ 是非增且有下界的, 其下界为零, 因此极限 $V(\infty)=\lim_{t\to\infty}V(t)$ 存在且有限. 对式 (9.63) 两边同时从 $t=0$ 到正无穷进行积分, 得到

$$\int_{t=0}^{\infty}\lambda_{\min}(\boldsymbol{Q})\|\boldsymbol{\chi}(t)\|^2\mathrm{d}t\leqslant V(0)-V(\infty),$$

这说明 $\displaystyle\int_{t=0}^{\infty}\lambda_{\min}(\boldsymbol{Q})\|\boldsymbol{\chi}(t)\|^2\mathrm{d}t$ 是一个有限数. 由 Barbalat 引理[213], 可知当 $t\to\infty$ 时, $\lambda_{\min}(\boldsymbol{Q})\|\boldsymbol{\chi}(t)\|^2\to0$. 因此, 参与者的策略组合 $\boldsymbol{x}(t)$ 渐近收敛到纳什均衡 $\boldsymbol{x}^*$, 而且, 估计变量 $\boldsymbol{y}(t)$ 渐近收敛到 $\boldsymbol{1}_N\otimes\boldsymbol{x}(t)$. ■

注解 9.5 从定理 9.3 的分析可以看出，通过引入自适应耦合权重放宽对参数 δ 的限制，使得 δ 为任意的正常数. 文献 [214] 也有关于自适应分布式纳什均衡搜索算法的研究，其中通过调整通信连边的权重，消除了对算法参数的严格限制；而在本节中除了对算法参数的放宽，进一步解决了通信不确定性对纳什均衡搜索带来的不利影响.

9.3.2 基于一致性反馈的自适应分布式纳什均衡搜索

在基于一致性跟踪的自适应分布式纳什均衡搜索算法中，参与者基于局部估计，利用梯度下降方法更新自己的策略，并借助一致性跟踪协议使其估计接近真实的全局策略信息. 本节将给出一种基于一致性反馈的自适应分布式纳什均衡搜索算法，相较于基于一致性跟踪的分布式算法，该算法利用一致性误差的反馈和梯度下降方法来更新参与者的策略.

令 $\hat{\boldsymbol{x}}_i(t) = [\hat{x}_{i1}(t), \cdots, \hat{x}_{iN}(t)]^{\mathrm{T}}$ 表示参与者 i 对全体参与者的策略信息 $\boldsymbol{x}(t) = [x_1(t), \cdots, x_N(t)]^{\mathrm{T}}$ 的实时估计，$\hat{x}_{ij}(t)$ 代表参与者 i 对 $x_j(t)$ 的实时估计，并且 $\hat{x}_{ii}(t) = x_i(t), \forall i \in \mathcal{I}$. 基于一致性反馈的自适应分布式纳什均衡搜索算法设计如下：

$$
\begin{aligned}
\dot{\hat{\boldsymbol{x}}}_i(t) &= -\gamma \sum_{j \in \mathcal{N}_i} [a_{ij}(t) + \zeta_{ij}(t)] [\hat{\boldsymbol{x}}_i(t) - \hat{\boldsymbol{x}}_j(t)] - \beta \boldsymbol{R}_i^{\mathrm{T}} \frac{\partial f_i}{\partial x_i} (\hat{\boldsymbol{x}}_i(t)), \\
\dot{a}_{ij}(t) &= \bar{c}_{ij} \|\hat{\boldsymbol{x}}_i(t) - \hat{\boldsymbol{x}}_j(t)\|^2, \quad i \in \mathcal{I}, j \in \mathcal{N}_i.
\end{aligned} \tag{9.64}
$$

式中，$\zeta_{ij}(t)$ 是不确定参数，满足假设 9.6，γ，β 以及 $\bar{c}_{ij} = \bar{c}_{ji}$ 是任意的正常数，$\boldsymbol{R}_i = [\boldsymbol{0}_{i-1}^{\mathrm{T}}, 1, \boldsymbol{0}_{N-i}^{\mathrm{T}}]$. 不难看出，在假设 9.6 中图 $\mathcal{G}$ 的无向条件下，$a_{ij}(t) = a_{ji}(t), \forall t > 0$ 成立. 与基于一致性跟踪的算法 (9.52) 相比，算法 (9.64) 在梯度项的基础上将估计的一致性误差反馈到策略估计 $\hat{\boldsymbol{x}}_i(t)$ 的动力学系统中，即

$$
\dot{x}_i(t) = -\beta \frac{\partial f_i}{\partial x_i} (\hat{\boldsymbol{x}}_i(t)) - \gamma \sum_{j \in \mathcal{N}_i} [a_{ij}(t) + \zeta_{ij}(t)] [x_i(t) - \hat{x}_{ji}(t)] \tag{9.65}
$$

其中，第一项 (梯度项) 用来最小化参与者 i 的代价函数，第二项 (一致性项) 用来保证参与者的策略估计与真实的策略信息取得一致.

定义 $\hat{\boldsymbol{x}}(t) = [\hat{\boldsymbol{x}}_1(t)^{\mathrm{T}}, \cdots, \hat{\boldsymbol{x}}_N(t)^{\mathrm{T}}]^{\mathrm{T}}$，则 $\hat{\boldsymbol{x}}(t)$ 的动力学为

$$
\dot{\hat{\boldsymbol{x}}}(t) = -\gamma[(\boldsymbol{L}(t) + \boldsymbol{\Theta}(t)) \otimes \boldsymbol{I}_N]\hat{\boldsymbol{x}}(t) - \beta \boldsymbol{R}^{\mathrm{T}} \overline{\boldsymbol{\Gamma}}(\hat{\boldsymbol{x}}(t)) \tag{9.66}
$$

式中，$\boldsymbol{R} = \mathrm{diag}(\boldsymbol{R}_1, \cdots, \boldsymbol{R}_N)$. 设 $\bar{\boldsymbol{x}}$ 为系统 (9.66) 的平衡点，则

$$
\boldsymbol{0}_{N^2} = -\gamma[(\boldsymbol{L}(t) + \boldsymbol{\Theta}(t)) \otimes \boldsymbol{I}_N]\bar{\boldsymbol{x}} - \beta \boldsymbol{R}^{\mathrm{T}} \overline{\boldsymbol{\Gamma}}(\bar{\boldsymbol{x}}) \tag{9.67}
$$

在式 (9.67) 两边同时乘以 $\left(\mathbf{1}_N^{\mathrm{T}}\otimes \boldsymbol{I}_N\right)$, 注意到 $\left(\mathbf{1}_N^{\mathrm{T}}\otimes \boldsymbol{I}_N\right)\boldsymbol{R}^{\mathrm{T}}=\boldsymbol{I}_N$ 和 $\mathbf{1}_N^{\mathrm{T}}\boldsymbol{L}(t)=\mathbf{1}_N^{\mathrm{T}}\boldsymbol{\Theta}(t)=\mathbf{0}_N$, 因此, 可以得到 $\overline{\boldsymbol{\Gamma}}(\bar{\boldsymbol{x}})=\mathbf{0}_N$. 根据 $\overline{\boldsymbol{\Gamma}}(\bar{\boldsymbol{x}})=\mathbf{0}_N$ 和式 (9.67) 可进一步推出 $[(\boldsymbol{L}(t)+\boldsymbol{\Theta}(t))\otimes\boldsymbol{I}_N]\bar{\boldsymbol{x}}=\mathbf{0}_{N^2}$, 这意味着存在 $\boldsymbol{v}\in\mathbb{R}^N$ 使得 $\bar{\boldsymbol{x}}=\mathbf{1}_N\otimes\boldsymbol{v}$. 在假设 9.2 下, 由纳什均衡的唯一性和条件 $\boldsymbol{\Gamma}(\boldsymbol{v})=\bar{\boldsymbol{\Gamma}}(\bar{\boldsymbol{x}})=\mathbf{0}_N$, 最终可以得到 $\boldsymbol{v}=\boldsymbol{x}^*$, 即 $\bar{\boldsymbol{x}}=\mathbf{1}_N\otimes\boldsymbol{x}^*$. 而且, 在平衡点 $\bar{\boldsymbol{x}}$ 处有 $\dot{a}_{ij}(t)=0,\forall i\in\mathcal{I},\forall j\in\mathcal{N}_i$. 因此, 要证明参与者的策略在自适应算法 (9.64) 下渐近地收敛到纳什均衡 $\boldsymbol{x}^*$, 只需证明式 (9.66) 的平衡点 $\bar{\boldsymbol{x}}$ 是渐近稳定的.

下面的定理说明分布式算法 (9.64) 能够保证估计 $\hat{\boldsymbol{x}}(t)$ 渐近地收敛到 $\bar{\boldsymbol{x}}$.

定理 9.4 若假设 9.1、假设 9.2、假设 9.5 和假设 9.6 成立, 则在自适应分布式算法 (9.64) 下, 策略估计 $\hat{\boldsymbol{x}}(t)$ 渐近收敛到 $\bar{\boldsymbol{x}}=\mathbf{1}_N\otimes\boldsymbol{x}^*$, 即所有参与者的策略估计 $\hat{\boldsymbol{x}}_i(t),i=1,\cdots,N$ 收敛到纳什均衡 $\boldsymbol{x}^*$.

证明: 定义 Lyapunov 函数

$$W(t)=\frac{1}{2}\|\hat{\boldsymbol{x}}(t)-\bar{\boldsymbol{x}}(t)\|^2+\sum_{i=1}^{N}\sum_{j\in\mathcal{N}_i}\frac{\gamma}{4\bar{c}_{ij}}\left[\bar{\kappa}_{ij}-a_{ij}(t)\right]^2 \tag{9.68}$$

式中, $\bar{\kappa}_{ij}=\bar{\kappa}_{ji}\geqslant(\bar{\kappa}_0+b_{ij})$, $\bar{\kappa}_0$ 是正常数, b_{ij} 的定义见假设 9.6.

$W(t)$ 的时间导数为

$$\begin{aligned}\dot{W}(t)=&-\left[\hat{\boldsymbol{x}}(t)-\bar{\boldsymbol{x}}\right]^{\mathrm{T}}\left[\gamma\widetilde{\boldsymbol{L}}(t)\left(\hat{\boldsymbol{x}}(t)-\bar{\boldsymbol{x}}\right)+\beta\boldsymbol{R}^{\mathrm{T}}\overline{\boldsymbol{\Gamma}}(\hat{\boldsymbol{x}}(t))\right]\\&-\frac{\gamma}{2}\sum_{i=1}^{N}\sum_{j\in\mathcal{N}_i}\left[\bar{\kappa}_{ij}-a_{ij}(t)\right]\|\hat{\boldsymbol{x}}_i(t)-\hat{\boldsymbol{x}}_j(t)\|^2\end{aligned} \tag{9.69}$$

式中, $\widetilde{\boldsymbol{L}}(t)=[\boldsymbol{L}(t)+\boldsymbol{\Theta}(t)]\otimes\boldsymbol{I}_N$. 注意式 (9.69) 的推导用到性质 $\widetilde{\boldsymbol{L}}(t)\bar{\boldsymbol{x}}=\mathbf{0}_{N^2}$. 因为

$$\left[\hat{\boldsymbol{x}}(t)-\bar{\boldsymbol{x}}\right]^{\mathrm{T}}\widetilde{\boldsymbol{L}}(t)\left(\hat{\boldsymbol{x}}(t)-\bar{\boldsymbol{x}}\right)=\frac{1}{2}\sum_{i=1}^{N}\sum_{j\in\mathcal{N}_i}\left[a_{ij}(t)+\zeta_{ij}(t)\right]\|\hat{\boldsymbol{x}}_i(t)-\hat{\boldsymbol{x}}_j(t)\|^2,$$

则式 (9.69) 可写为

$$\begin{aligned}\dot{W}(t)=&-\frac{\gamma}{2}\sum_{i=1}^{N}\sum_{j\in\mathcal{N}_i}\left[\bar{\kappa}_{ij}+\zeta_{ij}(t)\right]\|\hat{\boldsymbol{x}}_i(t)-\hat{\boldsymbol{x}}_j(t)\|^2\\&-\beta\left(\hat{\boldsymbol{x}}(t)-\bar{\boldsymbol{x}}\right)^{\mathrm{T}}\boldsymbol{R}^{\mathrm{T}}\left(\overline{\boldsymbol{\Gamma}}(\hat{\boldsymbol{x}}(t))-\overline{\boldsymbol{\Gamma}}(\bar{\boldsymbol{x}})\right)\end{aligned}$$

$$
\begin{aligned}
&\leqslant -\frac{\gamma\bar{\kappa}_0}{2}\sum_{i=1}^{N}\sum_{j\in\mathcal{N}_i}\|\hat{\boldsymbol{x}}_i(t)-\hat{\boldsymbol{x}}_j(t)\|^2-\beta\left(\hat{\boldsymbol{x}}(t)-\bar{\boldsymbol{x}}\right)^{\mathrm{T}}\boldsymbol{R}^{\mathrm{T}}\left(\overline{\boldsymbol{\Gamma}}(\hat{\boldsymbol{x}}(t))-\overline{\boldsymbol{\Gamma}}(\bar{\boldsymbol{x}})\right)\\
&\leqslant -\gamma\bar{\kappa}_0\hat{\boldsymbol{x}}(t)^{\mathrm{T}}(\widehat{\boldsymbol{L}}\otimes\boldsymbol{I}_N)\hat{\boldsymbol{x}}(t)-\beta\left(\hat{\boldsymbol{x}}(t)-\bar{\boldsymbol{x}}\right)^{\mathrm{T}}\boldsymbol{R}^{\mathrm{T}}\left(\overline{\boldsymbol{\Gamma}}(\hat{\boldsymbol{x}}(t))-\overline{\boldsymbol{\Gamma}}(\bar{\boldsymbol{x}}(t))\right)
\end{aligned}
\tag{9.70}
$$

式中, $\widehat{\boldsymbol{L}}$ 是某个无向连通图 $\widehat{\mathcal{G}}$ 的 Laplace 矩阵.

由通信图 $\widehat{\mathcal{G}}$ 的连通性可知其 Laplace 矩阵 $\widehat{\boldsymbol{L}}$ 是半正定的, 且有一个单重的零特征值, 对应的特征向量为 $\mathbf{1}_N$. 为了消除矩阵 $\widehat{\boldsymbol{L}}$ 的零特征值的影响, 考虑下面的投影矩阵:

$$
\boldsymbol{\Xi}_1=\frac{\mathbf{1}_N\mathbf{1}_N^{\mathrm{T}}}{N}\otimes\boldsymbol{I}_N,\quad \boldsymbol{\Xi}_2=\left(\boldsymbol{I}_N-\frac{\mathbf{1}_N\mathbf{1}_N^{\mathrm{T}}}{N}\right)\otimes\boldsymbol{I}_N \tag{9.71}
$$

将 $\hat{\boldsymbol{x}}(t)$ 分解为 $\hat{\boldsymbol{x}}(t)=\hat{\boldsymbol{x}}(t)^{\parallel}+\hat{\boldsymbol{x}}(t)^{\perp}$, 其中, $\hat{\boldsymbol{x}}(t)^{\parallel}=\boldsymbol{\Xi}_1\hat{\boldsymbol{x}}(t)$, $\hat{\boldsymbol{x}}(t)^{\perp}=\boldsymbol{\Xi}_2\hat{\boldsymbol{x}}(t)$. 那么不难得出, $(\widehat{\boldsymbol{L}}\otimes\boldsymbol{I}_N)\hat{\boldsymbol{x}}(t)^{\parallel}=\mathbf{0}_{N^2}$, $\hat{\boldsymbol{x}}(t)^{\mathrm{T}}(\widehat{\boldsymbol{L}}\otimes\boldsymbol{I}_N)\hat{\boldsymbol{x}}(t)\geqslant\lambda_2\|\hat{\boldsymbol{x}}(t)^{\perp}\|^2$, $\forall\hat{\boldsymbol{x}}(t)\in\mathbb{R}^{N^2}$ [150], 其中, $\lambda_2>0$ 是 $\widehat{\boldsymbol{L}}$ 的最小非零特征值. 因此, 可以得到

$$
\begin{aligned}
\dot{W}(t)\leqslant&-\gamma\bar{\kappa}_0\lambda_2\|\hat{\boldsymbol{x}}(t)^{\perp}\|^2-\beta\left(\hat{\boldsymbol{x}}(t)-\bar{\boldsymbol{x}}\right)^{\mathrm{T}}\boldsymbol{R}^{\mathrm{T}}\left(\overline{\boldsymbol{\Gamma}}(\hat{\boldsymbol{x}}(t))-\overline{\boldsymbol{\Gamma}}(\bar{\boldsymbol{x}})\right)\\
\leqslant&-\gamma\bar{\kappa}_0\lambda_2\|\hat{\boldsymbol{x}}(t)^{\perp}\|^2-\beta\left(\hat{\boldsymbol{x}}(t)^{\parallel}-\bar{\boldsymbol{x}}\right)^{\mathrm{T}}\boldsymbol{R}^{\mathrm{T}}\left(\overline{\boldsymbol{\Gamma}}(\hat{\boldsymbol{x}}(t)^{\parallel})-\overline{\boldsymbol{\Gamma}}(\bar{\boldsymbol{x}})\right)\\
&-\beta\left(\hat{\boldsymbol{x}}(t)^{\parallel}-\bar{\boldsymbol{x}}\right)^{\mathrm{T}}\boldsymbol{R}^{\mathrm{T}}\left(\overline{\boldsymbol{\Gamma}}(\hat{\boldsymbol{x}}(t)^{\parallel}+\hat{\boldsymbol{x}}(t)^{\perp})-\overline{\boldsymbol{\Gamma}}(\hat{\boldsymbol{x}}(t)^{\parallel})\right)\\
&-\beta\left(\hat{\boldsymbol{x}}(t)^{\perp}\right)^{\mathrm{T}}\boldsymbol{R}^{\mathrm{T}}\left(\overline{\boldsymbol{\Gamma}}(\hat{\boldsymbol{x}}(t)^{\parallel})-\overline{\boldsymbol{\Gamma}}(\bar{\boldsymbol{x}})\right)\\
&-\beta\left(\hat{\boldsymbol{x}}(t)^{\perp}\right)^{\mathrm{T}}\boldsymbol{R}^{\mathrm{T}}\left(\overline{\boldsymbol{\Gamma}}(\hat{\boldsymbol{x}}(t)^{\parallel}+\hat{\boldsymbol{x}}(t)^{\perp})-\overline{\boldsymbol{\Gamma}}(\hat{\boldsymbol{x}}(t)^{\parallel})\right)
\end{aligned}
\tag{9.72}
$$

利用 $\bar{\boldsymbol{x}}=\mathbf{1}_N\otimes\boldsymbol{x}^*$, $\hat{\boldsymbol{x}}(t)^{\parallel}=\mathbf{1}_N\otimes\tilde{\boldsymbol{x}}(t)$, 其中, $\tilde{\boldsymbol{x}}(t)=\dfrac{1}{N}\sum\limits_{i=1}^{N}\hat{\boldsymbol{x}}_i(t)$, 结合 $\boldsymbol{R}$ 的定义可知 $\boldsymbol{R}\left(\hat{\boldsymbol{x}}(t)^{\parallel}-\bar{\boldsymbol{x}}\right)=\tilde{\boldsymbol{x}}(t)-\boldsymbol{x}^*$. 根据假设 9.2 中 $\boldsymbol{\Gamma}(\cdot)$ 的强单调性可得

$$
\begin{aligned}
\left(\hat{\boldsymbol{x}}(t)^{\parallel}-\bar{\boldsymbol{x}}\right)^{\mathrm{T}}\boldsymbol{R}^{\mathrm{T}}\left(\overline{\boldsymbol{\Gamma}}(\hat{\boldsymbol{x}}(t)^{\parallel})-\overline{\boldsymbol{\Gamma}}(\bar{\boldsymbol{x}})\right)&=\left(\tilde{\boldsymbol{x}}(t)-\boldsymbol{x}^*\right)^{\mathrm{T}}\left(\boldsymbol{\Gamma}(\tilde{\boldsymbol{x}}(t))-\boldsymbol{\Gamma}(\boldsymbol{x}^*)\right)\\
&\geqslant\mu\|\tilde{\boldsymbol{x}}(t)-\boldsymbol{x}^*\|^2
\end{aligned}
\tag{9.73}
$$

结合式 (9.73)、假设 9.2 和假设 9.5 可得

$$
\begin{aligned}
\dot{W}(t)\leqslant&-(\gamma\bar{\kappa}_0\lambda_2-\beta\varrho)\|\hat{\boldsymbol{x}}(t)^{\perp}\|^2-\beta\mu\|\tilde{\boldsymbol{x}}(t)-\boldsymbol{x}^*\|^2+2\beta\varrho\|\hat{\boldsymbol{x}}(t)^{\perp}\|\|\tilde{\boldsymbol{x}}(t)-\boldsymbol{x}^*\|\\
\leqslant&-\widetilde{\boldsymbol{\chi}}(t)^{\mathrm{T}}\boldsymbol{P}\widetilde{\boldsymbol{\chi}}(t)
\end{aligned}
\tag{9.74}
$$

式中, $\varrho=\max\{\varrho_1,\,\varrho_2\}$; $\widetilde{\boldsymbol{\chi}}(t)=[\|\tilde{\boldsymbol{x}}(t)-\boldsymbol{x}^*\|,\,\|\hat{\boldsymbol{x}}(t)^{\perp}\|]^{\mathrm{T}}$; 矩阵 $\boldsymbol{P}$ 的定义为

$$\boldsymbol{P}=\begin{bmatrix}\beta\mu & -\beta\varrho\\ -\beta\varrho & \gamma\bar{\kappa}_0\lambda_2-\beta\varrho\end{bmatrix}.$$

选择 $\bar{\kappa}_0$ 充分大使得矩阵 $\boldsymbol{P}$ 正定, 则 $\dot{W}(t)\leqslant-\lambda_{\min}(\boldsymbol{P})\|\widetilde{\boldsymbol{\chi}}(t)\|^2$, 其中, $\lambda_{\min}(\boldsymbol{P})>0$ 是正定矩阵 $\boldsymbol{P}$ 的最小特征值. 后续的分析与定理 9.3 中的类似, 借助 Barbalat 引理[213], 最终可以得到 $\lim_{t\to\infty}\|\hat{\boldsymbol{x}}(t)-\mathbf{1}_N\otimes\boldsymbol{x}^*\|=0$, $\lim_{t\to\infty}\|\hat{\boldsymbol{x}}_i(t)-\boldsymbol{x}^*\|=0, \forall i=1,\cdots,N$. ■

注解 9.6 与文献 [128] 和文献 [215] 相比, 本节中的自适应分布式纳什均衡搜索算法 (9.64) 不需要通信图的先验代数连通度信息. 基于一致性反馈的自适应纳什均衡算法在文献 [129] 中也有研究, 文献 [129] 同样不需要关于通信图的任何全局信息, 但是相比之下, 本节提出的自适应算法具有一定的鲁棒性, 能够有效地处理通信不确定情况下的分布式纳什均衡搜索问题.

9.3.3 仿真分析

本小节中, 将给出数值仿真用来验证前面所介绍的基于一致性跟踪的自适应纳什均衡搜索算法 (9.52) 和算法 (9.53) 和基于一致性反馈的自适应纳什均衡搜索算法 (9.64) 的有效性.

例 9.3 考虑具有 4 个参与者的非合作博弈问题, 其中每个参与者的代价函数如下所示:

$$f_1(\boldsymbol{x})=2x_1^2+x_1x_2+x_1x_4+x_3x_4-3x_1,$$

$$f_2(\boldsymbol{x})=x_2^2+x_2x_3+x_1x_4-2x_2+5,$$

$$f_3(\boldsymbol{x})=\frac{3}{2}x_3^2+x_1x_3+x_2x_3+x_4-7x_3,$$

$$f_4(\boldsymbol{x})=3x_4^2+x_1x_4+x_2x_4+x_3x_4+3x_4.$$

从上面的代价函数可以看出, 每个参与者的代价函数依赖于所有参与者的策略. 参与者之间的通信图如图 9.6 所示, 其中通信连边上的数字表示初始时刻的耦合权重. 此外, 耦合权重所受的扰动分别为 $\zeta_{12}(t)=\zeta_{21}(t)=2\sin(t)$, $\zeta_{23}(t)=\zeta_{32}(t)=3\sin(t)$ 和 $\zeta_{34}(t)=\zeta_{43}(t)=2\cos(t)$.

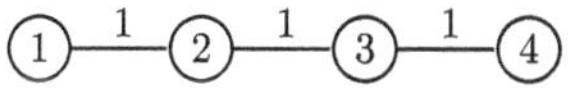

① —1— ② —1— ③ —1— ④

图 9.6 参与者的通信图

为了验证具有自适应律 (9.53) 的分布式算法 (9.52) 的有效性, 令 $\alpha_i = 1$, $\delta = 1$, $c_{ij} = 1, \forall i \in \mathcal{I}, j \in \mathcal{N}_i$, 并且所有参与者的初始策略设置为 $\boldsymbol{x}(0) = [-1, 1, -3, -2]^{\mathrm{T}}$, 初始的估计 $\boldsymbol{y}(0)$ 进行随机生成. 图 9.7 给出 4 个参与者的策略轨迹, 从图中可以看出, 参与者的策略收敛到纳什均衡 $\boldsymbol{x}^* = [1, 0, 2, -1]^{\mathrm{T}}$.

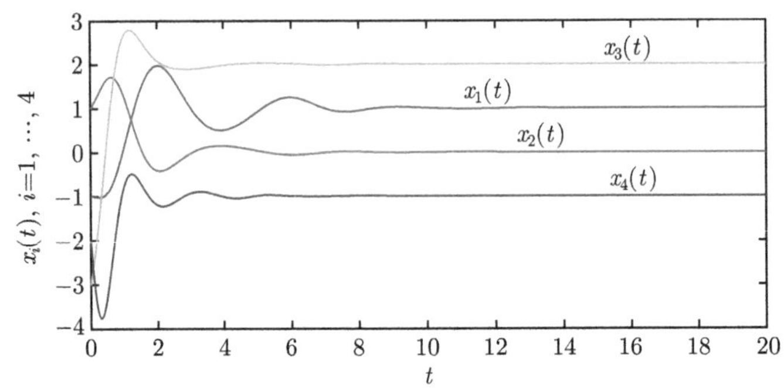

图 9.7　自适应算法 (9.52) 和算法 (9.53) 下 4 个参与者的策略轨迹

为了验证自适应算法 (9.64) 的有效性, 令 $\gamma = 3, \beta = 1$, $\bar{c}_{ij} = 1, \forall i \in \mathcal{I}, j \in \mathcal{N}_i$, 并且随机生成初始值 $\hat{\boldsymbol{x}}(0)$. 如图 9.8 所示, 参与者的策略在自适应算法 (9.64) 下收敛到纳什均衡 $\boldsymbol{x}^* = [1, 0, 2, -1]^{\mathrm{T}}$. 仿真结果验证本节所提出的两种自适应算法在存在有界通信不确定性情况下对纳什均衡搜索的有效性. 虽然两种算法都能使得参与者的策略渐近收敛到纳什均衡, 但就数据量而言, 算法 (9.64) 的数据量要比算法 (9.52) 的小, 因为参与者不需要估计自己的策略.

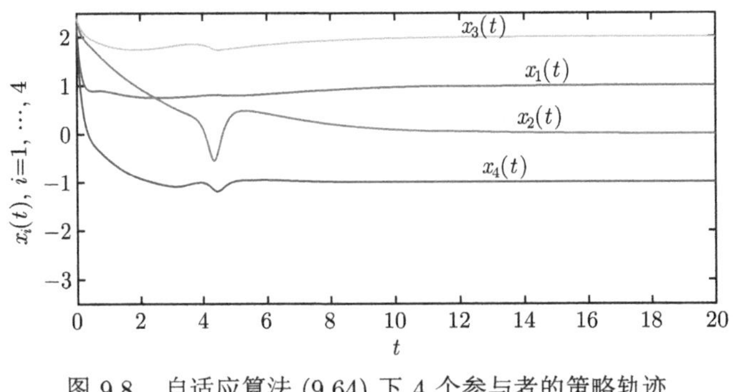

图 9.8　自适应算法 (9.64) 下 4 个参与者的策略轨迹

9.4　本章小结

本章分别考虑了具有切换通信图和具有通信不确定性的非合作博弈问题. 针对具有切换通信图的非合作博弈, 对于无约束的情况, 基于一致性跟踪协议和梯度策略提出了具有切换性质的分布式纳什均衡搜索算法; 对于参与者的策略服从局部约束的情况, 结合一致性跟踪协议和投影梯度方法设计了分布式纳什均衡搜索算法, 使得参与者的策略在更新过程中一直处在各自的约束集内, 通过数值仿真验证了两种算法的有效性. 针对具有通信不确定性的非合作博弈问题, 考虑参与者通信连边的耦合权重受不确定参数的扰动, 分别基于一致性跟踪和基于一致性反馈设计了自适应分布式纳什均衡搜索算法, 通过引入自适应耦合权重, 克服了不确定参数的扰动影响, 并且使得算法参数的设计不再依赖于任何全局信息.

参考文献

[1] Minsky M. The Society of Mind. New York: Simon & Schuster, 1988.

[2] Sumpter D J T. The principles of collective animal behaviour. Philosophical Transactions of the Royal Society B: Biological Sciences, 2006, 361(1465): 5-22.

[3] Ren W, Beard R W, Atkins E M. Information consensus in multivehicle cooperative control. IEEE Control Systems Magazine, 2007, 27(2): 71-82.

[4] Olfati-Saber R, Fax J A, M Murray R M. Consensus and cooperation in networked multi-agent systems. Proceedings of the IEEE, 2007, 95(1): 215-233.

[5] Ren W, Beard R W, McLain T W. Coordination variables and consensus building in multiple vehicle systems. In Cooperative Control. Lecture Notes in Control and Information Science, 2005, 309: 171-188.

[6] DeGroot M H. Reaching a consensus. Journal of the American Statistical Association, 1974, 69(345): 118-121.

[7] Borkar V, Varaiya P. Asymptotic agreement in distributed estimation. IEEE Transactions on Automatic Control, 1982, 27(3): 650-655.

[8] Tsitsiklis J, Athans M. Convergence and asymptotic agreement in distributed decision problems. IEEE Transactions on Automatic Control, 1984, 29(1): 42-50.

[9] Vicsek T, Czirók A, Ben-Jacob E, et al. Novel type of phase transition in a system of self-driven particles. Physical Review Letters, 1995, 75(6): 1226.

[10] Jadbabaie A, Lin J, Morse A S. Coordination of groups of mobile autonomous agents using nearest neighbor rules. IEEE Transactions on Automatic Control, 2003, 48(6): 988-1001.

[11] Liu Z X, Guo L. Connectivity and synchronization of vicsek model. Science in China Series F: Information Sciences, 2008, 51(7): 848-858.

[12] Olfati-Saber R, Murray R M. Consensus problems in networks of agents with switching topology and time-delays. IEEE Transactions on Automatic Control, 2004, 49(9): 1520-1533.

[13] Ren W, Beard R W. Consensus seeking in multiagent systems under dynamically changing interaction topologies. IEEE Transactions on Automatic Control, 2005, 50(5): 655-661.

[14] Moreau L. Stability of multiagent systems with time-dependent communication links. IEEE Transactions on Automatic Control, 2005, 50(2): 169-182.

[15] Lin Z Y, Francis B, Maggiore M. State agreement for continuous-time coupled nonlinear systems. SIAM Journal on Control and Optimization, 2007, 46(1): 288-307.

[16] Ren W, Atkins E. Distributed multi-vehicle coordinated control via local information exchange. International Journal of Robust and Nonlinear Control, 2007, 17(10-11): 1002-1033.

[17] Zhu J D, Tian Y P, Kuang J. On the general consensus protocol of multi-agent systems with double-integrator dynamics. Linear Algebra and Its Applications, 2009, 431(5-7): 701-715.

[18] Yu W W, Chen G R, Cao M. Some necessary and sufficient conditions for second-order consensus in multi-agent dynamical systems. Automatica, 2010, 46(6): 1089-1095.

[19] Hong Y G, Gao L X, Cheng D Z, et al. Lyapunov-based approach to multiagent systems with switching jointly connected interconnection. IEEE Transactions on Automatic Control, 2007, 52(5): 943-948.

[20] Ren W, Moore K L, Chen Y Q. High-order and model reference consensus algorithms in cooperative control of multivehicle systems. Journal of Dynamic Systems, Measurement, and Control, 2007, 129(5): 678-688.

[21] Jiang F C,Wang L. Consensus seeking of high-order dynamic multiagent systems with fixed and switching topologies. International Journal of Control, 2010, 83(2): 404-420.

[22] Yu W W, Chen G R, Ren W, et al. Distributed higher order consensus protocols in multiagent dynamical systems. IEEE Transactions on Circuits and Systems I: Regular Papers, 2011, 58(8): 1924-1932.

[23] Ma C Q, Zhang J F. Necessary and sufficient conditions for consensusability of linear multi-agent systems. IEEE Transactions on Automatic Control, 2010, 55(5): 1263-1268.

[24] Li Z K, Duan Z S, Chen G R,et al. Consensus of multiagent systems and synchronization of complex networks: A unified viewpoint. IEEE Transactions on Circuits and Systems I: Regular Papers, 2009, 57(1): 213-224.

[25] Li Z K, Duan Z S, Chen G R. Dynamic consensus of linear multi-agent systems. IET Control Theory & Applications, 2011, 5(1): 19-28.

[26] Zhang H W, Lewis F L, Das A. Optimal design for synchronization of cooperative systems: state feedback, observer and output feedback. IEEE Transactions on Automatic Control, 2011, 56(8): 1948-1952.

[27] Ren W. Synchronization of coupled harmonic oscillators with local interaction. Automatica, 2008, 44(12): 3195-3200.

[28] Yu W Y, Chen G R, Cao M, et al. Second-order consensus for multiagent systems with directed topologies and nonlinear dynamics. IEEE Transactions on Systems, Man, and Cybernetics, Part B (Cybernetics), 2009, 40(3): 881-891.

[29] Liu Y, Jia Y M. Adaptive consensus protocol for networks of multiple agents with nonlinear dynamics using neural networks. Asian Journal of Control, 2012, 14(5): 1328-1339.

[30] Chung S J,Slotine J J E. Cooperative robot control and concurrent synchronization of Lagrangian systems. IEEE Transactions on Robotics, 2009, 25(3): 686-700.

[31] Song Q, Liu F, Cao J D, et al. M-matrix strategies for pinning-controlled leader-following consensus in multiagent systems with nonlinear dynamics. IEEE Transactions on Cybernetics, 2013, 43(6): 1688-1697.

[32] Babenko S, Defoort M, Djemai M, et al. On the consensus tracking investigation for multi-agent systems on time scale via matrix-valued lyapunov functions. Automatica, 2018, 97: 316-326.

[33] Wen G H, Huang T W, Yu W W, et al. Cooperative tracking of networked agents with a high-dimensional leader: Qualitative analysis and performance evaluation. IEEE Transactions on Cybernetics, 2018, 48(7): 2060-2073.

[34] Yan Y M, Chen Z Y, Middleton R H. Autonomous synchronization of heterogeneous multiagent systems. IEEE Transactions on Control of Network Systems, 2020, 8(2): 940-950.

[35] Wang X H, Wu H Q, Cao J D. Global leader-following consensus in finite time for fractional-order multi-agent systems with discontinuous inherent dynamics subject to nonlinear growth. Nonlinear Analysis: Hybrid Systems, 2020, 37: 100888.

[36] Tian Y P, Liu C L. Consensus of multi-agent systems with diverse input and communication delays. IEEE Transactions on Automatic Control, 2008, 53(9): 2122-2128.

[37] Xiao F, Wang L. Asynchronous consensus in continuous-time multiagent systems with switching topology and time-varying delays. IEEE Transactions on Automatic Control, 2008, 53(8): 1804-1816.

[38] Meng Z Y, Ren W, Cao Y C, et al. Leaderless and leader-following consensus with communication and input delays under a directed network topology. IEEE Transactions on Systems, Man, and Cybernetics, Part B(Cybernetics), 2010, 41(1): 75-88.

[39] Zhao H Y. Leader-following consensus of data-sampled multi-agent systems with stochastic switching topologies. Neurocomputing, 2015, 167: 172-178.

[40] Wen G H, Duan Z S, Yu W W, et al. Consensus in multi-agent systems with communication constraints. International Journal of Robust and Nonlinear Control, 2012, 22(2): 170-182.

[41] Sean P, Ricardo G S. Robust distributed synchronization of networked linear systems with intermittent information. Automatica, 2019, 105: 323-333.

[42] Menard T, Ajwad S A, Moulay E, et al. Leader-following consensus for multi-agent systems with nonlinear dynamics subject to additive bounded disturbances and asynchronously sampled outputs. Automatica, 2020, 121: 109176.

[43] Lin P, Jia Y M. Average consensus in networks of multi-agents with both switching topology and coupling time-delay. Physica A: Statistical Mechanics and its Applications, 2008, 387(1): 303-313.

[44] Lin P, Jia Y M. Consensus of second-order discrete-time multi-agent systems with nonuniform time-delays and dynamically changing topologies. Automatica, 2009, 45(9): 2154-2158.

[45] Yoo S J. Synchronised tracking control for multiple strict-feedback nonlinear systems under switching network. IET Control Theory & Applications, 2014, 8(8): 546-553.

[46] Wen G H, Hu G Q, Yu W W, et al. Distributed H∞ consensus of higher order multiagent systems with switching topologies. IEEE Transactions on Circuits and Systems II: Express Briefs, 2014, 61(5): 359-363.

[47] Wen G H, Duan Z S, Chen G R, et al. Consensus tracking of multi-agent systems with Lipschitz-type node dynamics and switching topologies. IEEE Transactions on Circuits and Systems I: Regular Papers, 2013, 61(2): 499-511.

[48] Saber R O. Distributed Kalman filtering for sensor networks. 46th IEEE Conference on Decision and Control, 2007: 5492-5498.

[49] Chen C L, Wen G X, Liu Y J, et al. Observerbased adaptive backstepping consensus tracking control for high-order nonlinear semi-strict-feedback multiagent systems. IEEE Transactions on Cybernetics, 2015, 46(7): 1591-1601.

[50] Wang Y J, Yuan Y, Liu J G. Finite-time leader-following output consensus for multi-agent systems via extended state observer. Automatica, 2021, 124: 109133.

[51] Sarrafan N, Jafar Z J. Bounded observer-based consensus algorithm for robust nite-time tracking control of multiple nonholonomic chained-form systems. IEEE Transactions on Automatic Control, 2021, 66(10): 4933-4938.

[52] Yang T, Meng Z Y, Dimarogonas D V, et al. Global consensus for discrete-time multi-agent systems with input saturation constraints. Automatica, 2014, 50(2): 499-506.

[53] Fu J J, Wen G H, Yu W W, et al. Finite-time consensus for second-order multi-agent systems with input saturation. IEEE Transactions on Circuits and Systems II: Express Briefs, 2017, 65(11): 1758-1762.

[54] Cao L, Li H Y, Dong G W, et al. Event-triggered control for multiagent systems with sensor faults and input saturation. IEEE Transactions on Systems, Man, and Cybernetics: Systems, 2019, 51(6): 3855-3866.

[55] Li Z K, Wen G H, Duan Z S, et al. Designing fully distributed consensus protocols for linear multi-agent systems with directed graphs. IEEE Transactions on Automatic Control, 2014, 60(4): 1152-1157.

[56] Cheng B, Li Z K. Fully distributed event-triggered protocols for linear multiagent networks. IEEE Transactions on Automatic Control, 2018, 64(4): 1655-1662.

[57] Wen G H, Duan Z S, Li Z K, Chen G R. Stochastic consensus in directed networks of agents with non-linear dynamics and repairable actuator failures. IET Control Theory & Applications, 2012, 6(11): 1583-1593.

[58] Pasqualetti F, Bicchi A, Bullo F. Consensus computation in unreliable networks: A system theoretic approach. IEEE Transactions on Automatic Control, 2012, 57(1): 90-104.

[59] Su L L, Shahrampour S. Finite-time guarantees for Byzantine-resilient distributed state estimation with noisy measurements. IEEE Transactions on Automatic Control, 2019, 65(9): 3758-3771.

[60] An L W, Yang G H. Byzantine-resilient distributed state estimation: A min-switching approach. Automatica, 2021, 129: 109664.

[61] Feng Z, Hu G Q. Secure cooperative event-triggered control of linear multiagent system under DoS attacks. IEEE Transactions on Control Systems Technology, 2020, 28(3): 741-752.

[62] Cui Y, Liu Y R, Zhang W B, et al. Sampled-based consensus for nonlinear multiagent systems with deception attacks: The decoupled method. IEEE Transactions on Systems, Man, and Cybernetics: Systems, 2021, 51(1): 561-573.

[63] Wan Y, Cao J D. Observer-based tracking control for heterogeneous dynamical systems under asynchronous attacks. International Workshop on Complex Systems and Networks, 2017: 224-229.

[64] Wen G H, Yu W W, Yu X H, et al. Complex cyber-physical networks: From cybersecurity to security control. Journal of Systems Science and Complexity, 2017, 30(1): 46-67.

[65] Barboni A, Rezaee H, Boem F, et al. Detection of covert cyber-attacks in interconnected systems: A distributed model-based approach. IEEE Transactions on Automatic Control, 2020, 65(9): 3728-3741.

[66] Gazi V, Passino K M. Stability analysis of swarms. IEEE Transactions on Automatic Control, 2003, 48(4): 692-697.

[67] Topaz C M, Bertozzi A L. Swarming patterns in a two-dimensional kinematic model for biological groups. SIAM Journal on Applied Mathematics, 2004, 65(1): 152-174.

[68] Olfati-Saber R. Flocking for multi-agent dynamic systems: Algorithms and theory. IEEE Transactions on Automatic Control, 2006, 51(3): 401-420.

[69] Tanner H G, Jadbabaie A, Pappas G J. Flocking in fixed and switching networks. IEEE Transactions on Automatic Control, 2007, 52(5): 863-868.

[70] Cortés J, Martínez S, Bullo F. Robust rendezvous for mobile autonomous agents via proximity graphs in arbitrary dimensions. IEEE Transactions on Automatic Control, 2006, 51(8): 1289-1298.

[71] Su H S, Wang X F, Chen G R. Rendezvous of multiple mobile agents with preserved network connectivity. Systems & Control Letters, 2010, 59(5): 313-322.

[72] Sepulchre R, Paley D A, Leonard N E. Stabilization of planar collective motion: All-to-all communication. IEEE Transactions on Automatic Control, 2007, 52(5): 811-824.

[73] Chen Z Y, Zhang H T. No-beacon collective circular motion of jointly connected multi-agents. Automatica, 2011, 47(9): 1929-1937.

[74] Cortes J, Martnez S, Karatas T, et al. Coverage control for mobile sensing networks. IEEE Transactions on Robotics and Automation, 2004, 20(2): 243-255.

[75] Song C, Feng G, Fan Y, et al. Decentralized adaptive awareness coverage control for multi-agent networks. Automatica, 2011, 47(12): 2749-2756.

[76] Ren W. Formation keeping and attitude alignment for multiple spacecraft through local interactions. Journal of Guidance, Control, and Dynamics, 2007, 30(2): 633-638.

[77] Oh K K, Park M C, Hyo-Sung Ahn. A survey of multiagent formation control. Automatica, 2015, 53: 424-440.

[78] Panagou D, Stipanovic D M, Voulgaris P G. Distributed coordination control for multi-robot networks using Lyapunov-like barrier functions. IEEE Transactions on Automatic Control, 2015, 61(3): 617-632.

[79] 王祥科, 李迅, 郑志强. 多智能体系统编队控制相关问题研究综述. 控制与决策, 2013, 28(11): 1601-1613.

[80] Antonelli G, Arrichiello F, Chiaverini S. Experiments of formation control with multirobot systems using the null-space-based behavioral control. IEEE Transactions on Control Systems Technology, 2009, 17(5): 1173-1182.

[81] Basiri M, Bishop A N, Jensfelt P. Distributed control of triangular formations with angle-only constraints. Systems & Control Letters, 2010, 59(2): 147-154.

[82] Bishop A N. A very relaxed control law for bearing-only triangular formation control. IFAC Proceedings Volumes, 2011, 44(1): 5991-5998.

[83] Bishop A N, Shames I, Anderson B D. Stabilization of rigid formations with direction-only constraints. In 2011 50th IEEE Conference on Decision and Control and European Control Conference, 2011: 746-752.

[84] Ren W, Atkins E. Distributed multi-vehicle coordinated control via local information exchange. International Journal of Robust and Nonlinear Control, 2007, 17(10-11): 1002-1033.

[85] Van den Broek T H, Van de Wouw N, Nijmeijer H. Formation control of unicycle mobile robots: A virtual structure approach. 48th IEEE Conference on Decision and Control and 28th Chinese Control Conference, 2009: 8328-8333.

[86] Lewis M A, Tan K H. High precision formation control of mobile robots using virtual structures. Autonomous Robots, 1997, 4: 387-403.

[87] Beard R W, Lawton J, Hadaegh F Y. A coordination architecture for spacecraft formation control. IEEE Transactions on Control Systems Technology, 2001, 9(6): 777-790.

[88] Do K D, Pan J. Nonlinear formation control of unicycle-type mobile robots. Robotics and Autonomous Systems, 2007, 55(3): 191-204.

[89] Moreau L. Stability of multiagent systems with time-dependent communication links. IEEE Transactions on Automatic Control, 2005, 50(2): 169-182.

[90] Cortés J. Global and robust formation-shape stabilization of relative sensing networks. Automatica, 2009, 45(12): 2754-2762.

[91] Wen G H, Duan Z S, Ren W, et al. Distributed consensus of multi-agent systems with general linear node dynamics and intermittent communications, International Journal of Robust and Nonlinear Control, 2014, 24(16): 2438-2457.

[92] Dimarogonas D V, Kyriakopoulos K J. On the rendezvous problem for multiple nonholonomic agents, IEEE Transactions on Automatic Control, 2007, 52(5): 916-922.

[93] Oh K K, Ahn H S. Distance-based formation control using Euclidean distance dynamics matrix: General cases. In 2011 American Control Conference, 2011: 4816-4821.

[94] Oh K K, Ahn H S. Formation control of mobile agents based on inter-agent distance dynamics. Automatica, 2011, 47(10): 2306-2312.

[95] Smith S L, Broucke M E, Francis B A. Stabilizing a multiagent system to an equilateral polygon formation. 17th International Symposium on Mathematical Theory of Networks and Systems, 2006: 2415-2424.

[96] Anderson B D, Cao M, Dasgupta Soura, et al. Maintaining a directed, triangular formation of mobile autonomous agents. Communications in Information and Systems, 2011, 11(1): 1-16.

[97] Anderson B D, Yu C B, Dasgupta S, et al. Controlling four agent formations. IFAC Proceedings Volumes, 2010, 43(19): 139-144.

[98] Oh K K, Ahn H S. Distance-based undirected formations of single-integrator and double-integrator modeled agents in n-dimensional space, International Journal of Robust and Nonlinear Control, 2014, 24(12): 1809-1820.

[99] Kang S M, Park M C, Lee B H, et al. Distance-based formation control with a single moving leader, 2014 American Control Conference, 2014: 305-310.

[100] Lin S, Schutter B D, Xi Y G, and Hans Hellendoorn. Fast model predictive control for urban road networks via MILP, IEEE Transactions on Intelligent Transportation Systems, 2011, 12(3): 846-856.

[101] Sarimveis H, Patrinos P, Tarantilis C D, et al. Dynamic modeling and control of supply chain systems: A review, Computers & Operations Research, 2008, 35(11): 3530-3561.

[102] Wood A J, Wollenberg B F, Sheble G B. Power Generation, Operation, and Control. New Jersey: John Wiley & Sons, 2013.

[103] 杨涛，柴天佑. 分布式协同优化的研究现状与展望, 中国科学：技术科学，2020, 50(11): 1414-1425.

[104] Stanković M S, Johansson K H. Stipanović D M. Distributed seeking of Nash equilibria with applications to mobile sensor networks. IEEE Transactions on Automatic Control, 2012, 57(4): 904-919.

[105] Wen G H, Fang X, Zhou J, et al. Robust formation tracking of multiple autonomous surface vessels with individual objectives: A noncooperative game-based approach. Control Engineering Practice, 2022, 119: 104975.

[106] Lee J Y, Guo J, Choi J K, et al. Distributed energy trading in microgrids: A game-theoretic model and its equilibrium analysis. IEEE Transactions on Industrial Electronics, 2015, 62(6): 3524-3533.

[107] Alpcan T, Basar T. A game-theoretic framework for congestion control in general topology networks. 2002 41st IEEE Conference on Decision and Control, 2002: 1218-1224.

[108] Nedić A, Ozdaglar A. Distributed subgradient methods for multi-agent optimization. IEEE Transactions on Automatic Control, 2009, 54(1): 48-61.

[109] Shi W, Ling Q, Wu G, et al. Extra: An exact fist-order algorithm for decentralized consensus optimization. SIAM Journal on Optimization, 2015,25(2): 944-966.

[110] Nedić A, Olshevsky A, Shi W. Achieving geometric convergence for distributed optimization over time-varying graphs. SIAM Journal on Optimization, 2017, 27(4): 2597-2633.

[111] Qu G N, Li N. Accelerated distributed Nesterov gradient descent. IEEE Transactions on Automatic Control, 2019, 65(6): 2566-2581.

[112] Duchi J C, Agarwal A, Wainwright M J. Dual averaging for distributed optimization: Convergence analysis and network scaling. IEEE Transactions on Automatic Control, 2011, 57(3): 592-606.

[113] Wei E M, Ozdaglar A. Distributed alternating direction method of multipliers. 51st IEEE Conference on Decision and Control, 2012: 5445-5450.

[114] Zhang Z A, Chow M Y. Convergence analysis of the incremental cost consensus algorithm under dierent communication network topologies in a smart grid. IEEE Transactions on Power Systems, 2012, 27(4): 1761-1768.

[115] Xing H, Mou Y T, Fu M Y, et al. Distributed bisection method for economic power dispatch in smart grid. IEEE Transactions on Power Systems, 2015, 30(6): 3024-3035.

[116] Yang T, Lu J, Wu D, et al. A distributed algorithm for economic dispatch over time-varying directed networks with delays. IEEE Transactions on Industrial Elec-tronics, 2017, 64(6): 5095-5106.

[117] Wang J, Elia N. Control approach to distributed optimization. 48th Annual Allerton Conference on Communication, Control, and Computing (Allerton), 2010: 557-561.

[118] Kia S S, Cortés J, Martínez S. Distributed convex optimization via continuous-time coordination algorithms with discrete-time communication. Automatica, 2015, 55: 254-264.

[119] Lu J, Tang C Y. Zero-gradient-sum algorithms for distributed convex optimization: The continuous-time case. IEEE Transactions on Automatic Control, 2012, 57(9): 2348-2354.

[120] Qiu Z R, Liu S, Xie L H. Distributed constrained optimal consensus of multi-agent systems. Automatica, 2016, 68: 209-215.

[121] Zhu Y N, Yu W W, Wen G H, et al. Continuous-time distributed subgradient algorithm for convex optimization with general constraints. IEEE Transactions on Automatic Control, 2018, 64(4): 1694-1701.

[122] Cherukuri A, Cortés J. Distributed generator coordination for initialization and anytime optimization in economic dispatch. IEEE Transactions on Control of Network Systems, 2015, 2(3): 226-237.

[123] Bai L, Ye M J, Sun C, et al. Distributed economic dispatch control via saddle point dynamics and consensus algorithms. IEEE Transactions on Control Systems Technology, 2017, 27(2): 898-905.

[124] Song Y F, Chen W S. Finite-time convergent distributed consensus optimisation over networks. IET Control Theory & Applications, 2016, 10(11): 1314-1318.

[125] Chen G, Li Z Y. A fixed-time convergent algorithm for distributed convex optimization in multi-agent systems, Automatica, 2018, 95: 539-543.

[126] Rosen J B. Existence and uniqueness of equilibrium points for concave n-person games, Econometrica, 1965, 33(3): 520-534.

[127] Ye M J, Hu G Q. Distributed Nash equilibrium seeking by a consensus based approach. IEEE Transactions on Automatic Control, 2017, 62(9): 4811-4818.

[128] Gadjov D, Pavel L. A passivity-based approach to Nash equilibrium seeking over networks. IEEE Transactions on Automatic Control, 2019, 64(3): 1077-1092.

[129] Persis C, Grammatico S. Distributed averaging integral Nash equilibrium seeking on networks. Automatica, 2019, 110: 108548.

[130] Koshal J, Nedić A, Shanbhag U V. Distributed algorithms for aggregative games on graphs. Operations Research, 2016, 64(3): 680-704.

[131] Dreves A, Facchinei F, Kanzow C, et al. On the solution of the KKT conditions of generalized Nash equilibrium problems. SIAM Journal on Optimization, 2011, 21(3): 1082-1108.

[132] Facchinei F, Kanzow C. Generalized Nash equilibrium problems. Annals of Operations Research, 2010, 175(1): 177-211.

[133] Liang S, Yi P, Hong Y G. Distributed Nash equilibrium seeking for aggregative games with coupled constraints. Automatica, 2017, 85: 179-185.

[134] Yi P, Pavel L. An operator splitting approach for distributed generalized Nash equilibria computation. Automatica, 2019, 102: 111-121.

[135] Horn R A, Johnson C R. Matrix Analysis. Cambridgez: Cambridge University Press, 2012.

[136] 匡吉昌. 常不等式. 济南：山东科学技术出版社，2010.

[137] Oliveira M C，Skelton R E. Stability tests for constrained linear systems. In Perspectives in Robust Control. Lecture Notes in Control and Information Sciences, 2001,268: 241-257.

[138] Chris Godsil C, Royle G F. Algebraic Graph Theory. London: Springer, 2001.

[139] Lin Z Y, Francis B, Maggiore M. Necessary and sufficient graphical conditions for formation control of unicycles. IEEE Transactions on Automatic Control, 2005, 50(1): 121-127.

[140] Lu W L, Chen T P. New approach to synchronization analysis of linearly coupled ordinary dierential systems. Physica D: Nonlinear Phenomena, 2006, 213(2): 214-230.

[141] Wu C W. Synchronization in networks of nonlinear dynamical systems coupled via a directed graph. Nonlinearity, 2005, 18(3): 1057.

[142] Yu W W, Chen G R, Cao M. Consensus in directed networks of agents with nonlinear dynamics. IEEE Transactions on Automatic Control, 2011, 56(6): 1436-1441.

[143] Li Z K, Duan Z S. Cooperative Control of Multi-agent Systems: A Consensus Region Approach. Boca Raton, FL: CRC Press, 2017.

[144] 黄琳. 稳定性与鲁棒性的理论基础. 北京：科学出版社，2003.

[145] Boyd S, Boyd S P, Vandenberghe L. Convex optimization. Cambridge: Cambridge University Press, 2004.

[146] Clarke F H. Optimization and Nonsmooth Analysis. Philadelphia, PA: SIAM, 1990.

[147] Cortés J. Discontinuous dynamical systems. IEEE Control Systems Magazine, 2008, 28(3): 36-73.

[148] Aubin J P, Cellina A. Dierential Inclusions: Set-Valued Maps and Viability Theory. London: Springer, 2012.

[149] Yi X L, Yao L S, Yang T, et al. Distributed optimization for second-order multi-agent systems with dynamic event-triggered communication. 2018 IEEE Conference on Decision and Control, 2018: 3397-3402.

[150] Kia S S, Cortés J, Martínez S. Distributed convex optimization via continuous-time coordination algorithms with discrete-time communication. Automatica, 2015, 55: 254-264.

[151] Nowzari C, Cortés J. Distributed event-triggered coordination for average consensus on weight-balanced digraphs. Automatica, 2016, 68: 237-244.

[152] Yang S F, Liu Q S, Wang J. A multi-agent system with a proportional-integral protocol for distributed constrained optimization. IEEE Transactions on Automatic Control, 2017, 62(7): 3461-3467.

[153] Hiriart-Urruty J B, Lemarechal C. Fundamentals of Convex Analysis. London: Springer, 2004.

[154] Brogliato B, Daniilidis A, Lemarecha Cl, et al. On the equivalence between complementarity systems, projected systems and differential inclusions. Systems & Control Letters, 2006, 55(1): 45-51.

[155] Fiedler M, Pták V. On matrices with non-positive off-diagonal elements and positive principal minors. Czechoslovak Mathematical Journal, 1962,12(3): 382-400.

[156] Araki M, Kondo B. Stability and transient behavior of composite nonlinear systems. IEEE Transactions on Automatic Control,1972, 17(4): 537-541.

[157] Plemmons R J. M-matrix characterizations.I—nonsingular M-matrices. Linear Algebra and its Applications, 1977, 18(2): 175-188.

[158] Zhang H W, Li Z K, Qu Z H, et al. On constructing Lyapunov functions for multi-agent systems. Automatica, 2015, 58: 39-42.

[159] Wen G H, Zheng W Z. On constructing multiple Lyapunov functions for tracking control of multiple agents with switching topologies. IEEE Transactions on Automatic Control, 2019, 64(9): 3796-3803.

[160] Madan R N. Chua's Circuit: A Paradigm for Chaos. Singapore: World Scientic, 1993.

[161] LV Y Z, Li Z K, Duan Z S, et al. Distributed adaptive output feedback consensus protocols for linear systems on directed graphs with a leader of bounded input. Automatica, 2016, 74: 308-314.

[162] LV Y Z, Wen G H, Huang T W, et al. Adaptive attack-free protocol for consensus tracking with pure relative output information.Automatica, 2020, 117: 108998.

[163] LeBlanc H J, Zhang H T, Koutsoukos X, et al. Resilient asymptotic consensus in robust networks. IEEE Journal on Selected Areas in Communications, 2013, 31(4): 766-781.

[164] Zhao D, LV Y Z, Yu X H, et al. Resilient consensus of higher-order multi-agent networks: An attack isolation-based approach. IEEE Transactions on Automatic Control,2022, 67(2): 1001-1007.

[165] Soberón P. Problem-Solving Methods in Combinatorics: An Approach to Olympiad Problems. Berlin: Springer , 2013.

[166] Dibaji S M, Ishii H. Resilient consensus of second-order agent networks: Asynchronous update rules with delays. Automatica, 2017, 81: 123-132.

[167] LV Y Z, Wen G H, Huang T W. Adaptive protocol design for distributed tracking with relative output information: A distributed fixed-time observer approach. IEEE Transactions on Control of Network Systems, 2020, 7(1): 118-128.

[168] Li Z K, Ren W, Liu X D, et al. Consensus of multi-agent systems with general linear and Lipschitz nonlinear dynamics using distributed adaptive protocols. IEEE Transactions on Automatic Control, 2012, 58(7): 1786-1791.

[169] Dibaji S M, Ishii H, Tempo R. Resilient randomized quantized consensus. IEEE Transactions on Automatic Control, 2018, 63(8): 2508-2522.

[170] Peng T, Leckie C, Ramamohanarao K. Survey of network-based defense mechanisms countering the DoS and DDoS problems. ACM Computing Surveys, 2007, 39(1): 3-es.

[171] Wan Y, Cao J D, Chen G R, et al. Distributed observer-based cyber-security control of complex dynamical networks. IEEE Transac-tions on Circuits and Systems I: Regular Papers, 2017, 64(11): 2966-2975.

[172] Wan Y, Wen G H, Yu X H, et al. Distributed consensus tracking of networked agent systems under denial-of-service attacks. IEEE Transactions on Systems, Man, and Cybernetics: Systems, 2021, 51(10): 6183-6196.

[173] Yu X H, Xue Y S. Smart grids: A cyber-physical systems perspective. Proceedings of the IEEE, 2016, 104(5): 1058-1070.

[174] Chen X L, Wang Y G, Hu S L. Event-based robust stabilization of uncertain networked control systems under quantization and denial-of-service attacks. Information Sciences, 2018, 459: 369-386.

[175] Cetinkaya A, Ishii H, Hayakawa T. Networked control under random and malicious packet losses. IEEE Transactions on Automatic Control, 2016, 62(5): 2434-2449.

[176] De Persis C, Tesi P. Input-to-state stabilizing control under denial-of-service. IEEE Transactions on Automatic Control, 2015, 60(11): 2930-2944.

[177] Berman A, Plemmons R J. Nonnegative Matrices in The Mathematical Sciences. New York: Academic Press, 1979.

[178] Fan Y, Liu L, Feng G, et al. Self-triggered consensus for multi-agent systems with zeno-free triggers. IEEE Transactions on Automatic Control, 2015, 60(10): 2779-2784.

[179] Mao X R. Exponential stability of stochastic delay interval systems with Markovian switching. IEEE Transactions on Automatic Control, 2002, 47(10): 1604-1612.

[180] Fu J J, LV Y Z, Wen G H, et al. Velocity and input constrained coordination of second-order multi-agent systems with relative output information. IEEE Transactions on Network Science and Engineering, 2019, 7(3): 1925-1938.

[181] Cao Y C, Yu W W, Ren W, et al. An overview of recent progress in the study of distributed multi-agent coordination. IEEE Transactions on Industrial Informatics, 2012, 9(1): 427-438.

[182] Van den Berg J, Lin M, D M. Reciprocal velocity obstacles for real-time multi-agent navigation. IEEE International Conference on Robotics and Automation, 2008: 1928-1935.

[183] Van den Berg J, Guy S J, Lin M, et al. Reciprocal n-body collision avoidance. In Robotics Research. Springer Tracts in Advanced Robotics, 2011, 70: 3-19.

[184] Tanner H G, Boddu A. Multiagent navigation functions revisited. IEEE Transactions on Robotics, 2012, 28(6): 1346-1359.

[185] Rimon E, Koditschek D E. Exact robot navigation using articial potential functions. IEEE Transactions on Robotics and Automation, 1992, 8(5): 501-518.

[186] Yi P, Hong Y G. Distributed cooperative optimization and its applications. Scientia Sinica Mathematica, 2016, 46(10): 1547-1564.

[187] Xie P, You K, Hong Y, et al. A survey of distributed convex optimization algorithms over networks. Control Theory & Applications, 2018, 35(7): 918-927.

[188] Touri B, Gharesifard B. Continuous-time distributed convex optimization on time-varying directed networks. 54th IEEE Conference on Decision and Control, 2015: 724-729.

[189] Touri B, Gharesifard B. Saddle-point dynamics for distributed convex optimization on general directed graphs. 55th IEEE Conference on Decision and Control, 2016: 862-866.

[190] Li Z H, Ding Z T, Sun J Y, et al. Distributed adaptive convex optimization on directed graphs via continuous-time algorithms. IEEE Transactions on Automatic Control, 2017, 63(5): 1434-1441.

[191] Yang S F, Xu W Y, Guo Z Y. Distributed convergence to saddle-points over general directed multi-agent networks. IEEE 14th International Conference on Control and Automation, 2018: 538-543.

[192] Zhong M Y, Cassandras C G. Asynchronous distributed optimization with event-driven communication. IEEE Transactions on Automatic Control, 2010, 55(12): 2735-2750.

[193] Li Z H, Wu Z Z, Li Z K, et al. Distributed optimal coordination for heterogeneous linear multiagent systems with event-triggered mechanisms. IEEE Transactions on Automatic Control, 2019, 65(4): 1763-1770.

[194] Ruszczynski A. Nonlinear Optimization. Princeton, New Jersey: Princeton University Press, 2006.

[195] Zhu Y N, Yu W W, Wen G H, et al. Continuous-time coordination algorithm for distributed convex optimization over weight-unbalanced directed networks. IEEE Transactions on Circuits and Systems II: Express Briefs, 2019, 66(7): 1202-1206.

[196] Khalil H K. Nonlinear Systems. Englewood Clis: Patience Hall, 2002.

[197] Wang X F, Teel A R, Liu K Z, et al. Stability analysis of distributed convex optimization under persistent attacks: A hybrid systems approach. Automatica, 2020, 111: 108607.

[198] Liu Q S, Wang J. A second-order multi-agent network for boundconstrained distributed optimization. IEEE Transactions on Automatic Control, 2015, 60(12): 3310-3315.

[199] Zeng X L, Yi P, Hong Y G. Distributed continuous-time algorithm for constrained convex optimizations via nonsmooth analysis approach. IEEE Transactions on Automatic Control, 2016, 62(10): 5227-5233.

[200] Zhu Y N, Yu W W, Wen G H, et al. Continuous-time distributed subgradient algorithm for convex optimization with general constraints. IEEE Transactions on Automatic Control, 2019, 64(4): 1694-1701.

[201] Zhu Y N, Yu W W, Wen G H, et al. Projected primal-dual dynamics for distributed constrained nonsmooth convex optimization. IEEE Transactions on Cybernetics, 2020, 50(4): 1776-1782.

[202] Liu Q S, Yang S F, Wang J. A collective neurodynamic approach to distributed constrained optimization. IEEE Transactions on Neural Networks and Learning Systems, 2017, 28(8): 1747-1758.

[203] Bolte J. Continuous gradient projection method in Hilbert spaces. Journal of Optimization Theory and Applications, 2003, 119(2): 235-259.

[204] Bazaraa M S, Sherali H D, Shetty C M. Nonlinear Programming: Theory and Algorithms. New Jersey: John Wiley & Sons, 2013.

[205] Alpcan T, Basar T. Distributed algorithms for Nash equilibria of flow control games. Advances in Dynamic Games. Annals of the International Society of Dynamic Games, 2005, 7: 473-498.

[206] Başar T. Control and game-theoretic tools for communication networks. Applied and Computational Mathematics, 2007, 6(2): 104-125.

[207] Gharesifard B, Cortes J. Distributed continuous-time convex optimization on weight-balanced digraphs.IEEE Transactions on Automatic Control, 2013, 59(3): 781-786.

[208] Nedić A, Olshevsky A. Distributed optimization over time-varying directed graphs. IEEE Transactions on Automatic Control, 2014, 60(3): 601-615.

[209] Facchinei F, Pang J S. Finite-dimensional variational inequalities and complementarity problems. London: Springer, 2007.

[210] Zhao H Y, Ren W, Yuan D M, et al. Distributed discrete-time coordinated tracking with Markovian switching topologies. Systems & Control Letters, 2012, 61(7): 766-772.

[211] Costa O L V, Fragoso M D, Marques R P. Discrete-time Markov Jump Linear Systems. London: Springer, 2006.

[212] Wen G H, Yu X H, Liu Z W, et al. Adaptive consensusbased robust strategy for economic dispatch of smart grids subject to communication uncertainties. IEEE Transactions on Industrial Informatics, 2018, 14(6): 2484-2496.

[213] Slotine J E, Li W P. Applied Nonlinear Control. Englewood Clis: Prentice Hall, 1991.

[214] Bai L, Ye M J, Sun C, et al. Adaptive approaches for fully distributed Nash equilibrium seeking in networked games. Automatica, 2021,129: 109661.

[215] Tang Y T, Yi P. Nash equilibrium seeking under directed graphs. ArXiv preprint arXiv: 2005.10495. , 2020.

索 引